Peter Reiter

Den Tiger reiten

Vision einer neuen, globalen Ökonomie

1. Auflage 2009
Verlag Via Nova, Alte Landstr. 12, 36100 Petersberg
Telefon: (06 61) 6 29 73
Fax: (06 61) 96 79 560
E-Mail: info@verlag-vianova.de
Internet: www.verlag-vianova.de
www.transpersonale.de
Umschlaggestaltung: Kommunikationsdesign Guter Punkt, München
Satz: Sebastian Carl, 83123 Amerang
Druck und Verarbeitung: Fuldaer Verlagsanstalt, 36037 Fulda

© Alle Rechte vorbehalten.

ISBN 978-3-86616-134-4

Inhalt

1. **Einleitung** 9
   1.1. Wirtschaft im Wandel –
        verändern und gestalten oder ignorieren und untergehen? 9
   1.2. Die Vision einer neuen Wirtschaft –
        die Wichtigkeit positiver Zielsetzung 13
   1.3. Der Tiger als Metapher für die heutige globale Wirtschaft 18
   1.4. Das Zähmen des Tigers durch Transformation des Bewusstseins ... 22
   1.5. Die drei wesentlichen vor uns liegenden Schritte 23
   1.6. Der Schlüssel für diese Zukunft liegt im Bewusstsein 28
   1.7. Transformation und Umgestaltung des Kollektivbewusstseins ... 32
   1.8. Die neuen Methoden und das Tiger-Training 34
   1.9. Eine neue Vision und ein neuer Weg für visionäre Unternehmer ... 38

2. **Wirtschaft in der Krise – „die Macht des Tigers als Bedrohung"** 47
   2.1. Die Zeichen des Wandels und warum er nicht mehr aufzuhalten ist 47
   2.2. Das Grundproblem: Sinnverlust und Wertevakuum 56
   2.3. Kritik am heutigen Management – die 10 wesentlichen Punkte 72
   - Egoismus und Werteverfall 79
   - Konkurrenz statt Kooperation 84
   - Wachsender Druck 93
   - Das Phänomen „Igel und Hase" 99
   - Angst statt Begeisterung 103
   - Fixierung auf Negatives 106
   - Quantität statt Qualität 111
   - Kurzsichtigkeit statt Nachhaltigkeit 118
   - Fehlender Blick auf Sozial- und Umweltverträglichkeit,
     auf gesamt-gesellschaftliche Auswirkungen 124
   - Fehlende Führungsübernahme und gesellschaftliche Verantwortung 127
   2.4. Zusammenfassung und der Weg hinaus 133

3. **Die Vision einer neuen Wirtschaft –
„die Kraft des Tigers nutzen"** 139
3.1. Neue Perspektiven: vom Informations- zum Bewusstseinszeitalter 139
3.2. Die 10 wesentlichen Punkte einer neuen, visionären Ökonomie 146
   1. Neue Zieldefinition und Sinnfindung, neue Rahmenbedingungen:
      Die Wirtschaft muss wieder ihr Herz finden 146
   2. Neue Unternehmer-Ethik: neue Werte, Ausrichtung, Verhaltensformen . 155
   3. Neue Ethik und neues Image des Unternehmens:
      „Corporate Social Responsibility" (CSR) 164
   4. Neue Orientierung: Qualität statt Quantität 168
   5. Neue Zusammenarbeit: Kooperation statt Konkurrenz 175
   6. Neue Art der Führung: Teamwork statt Hierarchie,
      Miteinander statt Gegeneinander 178
   7. Neue Bewusstheit und Wachheit, Handeln nach den
      Tao-Prinzipien (Gelassenheit und Mitte, Vision und Intuition),
      und die Bedeutung von Feedback und Coaching. 184
   8. Neue Werte und Leitlinien für das Wirtschaften der kommenden Zeit
      Das Ende der „fiesen Chefs" – eine Werte-Wandel-Tabelle 196
   9. Neuer Umgang mit Mitarbeitern:
      neue Art der Motivation und neues Betriebsklima:
      innere Motivation, Freude, Erfüllung statt äußerer Anreize 198
   10. Die Notwendigkeit eines neuen Geldsystems:
      Ausschließlich Menschen, ihre Arbeit und ihre Ideen,
      aber nicht Geld soll Geld verdienen 205

4. **Neue Methoden der Transformation –
„den Tiger zähmen"** 220
4.1. Warum neue Methoden und Wege? 220
4.2. Den ganzen Geist nutzen: rationale, emotionale
   und spirituelle Intelligenz 235
4.3. Einsatz moderner Bewusstseinsverfahren (Seelentechnologie) 249
   - Bild-Erleben und Bild-Gestalten – das „Firmenhaus" 249
   - Aufstellungen als Analyse- und Heilinstrument 256
   - Fühlen lernen als sechster Sinn und neuer
     Verbindungskanal zum Universum 264
   - Tun durch Nicht-Tun – die Tao-Prinzipien 269

- Die Losermentalität ist nur die Kehrseite
  der wilden Aktionismusmentalität!.. 273
- Visionssuche mit modernen Methoden:
  Thoughtstorm, Zeitfahrzeug, u.v.m. 277
- Teamgeist und Verbundenheit entwickeln... 281
4.4. Das Geheimnis des Erfolgs: von innen nach außen 290
**5. Der neue Weg – „den Tiger reiten lernen": die konkrete
Umsetzung intelligenter Unternehmens-Transformation** 299
5.1. Der Handlungsplan: 300
    Schritt 1 – Integrative Systemdiagnose und Standortbestimmung........301
    Schritt 2 – Zielfindung und Konzeptentwicklung 301
    Schritt 3 – Human Resources entdecken, erschließen, motivieren........302
    Schritt 4 – Ziele umsetzen und verwirklichen...303
    Schritt 5 – Erfolgskontrolle und Erfolg feiern..304
5.2. Ausblick – die Umsetzung dieser Vision 306

Anhang... 310

Auflistung der wichtigsten Seminare und Trainings.. 310

Übungsverzeichnis:

Das Firmenhaus erkunden (Kurzfassung)..254
Kleine Partneraufstellung..263
Das Fühlen üben..266
Emotionen verwandeln durch Farbenfühlen..268
Die Lichtbrücke...284

DANKSAGUNG

An dieser Stelle möchte ich denen ganz besonders danken, die mich während des Schreibens an diesem Buch beruflich unterstützt haben, ganz besonders Stefan Richter, der mit viel Hingabe und bayrischem Humor Korrektur gelesen hat, dann meinem „Engel auf Erden", der begabten Fachfrau für spirituelles Management Sabine Göbel, ferner meiner Managerin Darshana Nadja Kirchner, Nora Klee und meinem Mitarbeiter Gerd Weissengruber, und schließlich meinem langjährigen Freund Rudolf Pfitzner, ohne den ich kaum überlebt hätte.

Ebenso geht mein Herzensdank an alle Schüler meiner Ausbildungsgruppe, von und mit denen ich viel lernen und erfahren durfte, vor allem Konrad, dem begabten Geistheiler, Wolfgang und Sarah (Tweety), die mich beim Rainbow-Festival so tatkräftig unterstützten. Dank auch an alle meine großen Lehrer in Ost und West, die viel Geduld mit mir hatten.

Meiner Familie, insbesondere meiner lieben Mutter Anneliese und meinem Bruder Wolfgang Reiter, möchte ich danken für ihre stete Sympathie und ihr offenes Herz, und ganz lieben Dank auch an meine Bekannte Tanja Fedorova und vor allem meiner Freundin Aline Loskarn für ihre Freundschaft und Liebe.

Zum guten Schluss natürlich noch großen Dank an meinen Verleger und Freund Werner Vogel, der dieses Projekt und mich stets gefördert und unterstützt hat, sowie an alle meine geistigen Freunde und Schüler in aller Welt, von denen ich so viel lernen durfte. In tiefer Liebe und Freundschaft meinen Herzensgruß.

1. Einleitung

1.1. Wirtschaft im Wandel – verändern und gestalten oder ignorieren und untergehen?

Die Wirtschaft befindet sich in einem Umbruch, dem vielleicht größten ihrer Geschichte. Es ist ein fundamentaler Wandel, der insgesamt größer und dramatischer ist, als ihn die meisten heute noch einschätzen. Die Dramatik dieses Wandels kann nur erkannt werden, wenn nicht nur die oberflächliche Entwicklung gesehen wird, sondern auch die darunter liegenden Tendenzen.

Um es bildlich auszudrücken: Oberflächlich gesehen fährt die „Titanic" noch, aber es gibt Wassereinbruch an vielen Fronten, wie beispielsweise eine noch nie da gewesene Finanzkrise. Doch offiziell lässt man optimistisch die Kapelle weiter spielen. Dann sieht es gar nicht so schlimm aus und die Leute sind beruhigt. Es wird schon werden, die Wirtschaft ist ja unsinkbar, die Regierungen oder Zentralbanken werden es schon richten. Der im Gang befindliche *grundlegende* Wandel wird nicht erkannt und so wird einfach versucht weiterzumachen wie bisher. Dadurch kommen wir einem kompletten Zusammenbruch immer näher, denn die Probleme häufen sich. Der Druck steigt, die Fronten verhärten sich, die einzelnen gesellschaftlichen Gruppen verstehen einander nicht mehr, beispielsweise Globalisierungsgegner gegen Befürworter einer Internationalisierung; es wird projiziert und beschimpft, Wirtschaftsführer werden als Haifische oder Heuschrecken betitelt, und schließlich kommt es zu Gewalt und innerer Zerrissenheit des Systems.

Wie bei einer Krankheit, die nicht gesehen werden *will*, die stattdessen verharmlost und verdrängt wird, kann aufgrund dieser Verleugnung auch nichts geheilt werden. Es wird an Symptomen herumgedoktert, anstatt fundamentale Maßnahmen zu ergreifen, und so kann diese beunruhigende Entwicklung bislang auch nicht gesteuert oder in konstruktive Bahnen gelenkt werden.

Stattdessen wird mit herkömmlichen Maßnahmen der Krisenbewältigung versucht, die sich immer stärker zeigenden Symptome dieser Transformation zu unterdrücken – beispielsweise damit, dass allein im Jahr 2008 unvorstellbar große Mengen an Geld zur Abwehr des finanziellen Zusammenbruchs in das internationale Bankensystem gepumpt wurden. Mit weiteren für die jetzige globale Krise völlig unzulänglichen Mitteln, mit kosmetischen und symptomatischen Maßnahmen werden die Probleme kaschiert und unter den Teppich gekehrt, beispielsweise mit immer neuen Gesetzen und Regularien, als wenn es sich bloß um kleinere Konjunkturprobleme handelte. Doch die Krise zeigt sich bereits deutlich an vielen Fronten, nicht nur in den Finanzmärkten, sondern auch bei den Firmen als interner wie externer Druck mit vielen Pleiten und Übernahmen, auch bei den Beschäftigten in immer größerer Erschöpfung und Frust, rapider Zunahme des Burn-out-Syndroms u.v.m., immer härterem Wettbewerb, immer dreisterer Umgehung der nationalen Bestimmungen, in der Hilflosigkeit der Regierungen, schließlich auch im globalen Kontext.

Sind solche Symptome dann nicht mehr zu vertuschen und wird deutlich sichtbar, dass etwas schiefläuft, dann wird einfach ein Sündenbock gesucht. Verantwortlich gemacht werden dann die Spekulanten oder die Finanzhaie, die Politiker oder die Billiglohnländer. Oder aber es wird generell gegen das System oder gegen *die* Globalisierung gekämpft oder gar der Kapitalismus als solcher angeprangert. Von Konservativen oder Nationalisten kommt dann manchmal ein Aufruf zur nationalen Abgrenzung, oder es wird eine Wiederherstellung der alten Werte und Vorstellungen versucht, die oft noch aus dem vorletzten Jahrhundert stammen. Als wenn die Globalisierung, Verkehrs-, Handels-, und Informationsvernetzung der heutigen Zeit so aufzuhalten wären. Mit so unzulänglichen Werkzeugen wie der Festlegung der Zinshöhe wird versucht, zugleich einer Inflation wie auch Deflation entgegenzusteuern. Dadurch, dass diese simplen Werkzeuge in der Komplexität der neuen Zeit nicht mehr greifen, muss man oft einfach hilflos zusehen, wie die Wirtschaft in Rezession gerät. Andererseits werden Inflationszahlen extrem heruntergerechnet und derart manipuliert, dass selbst der einfache Mann auf der Straße merkt, dass da etwas nicht stimmt (Beispiel Euro=Teuro, das heißt, wenn übliche Waren wie beispielsweise ein Kaffee oder eine Pizza dasselbe in Euro kosten wie früher in DM, ist dies für den Verbraucher eine „gefühlte Inflation" von 100 %).

Da aber die heutigen Probleme nicht diejenigen des letzten und vorletzten Jahrhunderts sind und, wie wir noch zeigen werden, auch aus ganz anderen Ursachen stammen, sind es grundsätzlich neue Probleme. Darum können und werden die alten Rezepte nicht mehr greifen; <u>für effiziente Lösungen brauchen wir grundsätzlich neue Denkansätze.</u>

Die äußeren und vor allem nationalen Maßnahmen der Lenkung einer globalen Wirtschaft stellen sich wie Versuche dar, als Maus einen Elefanten reiten oder lenken zu wollen. Es müssen dringend neue Methoden gefunden werden, und diese sind – wie schon hier verraten werden kann – nicht mehr von außen, sondern von innen einzusetzen. Dies ist einer der Hauptpunkte einer neuen Wirtschaft. Nicht nur Erfolg kommt von innen, sondern jegliche substantielle Veränderung der Wirklichkeit, wenn sie beständig sein soll, kommt aus der Änderung des Bewusstseins. Diese kann in einem internationalen Markt weder von einer Regierung noch von Organisationen aufgezwungen werden, sondern muss aus der Wirtschaft selbst kommen.

Bislang hat sich in jeder großen Krise oder jedem bedeutenden Umbruch in der Menschheitsgeschichte stets gezeigt, dass die Regression ins Althergebrachte, in ein früheres goldenes Zeitalter, in die gute alte Zeit o.ä. wenig sinnvoll und übrigens in der Evolution auch nicht machbar ist, so wenig wie ein Kind wieder in den Mutterleib zurückkehren kann. Andererseits ist es genauso wenig vielversprechend, einfach die Augen zu verschließen und die Entwicklung ins Chaos laufen zu lassen nach dem Motto: „Nach mir die Sintflut" oder bei den Religiösen: „Gott wird es schon richten". In beiden Fällen wird sich die Evolution, die Eigendynamik der wirtschaftlichen und gesellschaftlichen Entwicklung, durchsetzen. Dann werden die Menschen – wie damals in der Französischen Revolution – überrollt. So entstehen sowohl durch *Widerstand* gegen diese Entwicklung als auch durch deren *Ignorieren* viel Chaos, Leid und Zerstörung, bevor daraus dann das Neue entstehen und sich zeigen kann. In beiden Fällen wird die wichtigste Fähigkeit des Menschen aus der Hand gegeben; er kann zwar dem Sturm nicht gebieten, wohl aber das Schiff (der Wirtschaft oder der jeweiligen Branche oder Firma) sicher durch den Sturm lenken und auf die notwendige Umgestaltung des Alten und kreative Ausgestaltung des Neuen wesentlichen Einfluss nehmen. Eine alte Seemannsweisheit drückt dies so aus:

> *Gottes sind Wellen und Wind*
> *aber Segel und Steuer*
> *dass Ihr den Hafen gewinnt*
> *sind Euer.*

Doch bevor wir dies tun können, und wir werden es tun müssen, ist zuerst einmal zu erkennen und einzusehen, dass wir uns bereits in einem prinzipiellen Umbruch und Wandel, dass wir uns mitten in einem gewaltigen Evolutionssprung befinden, auch wenn äußerlich noch alles ganz gut aussieht. Dieser Bewusstseinswandel – fast möchte man Quantensprung sagen, da er ganz neue Paradigmen und Werte mit sich bringt und auch in so kurzer Zeit erfolgt – ist zugleich eingebettet in eine globale Transformation der Gesellschaft in ein neues Zeitalter, das dem Informationszeitalter auf dem Fuße folgt, welches ich das „Bewusstseinszeitalter" nenne. Andere mir bekannte progressive Wirtschaftsmanager nennen es den „Spirit des dritten Jahrtausends". Doch wie immer dies letztlich genannt wird, es ist ein Sprung wie vom Agrar- zum Industriezeitalter oder von dort zum Informationszeitalter, nur dass der Wechsel diesmal viel schneller und dramatischer ablaufen wird.

Somit muss man auch nicht zu einer Veränderung oder Reform aufrufen, wie es manche Autoren versuchen, die jene Probleme der heutigen globalen Wirtschaft durchaus erkennen, aber nicht ihre prinzipielle und fundamentale Qualität, denn der Wandel *ist bereits in vollem Gange*. Es ist nicht nur unnötig, ihn anzustoßen, man kann ihn im Gegenteil überhaupt nicht mehr aufhalten. Was bleibt uns in dieser Situation zu tun?

1) Analyse der Faktoren und Vektoren des Wandels
Erstens muss dieser Wandel im Bereich der Wirtschaft klar und deutlich und in seinen wichtigsten Punkten erkannt werden, auch seine Notwendigkeit und *Richtung*, ferner die *Faktoren*, die dazu führen, die *Vektoren* oder Kräfte, die ihn treiben. Es ist offen darzulegen, welche Punkte nicht mehr zeitgemäß sind und wie sie unausweichlich zur Auflösung der alten Strukturen führen.

2) Zielbestimmung, Vision einer neuen Ökonomie
Zweitens wollen wir hier aber auch die Chancen aufzeigen. Es ist eine empirische Tatsache, dass nach jeder Krise, jedem Wandel eine neue Ebene, ein höherer, wieder stabiler Zustand erreicht werden kann und auch wird. Es ist daher die der Analyse sich anschließende Aufgabe, jenseits der Probleme in die Zukunft zu sehen, dort neue Ziel auszumachen und zu bestimmen, zu klären, wie diese neue, positive Vision aussehen könnte und welche Elemente sie auf jeden Fall beinhalten sollte. Somit ist unsere vorliegende Untersuchung keine bloße Anhäufung von Kritik, sondern geht vielmehr über in eine Vision mit klaren Inhalten, zur Vision einer neuen, sinnvollen und dem Wohlstand und der Fülle der Menschen dienenden Ökonomie des neuen Jahrtausends.

3) Wegbestimmung, Durchführung und Umsetzung mit neuen Methoden
Drittens wollen wir aber auch dort nicht stehen bleiben, denn sonst bleibt es bloße Theorie oder sogar nur eine schöne Utopie, sondern wir werden konkrete Möglichkeiten aufzeigen, wie dieser Wandel praktisch sowohl bei jedem Einzelnen über die einzelnen Abteilungen bis hin zu Firmen als Ganzes zu bewältigen ist. Wir stellen Werkzeuge vor, die erst vor kurzem in der Psychologie und Menschenführung entwickelt wurden und die bislang in der Wirtschaft noch weitgehend unbekannt sind. Wir wollen hier aufzeigen, welche neuen Methoden zur leichten und schnellen Transformation von menschlichem Bewusstsein heute zur Verfügung stehen. Hier beginnt die wohl *einmalige Verbindung von Ökonomie und moderner Psychologie*, die ein sinnvoller Weg aus der Krise sein kann, wenn erkannt wird, dass dieser Wandel im Bewusstsein stattfindet und vor allem hier beeinflusst und mitgeprägt werden kann.

1.2. Die Vision einer neuen Wirtschaft – die Wichtigkeit positiver Zielsetzung

Handlung macht aber nur Sinn, wenn wir wissen, in welche Richtung die Entwicklung geht und was das Ziel ist. Daher ist dieses Ziel oder die konkrete Vision der Angelpunkt und Richtungsgeber. Sie ist weniger ein fertiger Rahmen und schon gar nicht ein fertiges Konzept, sondern eher zu sehen als ein Leuchtturm, auf den wir zusteuern können. Damit ist zwar die Richtung, das Ziel vorgegeben, aber nicht dessen Ausgestaltung. Diese, aber auch das Ziel selbst, kann während des Prozesses jederzeit modifiziert und verändert werden. Letzteres dient als ein positiver Anhalts- und Zielpunkt, vor allem in turbulenter Zeit, in der alles erst einmal negativ aussieht. Wenn wir dadurch sehen können, in welche Richtung es geht, welche Inhalte davon betroffen sind, was sich verändern wird und was verändert werden müsste, wie daraus etwas viel Besseres als das Bisherige entstehen könnte und welche Werte und Voraussetzungen wir jetzt schon annehmen oder schaffen können, dann müssen wir diese globale Krise und Transformation keineswegs mehr negativ bewerten, sondern können sie als großartige Chance sehen, als eine Tür zu einer humaneren Art des Wirtschaftens, aber zugleich auch als Übergang in eine neue Dimension des menschlichen Geistes wie überhaupt des menschlichen Lebens auf diesem Planeten.

Mit dieser Vision und der Herausarbeitung der für sie notwendigen Grundsätze, Werte und Leitlinien zeigen wir *eine* Möglichkeit einer neuen globalen und zugleich humanen und vor allem sinnvollen Wirtschaftsform. Sie soll auch dazu dienen, neue Ziele des Wirtschaftens und auch des Managements zu definieren, wonach sich wirtschaftliches Handeln orientieren kann, und darlegen, warum ein solches positives, zukunftsorientiertes Handeln sinnvoll und für das Ganze nützlich ist, weit entfernt von nur dumpfer Profitmaximierung für eine kleine Gruppe. Es geht auch darum, das konkrete Positive dieses Wandels, die Chancen und Möglichkeiten sowohl für die Wirtschaft als auch für die Firma und auch den Einzelnen selbst herauszuarbeiten und darzustellen, beispielsweise wie dieses neue Arbeiten mit viel mehr Harmonie, Teamarbeit, Kooperation, mit viel mehr Freude und Innovation verbunden sein kann und daher nicht nur ein globales, sondern auch ein persönliches Ziel sein sollte und sein wird.

Wenn wir hier den Wandel teils dramatisch darstellen, dann darum, um aufzuwecken und die noch bestehende Ignoranz zu beseitigen oder die Meinung zu widerlegen, man könne nach kleinen Korrekturen einfach wie bisher weitermachen. Ist erkannt, dass das alte Schiff sinkt und es so nicht mehr weitergehen kann, so ist es zwangsläufig nötig, das unausweichlich Positive, das mögliche neue Ziel dieser Entwicklung ebenfalls zu sehen. Nur so kann Chaos, Resignation oder einer Einstellung wie „...nach mir die Sintflut" vorgebeugt werden, denn dies würde nur zusätzliches Leid erzeugen. Es ist derzeit so, wie manche Patienten es machen, wenn sie mit der Diagnose einer ernsthaften Krankheit konfrontiert werden. Zunächst verharmlosen oder leugnen sie, dann probieren sie viele Therapien aus, schließlich hadern und verzweifeln sie und wollen schnell noch irgendetwas auskosten, bevor es zu spät ist.

Sinnvoller ist es, die Diagnose zu erkennen, die möglichen geeigneten Maßnahmen zu treffen und dann dem Prozess des Lebens zu vertrauen, dass es hier – wie bislang stets in der Evolution des Geistes und des Lebens – einen sinnvollen Fortschritt gibt. Dieser Fortschritt zeigt sich üblicherweise so, dass auf die These die Antithese folgt, die aber schließlich in einer größeren und wiederum stabilen Synthese endet, also in einem System höherer Ordnung. So strukturieren sich lebendige Systeme um und organisieren sich zugleich immer höher und trotzen damit dem Gesetz der Entropie, wonach alles immer chaotischer werden müsste. Die Erfahrung aus der Entwicklung des Lebens seit Jahrmillionen bestätigt, dass jede Transformation immer zu einem ganz neuen

Level und einer höheren Ebene führt. So zeigten sich auf diesem Planeten auch nach Zeiten des Chaos oder des Untergangs, wie beispielsweise der Dinosaurier, immer höherwertige Lebewesen oder, gesellschaftlich gesehen, höherwertige Lebensstrukturen und Kulturen nach Zeiten eines dunklen Zeitalters wie beispielsweise des Mittelalters. So wird es auch in Zukunft sein, und dies gibt Grund zur Hoffnung und Zuversicht auch in der jetzigen Krise und Umgestaltung.

Diese Wandlung geschieht auch nicht allein in der Wirtschaft, sondern im menschlichen Geist und der menschlichen Gesellschaft überhaupt und wird auch hier zu einer höheren Synthese und zu einem höher strukturierten Zustand führen, den ich das „Bewusstseinszeitalter" nenne. Dies ist die umfassende Vision, die erreichbar ist und sicher auch auf die eine oder andere Weise erreicht werden wird, wobei wir uns hier aber rein auf den Bereich der Wirtschaft beschränken wollen.

Es ist dabei nicht möglich, dass wir mit unserem Wissen dem Wandel entgegensteuern. Es gibt keine Maßnahmen, mit deren Hilfe wir bei einem solchen Entwicklungssprung die Antithese, den Umbruch, auch gegebenenfalls das Chaos, vermeiden können. Lebende, offene Systeme müssen bei solch einem Evolutionssprung notwendigerweise durch Chaos und Auflösung gehen, um sich dann neu zu organisieren. Es bedeutet einfach nur, dass wir viel ruhiger durch den Wandel gehen können, wenn wir um dieses Prinzip der Entwicklung des Lebens wissen und so mit dem Fluss fließen können, statt gegen ihn anzukämpfen. Dann können wir nicht nur gelassen bleiben, sondern auch geeignete Maßnahmen treffen, um den Prozess möglichst harmonisch und leidfrei zu gestalten, zumal wir mitten in der Krise schon das Licht am Ende des Tunnels sehen oder erahnen können. Unsere Vision ist dabei kein festgelegter Torso und auch nicht gedacht, die Entwicklung einzuengen oder in bestimmte Bahnen zu pressen, sondern ein flexibles Leitbild hin zu dieser neuen Wirtschaftsform und der sich zeigenden neuen Ordnung im Bewusstsein. Sie kann ja im Prozess jederzeit verändert werden und dient uns jetzt vor allem dazu, das schon im Samen enthaltene Positive der neuen Entwicklung herauszuarbeiten und für uns greifbar zu machen. Dies gibt uns auch die notwendige Motivation und Inspiration, diese Entwicklung kreativ mitzugestalten.

Erkenntnis darüber, wohin das Leben steuert, wohin die Tendenzen gehen, was der kollektive Trend ist, zu welchen neuen Ufern das Bewusstsein sich bewegt, dies ist dabei ein Schlüssel für zukunftsbezogenes Handeln. Denn ohne dieses

Wissen kämpfen wir nur um das Bestehende und bilden immensen Widerstand gegen das dann unbekannte Neue. Kennen wir aber das ungefähre Ziel der Entwicklung, sehen wir – selbst wenn auch nur von ferne – den Leuchtturm im Sturm, der den nächsten sicheren Hafen anzeigt, so können wir nicht nur den Weg dahin besser wahrnehmen und gehen, sondern ihn vielmehr sogar gezielt mitgestalten, ihn kreativ mitbestimmen. Wir können dann als Führungskräfte dafür sorgen, dass so wenig Reibungsverluste oder Chaos wie möglich entstehen, und wir können den Menschen in solcher Umbruchzeit die notwendige Orientierung geben.

Was wir aber nicht können, ist, darüber zu entscheiden oder mitzubestimmen, ob wir diese Entwicklung haben wollen oder nicht. Der Wandel ist nicht nur schon entschieden, er findet bereits statt, und er geschieht auch in einem größeren gesellschaftlichen Kontext. Es ist so ähnlich wie beim Wandel vom Industrie- ins Informationszeitalter: Viele Menschen haben ihn erst mitbekommen, als sie bereits mitten drin waren. Diese globale Entwicklung kommt somit nicht aus der Wirtschaft, sondern wird erheblich durch den kollektiven Geist der Menschheit mitbestimmt, und auch das Ergebnis ist schon ungefähr vorherzusehen. So wie im winzigen Samen eines Baumes bereits der ganze große Baum angelegt und dabei schon festgelegt ist, wie er ungefähr aussehen wird, so wie im Samen jeder Pflanze bereits die zukünftig reife Pflanze erkennbar ist (zumindest für den Fachmann), so kann aus der jetzigen Entwicklung, aus den vorhandenen Problemen und Tendenzen bereits auf die Richtung der Entwicklung und das zukünftige Ergebnis geschlossen werden. Aus unserer Sicht, die von der Natur, der Geschichte, ja der ganzen Evolution des Lebens bestätigt wird, ist Entwicklung immer *sinnvoll* und geht hin zu immer höheren und komplexeren Zuständen, und so ist es auch im hier diskutierten Bereich der Wirtschaft und der Gesellschaft.

Die offene Frage:
Läuft dieser Wandel evolutionär oder revolutionär ab?

Was aber zum derzeitigen Zeitpunkt meiner Ansicht nach noch unbestimmt ist, ist die Frage, ob sich diese Transformation gewaltsam Bahn bricht und dabei das Alte erst ganz sterben muss, um einen Neuanfang zu ermöglichen, oder ob es auch einen sanften Wandel geben kann, wie von der Raupe zum

Schmetterling. Diese Frage war auch im Gang der Evolution, besonders an den großen Schnittpunkten der Geschichte, stets offen und wurde mal so und mal anders entschieden. Unbestimmt ist also nicht das Ziel, das in etwa bestimmt werden kann, sondern der Weg dahin und dabei besonders die Frage, ob der Wandel eher evolutionär oder revolutionär ablaufen wird. Vor allem der Widerstand des Bestehenden führte oft zum Untergang und zur Zerstörung, zu Kampf und Chaos, so dass das Neue danach erst mühsam wieder aufgebaut werden musste. Aber es gab auch sanfte Übergänge, wie beim Fall der Berliner Mauer sowie dem Machtverlust und dem Zerbrechen der ehemaligen Sowjetunion, obwohl dies wohl niemand auf die sanfte Weise für möglich gehalten hätte. Beides ist also jeweils möglich; welchen Verlauf die Entwicklung nimmt, kommt auf die Vernunft, auf den Weitblick und die Größe der jeweiligen Führer wie auch der Geführten an, die im Massenbewusstsein miteinander verbunden sind.

Diese Aussage gilt auch für den hier aufgezeigten zukünftigen Wandel in der globalen Wirtschaft. Es ist noch nicht abzusehen, ob zuerst ein Zusammenbruch mit dem entsprechenden Chaos notwendig ist oder ob der Wandel friedlich, kreativ, vernünftig und sanft ablaufen könnte, ob er sich eher revolutionär oder evolutionär vollziehen wird. Dies wird diesmal nicht von den *politischen* Führern abhängen, sondern von der Verantwortlichkeit, Vernunft, Einsicht, Größe und Führungsqualität der Wirtschaftsführer. Wenn sie dazu bereit sind, dann können und werden sie auch die neuen Methoden, die wir hier beschreiben, dazu nutzen oder aber andere neue, innovative Wege gehen. Wie diese Transformation der globalen Wirtschaft geschieht, können wir zum jetzigen Zeitpunkt also noch erheblich mitbestimmen. Entscheidend wird dabei sein, ob und inwieweit wir dem Wandel Widerstand entgegensetzen – und solcher Widerstand wird die Probleme und Kämpfe vergrößern – oder den Wandel annehmen, aktiv mitgestalten und somit die durch die Krise entfesselten Kräfte mitlenken und mitsteuern.

Um aber solches tun und den Weg mit wesentlich weniger Leid gehen zu können, müssen wir natürlich vor allem den Wandel *erkennen*, ihn *akzeptieren* und annehmen, denn er ist bereits erschaffene kollektive Wirklichkeit. Dann erst können wir wahrnehmen, wohin er geht, in welche Richtung und zu welchem neuen Zustand hin, und welche neuen Formen und Inhalte sich herauszukristallisieren scheinen. Dies muss nicht im Detail klar sein, es reicht, die Richtung und die wesentlichen Punkte zu kennen und darauf zuzuhalten. Der Prozess korrigiert sich dann im Einzelnen, im Detail von selbst. Dieses für uns noch neue Ziel wird in der vorliegenden Vision in seinen Grundsätzen und Leitlinien aufgezeigt und damit die Richtung angedeutet, in die es gehen wird oder gehen könnte.

Es muss dabei aber stets klar sein, dass eine Vision nur eine Leitlinie und kein straffer Fünf-Jahres-Plan ist und sie sich somit in der Realisierungsphase auch jederzeit der konkret auftauchenden Wirklichkeit anpassen und dementsprechend verändern und weiterentwickeln muss. Wenn manche Ideologien versuchten, die Wirklichkeit an die Vision anzupassen, mussten sie damit natürlich scheitern. Die Vision ist und kann nur eine aus der jetzigen Tendenz des Wandels abgeleitete ideale Zielvorstellung sein, wobei auch die gesamtgesellschaftlichen Tendenzen – über die Wirtschaft hinaus – berücksichtigt und mit einbezogen werden müssen. Da der Wandel bereits geschieht und wir mitten drin sind, haben wir leider keine Wahl, ob wir diesen noch wollen oder nicht, sondern nur die <u>Wahl, ob wir uns passiv mitreißen lassen oder ihn aktiv mitgestalten.</u> Wir können die entfesselten Kräfte wirken lassen und zuschauen oder uns sogar noch dagegen stemmen und viel Kampf und Leid verursachen, so wie es gewesen wäre, wenn die damalige Sowjetunion ihre ganze riesige Streitmacht dazu eingesetzt hätte, um den Zerfall mit Gewalt zu verhindern. Oder wir können diese bereits wirkenden Kräfte erkennen und – so wie der Mensch auch andere Naturkräfte bändigen kann, wenn er sie und ihre Gesetze erkennt – evolutionär in neue Bahnen lenken, diesen Wandel mitgestalten. Fazit: Wir müssen also lernen, den wilden Tiger der Wirtschaft nicht mehr zu bekämpfen, wie es heute leider von vielen Richtungen und Gruppen her geschieht, denn er ist zugleich unsere Lebensgrundlage. Wir müssen ihn nicht wegen seiner Gefahr und Macht anprangern, fesseln oder unterdrücken, sondern wir müssen lernen, ganz gemäß asiatischer Kampfkunst, den Tiger zu zähmen und zu reiten, ihn zu unserem mächtigen Freund zu machen.

1.3. Der Tiger als Metapher für die heutige globale Wirtschaft

Damit kommen wir zu einer Metapher, die sehr viel von dem ausdrückt, was in diesem Buch gesagt werden soll, und die noch oft eingesetzt werden wird, um unser Thema zu illustrieren: zum Bild des machtvollen, aber ungezähmten Tigers. Die Kraft und Macht der heutigen globalen Wirtschaft, die kaum noch etwas über sich duldet, weder Moral noch Ethik, weder religiöse Werte noch politische Einschränkungen, und die momentan leider nur an ihre eigene Befriedigung und ihre Profite denkt, können wir bildlich gesprochen mit einem wild gewordenen Tiger vergleichen, der seine Macht dazu missbraucht, die Menschen anzugreifen, auszuplündern, im schlimmsten Fall ihr Heim oder ihren Arbeitsplatz zu zerstören. Durch seine (Profit)-Gier sieht er die Menschen nur noch als Objekte, die es auszunehmen oder zu fressen gilt. Ein Tiger sozusagen, der sich dazu noch in einer Art Pubertät oder Umbruchphase befindet. Daher ist er besonders wild und inzwischen auch unberechenbar geworden. Durch seine wachsende Macht sprengt er früher bestehende Begrenzungen, verlässt auch sein bisheriges Revier, dehnt es global aus und wird so überall für Menschen, ihre Arbeitsplätze, ihre Werte, ihren bisherigen Lebensstil zur Bedrohung. Die meisten, die nicht persönlich von seinen Raubzügen profitieren, fürchten ihn und wollen ihn bekämpfen, was sich öffentlich bislang zwar nur in Straßenschlachten mit Globalisierungsgegnern zeigt, aber unter der Oberfläche wird der Groll von vielen Menschen insgeheim geteilt. Die Wurzeln des Konflikts reichen also viel tiefer. Er wird inzwischen von fast der gesamten Gesellschaft gefürchtet, selbst von den Fachleuten und Politikern, die ihn zu lenken suchen oder noch daran glauben, dass er von außen kontrolliert werden kann.

Wir könnten nun ebenfalls diesen Tiger fürchten und passiv mit ansehen, wie er seine Opfer schlägt, was die „schweigende Mehrheit" noch – wenn auch grollend und schimpfend (siehe das Meinungsbarometer der Boulevardpresse und ihre Ausdrücke) – hinnimmt. Wir könnten ihn natürlich auch „mit gutem Recht und guten Gründen" bekämpfen und es so machen wie die radikalen und oft idealistischen Gegner. Wir könnten ihn auch verschmähen oder ablehnen und daraus resultierend alternatives Wirtschaften, beispielsweise geldlose Tauschringe gründen, was aber im globalen Spiel faktisch nicht viel bewirkt. Oder wir können wie manche Politiker noch der Idee nachhängen, dass wir ihn wieder einfangen, betäuben, lähmen und wieder in den Zoo sperren und damit seiner Macht berauben könnten. Doch selbst wenn dieser unwahrscheinliche Fall gelänge, so wäre dies eine wirtschaftliche Selbstkastration. Wir würden uns zugleich auch der Macht und Stärke des Tigers, also unserer wirtschaftlichen Kreativität und Produktivkraft, berauben und damit vielleicht ähnliche Konsequenzen für die Gesamtgesellschaft heraufbeschwören, wie sie im Kommunismus des alten Stils als extremer Mangel in Erscheinung traten, wo der Tiger ebenfalls gelähmt und fast getötet wurde, wo jedes freie Unternehmertum verpönt war. Die Ernte war dann auch entsprechend mager, und auf die Dauer war dies nicht durchzuhalten. So erscheinen alle diese Alternativen keineswegs sinnvoll.

Wir können aber auch einen anderen Weg beschreiten, und dies ist der Vorschlag dieses Buches: Wir können den Tiger zähmen und schließlich sogar reiten lernen, gerade weil wir sehen und nicht ignorieren, wie problematisch und gefährlich er inzwischen geworden ist, und indem wir – ohne etwas zu verdrängen und ohne etwas zu bekämpfen – zunächst *akzeptieren, was ist und wie es ist*. Wir können damit seine globale, ungeheure Kraft für uns nutzen und dadurch alle zu einem viel größeren Wohlstand und Reichtum kommen. Dieses Vorhaben erinnert mich an eine geschichtliche Situation, in der schon einmal jemand gewagt hat, den Tiger frei zu lassen und zugleich zu zähmen, nämlich in der Lage, wie sie in Deutschland nach dem Zweiten Weltkrieg entstanden war. Auch hier lag der Tiger am Boden, und es gab problemlos die für alle anscheinend „sichere" Möglichkeit, per Zwangswirtschaft, Verordnungen und Einschränkungen den damals herrschenden Schwarzmarkt zu bekämpfen und den Tiger weiter zu lähmen. Dies geschah übrigens zunächst auch und drückte sich in erheblichem Mangel aus. Es hätte auch die andere Alternative gegeben, den Tiger frei laufen zu lassen, also einfach den Frühkapitalismus wieder aufleben zu lassen. Diese Alternative wird übrigens leider heute in vielen osteuropäischen Staaten praktiziert. Man hätte also die Wirtschaft einfach machen lassen können, was sie wollte, und passiv zusehen und damit viel soziale Ungerechtigkeit und Schaden in Kauf nehmen müssen. Wie heute schien es nur die Möglichkeiten zu geben, dem Tiger freien Lauf zu lassen oder ihn zu betäuben und einzuschränken. Doch wurde damals in Deutschland durch den Sieg der Vernunft sehr erfolgreich ein dritter und viel erfolgreicherer Weg versucht, um aus der Misere herauszukommen, wie es dann vor allem Ludwig Erhard genial umgesetzt hat: die Kräfte des Tigers mit allen Risiken freizusetzen, aber ihn gleichzeitig durch eine soziale Marktwirtschaft zu zähmen und für die Gesamtgesellschaft nützlich zu machen. Eine geniale Lösung, die auch das entsprechend positive Resultat brachte und, wie schon gesagt: „Results have it", oder „wer heilt, hat recht". Durch diesen dritten Weg kam es damals weder zum Wiederaufleben des Frühkapitalismus mit seinen sozialen Ungerechtigkeiten, wie es leider jetzt in Osteuropa zu sehen ist, noch zu Zwangswirtschaft und Erdrosselung der Wirtschaft und damit zu Lähmung von Innovation und Produktivität, wie in einem dirigistischen Wirtschaftssystem, sondern zur schnellen Überwindung des Mangels, ja sogar zu einem großen und unerwarteten Überfluss, zu einem von keinem Fachmann damals so schnell erwarteten Wohlstand, dem „Wirtschaftswunder". Und dies einzig dadurch, dass der Tiger weder erdrosselt noch einfach frei gelassen wurde, sondern indem man es schaffte, ihn zu zähmen und seine Kraft zu nutzen in einem System, das lange Jahre großen Wohlstand brachte. Dies zeigt also klar, dass es nicht darum gehen kann, die Wirtschaft zu bekämpfen oder zu lähmen, sondern dass man prinzipiell ihre Kraft braucht, um Fülle und Wohlstand zu schaffen, nur muss man eben lernen, den Tiger zu reiten. Dabei können natürlich die aufgeführten Rezepte von damals heute nicht mehr wirken und sollen es auch nicht, es ging in dieser Analogie nur darum, aufzuzeigen, wie wichtig es ist, den Tiger – der heute mächtiger ist denn je – zu zähmen, zu reiten und in Freiheit seine Kraft zu nutzen. Wir müssen es heute auf andere Weise tun als damals, und zwar ganz im Sinne asiatischer Kampfkunst, welche die unbändige Kraft des Gegners umwandelt und sich zu Nutze macht, anstatt sie zu konfrontieren und direkt gegen sie zu kämpfen.

Ähnlich geht es auch in der jetzigen Krise darum, den Mut zu haben – wie ihn damals Ludwig Erhard entgegen vielen versierten Ökonomen hatte –, die Lage zu erkennen, das neue Ziel und die neue Chance in der Krise zu sehen bzw. eine neue Vision zu haben. Damit brauchen wir den Tiger eben nicht unschädlich zu machen und gegen ihn anzutreten, was nicht nur viel Kampf und Leid mit sich bringen würde, sondern auch Armut und Mangel. Im Gegenteil, wir können ihn in seiner Kraft belassen, sie aber lenken, zähmen und für uns alle nutzen.

Wie könnte dies geschehen? Wieder durch eine äußere Ordnung oder äußere Begrenzung wie damals die soziale Marktwirtschaft? Keineswegs, denn der Tiger ist heute mächtig genug, vor allem in den international operierenden Konzernen und Banken, jegliche äußeren und nationalen Beschränkungen auf Dauer zu umgehen oder zumindest auszuhöhlen. Auch Strafen schrecken ihn nicht dauerhaft, sie werden in den Preis eingerechnet. Daher gibt es nur eine Instanz, die dies bewerkstelligen könnte, wie wir noch zeigen werden, und dies ist im kommenden „Zeitalter des Bewusstseins" das Bewusstsein der Wirtschaft selbst, das sich in den Handelnden manifestiert und ausdrückt. Diese <u>Wandlung und Transformation</u>, <u>das Gestalten neuer Leitlinien, Werte, Produkte und Ideen, neuer Wege und Arbeitsbedingungen</u> kann diesmal nur von der Wirtschaft und deren Führung kommen, kann und muss einzig und allein von der Wirtschaft und den Beteiligten selbst geschehen, ohne größere Einmischung von außen.

1.4. Das Zähmen des Tigers durch Transformation des Bewusstseins

Das Zähmen des Tigers ist also ein Bewusstseinsprozess, und über diese Transformation im Bewusstsein wird die Transformation der Gesellschaft und der äußeren Bedingungen geschehen, nicht mehr durch Gewehre, Gesetze oder Kampf. Dieser Prozess wird ja offensichtlich auch nicht mehr wie früher auf nationaler Ebene zu lösen und zu bewältigen sein, sondern notwendigerweise nur international, und wer sollte hier denn Zwang oder Gewalt ausüben?

Dieser Prozess kann und wird natürlich national und in bestimmten Branchen beginnen. So etwa, wie der Umweltschutz zuerst in einigen Ländern und hier wieder bei einigen Gruppen begonnen hat – übrigens auch als Bewusstseinsprozess – und sich vom Kleinen zum Großen um sich greifend fortgesetzt hat. So werden einige Länder, und in diesen wiederum einige Firmen und Konzerne, Vorreiterrollen innehaben, was sich dann auch in barer Münze bezahlt machen wird, denn dieses Know-how wird noch kostbarer sein als das des Umweltschutzes. Wir müssen also nicht auf die Staatengemeinschaft, auf bestimmte Staaten, nicht einmal auf andere Branchen, Firmen und Mitbewerber warten, sondern können und sollen diesen Prozess individuell beginnen. Dieses wird für andere schließlich Vorbildfunktion haben, wie es heute schon manche Firmen in Bezug auf CRS (corporate responsibility, freiwilliges Engagement im gesellschaftlichen oder sozialen Bereich) sind, worauf wir noch eingehen werden. Somit wird deutlich, dass der jetzige Wandel, dass die Umsetzung dieser Vision nur in Freiheit und in Verantwortung der Einzelnen möglich sein wird. Es ist nicht nur ein Wandel in Freiheit, sondern auch ein Wachsen zu größerer Freiheit hin, sowohl des Einzelnen, des Managers, der Führungskraft wie auch ganzer Firmen und letztlich auch der Mitarbeiter. Dies ist eines der Kennzeichen der neuen globalen Ökonomie, dass sie mit *weniger Einschränkung* oder äußerem Zwang gesteuert wird, was übrigens schon immer kontraproduktiv war und ist. In Zukunft wird dies auch kaum noch möglich sein, da in Zeiten allgemeiner Vernetzung nichts völlig abgedichtet oder abgeschottet werden kann. Die neue globale Ökonomie wird zunehmend immer größere Freiheit und zugleich auch entsprechende Verantwortung mit sich bringen.

Obwohl also der Wandel im individuellen Bewusstsein des Einzelnen beginnt und nirgends sonst, auch nur dort beginnen kann, so ist dies letztendlich zugleich ein Wandel der ganzen Wirtschaft, ein Wandel im Bewusstsein der gesamten Bevölkerung, ja schließlich der ganzen Menschheit. Das Zähmen des Tigers kann also diesmal nicht mehr von außen kommen, da es derzeit keine mächtigere Instanz als die globale Wirtschaft zu geben scheint, und auch, wie gezeigt, nicht sinnvoll wäre, sondern nur von innerhalb der Wirtschaft, aus ihr selbst heraus, und es wird unter den Wirtschaftsführern wiederum von denjenigen ausgehen, die bereits die Reife, die Erkenntnis und das Verantwortungsbewusstsein haben, über ihren Tellerrand zu schauen und diese Transformation mit einzuleiten und mitzugestalten. Die angesprochenen Veränderungen wirken aus vielen Gründen, unter anderem auch mittels der neuen Methoden im Bewusstsein, viel schneller als über die Einwirkung auf die materielle Ebene, beispielsweise durch äußeren Druck oder äußere Anreize. Dadurch werden die, die diesen Trend jetzt erkennen und sich dem Fluss anpassen können, auch sehr schnell die entsprechenden Früchte für ihre Pionierleistungen ernten.

Da also der äußere Wandel schon stattfindet, aber, wie gezeigt, die Lenkung oder der Einfluss darauf nur noch über das Bewusstsein und dessen Veränderung möglich ist und nur von innen heraus erfolgen kann, legen wir in dieser Darstellung der Vision einer neuen Ökonomie auch den größten Wert auf die Veränderungen, die im Bewusstsein stattfinden müssen und werden. Wir überlassen es dann den Fachleuten und am Prozess Beteiligten, dies kreativ in konkrete rechtliche und materielle Formen zu gießen, es ökonomisch und gesellschaftlich umzusetzen. Wir können hier nur die Methoden vorschlagen, *wie* es im Bewusstsein umzusetzen ist, nicht die konkrete Form bestimmen, die es dann materiell annehmen soll oder in die es gegossen wird. Dies bleibt den jeweiligen Firmen, ihren Führungskräften und deren Kreativität überlassen.

1.5. Die drei wesentlichen vor uns liegenden Schritte

Die vor uns liegende Aufgabe unterteilt sich also in drei Schritte, **erstens** in eine konkrete Analyse der jetzigen Situation, wie und warum der Wandel geschieht; **zweitens** in die Darlegung, wohin der Wandel gehen wird und wie er positiv gestaltet werden kann, also die Darlegung der Vision einer neuen Ökonomie und eines neuen Wirtschaftens und damit des Ziels, auf das wir zusteuern können; **drittens** in das Aufzeigen neuer Wege und Methoden, wie diese Bewusstseinswandlung durch gezielte Arbeit mit und am Bewusstsein schnell und effektiv zu erreichen ist.

Im **ersten Schritt** ist es notwendig, und dies geschieht bereits im nächsten Kapitel, zunächst die derzeitigen gravierenden Problempunkte in der Wirtschaft zu untersuchen und dabei gegebenenfalls auch darzulegen, warum sie nicht mehr so einfach kuriert oder auf bisherige Weise behoben werden können. Wir werden also darlegen, und zwar lediglich an den Hauptpunkten, inwieweit der Tiger, also die Wirtschaft, wild geworden ist, wie sie inzwischen für den Einzelnen und zugleich für fast alle Beteiligten schädlich, gefährlich und sogar destruktiv geworden ist. Ferner wird kurz gezeigt, wie die einzelnen Teile, Firmen, Konzerne, Abteilungen, Mitarbeiter, Führungskräfte sich zum Schaden des Gesamtvermögens bzw. des wirtschaftlichen Ganzen bereits gegenseitig bekämpfen, mit ihrem Vermögen wahnwitzige Machtspiele betreiben, Schwächere aufkaufen, wie sie um Marktanteile kämpfen, sinnlose Werbekampagnen finanzieren, Spekulationen größten Ausmaßes durchziehen und dann die durch diese Kämpfe früher oder später eintretenden Verluste wiederum dadurch ausgleichen, indem sie Mitarbeiter entlassen, bestehende Ressourcen verbrauchen und/oder gesunde Teile verkaufen müssen. Auf jeden Fall verantworten sie diese Folgen nicht dadurch, dass sie selbst dafür geradestehen, es bedauern oder es unterlassen. Warum auch, wenn dieses „Monopoly" für sie persönlich keine Konsequenzen hat, allenfalls satte Abfindungen.

Bei dieser Analyse wird sich auch zeigen, dass zu den klassischen Problemen des Managements, die es schon seit alters her gegeben hat und die jetzt vielleicht stärker werden, wie beispielsweise Knappheit, Mangel an Verantwortlichkeit, Furcht zu versagen, Machtkämpfe, Geltungssucht, der alte Kampf zwischen Arbeitgebern und Arbeitnehmern, neue wesentliche Probleme hinzukommen, wie beispielsweise anhaltender Stress und Erschöpfung, sinnlose Geschäftigkeit, Mangel an Visionen und daher einseitiges Profitdenken, Stellenabbau, vor allem aber Sinnverlust und extremer Egoismus durch Auflösung traditioneller Wert- und Moralvorstellungen. Dieser Sinnverlust scheint eines der gravierendsten Probleme der heutigen Wirtschaft zu sein: Sie hat damit sozusagen *ihr Herz verloren*, damit auch den Zweck für die Menschen und die Gesellschaft, und ist zu einer Art von kaltem und gefräßigem Roboter geworden. Es geht also nicht mehr um Erfüllung bestimmter Aufgaben für die Gesamtgesellschaft, wie es die alten Händler durch den Austausch von Waren taten, oder um Erfüllung bestimmter Bedürfnisse, die man sich natürlich gut bezahlen lassen konnte, sondern es geht manchmal nur noch um die Produktion oft völlig sinnloser Güter, die niemand braucht und die niemandem nützen. Hauptsache produzieren um des Produzierens willen, um der Quantität willen, so wie (in USA) massenweise Plastikteller produziert und vernichtet werden, statt normales langlebiges Geschirr zu benutzen, also möglichst kurzlebige Güter, einfach damit noch mehr produziert werden kann, Marktanteile ausgebaut und mehr Quantität erzeugt wird, ohne volkswirtschaftlichen, gesellschaftlichen oder selbst persönlichen Sinn. Dies führt natürlich zu verheerendem Raubbau an Ressourcen und Energie, zu sinnlosen Müllbergen und vielem mehr. Dies ist gemeint, wenn wir von Sinnverlust sprechen; ein solches Wirtschaften oder planloses oder sogar schädliches Produzieren macht für die Gesellschaft insgesamt absolut keinen Sinn mehr.

Diese Sinnlosigkeit führt auch dazu, dass nicht nur sinnlos *viel*, sondern überhaupt *Sinnloses* produziert wird, also allzu viele Dinge, die bislang überhaupt nicht gebraucht wurden und werden, für die auch bis dato kein Bedürfnis vorhanden ist, sondern erst wieder über massive Werbung geweckt werden muss. Ein schönes Beispiel dafür waren die einige Jahre massenweise produzierten „Tamagochis", also künstlich nachgemachte kleine Haustiere, die elektronisch gefüttert und gewartet werden mussten usw., für die es eigentlich keinen Bedarf und keine Nachfrage gab, die aber dann künstlich erzeugt wurde. Dem Gegenargument, dass dieses Bedürfnis im Menschen vielleicht nur noch nicht entdeckt war und die Erfinder somit doch ein noch unbekanntes Bedürfnis des Menschen erfüllten, ist faktisch entgegenzuhalten, dass auch heutzutage niemand mehr diese „Haustiere" zu brauchen scheint, also nach Verebben der Kampagne auch das künstlich erzeugte Bedürfnis wieder verschwand und damit nicht wirklich vorhanden gewesen sein konnte. Nicht, dass dies zu verbieten wäre oder dass hier wieder Zwangsmaßnahmen gefordert werden: Aber die Umstellung, wieder Sinnvolles zu produzieren und anzubieten, Nützliches und Schönes für die Menschen, langlebige Güter, die nicht ständig ersetzt werden müssen, all dies muss sich zuerst im Bewusstsein wandeln. Die Werte und die Einstellungen müssen sich ändern, im Produzenten wie im Käufer, also bei allen wirtschaftlich Beteiligten. Nicht äußerem Zwang, sondern diesem inneren Wandel folgend wird dann die Wirtschaft wieder Sinnvolles anbieten und daraus ihren Nutzen und Gewinn ziehen. Die Produzenten werden aus der Herstellung von Gütern oder Dienstleistungen wieder Bestätigung und Freude gewinnen und nicht mehr nur um der reinen Profitsteigerung willen produzieren, ohne sich um die Folgen zu kümmern. Dies meinen wir also, wenn wir vom Verlust des Sinns sprechen. Es ist analog so, wie wenn eine Zelle zur Krebszelle mutiert und sie nur noch sinnlos wächst, ohne sich um das Ganze zu kümmern, ja, es sogar dadurch zerstört und sich selbst letztlich mit vernichtet.

Auch Wirtschaft ist nicht von der übrigen Welt, vom gesamten System und dem Rest der Gesellschaft zu trennen und kann auch nicht isoliert davon betrachtet werden, sondern nur – wie auch Kultur, Religion, Sport oder andere Zweige der Gesellschaft – eingebettet in den Gesamtzusammenhang eines Volkes, eines Systems, eines Kollektivs und vor allem des Bewusstseins der Gesamtbevölkerung. Daher kann und darf es wiederum der Gesellschaft auch nicht gleichgültig sein, was hier geschieht, und somit betrifft dies keinesfalls nur die Wirtschaft. Wenn beispielsweise eine bestimmte Religion ihren Sinn verliert, wird sie vielleicht eine Zeitlang, aber nicht auf Dauer überleben, und wenn eine Kulturform sinnlos wird, kann sie allenfalls in Museen subventioniert überleben. *Um aber eigenständig und vital weiterzuleben, muss jeder Teil eines Ganzen einen Sinn ergeben*, sowohl in sich wie auch für das Ganze, wie jede Zelle in einem gesunden Körper. Von diesem Standpunkt aus gesehen kann sich die Wirtschaft nicht darauf berufen, nach ihrem eigenen und willkürlichen Ermessen handeln zu dürfen, also zu Recht sinnlos zu sein oder zu Recht über den Profit für wenige hinaus keinen weiteren Sinn zu haben. Sie würde sonst früher oder später nicht überleben, da auch sie das Gesamtsystem zum Überleben braucht. Vielmehr würde sie solcherart wie ein Krebsgeschwür abgelehnt, abgestoßen, ausgegrenzt, oder es würden alternative Kreisläufe entwickelt und sie schließlich entwertet. Daher muss sie einen bestimmten Sinn für das Ganze ergeben, und dies war bislang üblicherweise die Schaffung von Wohlstand, die Befriedigung von Bedürfnissen und die Bereitstellung von benötigten Waren. Produziert sie aber Sinnloses oder sinnlos zu viel, so entsteht statt Wohlstand eine riesige Verschwendung von Ressourcen und gleichzeitig riesige Müllberge, die wieder abzubauen oft der Verbraucher oder die Gemeinschaft allein bezahlen muss, und dadurch langfristig Mangel, vor allem Mangel an Sinnhaftigkeit. Eine solche sinnentleerte Wirtschaft produziert nur noch um des Profits oder der Marktanteile willen, um eine marktbeherrschende Stellung zu verbessern oder mehr Output vorzuweisen, oder für mehr quantitatives Wachstum, mehr Umsatz für die Bilanz, ohne dass dies einen Sinn ergibt, wie beispielsweise die Produktion absichtlich kurzlebiger Güter, die ständig nachproduziert werden müssen und immer neuen Rohstoff verbrauchen. Das Fazit daraus lautet also, dass in einer neuen und humanen Ökonomie die Wirtschaft vor allem auch wieder ihr Herz erlangen und wieder ihren Sinn finden und vielleicht neu definieren muss, einen Sinn für das Ganze wie für den Einzelnen, aus dem allein Glück und Freude und auch Bestätigung zu gewinnen sind.

Der zweite Schritt nach dieser teils deprimierenden Analyse ist das Erkennen und die Ausarbeitung einer neuen Vision, der positiven Synthese, die am Ende des Prozesses stehen könnte. Darüber wurde bereits ausgiebig gesprochen, und wir wollen nur noch einmal auf den folgenden wichtigen Punkt verweisen: Wenn wir hier eine Vision vorstellen, wohin sich der Wandel in einem positiven Sinne entwickeln könnte, so bedeutet dies keineswegs, dass dies die einzige oder beste Möglichkeit oder Vision sein könnte. Wie wir aus der Untersuchung von lebenden und offenen Systemen wissen, die alle bei Entwicklungsschritten oder -sprüngen immer auch durch ein gewisses Chaos gehen, so ist die höhere Ordnung, in die das System gehen kann, nie völlig sicher oder deterministisch vorherzusagen, sondern es gibt stets mehrere wahrscheinliche Möglichkeiten, übrigens auch die des Todes und Untergangs des Systems. Somit könnte es sich faktisch auch weniger positiv entwickeln, als es hier als ideale Weiterentwicklung gesehen wird. Doch müssen wir zugleich bedenken, dass wir im und am Bewusstsein arbeiten und dass hier wiederum gilt, dass die entsprechende Absicht und die willentlich erzeugte Vorstellung dahin tendiert, sich zu materialisieren. Daher hoffen wir nicht nur auf die bestmögliche Transformation, sondern denken, wünschen und materialisieren sie durch die Bündelung der Aufmerksamkeit darauf auch herbei. Indem wir sie denken und bildlich gestalten und auch als Ziel setzen, wachsen zugleich die Chance und die Wahrscheinlichkeit, dass sich das System auch in diese Richtung entwickelt, denn wir sind auch Bewusstsein und als solches Teil des Prozesses. Sicher werden also im Laufe der Zeit noch andere Visionen dazu kommen; dies ist auch gut so. Es sollen viele Blumen blühen, und das Schöne an Zielen im Gegensatz zu Wünschen oder Bedürfnissen ist, dass sie auch jederzeit leicht korrigiert oder verändert werden können.

Der dritte Schritt betrifft die praktische Umsetzung. Welche Visionen oder welche Ziele auch immer für die Wirtschaft zum Tragen kommen, erreicht oder umgesetzt werden sollen, es bedarf auch der konkreten Methoden und praktischen Maßnahmen, um solche Ziele möglichst realistisch und auch effizient umzusetzen. Was nützt die schönste Vision, wenn sie bloße Utopie bleibt. Sie ist dann allenfalls ein netter Trost, aber keine Handlungsmaxime. Zusätzlich zu der Vision, dem „Leuchtturm", um im Bild zu bleiben, bedarf es mutiger Kapitäne (Unternehmer) und erfahrener Lotsen (Trainer), um diese Ziele in möglichst kurzer Zeit auch zu erreichen und die Ergebnisse konkret im Außen, im Team, in der Firma, unter den Mitarbeitern, im konkreten Wirtschaften erfahrbar zu machen und ihre Realisierbarkeit im Alltag unter Beweis zu stellen.

Derart mutige und vorausschauende Persönlichkeiten, Pioniere ihrer Branche, sind auch nötig, um die jetzige Entwicklung aktiv mitzugestalten und mögliche Reibungsverluste und damit menschliches Leid zu vermeiden oder so gering wie möglich zu halten. Wir werden hier also im dritten Schritt einige zumindest für die Wirtschaft absolut neue Methoden und leicht anzuwendende Werkzeuge vorstellen, Handlungsangebote aufzeigen und Trainingsangebote machen, wie der Tiger zu zähmen ist. Diese Methoden sind relativ leicht umzusetzen und wirken vor allem schnell, wie wir aus der Anwendung in anderen Bereichen bereits wissen. Damit und sicher mit noch vielen anderen Methoden könnte diese bisher ungebändigte Kraft der Wirtschaft, statt in Konkurrenz und Machtkampf zu fließen, wieder kreativ für uns alle nutzbar werden. So können wir den anstehenden Wandel, welche konkrete Form er auch immer annehmen wird, rasch zu einem positiven Ende bringen.

1.6. Der Schlüssel für diese Zukunft liegt im Bewusstsein

Wie schon dargelegt, haben rein äußere Maßnahmen, beispielsweise Kostensenkung, Druckerhöhung auf die Mitarbeiter, mehr materielle Anreize, erzwungene Verhaltensänderungen etc., wenig Sinn und bringen auch wenig dauerhaften Erfolg, wie sich faktisch zeigt. Wir müssen hier also vielmehr (und viel tiefer) im Bewusstsein ansetzen. Dieses Vorgehen – so ungewöhnlich es derzeit noch scheinen mag – wird überhaupt ein Zeichen der neuen Zeit sein, so dass zukünftig jegliche tiefgreifende Veränderung – ob im Einzelnen oder im Kollektiv – zuerst im Bewusstsein vorgenommen wird und sich erst daraufhin in der äußeren Welt materialisiert. Was im *Agrarzeitalter* der Besitz und das Bestellen des Bodens war, was im *Industriezeitalter* der Besitz und der Output von Kohle, Stahl und Energie war, was im *Informationszeitalter* die Menge, Qualität und der Austausch von Information, Daten und Know-how war und ist, im künftigen *Bewusstseinszeitalter* wird die Veränderung des Bewusstseins selbst Ausgangs- und Angelpunkt aller Arbeit sein.

Wer hier und heute schon über die entsprechenden Werkzeuge verfügt, diesen „Boden zu bestellen", wer also das Wissen und die Technologie besitzt, im Bewusstsein leicht und schnell zu operieren, um gewünschte Veränderungen herbeizuführen, der wird für lange Zeit führend sein und eine führende, vielleicht sogar beherrschende Stellung innehaben. Ähnlich wie in der heutigen Zeit das Wissen um Informationszugang und -verarbeitung, das Beherrschen der Computer und der Netze das Wichtigste ist, so wird im kommenden folgenden Zeitalter wichtig und entscheidend sein, Bewusstsein gezielt transformieren und frei gestalten zu können. So wird vermutlich die Wirtschaft, sowohl aus der immanenten Notwendigkeit heraus (Not wendet!!) wie auch wegen ihres einzigartigen Potentials, der erste öffentliche Bereich sein, in dem dieses Wissen konkret in großem Stil eingesetzt wird; auch deshalb, weil hier einfach Ergebnisse zählen und nicht graue Theorie wie in der Wissenschaft und auch nicht Ideologie wie in der Politik. Zumindest ist dies zu hoffen, da sonst die Krise kaum zu meistern sein wird, und es gibt sogar eine gewisse Wahrscheinlichkeit dafür.

Die Anwendung der hier vorgestellte Bewusstseinsarbeit bzw. Bewusstseinserweiterung wird auf mittlere Sicht keineswegs auf die wirtschaftliche Anwendung beschränkt bleiben, sondern bei Erfolg sicher auf andere Bereiche übergreifen und universell eingesetzt werden. Diese Entwicklung wird zugleich zu einer völlig neuen Kreativität und Bedeutung des Menschen führen, auch zur Ausbildung seiner bislang vernachlässigten höheren Fähigkeiten wie der Intuition, die für Führungskräfte unabdingbar ist, sowie zur Erschließung weiterer Teile unseres Geistes und Gehirns, die bisher unerschlossen brachliegen. So wie bereits heute immer mehr *Intuition* im Management benötigt, gefordert und inzwischen auch realisiert wird, werden in der kommenden Zeit immer bedeutendere Fähigkeiten, immer weitere Bereiche unseres Geistes freigelegt und erschlossen werden. Dies geschieht sowohl generell durch die allgemeine evolutionäre geistige Entwicklung wie auch durch gezielte Maßnahmen, von denen einige hier vorgestellt werden, und natürlich durch Übung und Training wie beispielsweise durch das speziell für die Wirtschaft zugeschnittene Tiger-Trainig® für Führungskräfte. Dies ist der hier vorgestellte und immens wichtige praktische Teil und zugleich die Beantwortung der Frage, wie diese anstehende Transformation durch den Wandel im Bewusstsein der Einzelnen wie auch bestimmter Kollektive in positive Bahnen gelenkt, gesteuert und aktiv mitgestaltet werden, also wie der Tiger konkret gezähmt werden kann.

Wir werden uns also nicht darauf beschränken, eine Analyse der hauptsächlichen Kritikpunkte an der jetzigen Form der Wirtschaft herauszuarbeiten, und wir werden schon gar nicht lamentieren und Schuldige bzw. Sündenböcke dafür suchen, sondern wir sehen die Entwicklung vielmehr insgesamt positiv, als eine notwendige Krise, als einen Durchgangspunkt zu einer ganz neuen Wirtschaftsform, die wir anhand der vorgelegten Vision zumindest in ihren Grundsätzen greifbar und deutlich machen wollen. Diese Entwicklung läuft parallel zu einer Höherentwicklung des Bewusstseins allgemein und zur Ausweitung und umfassenderen Nutzung der bisher brachliegenden Potentiale des menschlichen Geistes. Diese Perspektive und Vision wird bislang nur von wenigen gesehen und muss daher deutlicher ins Bewusstsein gerückt werden, um darauf zuhalten zu können. Ganz besonders gilt dies für Therapeuten, Pioniere oder Coaches, um den Menschen Orientierung und praktische Hilfe in dieser schwierigen Übergangszeit geben zu können.

Bewusstseinsumgestaltung mit neuen psychologischen Methoden

Diese neuen psychologischen Methoden sind hierzulande noch weitgehend unbekannt, werden aber beispielsweise in Japan und Taiwan schon seit Jahren erfolgreich im Business-Bereich eingesetzt, da die asiatische Geschäftskultur anscheinend sehr offen dafür ist, was pragmatisch funktioniert, und auch Spiritualität und Geist nie wirklich ausgeklammert hat. Diese Methoden gehen nicht wie bisher über äußere Manipulation, Kontrolle, Druck, Motivierung oder Veränderung des Verhaltens, sondern arbeiten direkt *im*, *mit* und *durch* das Bewusstsein. Da wir bereits dargelegt haben, dass der jetzt notwendige Wandel vor allem in der Wirtschaft weder über äußere Zwänge und Regularien, auch nicht durch Rückzug zu alten Mustern und Verhaltensweisen zu bewältigen ist, bleibt nur noch, den inneren Weg zu gehen und damit zu realisieren, *dass wahrer und dauerhafter Erfolg von innen kommt* und nur von innen kommen kann. Somit ist die notwendige Transformation und Umgestaltung der Wirklichkeit, der Mitarbeiter, der Firma, des Images, der Manager letztlich und dauerhaft nur über das Bewusstsein zu erreichen – so wie beim Wachstum einer Pflanze die äußeren Umstände zwar eine Rolle spielen und auch für das Wachsen vorhanden sein müssen, es aber vor allem darauf ankommt, *welcher Same* gesät wurde, um das zu ernten, was man ernten will. **Dieser Samen der neuen, zukünftigen Wirtschaft wird im Bewusstsein gepflanzt**, und wir werden aufzeigen, wie dies praktisch möglich ist. Es ist nicht einmal so schwer, wie es vielleicht zunächst aussehen mag, wenn man nur die bisherigen, traditionellen Methoden kennt. Damit war es bislang kaum möglich, schnell und mühelos in tiefe Bereiche des Geistes vorzustoßen, und wenn, dann waren sie oft obskur oder sie waren nicht wiederholbar/reproduzierbar und daher nicht wissenschaftlich fundiert. Noch weniger möglich war es, gezielte und schnelle Veränderungen herbeizuführen, außer vielleicht ansatzweise mit NLP und ähnlichen Methoden. Auch die sonstigen traditionellen psychologischen Methoden dauern hier viel zu lange, da sie – wie z.B. in der Gesprächstherapie – zu viele Filter, beispielsweise den Verstand, den Intellekt und viele andere innere Begrenzungen und mentale wie emotionale Blockaden zu überwinden haben. Was jetzt aber nötig ist, sind schnelle und nachweisbare wie auch reproduzierbare Ergebnisse.

Inzwischen haben moderne Richtungen in der Psychologie viele sehr wirkungsvolle und vor allem schnelle Methoden entwickelt und inzwischen weltweit in tausenden von Seminaren erprobt, um direkt und schnell in tiefe Schichten des Bewusstseins vorzustoßen und tiefgreifende Veränderungen im mentalen und vor allem kausalen Bereich herbeizuführen, wie sie bisher kaum möglich waren. Neben der Gestalttherapie und moderner Aufstellungsarbeit möchte ich hier vor allem die sehr tiefgehende und sehr effiziente Richtung der „Psychology of Vision" des amerikanischen Psychologen Dr. Spezzano herausheben. Bei diesen Forschungen hat sich auch gezeigt, dass unser Bewusstsein vielschichtiger, tiefer und zugleich untereinander viel verknüpfter ist, als wir bisher dachten. Daher habe ich für die bessere Darstellung des Bewusstseins und seiner Schichten sowie der vernetzten Bereiche das traditionelle „Eisbergmodell" in ein „Inselmodell" modifiziert, das die Wirklichkeit des Bewusstseins, vor allem seine in den Tiefen proportional wachsende Verbundenheit, viel besser erfasst (siehe im Detail in meinem Buch: „Dynamische Aufstellungen"). Diese tatsächliche Verbindung des scheinbar getrennten Bewusstseins der einzelnen Menschen zeigt sich vor allem bei Aufstellungen, in denen eine beliebige Person als Stellvertreter für eine ihm völlig fremde Person aufgestellt wird, er aber dennoch, ohne jene äußerlich zu kennen oder etwas über sie zu wissen, treffende Informationen über sie und ihren Zustand geben kann. Bewusstsein hat also auch eine kollektive Komponente, die wir vor allem in Firmen, Abteilungen oder für ein Team nutzen können. Es existiert also eine Art von fantastischem geistigen Internet, in dem die einzelnen „Bewusstseine" (unsere Sprache hat treffenderweise gar keinen Plural dafür – weil es eben in Wirklichkeit kein völlig singuläres Bewusstsein gibt) alle mit allen verbunden sind, und dieses unglaublich große Potential können wir gezielt nutzen und auch einsetzen, wenn wir wissen, wie. Wir brauchen also nicht alle einzeln oder individuell umzuformieren, neu zu „formatieren" bzw. neu auszurichten, sondern können auch mit dem Gruppenbewusstsein arbeiten und dessen im Vergleich zum Einzelbewusstsein potentiell höhere Wirksamkeit nutzen.

1.7. Transformation und Umgestaltung des Kollektivbewusstseins

Durch diese innere Vernetzung des Bewusstseins, die übrigens in Tierexperimenten (der hundertste Affe) wissenschaftlich nachgewiesen wurde, wird es viel leichter sein, eine zukünftig umfassende Transformation in einem Kollektiv wie einer Abteilung, einer Firma, in der ganzen Wirtschaft oder auch im gesamten Bewusstsein der Menschheit herbeizuführen. Denn wir brauchen keinesfalls zu warten, bis alle oder auch nur die Mehrheit der Mitglieder des Kollektivs von den neuen Grundsätzen überzeugt sind oder eine neue Idee, neue Leitbilder oder ein neues (Verhaltens-)Muster angenommen haben. Es genügt sozusagen, einen kleinen Führungskreis, eine Elite oder eine Minderheit bis hin zum „hundertsten Affen" zu überzeugen oder ihm neue Ideen und Verhaltensweisen beizubringen, um diese im gesamten Kollektiv oder Massenbewusstsein zu verankern und für alle Mitglieder dieser Gruppe prinzipiell zugänglich zu machen. Dadurch entsteht sozusagen ein Sog oder ein Strom im Bewusstsein, dem sich der Einzelne dann kaum oder nur mit Energieaufwand entziehen kann, der die anderen Mitglieder sozusagen automatisch mitreißt.

Wer oder was ist nun der „hundertste Affe"? Wie viele „Überzeugte" braucht es, um eine neue Idee im Kollektivbewusstsein einer Gruppe zu implementieren? In Tierexperimenten hat man bei voneinander auf verschiedenen Inseln völlig getrennten Affenkolonien festgestellt, dass, wenn eine Population auf einer Insel eine neue Idee, ein neues Verhalten annahm, sich dieses Muster oder Verhalten plötzlich auch bei den Populationen auf den anderen Inseln zeigte, obwohl eine äußere Kommunikation zwischen den Populationen absolut ausgeschlossen war. Dies bedeutet **erstens**, dass eine solche Veränderung nicht notwendigerweise verbal oder äußerlich kommuniziert werden muss, sondern über tiefere Schichten unseres Geistes innerlich vermittelt wird oder zumindest werden kann. Es bedeutet aber vor allem **zweitens**, dass nur ein winziger Bruchteil, nur wenige Prozent der „Alpha-Tiere" oder beim Menschen nur wenige Prozent der Führungskräfte, diese neuen Leitlinien, Grundsätze, Muster und Ideen annehmen, integrieren und vorleben müssen, um dadurch das Kollektiv, das Gesamtsystem in diese Richtung zu kippen oder dorthin zu führen.

Nun ist es noch offen und nicht genau erforscht, wie viel Prozent eines Kollektivs, wie viele Menschen einer Gruppe nötig sind, um diesen Effekt auszulösen, wo vor allem beim menschlichen Bewusstsein der „hundertste Affe" beginnt. Die Kommunikationsforscherin Prof. Noelle-Neumann hat in den achtziger Jahren mit der Theorie der „Schweigespirale" nachzuweisen versucht, dass dafür nur ein kleiner Prozentsatz notwendig ist, und vermutete, dass vor allem die sogenannten „Gatekeeper" (also die Meinungsführer des Kollektivs) dazu notwendig sind, um solche Neuerungen einzuführen. Erstaunlicherweise, so zeigten andere Forschungen, ist dies unabhängig davon, ob es sich hier um technische, soziale oder kulturelle Neuerungen handelt. Auch bei der Einführung neuer Medien oder neuer Produkte wie dem DVD-Player hat man dieses Phänomen beobachtet. Es zeigte sich, dass üblicherweise ein Prozentsatz von drei bis fünf Prozent einer Population oder eines Kollektivs ausreichen, damit die anderen wie automatisch folgen und dies nun auch haben wollen oder nachmachen. *Vor* Erreichung dieses „hundertsten Affen" wird die Idee, das Verhalten oder die Neuerung eher bekämpft, totgeschwiegen (daher die Bezeichnung „Schweigespirale") oder sogar lächerlich gemacht. (Deshalb sind hier auch mutige Pioniere gefragt, den Tiger zu zähmen, aber ihnen gebührt nachher auch der Ruhm dafür). *Danach* aber beginnt sich die Neuerung rasend schnell und von selbst zu verbreiten, jeder will mitmachen und will dabei sein (der Lemming-Effekt). Dies bedeutet praktisch, dass unmittelbar nach Erreichen des „hundertsten Affen" die Entwicklung nicht mehr linear, sondern logarithmisch nach oben geht, sich potenziert und dann daraus ein Selbstläufer wird.

Wenn dies zutrifft, und alle Anzeichen scheinen es zu bestätigen, ist das ein sehr großer Vorteil und gibt uns berechtigte Hoffnung, notwendige und massenhafte Veränderungen im Bewusstsein prinzipiell sehr schnell herbeiführen zu können, unabhängig von der Größe der Population. Zugleich zeigt es uns auch, *wo* wir am besten ansetzen müssen, nämlich bei den Meinungsführern oder Führungskräften. Dies ist in Bezug auf die Wirtschaft das mittlere bis obere Management. Danach wäre es also lediglich nötig, in einer Abteilung, in einer Firma, in der nationalen Wirtschaft, schließlich international 3-5 % der Meinungsführer von der Notwendigkeit dieser Transformation zu überzeugen und ihnen die notwendigen Werkzeuge an die Hand zu geben. Dabei werden die ersten Pioniere den größten Mut brauchen, werden vielleicht kritisiert, sogar zeitweise bekämpft von den beharrenden Kräften. Sie haben aber später den Vorteil, die Nase vorn und das Know-how für das neue Jahrhundert zu haben, und können damit auch entsprechend gutes Geld verdienen, so wie einst Microsoft vor allem durch die damalige Pionierleistung seine beherrschende Marktstellung erreichte.

1.8. Die neuen Methoden und das Tiger-Training

Somit muss und wird es auf keinen Fall schwer werden; im Gegenteil wird sich die jetzige anstrengende Lage mit Stress, Druck und Burn-out dadurch auflösen. Es wurden speziell im Bereich der Bewusstseinsforschung in den letzten Jahren und Jahrzehnten viele neue Methoden entwickelt, die sowohl leicht, schnell, spielerisch als auch äußerst effizient sind und diese Effizienz auch empirisch nachweisen können. Darauf werden wir ausführlich eingehen (vgl. Kapitel 4). Als Beispiel dafür möchte ich hier auf die von mir entwickelte „Seelenhaus-Methode" verweisen (die im Bezug auf die Wirtschaft als „Firmenhaus-Methode" modifiziert angeboten wird), die selbst von einfachsten Leuten ohne jede Vorbildung angewendet werden kann. Auch noch relativ unbekannt sind die äußerst wirkungsvollen sogenannten „Dynamischen Aufstellungen", die das Werkzeug der Aufstellung dazu nutzen, schnell und sichtbar Lösungen und Ziele zu erreichen und damit zugleich jegliche Blockaden auf dieses Ziel hin bis in tiefste Bewusstseinsschichten zu entfernen. Sie können mit jeglicher Belegschaft oder mit beliebigen Mitarbeitern ohne Vorkenntnisse durchgeführt werden und sind dazu geeignet, auf relativ leichte Weise und vor allem sehr schnell und für alle sichtbar deutliche Ergebnisse zu erbringen und gewünschte Inhalte ins Bewusstsein eines Einzelnen wie auch gleich einer ganzen Gruppe zu integrieren. Dies geschieht nicht nur wie bisher zumeist auf der energetischen und emotionalen Ebene, sondern weit tiefer vor allem auf den entscheidenden mentalen und kausalen Ebenen, dort nämlich, wo wir die Probleme im Geist ursächlich erschaffen haben. Diese und ähnliche Methoden werden im praktischen Teil noch ausführlich vorgestellt und auch erklärt werden. Sie werden im Bereich von Partnerschaft oder Persönlichkeitsentwicklung schon seit Jahren mit großem Erfolg eingesetzt, und dies könnte zukünftig auch im Bereich der Wirtschaft geschehen.

Die für die Wirtschaft passende Zusammenstellung dieser neuen Methoden nenne ich das TIGER-TRAINING®, und es wird ein revolutionäres Training sein. Es unterscheidet sich von den bisherigen maßgeblich vor allem dadurch, dass es die für das Überleben der Firmen notwendige Transformation und die dafür notwendigen Ziele, Werte, Leitlinien, Paradigmen und Ideen bereitstellt. Zudem wird es wegen seiner Leichtigkeit und Freude üblicherweise von den Managern und auch den Mitarbeitern gerne durchgeführt. Denn die Teilnehmer können dabei zugleich viel über sich selbst entdecken und eine Menge alten Ballast abwerfen. Außerdem kommen sich die Menschen auf nie gewohnte Weise näher. Noch wichtiger ist, dass es eine konzentrierte und aufeinander abgestimmte Sammlung neuester Erkenntnisse und Methoden aus der modernen Psychologie und Bewusstseinsforschung enthält wie kein bisher bekanntes Verfahren. Natürlich werden diese Methoden schon weltweit in Business-Seminaren eingesetzt, beispielsweise von Dr. Spezzano oder auch anderen Trainern, und daher kennt man auch die praktische Effizienz. Noch nie aber wurde ein Coaching in dieser Bündelung von imaginativen, intuitiven, kausalen Methoden in Verbindung mit einer neuen Art von Aufstellungen, wie beispielsweise Sternaufstellungen, angeboten, die dazu geeignet sind, eine Idee, eine Emotion, ein Muster in viele Personen zugleich zu integrieren. (Näheres zur Wirkungsweise in meinem Buch „Dynamische Aufstellungen").

Somit muss die hier vorgelegte Vision für die Wirtschaft keine bloße Utopie bleiben. Wir müssen auch nicht auf die mühevolle Arbeit der Meinungsführer warten, solche neuen Ideen wie in der Vergangenheit mit viel Überzeugungsarbeit umzusetzen, sondern wir werden zeigen, dass dies alles in kürzester Zeit und mit einfachen Mitteln realisierbar ist. Dabei gibt es hier natürlich keine vorgefertigten Ziele oder äußeren Vorgaben, sondern sie werden mit jeder Abteilung, jedem Team, jeder Firma, jedem Management individuell besprochen, ausgearbeitet und festgelegt. Die Methoden selbst sind nicht notwendig mit der hier vorgestellten Vision verknüpft, sind nicht davon abhängig, man kann sie für alle möglichen gewünschten Ziele einsetzen. Aber natürlich wird angestrebt, sie sinnvoll und zumindest im Zusammenhang mit der hier beschriebenen notwendigen grundsätzlichen Transformation einzusetzen und anzuwenden. Es hätte keinen Sinn, sie für die Betonierung der alten, überholten Muster und damit kontraproduktiv gegen den Zeitgeist zu verwenden. Wie auch immer sie eingesetzt werden und wie jede Firma sie einsetzen will, unterliegt stets individueller Absprache, doch globales Ziel ist es, dass ihr Einsatz und ihre Anwendung mit dem Zeitgeist und den Anforderungen des neuen Zeitalters kompatibel sind und diese Transformation fördern und nicht behindern.

Die Realisierung selbst muss und wird weder schwer noch langwierig sein, dennoch braucht es zunächst *klare Entscheidungen* zumindest der wenigen Pioniere auf dem jeweiligen Gebiet. Ob der Wandel also mitgestaltet wird und möglichst sanft abläuft oder durch Chaos, Kampf und Zerstörung geht, hängt weder an den fehlenden Methoden oder der fehlenden Zukunftsvision, wie sie übrigens auch schon von anderen formuliert wurde, sondern nun einzig und allein davon ab, inwieweit die jetzigen Führungskräfte und das führende Management in der Wirtschaft bereit sind, sich dieser Anforderung zu stellen, ihre Verantwortung über den zeitlichen und räumlichen Tellerrand hinaus zu erkennen, sich dafür zu entscheiden, ob sie also den Mut (des Tigers) haben, diese Methoden zumindest einmal zu erproben. Es ist dabei keineswegs nötig, daran zu glauben; es reicht die Bereitschaft, sich darauf einzulassen, es zumindest einmal für eine Abteilung, für einen Bereich, für ein Projekt zu testen und dann pragmatisch zu untersuchen, welche Ergebnisse sie bringen. Nicht nur in unserer Bewusstseinsarbeit, sondern vor allem in der praktischen Wirtschaft wurde schon immer viel ausprobiert, ohne die Theorie ganz verstanden zu haben, und hier wie dort gilt noch der Satz: „Results have it"– die Ergebnisse zeigen es. Nur danach sollte man bewerten; im Übrigen eine alte christliche Tradition: „An ihren Früchten sollt ihr sie erkennen."

Wo sollte man bei der Transformation ansetzen?

Bei der Umsetzung ist es im Prinzip sinnvoll, auf der oberen Führungsebene oder im mittleren Management zu beginnen, da dies auch eine Vorbildfunktion für andere Mitarbeiter haben wird. Es macht Sinn, zunächst mit diesen Führungskräften – mit Blick auf die Zukunft – daran zu arbeiten, alte Begrenzungen aufzuheben, eine neue Struktur und Verbundenheit herzustellen, neue Inhalte, Muster, aber auch Werte und Ziele gemeinsam auszuarbeiten und sie dann im Bewusstsein aller umzusetzen und zu integrieren. Zunächst gilt dies für bestimmte Bereiche und für bestimmte Zwecke. Anschließend ist der Erfolg zu messen sowohl quantitativ wie qualitativ. Letzteres wäre beispielsweise die Einstellung der Manager/Mitarbeiter zu ihrer Firma, ihr psychischer Zustand, ihre Gesundheit, Lebensfreude und Motivation usw. Dann könnte diese Wandlung auf andere

Teile der Firma oder das ganze Unternehmen ausgedehnt werden, um es für die Zukunft vorzubereiten und innovativ für die künftigen Herausforderungen gewappnet zu sein, beispielsweise eine neue Art und Weise der Kundenbeziehung aufzubauen oder ein neues Image zu gestalten. Dann ist es auch möglich, in der künftigen Zeit für die jeweilige Branche insgesamt eine Führungs- bzw. Vorreiterrolle zu spielen.

Dieses Training ist in bestimmte Module aufgeteilt, die zum jeweiligen Zweck beliebig eingesetzt werden können. Zur Beseitigung von tiefsitzenden Erfolgsblockaden werden in einem bestimmten Modul z.B. veraltete Grundsätze, Glaubenssätze, Vorstellungen, Muster im Geist der Teilnehmer herauskristallisiert und mit den neuen Methoden auch gleich aufgelöst. Im Gegenzug können neue, erwünschte Werte, Ziele, Einstellungen, Gedankenmuster und Gefühle angenommen oder integriert werden. Wem dies in so kurzer Zeit von wenigen Tagen nicht machbar erscheint, ist gerne eingeladen, wenigstens einmal ein solches Seminar zu besuchen und sich selbst ein Bild davon zu machen.

Weitere Module des Trainings zielen auf Umwandlung von Konkurrenz und Machtkampf zu Kooperation und Teamgeist. Ziel ist es hier, die Mitarbeiter von Grund auf von angenommenen oder eintrainierten Konkurrenzmustern zu befreien, die oft noch aus der Kindheit stammen, und dadurch von Problemen des Mobbing zu befreien und die Firma oder die Abteilung wiederum von sinnlosem Konkurrenzkampf, von ressourcenschädigenden Machtspielen. Wieder andere Module öffnen die ungenutzten geistigen Ressourcen in den Teilnehmern, entdecken Talente und Fähigkeiten. Sie vermitteln Zugang zu Intuition und zu emotionaler und spiritueller Intelligenz, wodurch die Mitarbeiter viel kreativer und effizienter arbeiten. Dadurch sparen sie ihrer Firma Kosten und empfinden zugleich selbst mehr Spaß und Leichtigkeit bei der Arbeit. Die Zusammenstellung der Module für ein Training erfolgt individuell und nach Absprache, gemäß der Zielsetzung des jeweiligen Auftraggebers. Ist erst einmal die Führungsschicht neu gestaltet und motiviert, kann dies relativ einfach kaskadenförmig im Bewusstsein des Unternehmens verbreitet werden, gemäß der bereits besprochenen Theorie vom hundertsten Affen.

1.9. Eine neue Vision und ein neuer Weg für visionäre Unternehmer

Zusammenfassend wird also deutlich, worauf wir mit dem vorliegenden Buch und dem darauf aufbauenden Training abzielen. Es ist keines, das sich in die Reihe der Kritikbücher einreihen will, und auch keines, das nur bei einer theoretischen Vision und damit einer schönen Spekulation stehen bleibt. Natürlich werden wir nicht umhin kommen, zumindest in zehn wichtigen Punkten eine Schadensanalyse durchzuführen, um vielen Führungskräften in der Wirtschaft einmal klar aufzuzeigen, dass und warum es so in keinem Fall weitergehen kann und auch nicht weitergehen wird. Doch gleich im Anschluss an diese Kritik werden wir dazu übergehen, aufzuzeigen, in welche Richtung der besprochene Wandel gehen wird und welche neuen Werte, Leitbilder, Paradigmen und Grundsätze sich dabei vermutlich herausbilden werden bzw. dafür nötig sind. Daraus folgt unsere Vision einer neuen, humanen und globalen Wirtschaft, wieder mit Herz und Sinn, mit völlig neuen Grundsätzen und Eigenschaften, so unwahrscheinlich dies manchem heutzutage auch erscheinen mag. Kritiker sollten dann aber auch sagen, wie es denn sonst weitergehen sollte und könnte. Einfach nur zu kritisieren oder gar am Alten einfach zäh festzuhalten ist in jeder Krise oder Transformation jedenfalls der sichere Weg in Chaos und Untergang. Weitere Alternativen oder Visionen sind uns dagegen in jedem Fall willkommen, denn unsere Sicht soll nicht festgelegt sein und muss auch nicht in Stein gemeißelt werden, sondern ist nur ein Rahmen, den andere anders sehen oder auch ergänzen können. Er ist stets flexibel und veränderbar, je nach aktuellem Trend, den das Leben nehmen will, und muss schließlich auch mit konkreten Formen und Inhalten gefüllt werden. Wir beschränken uns hier einzig auf die wesentlichen Leitlinien, Grundsätze, einschneidenden Paradigmenwechsel (wie der von Quantität zu Qualität), ohne zu sehr ins Detail zu gehen. Denn welche konkrete Form und Farbe diese Vision schließlich annehmen wird, wenn sie realisiert wird, dies wird die lebendige Entwicklung zeigen. Bis dahin bleibt sie einfach ein „Leuchtturm", eine Orientierung, und nur dies soll sie sein. Viele Beiträge und Ideen werden noch hinzukommen, wenn die Diskussion erst einmal eröffnet ist, andere werden weitere Alternativen aufzeigen oder sich mit diesen Ideen zu einer noch größeren Vision verbinden. Dies soll erst einmal ein Anstoß sein oder zumindest ein Anfang, eine Grundlage, ein Fundament. Es sind hier wesentliche und notwendige Bedingungen für eine neue Art des Wirtschaftens beschrieben, die wir für unabdingbar für das neue Zeitalter halten. Auf solchem Fundament kann man viele unterschiedliche Modelle aufbauen, was den konkret Handelnden vorbehalten bleibt wie auch dem Fluss der Entwicklung. Auf jeden Fall werden damit inmitten der negativen Auswirkungen der Krise positive und vernünftige Ziele sichtbar und deutlich gemacht, an die sich progressive Unternehmer halten, an denen sie sich orientieren und ihr Handeln ausrichten können.

Allerdings nützen Visionen nicht wirklich, wenn sie nicht auch relativ schnell umgesetzt werden können. Der wirkliche Sprengstoff dieses Buches ist daher die hier versuchte **Verknüpfung von wirtschaftlicher Vision und praktischer und moderner Psychologie und Bewusstseinsforschung** und das daraus entwickelte Coaching und Training. Damit können wir eben nicht nur theoretisch eine neue Vision der Wirtschaft aufzeigen, die die Leute dann glauben können oder auch nicht, die aber für sich allein wenig Einfluss auf unser konkretes Leben hätte, sondern wir können vor allem dem Management zeigen, wie man den Tiger packt und wie man ihn reitet, wie man seine Kräfte zähmen und Bewusstsein verändern kann, sowohl beim Einzelnen wie auch im Kollektiv, in der Abteilung, in einer Firma, einem Projekt, ja einer ganzen Branche.

Der konkrete Nutzen und Ausblick auf das Management und die Gesellschaft

Diese Krise und die sich dadurch abzeichnenden Chancen werden vor allem jenen nützen, die mutig diese Vorreiterrolle in der neuen Zeit einnehmen werden, die Führungsqualitäten und Pioniergeist beweisen. Sie werden dann die Autoritäten sein, denen die anderen notwendigerweise folgen werden, da dies ja eine gesamtgesellschaftliche Entwicklung ist, und werden entsprechende Macht und Einfluss haben. Ferner nützt dies natürlich den einzelnen Firmen, die sich rechtzeitig und gezielt in diese Wandlung, diesen Prozess begeben haben, bevor die Reibungsverluste zu groß wurden. Es werden die profitieren, die also schon prophylaktisch die alten Belastungen, Hindernisse und den internen Kleinkrieg überwinden und loswerden konnten. Mit diesen neuen oder anderen Methoden werden damit nämlich bisher ungeahnte Möglichkeiten, Fähigkeiten und Kräfte in ihren Mitarbeitern freigesetzt, die natürlich dem Unternehmen wiederum zugute kommen. Für die ganze Gesellschaft wird von Vorteil sein, wenn diese negativen Seiten der Krise einerseits erkannt, aber dann nicht bekämpft, sondern vielmehr rasch transformiert werden, und wenn dieser rasanten Entwicklung dabei möglichst wenig Widerstand entgegengebracht wird. Die Krise und der zuerst auftretende Zerfall des Bestehenden sollten nicht wie jetzt gefürchtet, sondern als Chance gesehen und begrüßt, dann aber auch gezielt und tatkräftig mitgestaltet werden.

Wenn es in naher Zukunft genügend solche mutigen „Alpha-Tiere" und Verantwortliche im Bereich der Wirtschaft geben wird, die auf die Herausforderung „antworten" (ver-antworten) können und wollen, die den dazu erforderlichen Mut und Unternehmergeist aufbringen, dann könnte der wirtschaftliche Wandel unter solchen Bedingungen weniger revolutionär, überfordernd und chaotisch ablaufen, sondern relativ leidfrei und evolutionär. Zugleich könnten durch eine solche neue, innovative und durch Nutzung der Potentiale viel produktivere Wirtschaft noch viel mehr Wohlstand und Reichtum für die Gesellschaft geschaffen werden. Denn wie in der Umwelttechnik profitiert natürlich die Firma, das Land oder die Branche am meisten davon, die *zuerst* diese Entwicklung gesehen und mitgestaltet hat, und dies bedeutet für sie konkrete Einnahmen, Beschäftigung und Wohlstand, und zwar auf längere Sicht.

Über diese äußeren Vorteile und Gewinne hinaus sind die hier gezeigten Maßnahmen der Transformation des Bewusstseins auch geeignet, positive Gefühle und eine positive Lebenseinstellung, Leichtigkeit, Freude und sogar Enthusiasmus zu erzeugen, sowohl beim Einzelnen wie auch im Kollektiv, sowohl bei Führungskräften, im Management wie auch bei den Beschäftigten. Beispielsweise könnten sie durch den Wegfall von Mobbing, durch mehr Teamarbeit, durch Sinnfindung, durch Aufhebung innerer Blockaden, durch Entdeckung ihrer Berufung und Fähigkeiten ein großes Maß an innerer Zufriedenheit, Begeisterung, Harmonie und Glück gewinnen. Dies kommt auch ihren Familien und letztlich auch wieder der Firma selbst zugute, wie viele Untersuchungen gezeigt haben. Krankmeldungen und psychische Erkrankungen werden weniger, die Leistungsfähigkeit und Leistungsbereitschaft steigen. Auch ist die Solidarität zur Firma und die Bereitschaft, Ideen und Kreativität einzubringen, bei innerer Zufriedenheit und Wohlgefühl viel höher; oft ist sie den Menschen sogar wichtiger als das bloße Gehalt. Wenn Menschen freier gestalten und sich einbringen können, wenn sie befähigt werden, ihre Energien und Talente freizusetzen, wenn sie von anderen nicht bloß kritisiert und als Objekt betrachtet, sondern wertgeschätzt werden und ihre Individualität geachtet und gefördert wird, so haben sie natürlich eine große Begeisterung, zu arbeiten, mitzumachen, ihre Energie – auch ohne auf die Uhr zu schauen – einzubringen. Die Firma „Google" hat uns dies beispielhaft gezeigt und vorexerziert, und ihr großer Erfolg ist sicher zu einem großen Teil darauf zurückzuführen. Dem Wohl der Mitarbeiter wurde dort erhebliche Beachtung geschenkt, auch ihrer Zufriedenheit und ihrer Arbeitsumgebung, die Mitarbeiter haben große Freiräume, und der Erfolg gibt dieser Unternehmensphilosophie recht. Vor allem ist es auch ein großer Gewinn an Lebensqualität, ein Gewinn für die seelische wie auch physische Gesundheit sowohl des Managements wie auch der Angestellten und Arbeiter. In einem solchen Umfeld werden die Mitarbeiter nicht nur Besseres und vielleicht mehr leisten, sondern sie haben auch Spaß daran und fühlen sich dafür ihrer Firma wiederum verbunden, was sich dann unvermeidlich nach außen zeigt.

Zusammengefasst ergibt die Anwendung der hier vorgestellten und ähnlicher moderner Methoden in der Wirtschaft somit auf jeden Fall einen dreifachen Nutzen, indem sie auf drei Ebenen zugleich wirken. **Erstens** wird dadurch der gesamtgesellschaftliche Wandel zu neuen Werten und zu einem neuen Miteinander, die deutlich zu erkennende *Bewegung vom Ich zum Wir* gefördert. Die entsprechende Transformation im Bewusstsein, beispielsweise von Konkurrenz zu Kooperation, und das Erreichen einer neuen Wirtschaftsform sind leichter und sanfter zu bewältigen und könnten viel Leid vermeiden. **Zweitens** *macht es Firmen zu Markt- oder Branchenführern* oder zumindest zu solchen, die den kommenden Wandel überleben und davon profitieren werden. Sie können, indem sie dies bereits heute schon prophylaktisch einsetzen und erproben, sehr viel mehr innere und äußere Ressourcen gewinnen, nach innen beispielsweise mehr Kreativität und Mitarbeiterzufriedenheit, nach außen zugleich Imagegewinn und Marktführerschaft. Sie zeigen ihren Klienten und Kunden auch gesamtgesellschaftliche Verantwortung, was in Zukunft vom Markt noch viel mehr belohnt werden wird. **Drittens** sind diese Methoden *ein großer persönlicher Gewinn*, da sie keineswegs anstrengend oder zeitaufwendig sind, vielmehr die persönliche Entwicklung fördern, zu mehr Reife und Verantwortung, zu besserer Erschließung der eigenen Fähigkeiten und Talente und zu viel mehr Lebensfreude führen, allein schon durch die größere Verbundenheit im Team oder mit anderen, auch durch den Wegfall von Machtkämpfen. Zugleich wäre damit eines der größten Probleme unserer Zeit gelöst, der Druck, der Stress, die Erschöpfung durch die Arbeit. Stattdessen führen solche Bewusstseinsveränderungen oder die Reinigung der Innenwelten zu mehr Kreativität, Schaffenskraft, Freude, wodurch dieselbe Arbeit leichter und effektiver erledigt werden kann, und schließlich zu mehr Enthusiasmus und Wohlbefinden bei den Mitarbeitern sowohl in ihrem Arbeitsalltag als auch in ihrem ganzen Leben.

Insgesamt zeichnen sich dadurch für die ganze Wirtschaft – um wesentliche dadurch ausgelöste Trends kurz zu skizzieren und vorwegzunehmen – folgende wesentlichen Veränderungen und Entwicklungen ab, die es bislang noch nicht gegeben hat:

Erstens: Die Tendenz vom Ich zum Wir, vom Einzelkämpfer zum Team
Diese sehr starke Tendenz geht in Richtung einer wesentlich stärkeren Vernetzung der Menschen und des Bewusstseins weltweit. Dies gilt für alle Bereiche, sowohl in der Kommunikation als auch in der Zusammenarbeit miteinander. Es wirkt im Wissen umeinander wie auch im Denken und Fühlen füreinander. Diese „Globalisierung" wird in der Wirtschaft heute schon am meisten genutzt, aber leider noch im Kontext von Konkurrenz. Die zukünftige Entwicklung könnte man beschreiben als vom Ich zum Wir, von der Ego- oder Gruppenbezogenheit zu mehr globalem Bewusstsein. Dies führt zu Teambildung, zu Netzwerkstrukturen und zu verstärkter Zusammenarbeit. Es führt jedoch auch zu gegenseitiger Abhängigkeit, z.B. bei Zulieferung. Dies ist aber positiv zu bewerten, weil dadurch ein Gefühl vermieden wird, unabhängig handeln und agieren zu können, vielmehr müssen auch die Interessen der anderen im eigenen Interesse mitberücksichtigt werden. Hierzu ist in den letzten Jahren, ganz unabhängig von der Wirtschaft, erstaunlich viel Literatur entstanden (siehe „Vom Ich zum Wir"/ „Quanten-coaching" von Prof. Gela Weigelt, u.v.m. im Verlag Via Nova).

Zweitens: Die Tendenz weg vom Übereinander hin zum Nebeneinander
Diese Vernetzung und der stärker werdende Teamgeist, auch die dadurch immer weniger mögliche Machtstellung Einzelner, lösen die bisherige hierarchische Strukturierung immer mehr ab und führen zu funktionsbezogener Autorität statt bisheriger Vorgesetzten-Autorität, die ungefragt und oft unkritisiert hingenommen werden musste und durch mangelndes Feedback viel Schaden anrichtete. Vielmehr wird zukünftig – wie jetzt in zahlreichen modernen Firmen im berühmten Silikon-Valley/USA zu sehen ist – miteinander auf *einer* Ebene, damit kollegial und nicht übereinander gearbeitet, obwohl es natürlich nach wie vor unterschiedliche Verantwortungen mit mehr oder weniger Entscheidungsmacht gibt. Diese wie auch die funktionale Autorität eines Fachmanns wird dabei nicht aufgehoben, aber der Umgang wird eher wie zwischen Freunden sein und nicht

wie zwischen Vorgesetzten und Untergebenen. Bei den internationalen Trainern von POV (Psychology of Vision) ist dies übrigens schon weitgehend realisiert und sie haben das Motto auch im Hinblick auf ihre Kunden und Klienten: „*Freunde helfen Freunden*". Dies ist genau das Motto der neuen Zeit.

Drittens: Die Tendenz weg von Konkurrenz zu Kooperation, win-win statt win-lose
Eine weitere Tendenz geht weg von der bislang als unabdingbar gehaltenen Konkurrenz zu immer mehr Zusammenarbeit auf allen Ebenen. Die immer stärkere Vernetzung, Zulieferung, gegenseitige Abhängigkeit und Partnerschaft (ähnlich wie die Idee der Städtepartnerschaft) wie auch Gemeinschaftlichkeit und Teamgeist werden zu immer mehr Kooperation führen, sowohl firmenintern wie auch -extern, national wie international. Dies gilt zumindest dann, wenn es möglich ist, dies in der Psyche der Manager und Mitarbeiter zu bearbeiten, umzuwandeln und möglich zu machen, und wir wissen ja, es genügt hier der „hundertste Affe". Ginge es auch ohne Training und Bewusstseinsarbeit, dann wäre es heute schon überwunden, da Konkurrenz im Sinne von Vernichtungswettbewerb (win-lose), wie Buckminster Fuller einmal ausrechnete, völlig irrational und enorm verschwenderisch ist. Rechnen Sie einmal aus, wie viel für Machtkampf, Marktanteile, Produktplatzierung, Werbung, Marketing, (Bestechung, die es ja nicht gibt), für feindliche Übernahmen, für Sponsoring der Politiker, für Imagepflege und Schadensreparatur an Geld ausgegeben wird. Selbst wenn man damit einmal gewinnt, und dies können logischerweise nur wenige, so kann man ja nicht immer gewinnen, und wenn auch nur einer und wer auch immer verliert, es verliert damit das ganze System – unter dem Strich wird stets Schaden angerichtet. Riesige Ressourcen werden verschwendet, die man zum Wohl der Menschen besser verwenden könnte. Zukünftig wird es immer deutlicher werden, zumal man immer weniger abgegrenzt und unabhängig voneinander agieren kann, dass durch Bekämpfung und Ausgrenzung der Wettbewerber viel zu viel Reibungsverluste wie auch viel zu viel materieller Schaden entstehen. So wird die Tendenz zu immer stärkerer Verbundenheit und zunehmender Verflechtung untereinander gefördert. Dies wird zu immer mehr Kooperation führen, damit also statt wie bisher anstatt zu „win-lose-" zu mehr „win-win-Situationen". Es wird den fähigen Manager künftig auszeichnen, solche herzustellen. Man wird endlich die längst logische Folgerung einsehen, dass ein Schaden an einem Organ letztlich allen Organen schadet. Nur der Krebs – auch der in der Wirtschaft – hat dies noch nicht begriffen.

Viertens: Die Tendenz weg von Quantität zu mehr Qualität
Ein weiterer Trend zeigt sich bereits im jetzigen Informationszeitalter ganz deutlich, wird sich aber noch verstärken. Er geht weg von der reinen Bewertung der Quantität des Outputs hin zu einer immer stärkeren Bewertung der Qualität, angefangen von Lebensmitteln, die heute meist noch nach Gewicht und nicht nach Werthaltigkeit verkauft werden, außer vielleicht einige Bioprodukte, bis hin zu Gütern des täglichen Bedarfs. Da die Billiglohnländer reine Massenware fast immer billiger produzieren und anbieten können, ist es sinnlos und unvernünftig, damit konkurrieren zu wollen und wie bisher auf Quantität zu setzen. Dies würde nur ein ruinöser Wettbewerb werden. Es wird und muss daher immer mehr Wert gelegt werden auf Individuelles, Kreatives, Modisches, Einzigartiges oder eben qualitativ Besseres, eben auf Qualität. Diese kann man dann auch entsprechend teurer anbieten. Mit diesem Anspruch hat der Autohersteller Daimler-Benz im Gegensatz zu vielen Konkurrenten auch schon früher sehr viel Geld verdient und konnte allein durch das so entstandene Image, aber auch durch reale Wertigkeit, Langlebigkeit und Qualität viel höhere Preise vom Markt verlangen. In Zukunft wird diese Ausrichtung aber überlebensnotwendig sein, da wir jetzt einen internationalen Markt haben und Schutzzölle wenig bringen. Es wird darauf ankommen, als Land ohne Rohstoffe und mit hohen Löhnen diese nicht herunterzuschrauben – wie manche dumpfe und kurzsichtige Ökonomen meinen und einfach neue „Sklavenmärkte" (lies: Billiglohnproduktion) schaffen wollen, um weltweit mit anderen Sklavenmärkten konkurrieren zu können –, sondern ganz im Gegenteil auf Klasse, Qualität, Haltbarkeit, Gesundheit, Innovation, künstlerische Gestaltung und Einzigartigkeit (z.B. im Design) zu setzen und sich dafür auch gut bezahlen zu lassen. Gerade Deutschland hat hier – ob zu Recht oder nicht, sei dahingestellt – weltweit bereits ein passendes Image, das erhalten und gepflegt werden müsste bzw. sogar noch ausgebaut werden könnte, anstatt es im Quantitätswettbewerb durch Senkung von Qualität zu verpulvern.

Dies sind in Kürze vorweg einige wichtige Trends und Haupttendenzen des sich bereits abzeichnenden und bald verstärkenden wirtschaftlichen Wandels, die einigermaßen klar – übrigens auch für die gesamte Gesellschaft – für die nächsten Jahrhunderte, wenn nicht sogar die nächsten Jahrtausende vorauszusehen sind. Dies braucht niemand einfach nur zu glauben. Jeder kann es anhand der Darlegungen selbst überprüfen und ggf. nachvollziehen, ob die aufgezeigten Problempunkte in der Wirtschaft real vorhanden sind und welche Fakten es dazu gibt, und wenn ja, ob diese neue Vision möglich und realisierbar ist. Diejenigen Unternehmer sind gut beraten, die die Zeichen der Zeit *als erste* erkennen und auch praktische Konsequenzen daraus ziehen und die dabei den Mut haben, über ihre Firma oder ihren Aufgabenbereich hinaus Verantwortung für die Menschen zu übernehmen und im Sinne des Ganzen zu handeln. Unternehmer sollten sich sowieso nur diejenigen nennen, die auch etwas unternehmen, und nicht solche, die sich an anderen orientieren oder wie die Lemminge erst spät und oft zu spät dem Trend und der Masse hinterherlaufen und damit häufig in ihr und deren Unglück.

Ganz im Gegensatz zur Politik, in der nur einige Reden des derzeitigen Bundespräsidenten Horst Köhler in die richtige Richtung weisen, beispielsweise bezüglich der überhöhten Steuerlast, sonst aber leider auch kein gangbarer alternativer Weg gezeigt wird, ist für die Wirtschaft zu hoffen, dass in ihr das Potenzial, die Ressourcen, das Know-how und vor allem der Mut vorhanden sind, den anstehenden Wandel zu erkennen und tatkräftig mitzugestalten, hier wirklich etwas zu *unternehmen* und damit tatsächlich etwas zu bewegen. Die Wirtschaft hat derzeit sowohl das finanzielle Kapital wie auch das menschliche Potential sowie zugleich die wenigsten Beschränkungen, um Innovationen zu wagen, Neues zu gestalten, so wie es sich in den letzten Jahren beispielsweise in der Umwelttechnik gezeigt hat, die von der Gesellschaft zwar angestoßen wurde, im Wesentlichen und in praktischer Umsetzung jedoch aus der Wirtschaft kam und noch kommt, die hier ständig neue Wege weist. Im Gegensatz zur Bürokratie und auch der universitären Forschung muss sie anderen wenig oder keine Rechenschaft ablegen und kann schnelle und wagemutige Entscheidungen treffen, ohne wie Politiker erst abzuwarten, bis der letzte Baum gefällt ist oder der Klimawandel tatsächlich eingesetzt hat, dann aber gewaltig zu lamentieren und Einschränkung und Sparen zu fordern, statt einfach neue Energiequellen zu erfinden oder zu erschließen.

Daher werden es diesmal wohl nicht die Politiker sein, die den Wandel herbeiführen werden, es sei denn, es entstünde plötzlich ein neuer Kennedy aus dem Nichts. Denn faktisch müssen sie nichts wirklich verantworten, allenfalls treten sie zurück oder gestehen gar Schuld ein, natürlich mit vollen Bezügen. Ohne echte Verantwortung gibt es keine innovativen und mutigen Entscheidungen. Es sind aber auch nicht die Universitäten, die Wissenschaftler und die Forschung, denn selbst wenn sie es aufgrund ihres geistigen Potentials könnten, so wäre die

Zeit von der Theorie in die Praxis inzwischen zu knapp. Es braucht schnelles und tatkräftiges Handeln, und es dürfte hier auch an den nötigen finanziellen Mitteln fehlen. Die gesellschaftlichen Gruppen wiederum, die um diesen Wandel wissen und ihn mit herbeiführen oder mitgestalten wollen, haben leider weder die finanziellen Mittel noch die „human resources", dies auch praktisch zu tun, umzusetzen und in größerem Stil zu erproben (im Kleinen tun sie es durchaus – siehe die Tauschbörsen als einen bereits funktionierenden alternativen Handel).

Diese engagierten Gruppen können jedoch jenen Prozess, falls er sich in der Wirtschaft zeigen sollte, mit der entsprechenden Meinungsbildung begleiten, sie könnten hier ihre Kreativität und Ideen sinnvoll mit einbringen und die Wirtschaft wäre gut beraten, diesen Pool an Kreativität auch mit zu nutzen. Doch der Träger und Motor der Umgestaltung in dieser Zeit wird und kann nur die Wirtschaft sein, oder es wird überhaupt keine geregelte Transformation geben, sondern Chaos. Dazu muss sie aber den in ihr steckenden „Tiger" selbst zähmen. Dies muss wiederum von den Meinungsführern in der Wirtschaft ausgehen, von denjenigen, für die Unternehmertum bedeutet, Verantwortung für die Menschen zu übernehmen und etwas für sie zu unternehmen, selbst wenn dies keinen unmittelbaren, schnellen geldwerten Vorteil bringt. Ob unserer Wirtschaft dies gelingt, ob es genügend solcher visionären oder mutigen Persönlichkeiten gibt, die den Anstoß dazu wagen, ist noch nicht sicher vorauszusehen, dies ist die unbekannte Variable in der Gleichung. Doch falls es sie gibt und die Wirtschaft dieses neue Jahrtausend mitgestaltet, mitprägt und ihre Führungsrolle verantwortlich übernimmt und den Menschen damit eine ganz neue Art von Wirtschaftswunder beschert, so gibt es für sie ein lohnendes Ziel, und das ist als Vorreiter der ganzen Gesellschaft diese globale und weitreichende Transformation leicht und sicher, innovativ und mutig zu gestalten, dabei Maßstäbe zu setzen für den „Spirit des dritten Jahrtausends", wie es ein Manager in meinen Seminaren formulierte, und diese Vision einer neuen und humanen Ökonomie praktisch umzusetzen. Diese Fähigkeit und den Willen, die derzeitige Herausforderung anzunehmen, die niemand sonst derzeit übernehmen kann, dies wird auch ganz entscheidend das Image prägen, das die Wirtschaft – zumindest in diesem Jahrhundert – bei der Gesellschaft haben wird.

2. Wirtschaft in der Krise – „die Macht des Tigers als Bedrohung"

2.1. Die Zeichen des Wandels und warum er nicht mehr aufzuhalten ist

Wir gehen also davon aus, dass der Wandel in der Wirtschaft nicht nur unausweichlich ist, sondern bereits stattfindet. Jeder größere fundamentale Wandel bedeutet zudem auch, dass das bestehende System in eine Krise gerät, da die bisherigen Leitlinien, Maximen, Werte und daraus folgende Strategien nicht mehr funktionieren. Wird dies rechtzeitig erkannt, so ist es – wie bei einer realen Geburt – möglich, sich darauf vorzubereiten, auch rechtzeitig neue Werte und Leitlinien zu entwickeln, vielleicht sogar eine Vision und ein Ziel, auf das das System nun zusteuern kann. Wird dies aber nicht rechtzeitig erkannt, gerät das System in eine gefährliche Sackgasse, läuft aus dem Ruder und ist nicht mehr zu steuern. Das System geht dann durch einen Totalzusammenbruch entweder in ein neues Level, auf ein möglicherweise höheres Niveau, oder es führt zum Tod des Systems. Im letzteren Fall wird die Krise zur akuten Bedrohung, wird die chaotisch gewordene, unlenkbare Wirtschaftsmacht zu einem Tiger, der wild geworden ist und deshalb gefürchtet werden muss, anstatt dass seine Kräfte *für* die Wandlung genutzt werden.

In Publikationen über die heutige Wirtschaft ist oft von feindlichen Übernahmen, plündernden Heuschrecken und gierigen Finanzhaien die Rede. Deshalb finde ich die Metapher des Tigers sehr treffend, um die *schnell zupackende* globale Macht der Wirtschaft darzustellen, in der täglich Billionen Dollar um den Globus gejagt und immer mehr internationale Geschäfte über alle Grenzen hinweg gemacht werden, und auch für ihre Kraft und Vitalität und für ihr ungebändigtes Wachstumstempo. Zum anderen aber sind die Wirtschaft und das heutige Management der von vielen *gefürchtete* Tiger, der zuschlagen und den Arbeitsplatz, das Heim, die wirtschaftliche Grundlage über Nacht nehmen kann. Viele von der Wirtschaft Abhängige leben dadurch in ständiger

Angst vor Rationalisierung, Globalisierung, Verlagerung oder Einsparung ihrer Arbeitskräfte, also Arbeitslosigkeit, sozialem Abstieg und Armut. Dies sollte eine Warnung für das gesamte System sein, das nur so weit gut und sinnvoll ist, solange es den Menschen Wohlstand und Arbeit sichert. Das System sollte den Menschen dienen und nicht die Menschen dem System.

Wird die Warnung gehört und entsprechend gehandelt – und einen Weg dazu wollen wir hier vorschlagen –, so können diese entfesselten globalen Kräfte, die die nationale Politik nicht mehr zu lenken vermag, von der Wirtschaft selbst gezähmt und für die Gesellschaft nutzbar gemacht werden. Wir können lernen, den einst gefürchteten Tiger zu reiten, aber dies kann nur vom Management selbst ausgehen und nicht von außen erzwungen werden. Denn es ist keine andere Macht in Sicht, die in naher Zukunft mehr Macht, mehr Technologie, Wissen wie auch Kapital hätte als die Wirtschaft. Nur sie verfügt als einziger Bereich derzeit sowohl über die finanziellen Mittel wie auch über die menschlichen Ressourcen, den anstehenden gesellschaftlichen Wandel und die auch in der Wirtschaft selbst notwendigen Veränderungen zu unterstützen, ja sogar ihr Motor zu sein.

Wird dieser anstehende Bewusstseinswandel aber, der sich in allen Bereichen der Gesellschaft zeigt und der, wie gezeigt, ganz allgemein vom Ich zum Wir, von Konkurrenz zu Kooperation und damit in Richtung Team und Gemeinsamkeit geht, ignoriert und wird vielmehr, wie zur Zeit noch, weiter versucht, mit den alten Maßstäben (z.B. Quantität, Profit) und Strategien (z.B. mehr Wachstum, Downsizing, Kostensenken) weiterzukommen, dann wird aus dem Tiger eine tatsächliche und immense Bedrohung. Er würde dann, statt die Gesellschaft voranzubringen, diese in Arme und Reiche, Habende und Nicht-Habende auseinanderreißen, sie immer mehr in rechts und links, national und international und vieles mehr polarisieren. Die Wirtschaft würde damit zum reißenden Tiger, zum Gegner und zur Bedrohung der Menschen, der die Schwachen auffrisst, die ihn wiederum erbarmungslos jagen, verurteilen, bekämpfen würden. Die Mächtigen in diesem Spiel müssen dann geradezu ihre Macht ausüben, um zu überleben, und immer brutaler, rücksichtsloser und egoistischer vorgehen, um ihre Interessen durchzusetzen. Andererseits würden sich die Entlassenen, Ausgegrenzten, die Opfer dieses Wirtschaftens früher oder später – auch über die Politik oder die Straße – an ihnen rächen, schließlich diese Wirtschaftsform verurteilen und ganz andere Modelle, vielleicht sogar extrem totalitäre Systeme favorisieren.

Dies wäre (eher über kurz als lang) der Weg in Anarchie und Chaos, und was sich daraus ergeben würde, lässt sich kaum vorhersagen. Nur den anderen, den evolutionären Weg, den Weg des sinnvollen Wandels, können wir hier systematisch entwickeln und als Vision aufzeigen.

Doch im Moment sieht es noch völlig danach aus, dass – auch mangels Einsicht und vermeintlichem Mangel an Alternativen und gangbaren Wegen – diese Raubtiermentalität die Oberhand gewinnt. Diese Tendenz zeichnet sich leider immer deutlicher ab. So bedienen sich Manager und Führungskräfte immer ungenierter aus dem Vermögen und dem Ertrag der Unternehmen, ja sogar noch dann, wenn diese Verluste machen. Nach einer Meldung vom 10.3.2008 sind beispielsweise die Durchschnittsgehälter deutscher Topmanager 2007 erneut kräftig gestiegen, von 2,5 auf 2,9 Millionen Euro pro Jahr, also Steigerungen, die weit über denen der einfachen Angestellten lagen. Mit einem Zuwachs von rund 14 Prozent liegen die Spitzenkräfte der deutschen Wirtschaft weit vor den durchschnittlichen Arbeitnehmern, deren Lohn und Gehalt mit durchschnittlich 1,4 Prozent Zuwachs unter der Inflationsrate lag. Doch dies ist keine schamlose Ausnahme, dies geht ungehemmt schon über Jahre so: Von 2003 bis heute (2008) haben die Saläre der Vorstände durchschnittlich um 40 % zugelegt, während der Rest der Gesellschaft entweder nur wenige Prozent zugewinnen konnte oder aber gar nicht vom Wachstum profitiert hat. Die Statistik zeigt sogar, dass inzwischen Millionen von Menschen aus dem einst stabilen, die Gesellschaft tragenden deutschen Mittelstand in untere Einkommensschichten abgerutscht sind. Hier zeigt sich schon klar und deutlich die oben angedeutete gefährliche Polarisierung und Zerreißprobe der Gesellschaft an.

Doch für die Mehrzahl der Arbeitnehmer ist noch schlimmer, dass trotz Rekordgewinnen massiv Stellen abgebaut werden und die restlichen Arbeitnehmer auf den verbleibenden Arbeitsplätzen immer mehr leisten müssen, nur um den Börsenwert zu steigern oder die Aktionäre noch mehr zu bedienen. Die Manager nutzen also ihre Macht, um Beute zu machen, für sich, das Unternehmen, die Aktionäre, und zugleich schaden sie der Gesellschaft einmal durch diese Vermögens- und Gewinnabschöpfung, zum anderen durch ihre Maßnahmen wie Entlassungen, wobei dann die daraus resultierenden Arbeitslosen – genau wie auch die Sozialhilfeempfänger, von denen ja einige perverserweise sogar einer Vollzeitbeschäftigung nachgehen und trotzdem noch unter dem Sozialhilfeniveau verdienen – dann von der ganzen Gesellschaft finanziert werden müssen. Dies bedeutet in Kurzform, dass Gewinne und Vermögen der Volkswirtschaft von den Wirtschaftsführern ungeniert abgeschöpft werden, ohne dass jemand hier Einspruch einlegt. Denn seit die deutschen Konzerne 2003 erstmals im großen Stil die Vergütungen für ihre Vorstände veröffentlichten, geht es immer nur in eine Richtung, und zwar nach oben. In drei von vier Jahren stieg die Pro-Kopf-Vergütung der Vorstände der 30 Dax-Konzerne mit zweistelligen Zuwachsraten.

Die größte Empörung wird aber dadurch hervorgerufen, dass selbst bei vielen Konzernen, die Verluste machten, die also schlecht oder ineffizient gemanagt wurden, die Gehälter der Top-Manager und Vorstände dennoch steigen, während Arbeiter einfach entlassen werden. Oft wird einer von drei eigentlich produktiven Arbeitern entlassen und die gleich gebliebene Arbeit auf zwei behaltene Arbeiter aufgeteilt. Die minimalen Lohnsteigerungen reichen bei den noch Arbeitenden dann kaum zum Ausgleich der Inflationsrate aus. Zugleich muss angeblich bei den Firmen überall gespart werden, Mitarbeiter werden entlassen, Werke werden geschlossen, manchmal werden sogar Subventionen – also unser Steuergeld – ungerechtfertigt verbraucht. Ferner wird rigoros die Produktion ins billigere Ausland ausgelagert, Stellen werden abgebaut, Filialen geschlossen, wobei vielfach die Menge der Arbeit einfach auf weniger Mitarbeiter verteilt wird, die dann umso mehr leisten müssen für das gleiche Geld.

Selbst wenn dies aus den Zahlen abgeleitete Bild bestritten würde oder wenn sogar faktisch dagegen argumentiert werden könnte, spielt das für das Massenbewusstsein keine Rolle mehr. Denn dies ist das Bild, das ständig über die Medien vermittelt wird und das sich inzwischen in das Bewusstsein großer Teile der Bevölkerung eingeprägt hat, ein Bild von der Wirtschaft als Raubtier. Das Management wird schon lange nicht mehr gesehen als honorige (zigarrenrauchende) ältere Herren, die sich in Zirkeln wie Lions Club um das Wohl ihrer Gemeinde oder den Wohlstand der Volkswirtschaft sorgen, sondern als egoistisch ihre Macht missbrauchende Emporkömmlinge, die sich, solange sie oben sind, immer dreister aus den Kassen bedienen. Sie werden wahrgenommen als Menschen, deren Slogan ist: „Nach mir die Sintflut", die ihre Verantwortung nicht mehr kümmert, wenn das eigene Schäfchen im Trockenen ist. Das Gleiche gilt für Politiker, die immer stärker mit der Wirtschaft verflochten sind, von dieser bezahlt werden, ohne irgendeine Leistung zu erbringen, oder die, nachdem sie der Wirtschaft gesetzliche Vorteile verschafft habe, dann in diese Wirtschaft wechseln und dort sehr gut bezahlte Vorstands- und andere Posten einnehmen. Die immer neuen Entdeckungen von globalem Steuerbetrug tragen dann noch den Rest dazu bei, diesen schlechten Ruf zu festigen. Dabei ist dies sicher generell ungerechtfertigt, da die meisten Führungskräfte meines Wissens nach nicht so denken und handeln, doch die wenigen schwarzen Schafe und negativen Meinungsführer genügen, dieses Bild entstehen zu lassen. Denn die Menschen generalisieren seit jeher und haben kaum die Fähigkeit oder auch den Willen – und schon gar nicht als wirtschaftliche Verlierer, als „underdogs" –, hier besonders zu differenzieren. Daher müssen die Wirtschaft selbst und die redliche „schweigende Mehrheit", die sich nicht so schamlos bedient, diesem Treiben entschlossen entgegentreten und es auch öffentlich bekunden, hier neue Werte einführen, Verhaltenskodizes entwickeln, Leitlinien durchsetzen, eben die Wirtschaft positiv transformieren, so dass jene Egoisten an den Rand gedrängt werden. Dazu will das Buch motivieren und auch praktische Anleitung geben.

Denn sowohl durch die Globalisierung und die wachsende Macht der Wirtschaft als auch durch den zunehmenden Machtkampf und Wettbewerb zeigt sich immer mehr, dass nationale Gesetze umgangen werden, bisherige gesellschaftliche Normen und Maßstäbe entweder zerbrechen oder dem Egoismus Einzelner zum Opfer fallen. Sinnvolle Ziele oder das Denken für das Wohl des Ganzen fehlen immer mehr, so dass sich ein immer größerer wirtschaftlicher Darwinismus ausgebreitet hat und vor allem auf dem internationalen Markt nur noch das Recht des Stärkeren gilt. Dies wird von der Gesellschaft schon erstaunlich lange, wenn auch murrend, hingenommen, sowohl aus Ohnmacht als auch mangels Alternativen. Denn dies ist ein oft gebrauchtes Argument, dass es zu dieser Art der Globalisierung und des Wettbewerbs keine Alternative gebe, dies müsse eben so sein, so sei Wirtschaft nun mal. Niemand hat bislang mit einer Idee eines völlig neuen Wirtschaftens wirklich überzeugen können. Doch es ist nur eine Frage der Zeit, bis sich vor allem die Menschen am anderen Ende des wirtschaftlichen Spektrums immer mehr empören, bis sie sich, dann auch die intellektuelle Elite und daraufhin folgend weitere Teile der Gesellschaft, davon distanzieren, das System immer weniger mittragen, bis schließlich das ganze System ausgehöhlt umkippt wie einst die DDR, ganz plötzlich und unerwartet, aber doch schon lange vorauszusehen.

So weit muss es allerdings nicht kommen, wenn die Zeichen der Zeit rechtzeitig gesehen, erkannt und die hier vorherrschenden Kräfte in neue Richtungen kanalisiert, umgeleitet und positiv umgestaltet werden. Oder wenn wir lernen, um es mit unserem Bild zu sagen, diesen im Moment wild gewordenen Tiger wieder zu zähmen, zu reiten und ihn dann sogar als Motor des gesellschaftlichen Wandels nutzbar zu machen. Es ist durchaus sinnvoll und auch unumgänglich, wenn ein bestehendes System als Folge eines solchen Wandels ins Chaos treibt, damit aus diesem wieder eine höhere Ordnung hervorgehe. Die Wissenschaft (u. a. Nobelpreisträger Prigogine) hat bereits gezeigt, dass lebendige Systeme sich nicht einfach linear und einigermaßen gleichmäßig weiter und höher entwickeln, sondern dass sie immer wieder Entwicklungssprünge machen, quasi Tod und Neugeburt erleben. Bei diesen Sprüngen wird das bisherige System mehr und mehr belastet, bis es überlastet teilweise oder ganz zusammenbricht. Dann muss es durch ein bestimmtes Chaos hindurchgehen, um sich danach wieder in einer höheren Ordnung zu stabilisieren und neu zu ordnen. Somit ist für eine bestimmte Zeit des Wandels ein bestimmtes Maß an Chaos und Durcheinander nicht nur unvermeidbar, sondern durchaus auch als sinnvoll zu begrüßen.

Wenn ich beispielsweise ein Haus gründlich renovieren will, geht dies nicht mehr nur durch Tapezieren oder ständige kleine Verbesserungen, dies reicht nur für eine bestimmte Zeit. Schließlich aber ist eine grundlegende Erneuerung notwendig, bei der auch die Wände umgebaut oder erneuert werden und viel vom Bisherigen auf den Kopf gestellt wird. Die Mieter müssen vielleicht ausziehen oder extreme Behinderungen in Kauf nehmen, es herrschen Lärm, Schutt und Chaos, bis dadurch aber schließlich ein viel schöneres und besseres Gebäude entsteht. Es erscheint mir aber wichtig, den Prozess nicht einfach nur hinzunehmen, sondern auch, dass während dieses Prozesses zugleich eine Vision oder ein Ziel entwickelt wird, um Orientierung zu geben, Dinge und Geschehnisse einordnen zu können. Unnötige Belastungen sind zu vermeiden und neue Strategien und Möglichkeiten zu erproben. Hier sind visionäre Pioniere gefragt, die darauf drängen, dass die Intuition geweckt, geschult und darauf geschaut wird, in welche Richtung das System geht oder wohin es tendieren könnte, wie dieser zukünftige Zustand einer neuen und vielleicht höheren Ordnung aussehen könnte und wie er erreicht werden kann. Dazu gehören sicher Beiträge und innovative Ideen aus vielen Bereichen, und es muss ein Ziel, eine neue positive Vision zukünftiger Wirtschaft aufgezeigt werden, die mit und für die Menschen und nicht gegen sie operiert und die dazu nötigen Leitlinien, Werte und Paradigmen herausarbeitet, die es dafür zu verwirklichen gilt. Es entsteht somit das Bild einer neuen, evolutionsmäßig höherwertigen Ordnung, einer Grundlage sowie eines Rahmens, in dem sie eingebettet sein kann. Daraus ergibt sich dann ein recht klares Bild, wie diese neue Ökonomie konkret aussehen und wie sie der Gesellschaft insgesamt nützlich sein könnte.

Das Spannende an diesem Wandel, der sich bereits jetzt vor unseren Augen abzuzeichnen beginnt, ist aber, dass er nicht nur einzelne nationale Wirtschaftsformen betrifft, sondern dass er sowohl international wie auch fundamental ist. Es ist ein Wandel, so elementar wie der vom Agrarzeitalter zur Industriegesellschaft oder vom Industriezeitalter zum Informationszeitalter, in dem wir uns jetzt noch befinden. Während aber bei ersterem Wechsel dafür noch Jahrhunderte zur Verfügung standen und er sich somit über mehrere Generationen erstrecken konnte, so vollzog sich der Wandel vom Industrie- zum Informationszeitalter am Ende des letzten Jahrhunderts in nur wenigen Jahrzehnten, so dass viele Menschen in einem einzigen Leben völlig umlernen und sich neu orientieren mussten. Beispielsweise mussten sie den Umgang mit dem Computer und dem Internet erlernen, das völlig neue Kommunikations-, Verwaltungs- und Produktionsabläufe ermöglichte sowie auch den Handel revolutionierte. Plötzlich waren beispielsweise viel mehr Vergleichsmöglichkeiten beim Einkauf gegeben. Waren wie Information flossen plötzlich über ganz neue Kanäle und auch der Austausch von Wissen wurde erheblich beschleunigt. So war plötzlich alles ganz anders und viele alte Strategien funktionierten nur noch ungenügend, in Extremfällen auch gar nicht mehr.

Noch schneller und umwälzender wird aber nun der kommende Übergang vom derzeitigen Informationszeitalter zum nächsten Zeitalter sein, welches ich mangels anderer Bezeichnungen das Bewusstseinszeitalter nenne. Jedes dieser Zeitalter beruhte auf ganz unterschiedlichen Grundlagen, Strukturen und Werten. Die Paradigmen des einen Zeitalters, so lässt sich leicht nachweisen, taugen nicht zur Anwendung für das jeweils nächste. So ließen sich die Werte und Strukturen des Feudalismus im Industriezeitalter nicht lange aufrechterhalten, obwohl dies noch einige Zeit auch mit Gewalt versucht wurde, und sie wurden dann schnell von den Werten und Leitlinien des Bürgertums abgelöst. Beispielsweise wurden im Industriezeitalter plötzlich als wichtigste Werte die *Menge* (Stahl, Kohle, Autos usw.) und vor allem der im Feudalismus noch nicht vorhandene *Fortschritt* eingeführt, und der, ebenfalls quantitativ, hat sich vor allem an der Menge der Produktion gemessen, an der Quantität der produzierten Güter. War im Agrarzeitalter vor allem Bewahrung (der Stände, der Religion usw.) angesagt, so zählte hier der Fortschritt im Sinne von „mehr ist besser". Dagegen ist nun im Informationszeitalter vor allem die Qualität und Geschwindigkeit sowie das Know-how an Information gefragt, deren Austausch, Vernetzung und Geschwindigkeit. So konnten plötzlich Internetfirmen ohne materielle Substanz riesige alteingesessene Firmen des alten Zeitalters an der Börse aufkaufen und übernehmen, wie der Newcomer AOL einst TimeWarner. Der Wert der Firmen des heutigen Zeitalters wird weniger in Quantität und in Waren gemessen, sondern an der Effizienz der Informationsverarbeitung oder der Informationssuche. So produziert beispielsweise eine der größten Firmen weltweit, die Firma Google, keine materiellen Güter, sondern stellt Information und Informationssuchwerkzeuge zur Verfügung, andere moderne Firmen wiederum Datenverarbeitung oder –weiterleitung, andere wiederum mobile Kommunikation, Software oder Computerspiele, und es wird dadurch immer mehr Geld verdient, Profit gemacht, Einkommen geschaffen und weniger durch konkret materielle Güter wie Stahl, Kohle, Autos, Maschinen, eben klassische Güterproduktion wie im Industriezeitalter. Auch der Handel musste und muss sich auf diese neue Schiene des Internet einstellen, wenn er überleben will. Hieran ist zu sehen, welch einschneidende Veränderungen die Wechsel eines Zeitalters zum nächsten darstellen, und in der Geschichte können wir auch die Geburtswehen und Kämpfe einer solchen Transformation deutlich sehen.

Diese Notwendigkeit gilt nun vor allem für die noch schnellere Umstellung in das kommende Zeitalter, das ebenfalls wieder neue Grundwerte haben wird: nicht mehr Quantität und Produktion wie im Industriezeitalter, nicht mehr Information, sondern Qualität, Menschlichkeit, Bewusstheit, Verantwortung für das Ganze, um nur einiges zu nennen.

Ferner scheint sich die Entwicklungsgeschwindigkeit – wie historisch zu sehen ist – bei jedem Male noch zu steigern. Daher sei das heutige Management gewarnt, denn die Zeit ist eigentlich schon reif für die Wandlung, und dies gilt hier noch mehr als in anderen Bereichen: Wer zu spät kommt, den bestraft das Leben, den überrollt die Entwicklung schmerzhaft, denn die Wirtschaft ist nun einmal eine große Macht, sie kann ein gefährlicher, unbarmherziger Tiger sein. Wer heute also diese Entwicklung verschläft, kann sie nur noch schwer aufholen. Ein Beispiel für solche Konsequenzen aus dem letzten Zeitalterwechsel: Als IBM den Wandel zum Informationszeitalter und damit Computer für alle verschlafen hatte und die Personal Computer von anderen angeboten wurden, wurde nachträglich zwar versucht, die Konkurrenz mit viel Geld und Aufwand auszuschalten, aber vergeblich. Und wird heute beim Internet eine Entwicklung verschlafen, so kann man diese, wenn überhaupt, nur mit sehr viel Geld wieder einholen, was aber dann den Gewinn wiederum deutlich schmälert. Es ist also ratsam, weil auch sehr ökonomisch, die Entwicklung bereits jetzt zu erkennen und die Welle mitzureiten oder – noch besser – diese sich abzeichnende Zukunft mitzugestalten. Die das tun, werden auch hier die großen Gewinne machen, während sich andere später schwer tun werden mitzuhalten.

Fazit ist also: Während einige Nachzügler heute immer noch versuchen, vom Industrie- zum Informationszeitalter zu kommen, und dieser Wechsel noch nicht einmal abgeschlossen ist, so zeichnet sich an der Spitze dieses Wandels schon ein ganz neuer Prozess ab, der Wandel ins Bewusstseinszeitalter, in dem die alten Werte wie Quantität und Massenproduktion vielleicht noch untergeordnet da sind, aber keine große Rolle mehr spielen. Vielmehr wird auf individuelles, kreatives Gestalten, auf Qualität in jeglicher Hinsicht, auf den Wert des Einzelnen und nicht auf die Masse besonderen Wert gelegt, auf das kollektive wie auch das individuelle kreative Bewusstsein, so dass Mitarbeiter nicht mehr beliebig austauschbar sein werden, sondern deren ganz spezifische persönliche Qualität geschätzt und auch bezahlt werden wird. Daher der oben genannte Begriff und die Richtung zu „mehr Menschlichkeit", denn nur Menschen können Qualität und Kreativität einbringen. Quantitative Leistung wird dabei immer mehr von Maschinen ersetzt werden. Diejenigen, die noch darauf setzen, werden dann entweder als Arbeitnehmer entlassen oder als Unternehmer von der Entwicklung überrollt werden und können dann die entsprechenden Kostensenkungen in der Konkurrenz zum Weltmarkt nicht mehr auffangen. Daher werden die Wirtschaftpioniere wieder auf Qualität setzen, auf Einzigartigkeit, auf Innovation, aber auch auf neue Werte wie Nachhaltigkeit, Umweltverträglichkeit, Sozialverträglichkeit, Nutzen und Verantwortung für die Gesellschaft (corporate responsibility). Weitere Aussagen über die Werte des neuen Zeitalters und dessen Kennzeichen werden wir in unserer Vision und unserem Modell der neuen Wirtschaft darstellen, so dass sich auch die heutigen Wirtschaftsführer in ihrem Sein und Verhalten darauf einstellen können, dass sie nicht einfach von der Entwicklung überrollt werden, sondern sie mitgestalten können.

Doch bevor wir uns im dritten Kapitel dieser Vision einer neuen Wirtschaft zuwenden, wollen wir uns zunächst einmal kurz den Ist-Zustand der westlichen Wirtschaft vor Augen führen, sie in ihren Fehlentwicklungen analysieren und dabei auch begründen, warum man nicht einfach bei diesem Zustand bleiben oder warum man ihn nicht einfach etwas reformieren kann (was beispielsweise im Gesundheitswesen seit Jahren und auch hier wenig erfolgreich versucht wird), warum es also prinzipiell nicht so bleiben kann und warum die anstehende Transformation – ob sie nun über den Weg des Zusammenbruchs und Chaos oder als eine evolutionäre Entwicklung kommt – unausweichlich ist.

2.2. Das Grundproblem: Sinnverlust und Wertevakuum

Die Wichtigkeit und Bedeutung solider Werte, Normen und Richtlinien

Das immer stärker auftretende Grundproblem des Werteverlusts in der heutigen Wirtschaft wird vor allem deutlich, wenn man sich die Wirtschaftstätigkeit früherer Zeiten anschaut. Da gab es den klar definierten Stand der Kaufleute und klar definierte Zugangsbeschränkungen für solches Handeln über die jeweilige Gilde. Der Wirtschaftende war also in eine klar definierte gesellschaftliche Gruppe eingebettet, unterlag deren Werten, Normen und Verhaltenskodizes. Darüber war er zugleich integriert in das gesellschaftliche Gesamtsystem mit dem jeweiligen religiösen und politischen Hintergrund und allgemeinen Wertesystem. Obwohl sicher zu allen Zeiten der Profit das grundlegende Motiv ihres Handelns war, so hatten die Kaufleute sich doch an ganz klar definierte Normen und Grundlagen zu halten, und diese grundlegenden Werte waren nicht nur politisch und standesrechtlich etwa über die Stände und jeweilige Zunft oder Gilde definiert, wie etwa beim Zusammenschluss der „Hanse", sondern auch teils religiös, teils über gesellschaftlich anerkannte Richtlinien definiert, wie etwa das Ideal des „soliden, ehrlichen Kaufmanns". In einer Gesellschaft, die weit weniger individualistisch war als heute, hatte sich der einzelne entweder an diese Grundlagen, diesen Rahmen zu halten und innerhalb dessen zu wirtschaften, oder er wurde vom System geächtet und ausgestoßen, wodurch er dann überhaupt nicht mehr sinnvoll wirtschaften konnte. Je stärker und je solider ein solches Wertesystem war, wie beispielsweise das der Hanse und ihrer Mitglieder im Mittelalter, umso einfacher war auch das Wirtschaften, denn jeder konnte hier darauf vertrauen, dass sich der andere an dieses System hielt, wollte er überhaupt wirtschaften, und desto größer war auch der Gewinn für die Gesamtgesellschaft, wie man beispielsweise am Wohlstand der Hansestädte ablesen konnte.

Anders gesagt, solide Rahmenbedingungen, Werte und vor allem die Eigenkontrolle der Wirtschaft selbst über ihre Standesorganisationen – und nicht äußerer politischer Druck – schufen im besten Falle ein sicheres Umfeld für gewinnbringendes Wirtschaften und vermieden rein egozentrisches Handeln und gesellschaftsschädigendes Wirtschaften. Es blieb dadurch in der Regel ein Gewinn für die Gesamtgesellschaft. Auch wurden die entsprechende Reibungsverluste durch Betrug oder unfaires Handeln oder die Notwendigkeit umfangreicher rechtlicher Absicherung durch solche Wertesysteme vermieden, ein großer Vorteil beim Handeln, wie er sich beispielsweise im einfachen Handschlaggeschäft gegenüber den von Winkeladvokaten ausgehandelten umfangreichen Verträgen mit Tausenden von Klauseln zeigt; hier wird der Unterschied zu heute deutlich sichtbar. So konnte ein Kaufmann, Händler oder selbst Bauer – und dies galt noch bis ins letzte Jahrhundert und ist keineswegs lange her – in einem solchen von der Gesellschaft gestützten Wertesystem ein Geschäft einfach per Handschlag abschließen und darauf vertrauen, dass dies funktioniert, während in der heutigen Gesellschaft nur noch äußerst komplizierte Verträge mit allen möglichen Klauseln für Unwägbarkeiten und Möglichkeiten ausgedacht und ausgeklügelt werden müssen, natürlich mit viel Geld, Arbeits- und Zeitaufwand, um nicht über den Tisch gezogen oder von einem schlauen Gegenanwalt ausgebremst zu werden. Und selbst das ist dann keine Garantie für ein reibungsloses Geschäft, sondern muss unter Umständen über Jahre hinweg gerichtlich eingefordert werden. Allein durch die mangelnde Werteordnung und mangelnden Rahmenbedingungen ist inzwischen ein riesiger Apparat von Anwälten entstanden, der früher so nicht nötig war und natürlich einiges an Geldvermögen kostet. Während es früher der Normalfall war, dass die Interessen beider Seiten gewahrt wurden und beide Parteien davon profitierten, scheint es heute in einem Wertevakuum eher der Normalfall, möglichst viel für sich herauszuholen, zum Schaden des anderen und oft auch der Gesellschaft.

Diese egoistische Tendenz setzte zwar bereits im Wandel zum Industriezeitalter und im Bürgertum ein, und schon hier hat sich dieses ständische Ideal des Kaufmanns immer mehr entwertet und verflüchtigt. So wurde es einerseits immer leichter, ohne jegliche Voraussetzung oder Zugangsbegrenzung Kaufmann, Fabrikant oder Händler zu werden. Andererseits rückten immer mehr und mehr individuelle, egoistische Interessen in den Vordergrund, auch Einzelinteressen von Gruppen, etwa von Banken, Geldgebern, Aktionären usw., die immer mehr *nur* ihren eigenen Zweck zum Ziel hatten ohne Rücksicht auf ihr gesellschaftliches Ansehen oder gesellschaftlichen Nutzen. Auch religiöse Schranken und Rücksichtnahmen lösten sich langsam auf, und dies führte ja bekanntlich zum rücksichtslosen Frühkapitalismus, der wiederum durch seine gesellschaftliche Polarisierung den Gegenpol des Kommunismus auslöste, und beide bekämpften sich fortan. Dieser bis in die 60er Jahre dauernde Kampf hat viel Schaden für die menschliche Gesamtgesellschaft bewirkt.

Durch diese Entwicklung im Frühkapitalismus aufgeschreckt, wurde dann vor allem der Staat und Gesetzgeber aktiv und hat den im Kapitalismus erwachenden Tiger in seine Schranken zu verweisen versucht, was man später auch als die „soziale Marktwirtschaft" bezeichnete. Hier hat sich dann gezeigt, vor allem in der Nachkriegszeit, dass ein gezähmter Tiger mit entsprechenden Leitlinien, Werten (sozial), Rahmenbedingungen sehr förderlich für die Menschen war und in kürzester Zeit einen immensen Wohlstand bescherte.

Fazit: Die Wirtschaft braucht sowohl Freiraum zur Entfaltung wie zugleich auch ein solides Wertesystem, in welches das Handeln eingebunden ist, unabhängig davon, ob es ein politisches, religiöses, ständisches oder selbstgegebenes normatives System ist. Es ist in der Geschichte seit Zeiten der Hanse-Kaufleute deutlich zu erkennen, dass die Wirtschaft einerseits Freiraum braucht, um agieren, sich und ihre Kraft entfalten zu können, andererseits auch Grundsätze, Rahmengesetze oder gemeinsam anerkannte Werte, um einerseits so wenig Schaden wie möglich anzurichten und den Menschen und der Gesellschaft nützlich zu sein, andererseits um das Aufkommen und Ausagieren rein egoistischer und systemschädigender Einzelinteressen einzuschränken, besser noch ganz zu verhindern. Sind diese beiden grundlegenden Faktoren gegeben, also Freiraum wie Wertesystem, so ist stets ein Wachstum und Aufblühen der Wirtschaft wie auch ein Gewinn für die Gesamtgesellschaft oder für Teile der Gesellschaft in Form von Wohlstand festzustellen. Das beste Beispiel dafür war in jüngster Zeit die durch staatliche Regelungen erzeugte soziale Marktwirtschaft aus den 50er Jahren, die uns das Wirtschaftswunder bescherte.

Die heutige Lage: Großer Freiraum, jedoch Mangel an Werten und Leitbildern

Inzwischen hat die globale Wirtschaft zwar einen Freiraum wie noch nie, aber leider kein verbindliches Wertesystem mehr, weder ein politisches noch religiöses, noch moralisches, noch einen eigenen Standeskodex, allenfalls wenige und kaum abschreckende juristische Regelungen, die wenig bewirken, zumal sie erst über inzwischen sehr langwierige Prozesse einzuklagen und durchzusetzen sind. Die Wirtschaft denkt aber heutzutage sehr kurzfristig, ist zudem sehr flexibel und kann, wenn es vorteilhaft ist, schnell ins Ausland verlagern. Solange die Wirtschaft also noch vor allem national kontrollierbar und reglementierbar war, hat der Versuch einer sozialen Marktwirtschaft im letzten Jahrhundert ganz gut funktioniert. Die Kräfte des Marktes mit den egoistischen Zielen der Einzelnen konnten sich innerhalb des übergeordneten gesetzlichen Rahmens entfalten, aber es konnte auch eine entsprechende Gewinnabschöpfung über Steuern und Abgaben vorgenommen werden, so dass ein Teil der Produktivität und des erwirtschafteten Wohlstands hierdurch auch der Gesamtgesellschaft zugute kam. Genau diese Grundlagen und dieses System sind jetzt dabei, sich völlig aufzulösen. Der Versuch, dem immer stärker werdenden Egoismus und Profitdenken ein valides Ordnungssystem entgegenzustellen und somit die Kräfte des immer mehr internationalisierenden Unternehmertums zu zügeln, konnte nur so lange funktionieren, solange die nach Eigennutz und Profit strebenden Kräfte der Wirtschaft durch politische Maßnahmen, über Gesetze und gesellschaftliche Rahmenbedingungen gezähmt und in ein für alle verbindliches Ordnungssystem eingebettet werden konnten und die jeweiligen Parteien dieses auch grundsätzlich achteten und anerkannten. Nicht zuletzt durch den Missbrauch dieses Systems durch die Politiker selbst, durch die Gier und Maßlosigkeit von Politik über immer höhere Steuern wie auch durch die Gier von Wirtschaftleuten und Banken selbst ist dieses Ordnungssystem immer mehr umgangen und ausgehöhlt worden (Steuerhinterziehung, Kapitalflucht, Verlagerung von Produktionsstätten, Steuervermeidung durch ausländische Betriebsstätten usw.), so dass es für besonders dreiste Unternehmen fast einer Dummheit gleichkommt, noch Steuern zu bezahlen oder etwa sich an die Regeln zu halten.

Spätestens mit dem Wechsel vom reinen Industriezeitalter zum Informationszeitalter, mit der Bildung immer größerer internationaler Konzerne und dem

Auflösen nationaler Grenzen, mit der Produktion schwer zu kontrollierender immaterieller Werte und Güter (wie will man die Einfuhr von Lizenzen oder Informationen kontrollieren?), mit dem Aufkommen von internationalem Handel und globalen Absatzmärkten, auch zunehmendem globalen Geldfluss, wurden diese Beschränkungen immer mehr aufgeweicht. Auflagen, beispielsweise im Umweltschutz oder Arbeitsschutz, konnten immer leichter umgangen werden, zumal jederzeit im Ausland produziert werden kann. Steuergesetze wurden ausgehebelt, indem man international Gewinne und Verluste verschieben konnte. Dieses entstandene **Vakuum** begünstigte natürlich diejenigen, die ihre Eigeninteressen immer ungenierter und ungehindert ausagieren und durchsetzen wollten, und so entstanden in dieser Grauzone oder diesem Wertevakuum ganz legal die „Wirtschaftshaie" und „Heuschrecken" und andere Plagegeister, die sich mehr als Wirtschaftspiraten verstehen und sich kaum noch von irgendwelchen nationalen oder kulturellen Werten, Normen und Gesetzen aufhalten lassen. Sie werden sich auch in Zukunft nicht durch solche äußeren Maßnahmen mehr aufhalten lassen, es sei denn, die Führungskräfte der Wirtschaft selbst geben sich wieder einen neuen Handlungskodex, agieren wieder nach neu vereinbarten Werten und Normen und grenzen zugleich alle jene aus, die dieses Wertesystem nicht achten, indem sie beispielsweise nicht mehr mit ihnen zusammenarbeiten und sie auch öffentlich ächten. Denn alleine und nur unter Piraten kann man nicht wirtschaften, und jedes profitable Wirtschaften lebt vom anderen, von Abnehmern, Kunden und Käufern. Sind diese dafür sensibilisiert und ächten entsprechende Abweichung – wie z.B. früher die geächtet wurden, die Handschlaggeschäfte nicht eingehalten haben –, so kann einzig dadurch in Zukunft das System reguliert und ein Wertesystem durchgesetzt werden. Äußere Gesetze und Maßnahmen haben wir genug und sie haben sich als nicht mehr ausreichend erwiesen. Doch es braucht zuerst einmal einen entsprechenden Bewusstseinswandel in der Wirtschaft selbst, um dieses neue Wertesystem zu schaffen.

Es hat daher wenig Sinn, noch mehr und noch strengere Gesetze zu erlassen und damit sogar die Wirtschaft insgesamt zu lähmen. Denn damit wird man dieser Entwicklung nicht gegensteuern können, sondern nur die „kleinen Leute" und den Mittelstand treffen oder alle, die noch als frei Wirtschaftende im kleinen Rahmen operieren, nicht aber die „Global Players" und schon gar nicht die Banken. Ein Beispiel: Kapital kann heute in Sekundenschnelle von einem Land zum anderen transferiert werden, und alle Versuche, Kapital durch Zwangsmaßnahmen im Land halten zu wollen, müssen zwangsläufig scheitern. Dies bewirkt genau das Gegenteil, nämlich eine Fluchttendenz. Auch nationale Steuern und Abgaben sind leicht dadurch zu umgehen, dass Profite bei internationalen Unternehmen – beispielsweise durch Gründung von Tochtergesellschaften, Zulieferfirmen oder Zwischenhandelsfirmen – in denjenigen Ländern „gemacht werden" bzw. dorthin verlagert werden, deren Steuern niedrig sind. Bis heute gibt es den Versuch, dieses internationale Wirtschaften unter Kontrolle zu bekommen, durch immer kompliziertere Steuergesetze, umfangreiche Doppelbesteuerungsabkommen mit Sonderbestimmungen wie beispielsweise für Lizenzhandel, bei denen der inländische Kaufmann als Geisel für ausländische Firmen genommen wird und die sicher schon viele Firmen in den Ruin getrieben haben, sowie auch durch immer neue Verordnungen und Bestimmungen auf nationaler Ebene. Dies ist jedoch völlig kontraproduktiv und zum Scheitern verurteilt, da die einzelnen Steueranwälte der internationalen Firmen immer die entsprechenden Lücken finden oder Umgehungen erarbeiten können, während die Legislative immer nur auf das Allgemeine zielen kann und damit stets der übrigen Wirtschaft, vor allem den „kleinen Leuten" schadet. Würde aber auch dies noch umgangen und würden jeweils – wie früher beim „Lex Horten" – spezielle Gesetze für die jeweils speziellen Fälle erlassen, hätten wir in Kürze einen noch undurchschaubareren Gesetzesdschungel, der wiederum noch mehr Schlupflöcher und noch mehr Verwirrung entstehen ließe. Dies ist also kein sinnvoller oder gangbarer Weg.

Wenn solche Maßnahmen überhaupt möglich wären, und dies bezweifle ich sehr, so allenfalls durch eine kongruente internationale Gesetzgebung und deren rigorose Durchsetzung und Exekution durch eine Art von Weltregierung. Zugleich müssten bei allen führenden Industrieländern die Bestimmungen, z.B. die Steuergesetzgebung, einander angeglichen und nivelliert werden, um entsprechende Gefälle zwischen Steuern, Abgaben oder Zinsen und daraus resultierende Gewinnverlagerung oder Vermögensverschiebung zu vermeiden. Auch Arbeitsbestimmungen und Löhne dürften dann nicht mehr so unterschiedlich sein, um keine Anreize für Arbeitsplatzverlagerungen zu bieten. Doch dies ist reine Utopie und wird und kann – jedenfalls in absehbarer Zukunft – nicht erreicht werden, da die Voraussetzungen wie auch Vorstellungen der einzelnen Staaten viel zu unterschiedlich sind und auch ihr Egoismus immer noch eine viel zu große Rolle spielt.

Doch selbst wenn sich die meisten der für die Wirtschaft wichtigen Staaten weltweit auf bestimmte Werte und konkrete Normen einigen könnten, so gibt es einfach in der heutigen Informationsgesellschaft faktisch viel zu viele Möglichkeiten, dies zu umgehen. Ein Beispiel sind die rezeptpflichtigen Arzneimittel, deren Erwerb in vielen Ländern per Gesetzgebung auf das Rezept beschränkt ist und die dennoch überall im Internet von jedem bestellt werden können. So würden auch alle anderen Bestimmungen per Internet oder per Globalisierung umgangen werden. Denn auch die Verlagerung von Standorten ist heute im Informationszeitalter ein Kinderspiel. Früher ließ sich beispielsweise ein Stahlwerk oder eine Produktionsfirma nur mit großem Aufwand ins Ausland verlagern. Eine moderne Firma hingegen, die Software produziert, oder auch jeder x-beliebige Internet-Anbieter kann aus jedem Land der Welt seine Angebote ins Internet einspeisen und zu jeder Zeit diesen Standort wechseln und sich ohne große Kosten einen anderen Standort oder ein anderes Schlupfloch aussuchen.

Diese heutige Vernetzung und Verflechtung sowie Internationalisierung der Wirtschaft und die daraus entstandene Einfachheit, die Länder, Standorte und Angebotsplattformen zu wechseln, ist einer der entscheidenden Unterschiede zu früher. Deshalb erscheint es als reine Utopie, darauf zu vertrauen, die inzwischen ruinierten alten Werte, Richtlinien oder auch Normen der Wirtschaft wieder über immer neue externe Forderungen, Zwänge oder gar über immer mehr Verfolgung und Bestrafung zu erzwingen oder einzufordern. Der Großteil der Wirtschaft würde nur darunter leiden, manche kleinen Unternehmen würden aufgeben und dadurch die Wirtschaft schwächen. Die globalen Spieler hingegen würden sich mit ihren Trupps von Anwälten und Top-Steuerexperten viel schneller neue Schlupflöcher und Umgehungsmöglichkeiten suchen, als die nationale oder selbst eine internationale Gesetzgebung je darauf reagieren könnte. Dies scheint also für unser globales Zeitalter der falsche Weg zu sein. Falls er dennoch beschritten würde, wird er zu immer mehr Reglementierung führen, zu Erstarrung und damit – neben denen, die ganz aufgeben – zum Niedergang der innovativen Wirtschaft und auch Wissenschaft und damit schließlich zur Verlagerung in andere Länder. Es wäre eine Strangulierung des eigenen Systems mit immer heftigeren Kämpfen zwischen den einzelnen Parteien und Interessengruppen.

Die Anzeichen des Zerfalls:
Polarisierung und Durchsetzung von Einzelinteressen

Immer, wenn sich bestehende Ordnungen auflösen oder Wertesysteme unbrauchbar werden, erzeugt dies Freiräume, in der sich systemfremde, ungesunde, das System schädigende, egoistische oder chaotische Entwicklungen ausbreiten können, wie wir es beispielsweise in der Zeit der Französischen Revolution oder in der Zeit des Frühkapitalismus sehen können. In solchen Situationen zeigen sich typischerweise diametral auseinanderstrebende Tendenzen einerseits, die das bestehende System sozusagen auseinanderreißen, dadurch lähmen und schwächen, und andererseits radikale Einzelinteressen, die sich jetzt ungeniert ausbreiten, sich durchsetzen oder dem System ihren Willen aufzwingen. So kannten im Frühkapitalismus viele Unternehmer keine Beschränkung in der Ausbeutung von Arbeitskräften, und das System war lange nicht in der Lage, diesen mächtigen Einzelinteressen entgegenzutreten. Daher kam es Ende des 19. und Anfang des 20. Jahrhunderts zu großen Krisen, Aufständen; es kam zum Aufkommen der sozialistischen und kommunistischen Bewegungen, zugleich zu der oben erwähnten Polarisierung der Gesellschaft in rechts und links, Besitzende und Besitzlose, Unternehmer und Arbeitnehmer und andere Polarisationen. Allein durch die daraus entstandenen Konflikte und Kämpfe ist über lange Zeit viel Schaden entstanden.

Diese Polarisierung ist auch in der heutigen Zeit wieder zu beobachten. Sie ist zugleich verbunden mit dem Aufkommen und Ausagieren mächtiger Einzelinteressen, wie wir es heute nicht nur an den „Wirtschaftspiraten" und „Finanzhaien/Spekulanten" sehen können. Oft schon ist es „Normalität", dass sich Vorstände ungeniert bedienen oder ihr Ego in Machtspielen – wie durch sinnlose Fusionen – ausagieren und somit ihr Wohl über das der Firma stellen. Damit wird einer Gesellschaft nicht nur durch den Stabilitätsverlust und den unmittelbaren Schaden geschadet, der durch diesen Egoismus bewirkt wird, sondern es entstehen noch viel größere Verluste durch die gezeigten gesellschaftlichen Folgen und darauf folgenden Machtkämpfe derer, die das Nachsehen hatten und es sich auf Dauer nicht gefallen lassen. Das System wird also, wenn diese Eigeninteressen nicht wieder durch neue Werte eingebunden und notfalls auch eingeschränkt werden, großen Schaden nehmen, vielleicht sogar in seine eigene Zerstörung laufen.

Woher soll ein neues Wertesystem kommen?

Wer aber könnte in einer Zeit des völligen Relativismus und Egoismus der Wirtschaft und den darin Handelnden wieder ein ethisches oder normatives Fundament geben, also ein neues Wertesystem, eine neue Ordnungsstruktur für die Wirtschaft oder gar die gesamte Gesellschaft schaffen und vor allem verbindlich durchsetzen? Die Politik jedenfalls ist derzeit dazu nicht in der Lage, nicht nur, weil sie bei den Menschen fast alle Glaubwürdigkeit verloren hat, und nicht nur, weil sie viel zu sehr mit in das derzeitige System eingebunden ist, sondern auch, weil sie viel zu kurzfristig (meist nur von Wahl zu Wahl) denkt, um diesen grundlegenden Wandel herbeizuführen, aber auch, weil sie durch die Verflechtung der Parteien und auch vieler ihrer Entscheidungsträger mit der Wirtschaft und den zahlreichen Interessengruppen nicht mehr die Macht hat, hier entscheidend eingreifen zu können. Im besten Falle könnte sie, falls sie ihre Souveränität und Glaubwürdigkeit wiedergewinnt, zukünftig einen Wandel begleiten und unterstützen, beispielsweise um neu getroffene Leitlinien und Ausrichtungen der Wirtschaft zu fördern und zu verbreiten.

Auch die Wissenschaft und die intellektuelle Elite können dies nicht leisten, da hier die Macht und das Kapital fehlen, dies einzuführen und vor allem um- und durchzusetzen. Allenfalls kann hier die Wissenschaft diesen Prozess unterstützen und Modelle und Visionen, Analysen und Methoden bereitstellen. Also ergibt sich als Fazit, dass die hier vorhergesagte Transformation von keiner äußeren Macht her kommen kann, denn die Wirtschaft ist derzeit die stärkste Macht, auch international. Sie muss dies also selbst erkennen und leisten, soll sie nicht selbst ins Chaos gehen und mit ihr die Gesellschaft. Sie muss sich selbst neu ausrichten, sich ethisch mit einem neuen Wertesystem regulieren und danach handeln, und nicht mehr nur nach Profit und Eigeninteresse.

Innerhalb der Wirtschaft können die entstandenen Freiräume auch für positive Entwicklungen und für neue Modelle des Wirtschaftens genutzt werden. Hier wiederum muss der Wandel in den Chefetagen einsetzen und nicht bei den Mitarbeitern, die vielleicht Lust dazu haben und ein neues Arbeitsklima und neue Arbeitsgrundlagen herbeisehnen, aber nicht die Macht haben, dies einzuführen und umzusetzen. Psychologisch gesehen deuten wir Angriffe, beispielsweise von Kindern auf Eltern, als Hilferufe, sich um etwas zu kümmern, und so könnte man auch die immer stärker werdende und inzwischen erhebliche Kritik am

Management durchaus auch als Aufruf sehen, hier endlich zu handeln, seiner Verantwortung und Führungsaufgabe auch für die Gesellschaft gerecht zu werden und diese Reform einzuleiten, den Prozess anzuführen oder zumindest mitzugestalten. *Wer, wenn nicht die Manager, sollte lernen, den Tiger zu reiten?*

Der erfolgversprechende alternative Weg wäre also, in den Wirtschaftsetagen selbst zu erkennen, dass man mit der Gesamtgesellschaft im selben Boot sitzt, dass man ihr mit dem derzeitigen Wirtschaften Schaden zufügt und dass diese die Schäden und Verluste nicht ewig hinnehmen wird, dass man zumindest *auf Dauer* nicht gegen die Gesellschaft operieren kann, sondern nur mit ihr im gegenseitigen Nutzen und Einvernehmen. Der heute vorherrschende Mangel an Integrität betrifft leider nicht nur die so genannten Haifische, die Firmen oft gegen deren Willen in feindlichen Übernahmen in ihre Hand bringen und dann ausnehmen, sondern vor allem auch die hochbezahlten Manager und Banker, die nur auf ihren Vorteil aus sind, sich immer neue Zulagen, Bonifikationen und Abfindungen in Millionenhöhe aus der Kasse ihres Unternehmens gönnen, die Wirtschaftsbosse, die mit ihrem Spiel der Macht andere Firmen aufkaufen um des reinen Machtzuwachses willen, oder die Spekulanten und Finanzjongleure, die alteingesessene Firmen nur aufkaufen, um sie auszuschlachten, zu verschulden und dann ohne Skrupel in den Konkurs gehen zu lassen; dies ungeachtet vieler Tausender von Arbeitnehmern, die trotz guter Leistung ungerechtfertigt auf die Straße gesetzt werden. Alle diese Auswüchse müssen erkannt, bewusstgemacht und von der Wirtschaft, und zwar vom führenden Management selbst zunächst auf nationaler, dann auch auf internationaler Ebene reguliert und überwunden werden. Damit das führende Management aber dazu bereit ist, muss es erkennen, dass es sich entweder ändern muss oder untergehen wird; es muss eine innere Reinigung und Transformation durchführen. **Dieser Wandel kann nur über eine Transformation im Bewusstsein geschehen und nicht durch äußere Maßnahmen, Gesetze, Zwänge, Boykotte oder Gewalt erzwungen werden.** Geschieht er aber nicht freiwillig, so wird das System in dieser Form untergehen und auch so eine – eben unbewusste – Transformation erreicht. Es wird also entweder bewusst von innen gewandelt oder unbewusst durch die Umstände und das Leben selbst, wobei dann allerdings der Untergang der „Titanic" sicher ist. Dem Leben ist das gleichgültig, denn auch nach einem solchen Systemtod wird sich sicher wieder ein neues Wertesystem herausbilden.

Besser wäre es allerdings, diesen Wechsel und Wandel in ein neues Ordnungs- und Wertesystem bewusst zu gestalten, und die Wirtschaft wäre gut beraten, dies auch schleunigst zu tun. Sie kann nicht auf Hilfe von außen warten. Zwar wird dieser grundlegende Paradigmen- und Wertewandel letztlich die ganze Gesellschaft umfassen, muss aber zunächst vor allem von der Wirtschaft ausgehen, denn hier sind zugleich Kapital, entsprechende „human resources" wie auch wissenschaftliches Know-how vorhanden sowie auch eine gewisse Bereitschaft zur Innovation und Veränderung. Parallel könnte und sollte dies dann auch von den gesellschaftlichen Meinungsführern und wenigstens einem Teil der Medien unterstützt werden, um auch die Käuferschichten zu sensibilisieren und zur Unterstützung zu bewegen. Doch der Anstoß zur Erneuerung der Werte und der Grundlagen für ein neue Art von Wirtschaften müssen *von innen* kommen, und zwar im doppelten Sinne: einmal aus dem Inneren der Wirtschaft selbst und der Erkenntnis, dass man so nicht mehr (lange) weitermachen kann, da sonst die Wirtschaft von der Gesellschaft eher als Feind betrachtet würde, als Raubtier, woraus Polarisierung, Kampf und Schaden entstünden. Zum zweiten aus dem Bewusstsein der Wirtschaftsführer heraus und nicht wie früher durch materielle, finanzielle oder äußere Maßnahmen.

In manchen privaten Gesprächen mit führenden Unternehmern zeigt sich, dass es hier und da in den Chefetagen schon vernünftige und vorausdenkende Persönlichkeiten gibt, die diese Entwicklung recht klar erkennen und sehen, in welche Sackgasse die gesamte Wirtschaft läuft: mit immer mehr Druck, Machtkampf, Entlassungen, Konkurrenzkampf in und außerhalb der Unternehmen. Aber sie haben noch keine klaren Ideen, was konkret getan werden könnte, zumal sie auch gewohnt waren und sind, im Außen und mit äußeren Mitteln zu agieren, die hier aber nicht mehr ausreichen. Noch weniger haben sie die Werkzeuge für solchen inneren Wandel oder konkrete Methoden, dies im Unternehmen umzusetzen. Leider ist bei ihnen dann oft die Tendenz vorhanden, das Schiff und ihre Position aufzugeben, sich zurückzuziehen oder zu resignieren. Genau dies ist aber der falsche Weg, denn sie sind die Hoffnungsträger, sind diejenigen, durch die und mit denen überhaupt dieser Wandel möglich ist. Es bleibt zu hoffen, dass sich doch die Pionierstimmung und der Mut durchsetzen, hier gemeinsam etwas zu bewegen und den Menschen in der Wirtschaft zu helfen, zumal wenn sie sehen, dass sie nicht alleine dastehen, sondern dass es überall Ansätze zu dieser Erneuerung gibt. Was bleibt, ist in der Hauptsache, diese Ansätze umzusetzen und miteinander zu vernetzen. Dadurch könnte die

Wirtschaft noch rechtzeitig zu einer Selbstkorrektur kommen, in der sie sich zunächst selbst heilt, von ihren Auswüchsen befreit und dann der Gesellschaft Vorbild und Vorreiter sein kann.

Fazit bleibt: Eine Wandlung durch äußeren oder selbst wirtschaftsinternen Zwang oder entsprechende Regelungen erscheint nicht mehr möglich und auch nicht mehr sinnvoll. Dennoch ist ein neues Regelwerk, eine neue Ordnungs- oder Wertestruktur unumgänglich, und sie kann nur von innen, aus dem Bewusstsein der in der Wirtschaft Agierenden kommen, die Käufer und Konsumenten eingeschlossen. Dies ist durchaus denkbar, so wie es etwa in den vorkapitalistischen Zeiten möglich war, in der damaligen Wirtschaft oder Kaufmannschaft ohne äußeren Zwang und ohne politische Eingriffe, Vorgaben und Gesetze soliden Handel zu treiben und beispielsweise gültige Handschlaggeschäfte zu machen, in der Werte wie Würde, Ehre, Vertrauen, Ehrlichkeit und Verlässlichkeit noch galten, ohne ein riesiges Regelwerk, ohne äußere Gewalt, sondern über das allgemeine Einverständnis der Wirtschaftsführer selbst und über den Ausschluss von denjenigen, die dieses nicht achten.

Ausblick und Vision – es genügt, „den hundertsten Affen" zu überzeugen

Geschähe solch ein Wandel im Bewusstsein der führenden Manager, in der Folge dann auch bei Beschäftigen und Konsumenten, vielleicht zunächst erst in wenigen Keimzellen firmenintern, dann branchenweit sich ausbreitend, dann durch die national und sogar weltweit sich abstimmenden Pioniere unter den Wirtschaftsführern, könnte es wieder dazu kommen, dass neue Paradigmen und Leitlinien für die Teilnahme am jeweiligen Wirtschaften eingeführt werden, neue Werte und eine aus einem Bewusstsein kommende selbstgegebene innere Ordnung. Es ist zwar heute kaum vorstellbar, wie dies freiwillig gehen soll, da doch die Wirtschaft sich nicht einmal mehr mit massiven Bestimmungen von außen regulieren und lenken lässt. Und richtig, von außen her gesehen wäre dies vergebliche Liebesmüh`, und keine Macht der Erde ist in Sicht, die dieses tun könnte. Aber der entscheidende Unterschied ist, dass der künftige Wandel von innen kommen soll, auch kommen muss und kann, nämlich aus dem erwachenden Bewusstsein der Wirtschaftsführer selbst. Wenn hier nur ein kleiner Teil davon genügend Einsicht hätte sowie den Mut, dies öffentlich zu propagieren, auszuprobieren und einzuführen, wäre dies ausreichend. Die gute Nachricht dabei ist: Wie bei den erwähnten Affen-Experimenten festgestellt wurde, braucht es überhaupt nicht alle Affen, um etwas Neues in eine Population einzuführen, nicht einmal eine Mehrheit, sondern es genügt der berühmte „hundertste Affe", dies heißt, es genügt eine kleine Minderheit, der sich dann die Population anschließt. Und unter dem derzeitigen Druck der Probleme und der Not wird sie sich recht leicht anschließen, vor allem dann, wenn zugleich auch eine entsprechende Bewusstheit zumindest in Teilen der Käuferschicht und der Medien vorhanden ist. So ähnlich verlief die Entwicklung übrigens auch beim Thema Umweltschutz, der – von Politikern lange vernachlässigt – zum großen Teil freiwillig von Firmen wie Kunden und vor allem durch Nachfrage initiiert wurde und nicht etwa durch äußere (Zwangs)Maßnahmen, die erst später dazu kamen.

Wenn solch neues ethisches Handeln dann noch zusätzlich vom Markt belohnt wird, eben über bewusste Käufer, welche entsprechende Firmen und Produkte belohnen und andere boykottieren, wie beispielsweise tatsächlich geschehen in der (Hühner)Tierhaltung oder Pelzindustrie, dann könnten diesen ersten Pionieren, deren Handeln noch befremdlich scheint und die vielleicht sogar belächelt oder bekämpft werden, immer mehr Menschen folgen und die neuen Werte dann rein durch Übereinstimmung und freiwillige Übereinkunft immer mehr verbindlich werden. Wenn dieses Denken die großen Marktführer oder Konzerne erreicht, und selbst wenn es nur von einem Teil derselben umgesetzt und eingeführt wird, dann wird sich dieses neue Wirtschaften schnell immer mehr durchsetzen, schon alleine aufgrund von dessen Wirtschaftskraft. Zulieferer wie vernetzte Unternehmen müssten folgen. Sie würden dies auch tun, um weiter am Ball zu bleiben, aber auch ihres Images wegen und um dem Trend zu folgen. Dann könnte schon bald die berühmte 3-5%-Hürde übersprungen sein, was nach der Theorie der Schweigespirale (wie auch wie bei Markteinführung anderer Ideen empirisch festgestellt werden konnte) dazu führt, dass der Rest der Population anfängt, von selbst zu folgen. Sie folgen diesem neuen Trend dann zum einen, da sie die positiven Effekte und Erfolge praktisch sehen können, aber auch schon aufgrund des berühmten Lemming-Effekts, nach dem keiner zurückbleiben und als altmodisch gelten will. Der Trend zur Anpassung arbeitet dann für den neuen Trend, denn jeder will Teil der Gruppe sein, vor allem Teil der Elite und der Meinungsführer („Lemming-Effekt"). Zudem würden diese neuen Wirtschaftsführer und Firmen von einer sich ebenso im Bewusstsein wandelnden Gesellschaft immer mehr wertgeschätzt und somit deren Produkte vermehrt gekauft werden, so dass es sich in einem konkurrierenden Markt kaum noch jemand leisten könnte, an dieser Entwicklung *nicht* teilzunehmen und sich davon auszugrenzen. Im Gegenteil könnten sie sich dann – wie heute beim Umweltschutz – geradezu zu übertrumpfen versuchen, der jeweils Beste zu sein, und mit diesen Erfolgen auch öffentlich Werbung machen.

Diese Entwicklung könnte dann auf eine solche Weise erfolgen, wie etwa die Einigung Europas in der zweiten Hälfte des letzten Jahrhunderts ganz freiwillig entstanden ist, nachdem sie zuvor öfter vergeblich mit militärischen Mitteln und viel Leid versucht wurde. Sie entstand anfangs mit einigen wenigen Staaten, da es viele Länder zunächst als eine Utopie abgetan hatten, aus den ehemaligen erbitterten Feinden so schnell Freunde zu machen. Doch als dies gut funktionierte und Erfolge zu sehen waren, wollten mehr und mehr den Anschluss an Europa, um auch davon wirtschaftlich zu profitieren, aber auch, um nicht die allgemeine Entwicklung zu verpassen und nicht ausgegrenzt zu sein. Später wollten sogar die ehemaligen Feindstaaten aus dem Osten nichts lieber, als darin aufgenommen werden. Inzwischen kann es sich kaum ein Staat in Europa noch lange leisten, hier ausgegrenzt zu bleiben. Ähnlich könnte auch die Entwicklung in der Wirtschaft vor sich gehen, zunächst ausgehend von einigen Pionieren in einigen Branchen, dann national übergreifend sich verbreitend, dann von immer mehr Managern weltweit nachgeahmt und sicher auch verbessert und ergänzt. Dies ist eine schöne Parallele, die zeigt, dass etwas so unmöglich Scheinendes wie die Einigung Europas, die früher einige Male mit Gewalt versucht wurde (z.B. Napoleon), nun ohne Zwang von außen und ohne Gewalt sich als eine solche Idee im Bewusstsein verbreiten und durchsetzen kann, weil sie einfach als Idee und Vision genial ist und ohne äußere Gewalt und Zwangsmittel von einigen mutigen Pionieren tatsächlich versucht wurde – und dies sogar kurz nach dem Zweiten Weltkrieg. So könnte es auch mit den Werten und Grundlagen einer neuen, überzeugenden Vision eines neuen Wirtschaftens geschehen. Es könnte ganz freiwillig und nur durch überzeugende Beispiele eine neue Wirtschaftsordnung für das neue Jahrhundert geschaffen werden, mittels der der Tiger gezähmt werden kann. Dies könnte, ähnlich dem Beispiel eines geeinten Europas, trotz mancher Hindernisse schließlich allen daran beteiligten Menschen Nutzen bringen, ja, sie in ein neues Miteinander führen und auch insgesamt voranbringen.

So also sähe die Alternative aus, so kann man sie sich in etwa vorstellen. Dieser Wandel auf friedliche und evolutionäre Weise in der Wirtschaft braucht zu ihrem Start nur wenige Mutige. Alles hängt dabei von der Weisheit, von der Einsicht und Verantwortlichkeit in den Management-Etagen ab, vor allem von der Erkenntnis, dass es jetzt 5 vor 12 ist und schnell gehandelt werden muss, um die Entwicklung noch sinnvoll steuern zu können. Findet die Wirtschaft aber wieder ihr Herz und hört auf, herzlos zu sein, handelt sie im Sinne einer wiedergefundenen Ethik, so wird sie im Gegensatz zu heute eine neue und nie dagewesene Führungsrolle übernehmen, wird sie über die neuentdeckte Verantwortung der Gesellschaft wieder Innovation, Evolution und Wohlstand bescheren. Vielleicht kann sie sogar über ihren Tellerrand hinaus die Menschen wieder motivieren und begeistern, ihnen ein sinnvolles Arbeiten in freiem Rahmen ermöglichen und damit vielleicht sogar zum großen Nutzen für das Leben auf diesem Planeten sein, beispielsweise als Vorreiter in ökologischer Technologie, als Vorreiter von Ideen für gesellschaftliche Umgestaltung, als Vorreiter für die neue Art, Menschen zu führen, zu begeistern, im Team zusammenzubringen, auszurichten und überhaupt ein Vorreiter sein für eine Entwicklung vom Ich zum Wir, vom egoistischen Denken zum partnerschaftlichen Miteinander.

Das neue Bewusstsein der Wirtschaft braucht positive Ausrichtung der Aufmerksamkeit

Im Bewusstsein, so glaubt die moderne Psychologie und Bewusstseinsforschung zu wissen, wird immer dasjenige verstärkt, auf das sich die jeweilige Aufmerksamkeit richtet. Falls sich also das Bewusstsein auf Ängste oder Blockaden richtet, auf negative Entwicklungen, so ist belegt, dass dann diese Blockaden und Ängste – zumindest im Geiste – stärker werden und somit genau das Gefürchtete anziehen, das man durch die jeweilige Angst eigentlich vermeiden wollte. Daher ist es viel effektiver, den Geist oder die Aufmerksamkeit der Teilnehmer auf das Gewünschte statt auf das Unerwünschte auszurichten oder darauf umzulenken. Dies belebt, motiviert, begeistert, regt an, und durch die Fokussierung erzeugt der Geist dann nicht nur verstärkt Ideen, wie das Ziel erreicht werden kann, sondern zieht es geradezu magisch an, wie es heute in populärer Form in vielen Büchern zum Thema Erfolg zu lesen ist. Schon die Begründer des sogenannten positiven Denkens haben dies gewusst und gezeigt, wie man durch die Fokussierung auf das Positive großen Erfolg haben kann. In Wirklichkeit funktioniert es komplexer als mit ein paar Affirmationen. Das Bewusstsein muss zugleich mit dem Unterbewusstsein, das bekanntlich viel umfangreicher ist als das bewusste Denken, auf das Ziel fokussiert werden, und so erreicht man dann mit der gebündelten Kraft des gesamten Bewusstseins sein Ziel, also nicht nur durch das bewusste Wollen, sondern auch mit Hilfe des unterbewussten Wollens und Vorstellens. Dazu braucht es aber konkrete Ziele, Vorgaben, Visionen, Leit- und Vorbilder, und wenn schon ein einzelner Mensch ohne diese kaum Erfolg im Leben haben wird, wie dann erst die ganze Wirtschaft. Ihr fehlen momentan noch solche inneren Vorgaben und eine sinnvolle Zukunftsvision. Daher ist es so immens wichtig, sie hier und jetzt zu formen und auszugestalten und dann den Geist und das Bewusstsein zumindest einiger der führenden Menschen auf dem Gebiet der Wirtschaft darauf auszurichten, wodurch es dann von selbst immer konkreter wird.

Denn insoweit diese innovativen Leitbilder fehlen, richtet sich das Bewusstsein darauf, das Bestehende festzuhalten, es zu verteidigen gegenüber dem Weltmarkt, der Konkurrenz, drohenden Verlusten. Es fokussiert sich eben auf diese negativen Faktoren, wodurch sie letztendlich immer stärker werden. Die Manager in unseren Chefetagen scheinen im Moment sehr viel Zeit dafür zu verwenden, wie man noch Kosten senken, etwas einsparen, wie man Konkurrenz abwehren, wie man Marktanteile sichern und sie gegenüber Konkurrenten verteidigen kann und Ähnliches. Dabei liegt der Schwerpunkt mehr auf Konkurrenz, auf Kampf und Abwehr, als darauf, Neues zu entwickeln, neue Produkte, neue Strategien zu gestalten, kreativ zu sein oder zu neuen Ufern aufzubrechen und unbekanntes Neues zu erschließen. Die wenigen Firmen aber, die bislang genau darauf gesetzt haben, sind vor allem die neuen und jungen Unternehmen der Informations- und Internetbranche, aber beispielsweise auch Firmen, die neue Solartechnologien entwickelt haben. Sie brauchen sich um Marktanteile nicht zu sorgen. Sie wachsen überproportional und erzielen massive Gewinne, ohne viel Kampf, nur aufgrund ihrer neuen Ideen, ihrer Weitsicht und ihrer kreativen Mitarbeiter, und brauchen daher auch keine Stellen abzubauen oder Standorte zu verlagern, ganz im Gegenteil. Doch in der heutigen Wirtschaft ist dies leider noch selten und hier herrscht neben den aktuellen Missständen noch das zusätzliche Problem, dass man durch das Fehlen von neuen Zielen, Leitbildern und Zukunftsvisionen nicht nach vorne schaut, sondern eher auf die Bewahrung und Verteidigung des Bestehenden. So sehen sich heutige Manager wegen der sich abzeichnenden Krise, des wachsenden inneren und äußeren

Drucks sowie auch der immer lauter werdenden Kritik an ihrem derzeitigen Zustand gezwungen, fast nur noch auf Abwehr und Verteidigung zu achten, zu versuchen, wenigstens die bestehenden Besitzstände und Marktanteile zu sichern, als vielmehr ihrer Hauptaufgabe nachzukommen, das Ganze im Auge zu haben und es zu managen, dabei Neues auszuprobieren und in die Zukunft zu blicken. Also richten sie ihre Aufmerksamkeit beispielsweise viel zu sehr auf Bedrohung durch Konkurrenten und reagieren ständig auf zumeist negative Entwicklungen, sind ständig darauf fokussiert, etwas zu vermeiden (z.B. ja nicht zu viel Kosten), versuchen einfach Bestehendes zu schützen, anstatt die Misere des Ganzen zu sehen und die Probleme an der Wurzel zu packen. Eben diese wollen wir jetzt einmal detailliert und unter konkreten Gesichtspunkten unter die Lupe nehmen, bevor wir dann auf das Neue verweisen und uns darauf fokussieren.

2.3. Kritik am heutigen Management – die 10 wesentlichen Punkte

Durch die Globalisierung, durch den Sinnverlust, durch die Internationalisierung und das damit verbundene Wegfallen von nationalen wie auch moralischen Werten sowie durch die mögliche Umgehung nationaler Gesetze und Kontrolle entstanden in den letzten Jahren für die Wirtschaft immer mehr Frei- und Handlungsspielräume. Leider wurden diese fast ausschließlich dazu genutzt, rein materielle, egoistische und kurzsichtige Eigen-Interessen durchzusetzen. Egoistisch ist es beispielsweise, sich aus den Töpfen der anvertrauten Gelder oder Vermögen zu bedienen, ohne im Einklang mit der Einkommensentwicklung der Gesamtentwicklung zu sein, oder sogar im krassen Gegensatz dazu, und dies selbst dann noch, wenn die eigenen Unternehmen Verluste machen, die dann durch Mitarbeiterentlassung ausgeglichen werden! Kurzsichtig beispielsweise auch dann, wenn sie wie die Heuschrecken schnell Gewinne am Markt erzielen, mit kurzfristigen Bilanztricks oder Zerschlagung von übernommenen Firmen, und wenn danach über fallende, wertlose Aktien, ausgehöhlte Firmensubstanz oder über Arbeitslosigkeit die anderen Teile der Gesellschaft die Zeche zahlen müssen. Auch Banken gehören dazu, die Unternehmen zwingen, kurzfristig ihre nachhaltigen Wertstücke, Subunternehmen oder Abteilungen zu verschleudern, auf Kosten von Nachhaltigkeit, ja langfristig sogar auf Kosten von Arbeitsplätzen und sogar auf Kosten der Solidität des Unternehmens selbst. Oder wenn sie aufgrund von neuen Bewertungen aus Basel-II-Bestimmungen altbewährte mittelständische Unternehmen in den Bankrott treiben.

So werden auch von Spekulanten, sogenannten „Finanzhaien", Unternehmen aufgekauft, hoch verschuldet, die Substanz verwertet und schließlich entweder in den Konkurs gezwungen oder zerschlagen, und viele Arbeitsplätze gehen ohne wirtschaftliche Notwendigkeit verloren. Oder es werden die Filetstücke aus altbewährten Firmen herausgenommen und der Rest wird liquidiert, ohne Rücksicht auf die Bedeutung der gewachsenen Struktur und die Möglichkeit, langfristig gute Gewinne zu erzielen. Diese kurzfristigen Gewinne richten volkswirtschaftlich meist viel mehr Schaden an, als sie betriebswirtschaftlich den Einzelnen nutzen. Denn der Gewinn jener wenigen wird von der Gesellschaft teuer bezahlt, indem über Jahrzehnte bewährte Unternehmen, deren Wert und Know-how sowie deren Marken und Produkte vernichtet werden, indem Arbeitsplätze verschwinden und die Arbeitslosen dann von der Gesellschaft bezahlt werden müssen; ganz abgesehen von den dadurch verursachten Steuerausfällen.

Die Wirtschaft selbst müsste das größte Interesse daran haben, einer solchen Entwicklung und einem solchen sich derzeit immer mehr verstärkenden Negativ-Image Einhalt zu gebieten, denn sonst folgt – schneller noch als im Frühkapitalismus, denn die Menschen sind heute wesentlich bewusster, informierter, kommunikativer und auch selbstbewusster als damals – sehr bald schon eine massive Gegenbewegung, die der Wirtschaft dann erhebliche Probleme und letztlich sehr viel mehr Verluste bereiten könnte. Dies könnte beispielsweise dadurch geschehen, dass breite Schichten der Bevölkerung, vor allem die durch eine solche Politik Verarmten oder Benachteiligten, eine solche Art von Wirtschaft eher als Feind betrachten und entsprechend bekämpfen würden, eventuell auch über politisch extreme Parteien. Selbst wenn diese auch nur als Koalitionspartner mit an die Macht kämen, könnten sie dann vielleicht „das Kind mit dem Bade ausschütten". Das heutige Zunehmen extremer Parteien in der politischen Landschaft deutet bereits auf diese Entwicklung hin, und es wird durch solch kurzfristiges Denken von Teilen der Wirtschaft nicht nur langfristig Käuferpotenzial vernichtet, sondern sie wird sich selbst erheblich schaden durch eine politische Entwicklung, die sie damit – natürlich völlig unbewusst – heute in Gang setzt. Dann aber ist es zu spät, das Rad noch mal zurückzudrehen, denn dann gewinnt es eine Eigendynamik wie in den Zeiten der Weimarer Republik.

Wenn wir hier von einer Krise der Wirtschaft reden, so meinen wir keinesfalls nur eine regionale oder nationale Krise, auch nicht eine sachliche Krise wie beispielsweise ein geringes Wirtschaftswachstum oder eine Deflation. Sondern wir reden hier von einer nicht mehr aufzuhaltenden globalen Krise der Wirtschaft und Gesellschaft, die keinesfalls mehr durch das Ändern einzelner Faktoren korrigiert werden kann, sondern nur durch Aufhebung der gesamten Fehlentwicklung in der Wirtschaft selbst. Wir brauchen ein ganz neues Wertesystem, völlig neue Paradigmen, Leitlinien und ein dadurch entstehendes neues, inneres Ordnungssystem mit konkreten Prinzipien, nach denen zukünftig gehandelt und gewirtschaftet wird. Ohne diese totale und von innen kommende Reform der Wirtschaft wird es Kampf und Chaos geben.

Der Gerechtigkeit halber muss aber auch gesagt werden, dass diese Fehlentwicklungen, diese hier erwähnten Missstände, dieses Fehlverhalten von Führungskräften natürlich nur für eine kleine Minderheit der Handelnden in der Wirtschaft zutrifft. Daneben existiert ein breites Spektrum von Führungskräften, vor allem im Mittelstand, bei denen eine solche Kritik völlig ungerechtfertigt wäre, die vielmehr noch nach ganz traditionellen Werten und Richtlinien arbeiten, die einer langen, ehrbaren Tradition entstammen und sich immer noch danach ausrichten. Hier gibt es also eine große, „schweigende Mehrheit", auf die auch die folgende Kritik überhaupt nicht zutrifft. Aber eben weil sie schweigt oder dem Treiben zusieht und nichts gegen diese Fehlentwicklungen tut, macht sie sich mitschuldig und muss sich nicht wundern, wenn die Menschen, die kein großes Unterscheidungsvermögen besitzen, die Wirtschaft als Ganzes verurteilen bzw. angreifen. Ob dies nun gerecht ist oder nicht, unter diesen Fehlern wird das ganze System leiden und dafür haftbar gemacht. Auch wenn die Fehlentwicklung nur von kleinen Teilen des Systems kommt, so droht doch das ganze Schiff durch diese wenigen Lecks unterzugehen.

Daher sind vor allem die Ehrbaren und Wert-Konservativen zugleich mit den Vernünftigen und Vorausschauenden der Wirtschaft hier aufgerufen, rasch zu handeln, bevor es zu spät ist, wenn sie nicht und mit ihnen die ganze Wirtschaft in den Sog geraten wollen. **Daher ist die Krise der Wirtschaft eine Krise, die das Management selbst managen muss.** Wenn wir hier also im Folgenden die Hauptpunkte herausarbeiten, die die derzeitige Hauptkritik an der Wirtschaft darstellen und die Fehler und Fehlentwicklungen vor allem der letzten Jahre aufzeigen, so reden wir also nur von einem kleinen Teil der Führung und einem kleinen, wenn auch lautstarken Teil der Manager, die diese Fehler und Skandale zu verantworten haben. Der große Teil der heutigen Wirtschaftsführer besitzt sicher nach wie vor Integrität, entsprechende Werte und traditionelle Grundsätze. Doch leider werden sie, ob sie wollen oder nicht, in denselben Topf geworfen mit jenen anderen, es sei denn, sie finden jetzt die Kraft und die Einsicht, jenen *Wirtschaft-Hooligans* lautstark entgegenzutreten und darüber hinaus eine neue Wirtschaftsethik aufzustellen und auch durchzusetzen, angefangen mit dem eigenen positiven Beispiel, dann dem ihrer Abteilung und ihrer Firma.

Es liegt also in der Hand der immer noch „schweigenden Mehrheit" der Führungskräfte, sehr rasch diese Fehlentwicklungen zu erkennen, zu stoppen und zu korrigieren. Nur so können sie damit auch der Gesellschaft zeigen, dass die moderne Wirtschaft und deren Führungspersönlichkeiten durchaus in der Lage sind, Fakten und Entwicklungen zu erkennen, Kritik anzunehmen, entsprechende Gegenmaßnahmen zu treffen und den erkannten Fehlentwicklungen selbst entgegenzuwirken, ohne dass erst massive Gegenmaßnahmen der Politik oder Gesellschaft oder gar der Untergang des Systems nötig sind. Ich denke, die Entscheidung darüber, wo die Entwicklung hingeht, ist noch offen, hoffe aber, dass es noch genügend vernunft- statt profitgesteuerte Manager gibt, die die hier aufgezeigte Krise erkennen, und genügend Visionäre, Pioniere und Idealisten, die diese Krise als Chance sehen, neue Werte und Ideen einzuführen und damit an einer einmaligen und grundlegenden Transformation der Wirtschaft mitzuwirken. Vor allem für sie ist dieses Buch geschrieben. Bevor wir nun über die Therapie der Wirtschaft und die neuen Werte und Ziele reden, müssen wir den Ist-Zustand, die gegenwärtige Krise und ihre Ursachen analysieren, also eine kurze Diagnose durchführen und die einzelnen Kritikpunkte untersuchen. Erst wenn man genau weiß, wo man steht, kann man von dort aus sinnvoll den weiteren Weg planen oder ihn finden, um zu einem neuen Ziel zu kommen.

Die 10 Hauptkritikpunkte

Die heutige Kritik an der Wirtschaft und speziell im Hinblick auf das Management und die Führungskräfte lassen sich in folgende 10 Punkte in Stichworten kurz zusammenfassen:

EGOISMUS UND WERTEVERFALL

Steigender Egoismus des Einzelnen durch Werteverfall, Auflösen von ethischen und normativen Maßstäben, Fehlen äußerer Kontrolle oder Beschränkung, mangelnde Aufsicht. Dadurch werden begünstigt: Maßlosigkeit, Selbstbedienung am Firmenvermögen, Dreistigkeit in Handlungen, gesellschaftsschädigendes Verhalten, mangelnde Haftung, mangelnde Verantwortung, Steuerhinterziehung, Ineffizienz im Management, Schlupflöcher werden gesucht und genutzt.

KONKURRENZ STATT KOOPERATION

erzeugt Druck, Angst, Furcht, innerhalb wie außerhalb der Firma, auch international, daher Begrenzung von innovativer Freiheit, Risikobereitschaft. Erheblicher Aufwand und Gewinnreduzierung durch hohe Werbeausgaben (aller Firmen unterm Strich, für einzelne durchaus profitabel). Ressourcen, Know-how und Kapital werden investiert in Machtkampf statt in Fortschritt und Innovation. Langfristig immer auch Niederlagen, da niemand immer gewinnen kann, und dann Verluste. Statt gemeinsam gewinnen (Kooperation, win-win) müssen immer einer oder mehrere verlieren, dies bedeutet für die Volkswirtschaft insgesamt Schaden. Selbst für Gewinner entstehen so hohe Reibungsverluste durch ständigen Kampf um Marktanteile, Absatz, Produktplatzierung und vieles mehr.

WACHSENDER DRUCK

Kostendruck, Erfolgsdruck, Zeitdruck, Leistungsdruck – dadurch sinkende Freude an der Arbeit, möglicherweise sinkende Qualität. Problem entsteht vor allem, wenn quantitativ gedacht wird statt qualitativ und einzigartig. Bei Massenware immer stärkerer Kostendruck durch Billiglohnländer. Hierdurch entsteht auch Zeitdruck. Bei besonderer Qualität oder Einzigartigkeit oder innovativen Produkten wiederum kann kaum Druck entstehen. Weitergabe des Drucks an Mitarbeiter, Firma, Kollegen, daher immer mehr Spannung, immer mehr Aggressivität und immer mehr Mobbing, Krankheit, Mangel an Freude, Anspannung.

PHÄNOMEN IGEL UND HASE

Wird der Druck immer stärker, nicht erkannt und nicht aufgelöst, kommt es zum Phänomen, dass der Hase immer schneller rennt, bis er irgendwann umfällt. Mitarbeiter werden krank, leisten nur noch einen Bruchteil, können ihr Potential nicht mehr ausschöpfen, keine Zeit mehr für Überblick, Blick nach vorn, Kreativität wird eingeschränkt. Manager sind im Dauerstress, dadurch Erschöpfung, Burn-out, Versagen.

ANGST STATT BEGEISTERUNG

Angst als Motor des Handelns statt Motivation, Kreativität, Begeisterung: Dies verhindert Innovation und Freude an der Arbeit, dadurch Mangel an Qualität. Dies erzeugt Druck und Enge, Krankheit und Mangel, bringt die Menschen gegeneinander auf und verursacht dadurch hohe Verluste durch interne Machtkämpfe sowohl der Mitarbeiter wie auch der Abteilungen untereinander. Angst blockiert Fortschritt und neue Ideen, blockiert Teamgeist und daher auch Teamlösungen, blockiert so neue Einkommensquellen und führt letztlich zum Mangel.

FIXIERUNG AUF NEGATIVES

Die Angst erzeugt Fokussierung der Aufmerksamkeit auf das Negative, auf das zu Vermeidende oder zu Behebende. Dies wiederum produziert weiter Negatives und Mängel, zieht ständig Probleme an oder lässt sie größer erscheinen, als sie sind. Dadurch werden Probleme scheinbar unlösbar, werden fixiert. Lösungen werden so nicht gesehen oder ignoriert, für neue und positive Ansätze gibt es zu wenig Aufmerksamkeit oder zu wenig Know-how und Ressourcen, da diese für Abwehr des Negativen verbraucht werden. Dies führt letztlich zu Erstarrung und Verteidigung des Alten statt zu Fortschritt.

QUANTITÄT STATT QUALITÄT

Sowohl in der Produktion wie auch bei Mitarbeitern zählen nur noch Zahlen, Daten, Fakten wie Kosten, Preise, Marktanteile, statt auch qualitativer Faktoren wie Kundenzufriedenheit und Produktqualität. Bei Mitarbeitern werden die menschlichen, charakterlichen Faktoren unterbewertet mit der Folge: Fiese

Chefs werden befördert und gelangen in Leitungspositionen, obwohl sie dem Unternehmen schaden. Begleiterscheinung dieses Prozesses ist, dass Angestellte wie Geschäftspartner in ihrer Individualität immer wesenloser, austauschbarer werden, letztlich nur noch Zahlen sind und die Produkte nur noch gesichtslose Massenware.

KURZSICHTIGKEIT STATT NACHHALTIGKEIT

Kurzfristige Erfolge werden derzeit belohnt, beispielsweise aktueller Börsenwert, aber nicht langfristige Maßnahmen wie Image des Unternehmens, Know-how oder Zufriedenheit der Mitarbeiter. Dadurch wird oft ein langfristiger Schaden in Kauf genommen, da man auf lange Sicht keine Verantwortung mehr hat. Daher mangelnde Motivation, da langfristiges Denken nicht belohnt wird. Meist auch fehlende Einsicht in langfristige Auswirkungen und Folgen des Handelns, beispielsweise heutige Einsparungen, die langfristig teuer zu stehen kommen, oder Unterlassen von langfristig günstigen Energiemodellen, da der langfristige Effekt nicht zählt, nicht wichtig ist, nicht gesehen, nicht belohnt wird oder aus kurzsichtigem Gewinnmitnahmeinteresse verworfen wird.

FEHLENDER BLICK AUF SOZIAL- UND UMWELTVERTRÄGLICHKEIT, AUF GESAMTGESELLSCHFTLICHE AUSWIRKUNGEN

Aus Profitgier, wegen Kampf um Marktanteile oder kurzfristigen Shareholder-Value oder für schnelle Gewinne werden umweltschädliche Güter (z.B. Pflanzengifte), für die Menschheit (Rüstung) oder für die Gesellschaft sich negativ auswirkende Produkte (z.B. Gewaltspiele für Jugendliche) produziert und propagiert. Oder es werden Schäden am Sozialstaat in Kauf genommen, Konflikte geschürt, negative Tugenden propagiert (z.B. Geiz, Neid). Sozialverträgliches sowie umweltverträgliches Handeln wird nicht oder zu wenig belohnt oder honoriert (von Kunden, Staat oder Gesellschaft), die Medien berichten noch zu wenig über positive Handlungsweisen von Firmen, daher ist CSR noch zu wenig interessant.

FEHLENDE ZUKUNFTSORIENTIERUNG

Durch diesen Mangel an gesellschaftlicher Verantwortung, durch Fehlen einer Vision langfristiger Ziele entsteht durch Kurzsichtigkeit wie Kurzfristigkeit des Handelns ein Gefühl von: „Nach mir die Sintflut". Die Firma oder die Gesellschaft wird zum Selbstbedienungsladen, Subventionen werden erschwindelt, durch mangelnde Qualität (z.B. Rückrufaktionen) wird mittelfristig dem Firmenimage geschadet: Hauptsache, der kurzfristige Gewinn oder Effekt ist erzielt. Dadurch verlieren Wirtschaft und Wirtschaftsführer ihre Vorbildfunktion für die Gesellschaft, sie bekommen vielmehr ein Image als die von der Allgemeinheit getrennten „Piraten", cleveren „Haifische" oder „Heuschrecken". Sie verlieren dadurch sowohl Ansehen wie jeglichen Führungsanspruch für die Gesellschaft. Ein Gegenbeispiel ist der Nobelpreisträger Prof. Yunus, der Gründer der weltweit erfolgreichen Karma-Bank.

Nach dieser kurzen Übersicht in Stichpunkten wollen wir auf die einzelnen Punkte etwas detaillierter eingehen, sie kurz erläutern, mit Beispielen belegen und so konkret wie möglich darstellen. Ich möchte dabei noch einmal wiederholen und explizit darauf hinweisen, dass diese Kritik keinesfalls die ganze Wirtschaft und das ganze Management betrifft, sondern nur einen Teil, wie ja bei einer Krankheit am Menschen auch nicht alle Organe oder Zellen krank sind, aber jene doch das ganze System treffen, weshalb dann der ganze Mensch als krank gilt und daran auch sterben kann. So prägt leider auch jener kleinere Teil durch die entsprechenden Skandale das Bild der Wirtschaft in der Öffentlichkeit.

EGOISMUS UND WERTEVERFALL

Nachdem sich im letzten Jahrhundert bereits viele grundsätzliche religiöse und ethische Werte in der Gesellschaft aufgelöst haben, hat sich diese Tendenz in den letzten Jahrzehnten weiter fortgesetzt und hat inzwischen auch staatliche Beschränkungen, Gesetze, moralische Normen, Sitten und Gebräuche, Verhaltensregeln, auch wirtschaftliche und kaufmännische Prinzipien erfasst. Zugleich wurde die allgemeine Aufsichts- und Kontrollfunktion des Staates durch die Globalisierung und Internationalisierung immer mehr ausgehöhlt und geschwächt. Ein konkretes Beispiel für den Verfall im wirtschaftlichen Bereich ist die nachweislich schlechter gewordene Zahlungsmoral nicht nur von Privatkunden, sondern auch von Firmen und vom Staat selbst. Viele Handwerksbetriebe mussten *nur deshalb* aufgeben oder Konkurs anmelden, weil ihre Rechnungen nicht oder nicht fristgerecht bezahlt wurden, auch vom Staat nicht. Obwohl es hier sowohl Gesetzgebung wie Konventionen gibt, die früher ausreichten, um den Markt zu regeln, haben sich die Einstellungen und die Zahlungs-*Moral* ins Negative gewandelt. Man nimmt kaum noch auf den anderen Rücksicht und auch die Gesetze greifen nicht mehr genügend. Ein anderes Beispiel sind die Mietnomaden, die meist nicht nur die Miete nicht bezahlen, sondern dem Vertragspartner Verwüstung und Schäden hinterlassen.

Ein weiteres Beispiel aus der Wirtschaft ist die zunehmend härter werdende Konkurrenz, die mit unlauteren Mitteln arbeitet, beispielsweise einfach Wettbewerber dadurch aushebelt, indem mit entsprechendem Kapital Verkaufsfläche in Supermärkten gemietet oder sonst wie belegt wird (z.B. DVD-Geschäft), wodurch kleine, vielleicht sogar bessere Anbieter keine Absatzchance mehr haben, da ihnen keine Verkaufsfläche mehr zur Verfügung steht. Solche Beispiele könnten noch endlos fortgeführt werden.

Fazit daraus ist, dass eine zunehmende Egoisierung zu beobachten ist, dass es wie bei der mangelnden Zahlungsmoral vielen einfach egal ist, was aus dem Zulieferer oder Handwerker wird. Es gibt keinen Wertmaßstab mehr, aber auch kaum noch Konsequenzen: Man kann es ungestraft machen, also macht man es auch. Die Sicht ist fast nur noch auf die eigenen Interessen beschränkt, und viele finden dies sogar völlig in Ordnung, was erst recht den allgemeinen Werteverfall belegt. Durch diese Auflösung von (Zahlungs-) Moral, von gegenseitiger Achtung im Umgang miteinander, von Rücksichtnahme, von Werten, von gutem Image, von akzeptierten Verhaltensregeln, von ehrbaren Kaufmannsprinzipien ist sowohl in der Gesellschaft wie auch in der Wirtschaft eine Art Vakuum entstanden, welches ich hier Werte-Vakuum nenne, das aber neben den Grundwerten und Paradigmen auch Regeln, Prinzipien, Verhalten und Leitlinien umfasst. In diesem Werte-Vakuum können sich nun starke egoistische Interessen immer mehr durchsetzen, die als Ziel nur die Mehrung der eigenen Vorteile und Besitztümer haben, ganz analog, wie sich in einem Körper mit schwachen Abwehrkräften schnell Bakterien und Viren und sonstige Schädlinge ausbreiten können, die nicht das Wohl des Körpers, sondern nur ihr eigenes im Sinn haben.

Eigeninteressen sind dabei zunächst nichts Schlechtes, wenn sie in Übereinstimmung mit dem Gesamtsystem operieren, wie man es bei Bakterien der Darm- oder Mundflora sehen kann, die dem Körper zugleich nützlich sind. Sie sollten daher weder verteufelt noch negiert oder unterdrückt werden. Problematisch wird es erst, wenn Eigeninteressen rigoros über die Interessen anderer (wie bei der Zahlungsmoral) oder über das Gesamtinteresse gestellt werden, so dass nicht nur dem anderen, sondern über den daraus folgenden Konkurs solider Handwerksbetriebe noch ein immenser volkswirtschaftlicher Schaden entsteht. In einem fehlenden Ordnungssystem und Werte-Vakuum breiten sich diese systemschädigenden Eigeninteressen nun immer stärker aus, da sie mangels anderer Leitbilder und Leitlinien oft zum einzigen Maßstab der Handelnden geworden sind. Dazu kommt, dass sie immer rigoroser und dreister durchgesetzt werden, vor allem, wenn es hier an entsprechenden Abwehrmaßnahmen und Konsequenzen fehlt. Dabei werden neuartige Verhaltensweisen geboren und sichtbar, die es früher nicht gegeben hat, die früher geächtet gewesen oder mit drastischen Konsequenzen belegt worden wären, wie etwa dem Ausschluss vom Handel.

Aufgrund dieses Werte-Vakuums und mangelnder Konsequenzen kämpft jetzt jeder nur noch für sich und seinen Eigennutz, auch ohne sich noch um Ansehen, Würde oder gesellschaftliche Ächtung zu kümmern, da dies ohnehin nicht mehr viel zählt. Das Problem wird dadurch noch verschärft, dass diejenigen, die eigentlich für die Einhaltung des Wertesystems oder für die dazu notwendigen Gesetze zuständig wären, die also die Wirtschaft und das Management kontrollieren und beaufsichtigen sollen, extrem versagen, indem sie – wie die Politiker in den Aufsichtsgremien – selbst an diesem Werteverfall der Wirtschaft teilhaben, sogar davon profitieren, vielleicht hoch bezahlte Posten innehaben, teure Gutachten schreiben oder kostspielig beraten, in Aufsichtsräten sitzen, die nichts mehr beaufsichtigen und die schon gar nichts mehr verantworten, sondern vielmehr an der Misere selbst gut mitverdienen.

Die jetzige Entwicklung in der Wirtschaft ist somit auch ein Versagen der Aufsichtsräte und anderer Kontrollorgane. Die Führungsgremien der Wirtschaft haben dies mitzuverantworten, denn sie haben oft zugelassen, dass die Aufsichtsräte und Aufsichtsgremien mit Personen besetzt werden, manchmal mit abgeschobenen Politikern, die entweder nicht in der Lage oder nicht standhaft und integer genug oder meist von ihrer Ausbildung her gar nicht befähigt sind oder aber überhaupt kein Interesse daran haben, hier wirklich Kontrolle auszuüben, sondern die nur die Vergütungen kassieren wollen. Sie scheinen diese Probleme gar nicht zu erkennen, zu überblicken oder ernst zu nehmen, oder sie wollen davor gar die Augen verschließen nach dem Motto der drei Affen: *Nichts sehen, nichts hören, nichts sagen.* Oft ist auch der Spruch zu hören: Eine Krähe hackt der anderen kein Auge aus. So sind viele Mitglieder der Aufsichtsorgane selbst dem Virus der Zeit anheimgefallen, indem sie selbst nur kurzfristige Gewinne oder egoistische Ziele verfolgen und den langfristigen Schaden ignorieren. Warum auch immer dieser Mangel an Aufsicht entstanden ist – die Fakten belegen, dass es so ist und so geschieht. Dadurch leidet die gesamte Wirtschaft.

Denn hier entsteht in der Öffentlichkeit ein Bild, *ganz gleich, ob zu Recht oder zu Unrecht,* und tatsächlich ist es bereits entstanden, dass sich in diesem Ordnungs- und Werte-Vakuum einfach der Clevere und Stärkere durchsetzt und nicht mehr der Bessere oder Ehrlichere. Es ist bedenklich, wenn in der Bevölkerung Begriffe und Bilder wie „Finanzhaie" oder „Heuschrecken" entstehen, die in einem Bild darstellen, wie Wirtschaftsführer inzwischen gesehen werden, nämlich wie Haifische in einem Fischteich, die sich beliebig und unkontrolliert nehmen können, was sie wollen. Wer soll solche Menschen noch achten oder respektieren? Bestimmte Namen von Wirtschafts- oder Bankenführern werden geradezu zu Schimpfnamen. Es herrscht inzwischen im Volk der Eindruck, dass hier totale Willkür herrscht und das Recht des wirtschaftlich Stärkeren gilt. Wenn nun die Wirtschaftsführer sich so verhalten, macht dies der kleine Mann bald nach, Ladendiebstahl und Mietnomaden sind dann prinzipiell auch nichts anderes, eben die Piraterie des kleinen Mannes, und der Werteverfall ist umfassend.

Ein solcher Verfall an äußerer, aber noch mehr an innerer Ordnung und bislang festen Werten ist übrigens ein Kennzeichen jeder großen Krise und Transformation in der Geschichte. Bevor etwas Neues entsteht, lösen sich schon lange vorher bestehende Werte auf und die bestehende Ordnung wird relativiert, geschwächt oder annulliert, jedenfalls kaum noch ernst genommen, sie ist sozusagen nur noch äußere Hülle. Daraus folgt für die einzelnen Menschen eine immer größere Orientierungslosigkeit, und es ist daher stets eine Zeit, in der Individuen und Einzelinteressen leicht emporkommen und sich gegen das Ganze durchsetzen können, jedenfalls so lange, bis dieser Wandel schließlich wieder zu einer neuen Ordnung, einem neuen Wertesystem und neuer Zielausrichtung führt.

Das Indiz heute ist die schon erwähnte Selbstbedienungsmentalität mancher Manager und die immer stärkere Durchsetzung einzelner Interessen gegen das Ganze bis hin zum Steuerbetrug.

Es gibt zu wenig Sanktionen und Maßnahmen gegen Missmanagement. Hier müsste statt Belohnung durch Ausscheiden mit Abfindung eigentlich eine finanzielle Bestrafung erfolgen, wie es im freien Unternehmertum der Fall ist. Wenn ein Selbstständiger oder freier Unternehmer schlecht wirtschaftet, so muss er normalerweise die Folgen tragen, nicht seine Angestellten oder Kunden. In der Wirtschaft der großen Konzerne gehen inzwischen aber einzelne Manager noch weit über dieses Fehlverhalten hinaus, indem sie beispielsweise auf unmoralische Weise von der Allgemeinheit Subventionen zur Schaffung von Arbeitsplätzen erschwindeln, die gemachten Zusagen aber nicht einhalten, ferner, indem sie trotz hoher Gewinne keine Steuern bezahlen, sondern Profite ins Ausland verschieben, indem sie Schlupflöcher auf internationaler Ebene nutzen und über Steueroasen – vielleicht sogar legal, aber in jedem Fall nicht legitim – Steuern und Abgaben vermeiden, für deren Ausfall wiederum andere aufkommen müssen, die solche Möglichkeiten nicht haben.

Ob nun Wirtschaftsführer mit dieser Mentalität, zum Schaden für die Allgemeinheit zu wirtschaften, wenigstens für ihr eigenes Unternehmen etwas Positives leisten, ob also eine solche Art von Wirtschaften für die betreffenden Unternehmen selbst Gewinn bringt, lasse ich offen, wage es aber zu bezweifeln. Diese Art von Management scheint den Unternehmen langfristig eher zu schaden, indem es beispielsweise später Strafen bezahlt oder Bußgelder entrichtet (nicht der Manager, sondern das Unternehmen!), in die negativen Schlagzeilen gerät und öffentlich angeprangert wird, Gerichts- oder Kartellverfahren über sich ergehen lassen muss, auch langfristig wirtschaftlichen Schaden erleidet wie beispielsweise die Firma Daimler-Benz durch ihren Zusammenschluss mit Chrysler, der den Aktionären Milliardenverluste gebracht hat. Wenn nur noch das Recht des Stärkeren gilt, Gruppen- oder Einzelinteressen rigoros verfolgt und gegen allgemeine Interessen durchgesetzt werden, lohnt sich dies weder für das jeweilige Unternehmen noch für die Wirtschaft insgesamt und schon gar nicht für die Gesellschaft. Ein solches Verhalten ist also wie eine Krebszelle schädlich für das System und muss sowohl von der Gesellschaft rigoros abgelehnt wie auch der Wirtschaft selbst schnellstens korrigiert werden.

Als Gegenmittel sollten aber nicht mehr staatliche Kontrolle, mehr Druck, mehr Gesetze und Verordnungen, mehr panische Gegenmaßnahmen eingesetzt werden. Dies würde alle betreffen und allen schaden, auch die große Mehrheit der Unternehmen belasten und schlimmstenfalls schädigen, die so etwas gar nicht machen oder gemacht haben, die es also gar nicht betrifft. Zudem wäre dies wie alle Planwirtschaft ineffizient, praktisch kaum durchführbar und viel zu teuer, und am Ende würden die Cleveren dann doch wieder ein Schlupfloch finden. Die Lösung kann einzig darin bestehen, und dies wäre die von uns vorgeschlagene Wurzelbehandlung und nicht bloß ein symptomatisches Pflaster, dass sich die Wirtschaft selbst wieder ein neues Ordnungs- und Wertesystem gibt, es propagiert, umsetzt und auch danach handelt und selbst die schwarzen Schafe, Selbstbediener, Haifische und Heuschrecken ausgrenzt und ächtet. Das würde sie automatisch aushebeln und nötigen, sich an dieses Wertesystem zu halten.

KONKURRENZ STATT KOOPERATION

Wir sind in unserer Gesellschaft westlicher Zivilisation und Prägung von klein auf so erzogen worden und gehen daher ganz selbstverständlich davon aus, dass Konkurrenz und Wettbewerb immer positiv sind. Wir reden daher von einem „gesunden Wettbewerb". Blicken wir aber auf andere Gesellschaften dieser Welt, seien sie noch mehr naturverbunden oder vielleicht noch mehr in einen religiösen Kontext eingebunden, oder aber richten wir den Blick auf die immer mehr aufkommenden spirituellen Gemeinschaften weltweit, so gründen sich diese eher auf Zusammenarbeit, Sinngebung, Kooperation, auf ein Miteinander statt ein Gegeneinander. Eigentlich müssten wir nur auf gesunde Familien blicken, da sehen wir keine Konkurrenz, sondern Kooperation zum Nutzen aller. Da dieses auch möglich ist, Konkurrenzkampf somit nicht *naturgegeben* oder *zwangsweise* vorgegeben ist, zumindest nicht für die menschliche Gesellschaft, wir also die Wahl zwischen Konkurrenz und Kooperation haben, so müssen wir zunächst untersuchen, ob und inwieweit Konkurrenz überhaupt positiv und förderlich ist oder ob und inwieweit sie sich eher negativ auf unsere Gesellschaft und den Einzelnen auswirkt. Wir sollten dabei drei Arten von Konkurrenz unterscheiden und dabei schon erkennen, dass es förderliche und eher schädliche Konkurrenz gibt:

1. die Konkurrenz mit sich selbst, die eigene Evolution und Entwicklung

2. das Sichvergleichen, Sichmessen mit anderen, auch im Spiel und Wettkampf

3. den Verdrängungswettbewerb/Machtkampf, in dem der Stärkere überlebt, der Verlierer untergeht, die darwinistische Variante

1. DIE KONKURRENZ MIT SICH SELBST (win)

Alles in dieser Welt, in der Natur, im Menschen, in der menschlichen Gesellschaft und im menschlichen Geiste entwickelt sich, nichts bleibt gleich. Es verändert sich jedoch nicht nur – man kann somit nicht zweimal in denselben Fluss steigen, wie Heraklit einst bemerkte –, sondern es verändert sich auch evolutionär, in eine bestimmte Richtung, hin zu immer höheren und komplexeren Zuständen, und (zumindest langfristig) nicht etwa rückwärts, wie die sehr lange Geschichte der Evolution belegt. Daher kann weder der einzelne Mensch noch ein Unternehmen, und dies nicht einmal mit den besten Produkten und Angeboten, einfach nur auf dem erzielten Niveau stehen bleiben und darauf verharren, sondern sie müssen der evolutionären Gesamttendenz folgen, sich weiterzuentwickeln, sich ständig weiter zu verbessern, womit letztlich sowohl der gesellschaftliche wie auch der geistige Fortschritt unausweichlich ist. Der Mensch oder das Unternehmen steht also in Konkurrenz mit sich selbst, mit seinen bisherigen Zuständen, und strebt danach, sich weiter zu verbessern, zu entwickeln, auch ohne Druck von außen. Dies scheint demnach die beste Art von Wettbewerb zu sein, da er hier im besten Falle nur sich und anderen nützt, im schlimmsten Falle wohl nicht weiterkommt, aber auch niemandem schadet. Dies ist ein natürliches Verhalten jeder Spezies, jedes Lebewesens, jedes Ausdrucks von Leben, das sich ständig höher zu organisieren und zu verbessern und besser anzupassen sucht, daher auch die natürlichste Konkurrenz.

Der Wettbewerb mit sich selbst bedeutet, sich zu bemühen, sich ständig weiterzuentwickeln, seine Fähigkeiten, Kenntnisse, sein Wissen zu erweitern, seine Produkte, Werkzeuge, Lebensumstände zu verbessern, wie es das Leben bereits in der Evolution vorgemacht hat und noch immer tut. Speziell für die Wirtschaft bedeutet es, ihre Produkte und Technologien immer an den bisherigen zu messen und sie weiterzuentwickeln, sie zu verbessern, umweltfreundlicher zu machen, auch billiger, einfacher, schöner, besser, somit also immer nützlichere Produkte und Dienstleistungen als in der Vergangenheit bereitzustellen. Hierfür ist eine gute, anderen dienen wollende Motivation des Handelns notwendig. Man muss Sinn in seiner Arbeit sehen und den Nutzen für die Menschen. Wer sich selbst liebt und achtet, wird ohne Druck von außen sich selbst, seine Erscheinung, seine Dienstleistungen und Produkte ständig verbessern wollen, einfach deshalb, weil man den eigenen Anspruch sowie auch Freude daran hat, sich weiterzuentwickeln und immer besser zu werden oder immer wieder Neues zu erfinden.

Hierfür ist Selbstreflexion und ein gutes Feedback nötig, das einem zeigt, wo man steht, was die eigenen Vorzüge oder Nachteile sind, und auch ein gutes Coaching. Mit seinem Coach versucht man dann wie ein guter Sportler, der im Training ist, ständig die eigenen Leistungen zu verbessern, seine Zahlen, Werte, Qualitäten zu erhöhen. *Diese Art von Konkurrenz geht gegen niemanden sonst*, schädigt und zerstört niemanden, sondern ist ein Messen von sich selbst mit sich selbst oder gegen die vergangenen Leistungen. So wie mir aus Japan berichtet wird, dass in einer Schule beim Sportunterricht die Schüler beim Schnelllauf gegen die eigenen *bisherigen* Zeiten laufen und sich dabei ständig verbessern, aber nicht gegen andere kämpfen müssen. Bei solch einem Wettbewerb kann es nur Sieger geben und keine Verlierer, während im Wettbewerb gegeneinander ständig Niederlagen erzeugt werden und damit im Unterbewusstsein entsprechende Prägungen, „ein Verlierer zu sein", die sich später verheerend auswirken können. Aber bei einer Konkurrenz mit sich selbst gibt es solche Niederlagen nicht, selbst wenn man einmal nicht so gut drauf ist, denn man hat es ja früher schon geschafft, und so entstehen auch keine Reibungsverluste.

Es ist ganz wie in der Natur ein gesundes Streben nach Wachstum, nach positiver Veränderung, evolutionärer Verbesserung, das Suchen nach neuen und kreativen Lösungen, so wie es oft auch Wissenschaftler tun, wenn sie etwas Neues suchen oder etwas erfinden wollen. Ein gutes Beispiel dafür ist die Erfindung der Glühbirne, bei der Thomas Edison lange Zeit und Hunderte Male seine alten Ansätze verbesserte, bis es schließlich klappte. Somit bringt diese Art von Konkurrenz nicht nur eine natürliche Entwicklung seiner selbst und seiner Leistungen, sondern dient mit neueren, immer besseren Produkten und Dienstleistungen der Gesellschaft und der Menschheit als Ganzes.

2. DIE KONKURRENZ ALS DAS SICHMESSEN MIT ANDEREN
(win-win)

Bei dieser zweiten Art von Konkurrenz geht es darum, sich auch direkt mit anderen und am anderen zu messen, um damit zu erkunden, wer der Bessere, Schnellere, Entwickeltere ist oder wer das bessere Produkt bzw. die besseren Dienstleistungen hat, eine Art sportlicher Wettbewerb, ohne jedoch dem anderen zu schaden oder gar ihn zerstören zu wollen. Vielmehr ist dies ein spielerisches Messen, in dem auch der, der verliert, etwas lernt über seine Defizite wie auch Fähigkeiten und diese dann, wenn er es wünscht, weiter verbessern kann. Als ein gutes Beispiel für eine solche Art von sportlichem Wettbewerb dienen seit der Antike die Olympischen Spiele. Hier wird zwar gekämpft und gesiegt (und auch verloren) und es bekommt der Sieger Belohnung und Anerkennung, doch ohne dass damit zugleich der Verlierer bestraft oder geschädigt würde. Vielmehr können hier die Sieger sogar als Vorbild dienen, als ein Ansporn und als ein Vorbild, dem nachzueifern möglich ist. Somit kann hier jeder gewinnen, der Sieger, indem er sich bewusst wird über seine Fähigkeiten, und die anderen, indem sie einen Ansporn und Anreiz bekommen und auch sehen, dass ihre Leistungen noch zu verbessern sind.

Diese Art von Konkurrenz als sportlichem Wettbewerb oder das spielerische Sichmessen, wie es schon die Kinder und Jugendlichen oft untereinander tun, führt üblicherweise (falls es kein Wettbewerb im Sinne von 3. ist) immer zu einer Win-Win-Situation. Denn sowohl der zeitweise Gewinner wie auch der Verlierer sieht, wo die jeweiligen Stärken und Schwächen liegen, wobei der zeitweise Unterlegene seine Schwächen erkennen und korrigieren kann, um vielleicht nächstes Mal wieder zu gewinnen. Es ist ein Spiel und Sichmessen, wie die Spiele von jungen Tieren oder Kindern, die ihre Kräfte erproben, dabei auch lernen und neues Verhalten einüben, eigene Schwächen erkennen und ggf. korrigieren können. Es ist kein Existenzkampf, sondern gesunder Wettbewerb, an dem wie bei den Olympischen Spielen keiner Schaden nimmt oder nehmen muss, sondern jeder etwas erfahren, erleben und dabei lernen kann. Gewinner wie Verlierer wechseln dabei ja auch und einmal gewinnt der eine, mal gewinnt der andere, aber insgesamt gewinnen beide an Einsicht und Erkenntnis, und oft ist es auch ein Gewinn an Freude, einfach dabei zu sein.

Vor allem diese zweite Art des Wettbewerbs ist hier für die Wirtschaft und den Handel optimal, da hier der einzelne Handelnde nicht bei sich bleibt und bleiben kann, wie vielleicht in der Wissenschaft, sondern seine Produkte und Dienstleistungen am Markt anbieten, vergleichen und handeln muss. Dort wird er an anderen Produkten gemessen. So entsteht ein natürliches Vergleichen und Bewerten der Anbieter und ihrer Produkte untereinander, wie es heutzutage beispielsweise die Stiftung Warentest professionell durchführt. Dabei kämpft nicht der eine gegen den anderen und versucht ihn gar zu eliminieren, sondern kämpft einfach um das beste Produkt, den besten Platz, die beste Leistung für den Kunden. Bleibt dies in der Art eines spielerischen Sichmessens wie im Sport, so entsteht hierbei noch ein gesunder Ehrgeiz, ein Gewinnenwollen, der Beste sein zu wollen, ohne den anderen Wettbewerbern zu schaden oder schaden zu müssen. Jene wiederum können auch aus den Niederlagen ihre Schlüsse ziehen und somit ihre Produkte weiter erneuern oder verbessern, und auf diese Art und Weise entstehen immer bessere Produkte und Dienstleistungen für die Gesellschaft. Dies könnte man einen gesunden Wettbewerb nennen, wobei gesund bedeutet, dass insgesamt keiner Schaden nehmen muss, der eine eben mehr, der andere weniger erhält, je nach seiner Leistung und seinen Ideen.

Solch ein Vergleichen der Anbieter und Produkte ohne gegenseitigen Kampf ist auch deshalb sehr nützlich und sinnvoll, da letztlich nur der Markt entscheiden kann und nicht wie im untergegangenen Kommunismus die Planwirtschaft, was für den Einzelnen nützlich und gut ist und was nicht. Daher sind gerade Waren- und Dienstleistungstests von großer Bedeutung für einen gesunden und nicht verzerrten Wettbewerb, und eben dafür sind wiederum *möglichst viele Wettbewerber sinnvoll*. Daher ist nur solch ein Wettbewerb gesund für die Gesellschaft und nicht einer, in der der Mitbewerber verdrängt und vernichtet, damit Wettbewerb minimiert wird und somit letztlich Kartelle oder Monopole errichtet werden, die das Gegenteil von freier Marktwirtschaft sind. Solch ein Verdrängungswettbewerb ist ausschließlich schädlich.

Daher ist für diese Art des spielerischen Wettbewerbs auf Chancengleichheit zu achten, sozusagen eine Art Dopingkontrolle, um im Bild zu bleiben. Denn unfair oder verzerrt wäre er dann, wenn nicht mehr die Resultate miteinander konkurrieren, sondern beispielsweise mit finanzieller Macht oder Lobbyismus andere vom Markt verdrängt werden oder mittels Werbekampagnen falsche Vorstellungen geweckt werden oder damit Kollektivbewusstsein manipuliert wird (Zucker ist gesund) oder Wettbewerber verleumdet werden oder über Lobbyarbeit aus dem Markt gedrängt werden – wie es die Lobby der Pharmaindustrie mit vielen Naturheilmitteln getan hat, die nicht wegen weniger Wirkung oder Ablehnung durch Käufer und Konsumenten vom Markt verschwunden sind, sondern wegen der von der Pharma-Industrie gesetzlich durchgesetzten Auflagen und Prüfungen. *Dann gewinnt nicht mehr der Bessere, sondern der finanziell Stärkere oder der Mächtigere*, und dann wird die Konkurrenz leicht in einen Verdrängungswettbewerb umschlagen, der unfair ist und der viele wertvolle Produkte und Leistungen zerstört und damit der Gesellschaft schadet. Dies geschieht dann, wenn wie bei Olympischen Spielen oder einem Spiel entweder nicht genügend Regeln und Vorgaben vorhanden sind oder sie nicht durchgesetzt werden können.

Eine solche Art des Wettbewerbs ist nur dann möglich und gesund, also für die Gesellschaft und die Teilnehmer des Wettbewerbs nützlich und hilfreich, wenn *jeder die gleichen Startbedingungen* hat und auch vom Gesetzgeber her darauf geachtet wird, dass *möglichst viele daran teilnehmen* können und *alle dieselben Chancen* haben. Es muss also von irgendeiner Instanz für Fairness und eine Ordnungsstruktur gesorgt werden. Auch funktioniert dieser Wettbewerb nur dann, wenn die Gesellschaft dafür gesorgt hat, dass keine zu großen Machtkonzentrationen vorliegen. Falls aber solche gesetzlichen oder sonst wie organisierten Rahmenbedingungen fehlen oder nicht beachtet werden, wenn beispielsweise keine neutralen Marktbeobachter oder Vergleichsmöglichkeiten vorhanden sind oder die Marktmacht der Einzelunternehmen zu unterschiedlich ist oder deren Finanzkraft, so entstehen dadurch eher gegenteilige Effekte. Letzteres bedeutet, Firmen und Produkte würden dann nicht mehr neutral untereinander verglichen und aneinander gemessen, um Defizite zu erkennen und Produkte zu verbessern, wodurch immer mehr Innovationen, bessere Produkte und Dienstleistungen entstehen, sondern es würde genau zum Gegenteil führen. Dies bedeutet, dass immer weniger Konzerne immer mehr Macht ausüben, ein Marktsegment immer mehr beherrschen, beispielsweise den Sektor der Arzneimittel oder Nahrungsmittel, das Internet, über Energielieferung und viele andere Produkte, die sie nur über ihre Macht und nicht durch deren Qualität am Markt platzieren und durchsetzen. Dies würde schließlich zu denselben Missständen führen wie einst im Kommunismus und dessen Planwirtschaft. Denn je größer der Konzern, um so stärker die Tendenz zur Beharrlichkeit und Unbeweglichkeit, zu hohem Verwaltungsaufwand und damit zu viel zu hohen Kosten wie zugleich auch zu schlechter und teurer Dienstleistung. Ein Beispiel in Deutschland ist hierfür die Konzentration bei der Energieversorgung, wodurch wir (bei gleichen Weltmarktpreisen für Öl, Gas, Kohle für alle) Strompreise bezahlen, die fast doppelt so teuer sind wie in anderen Staaten Europas, beispielsweise in Spanien oder Dänemark. Wer schöpft diesen gigantischen Gewinn ab? Eine solche negative Entwicklung, die leider schon in manchen Branchen bei uns zu sehen ist, ist die Folge ungesunden oder fehlenden Wettbewerbs, nämlich die Folge des nun beschriebenen Verdrängungswettbewerbs, der dritten Art von Konkurrenz, die letztlich Wettbewerb selbst aufhebt und vernichtet.

3. KONKURRENZ ALS MACHTKAMPF UND VERDRÄNGUNG
(win-lose)

Hierbei definiert sich Konkurrenz als das Ausstechen des jeweils anderen, das Vom-Markt-Drängen, ja sogar das Vernichten der jeweiligen Konkurrenz. Hier definieren sich die anderen nicht mehr als Mitspieler und Wettbewerber, dass der Bessere gewinnen möge und man voneinander lernen kann, sondern als Rivalen, als Feinde, als Bedrohung. Dies ist eigentlich kein Wettbewerb mehr, sondern vielmehr ein Machtkampf, eine Art von Krieg, der von machthungrigen oder egoistischen Managern geführt wird, vielleicht um sich zu beweisen oder ihren Machtwahn zu befriedigen, jedenfalls aber zum Schaden für die Gesellschaft, so wie früher Politiker häufig ihre Völker in Kriege gezwungen haben, um ihren eigenen Machtwahn zu befriedigen. Und genau wie in den Kriegen entsteht auch in diesen Wirtschaftskriegen bei der Vernichtung oder dem Aufkauf des Konkurrenten meist großer wirtschaftlicher Schaden, allein schon dadurch, dass der Machtkampf immense Ressourcen verschlingt, dass es weniger Wettbewerber gibt, aber vor allem auch dadurch, dass unter dem Strich und volkswirtschaftlich gesehen Schaden entsteht, wobei die Entlassenen natürlich vom Staat bezahlt werden müssen. Hier geht es nicht mehr darum, wie noch in der zweiten Variante von Konkurrenz, wer der Bessere ist, sondern nur noch, wer der Stärkere und Mächtigere ist. Es ist ein schwerer Rückfall des Menschen ins animalische Bewusstsein, bei dem nur gilt: fressen oder gefressen werden, siegen oder bankrott gehen, ein Rückfall in den blanken Vulgär-Darwinismus.

Bei diesem Kampf kommt es überhaupt nicht mehr auf die Produkte an, sie werden *nur Mittel zum Zweck* im Machtkampf. Auch kommt es nicht mehr darauf an, etwas Nützliches zu schaffen und dies der Gesellschaft anzubieten und daraus wieder eigenen Nutzen im Sinne von Profit zu erzielen. Dies ist nicht mehr der grundlegende Sinn dieses Wirtschaftens. Hier geht es nur noch darum, Marktanteile zu erobern, Konkurrenten zu zerschlagen oder aufzukaufen oder wie auch immer zu beseitigen, Marktoligopole oder gar Marktmonopole zu schaffen oder marktdominierende Vertriebssysteme zu errichten, so dass andere, vielleicht viel bessere Wettbewerber keine Chance mehr haben, ihre Produkte überhaupt zu den Kunden zu bringen. Wie bei der wahnwitzigen und völlig unnötigen Übernahme von Chrysler durch Daimler-Benz werden hierfür auch ein großer Teil der erwirtschafteten Ressourcen und des vorhandenen Betriebsvermögens verwendet und manchmal sogar das Image, das Know-how der Mitarbeiter und sonstige Aktiva verschwendet. Ganz genau wie in einem konventionellen Krieg kann es dabei durchaus auch Gewinner und Profiteure geben, doch volkswirtschaftlich gesehen ist ein solcher Vernichtungswettbewerb – wie Kriege überhaupt – eine riesige Verschwendung von Ressourcen und Vermögen. Allein der Aufwand der gegeneinander gerichteten Werbung wie beim Kampf von Vodafone gegen Mannesmann ist volkswirtschaftlich völlig nutzlos und eine blanke Verschwendung von Vermögen, wodurch kein einziger Wert erzeugt oder etwas Nützliches produziert wird.

Bei solcher Art von Konkurrenz, die letztlich auf Schwächung und Vernichtung des Gegners abzielt, gibt es genau wie im konventionellen Krieg kaum noch moralische oder religiöse Grenzen, es wird alles eingesetzt bis hin zur Bestechung, Manipulation, Verleumdung des Konkurrenten. Es wird mit vielen und oft kostspieligen Tricks gearbeitet, Einkäufer werden bestochen oder bekommen Riesengeschenke, man kämpft mit Propagandaaussagen, Werbekampagnen, mit Abwerbung von fähigen Mitarbeitern (head-hunting) bis hin zu vorschneller Markteinführung von noch unausgereiften oder sogar schädlichen Produkten, nur um die Nase vorn zu haben. In solch einem Falle beispielsweise, wie es kürzlich mit unseren Arzneimitteln geschehen ist, wobei durch geschickte Schachzüge und Lobbyarbeit der Pharmaindustrie sehr viele lang erprobte Naturheilmittel (auch spagyrische und homöopathische Mittel) gewaltsam vom Markt verdrängt wurden (eben unter Ausschluss der Käufermeinung!), bleiben dann nicht die besten oder am wenigsten schädlichen Medikamente am Markt, sondern die, die dann nur noch von der Pharmaindustrie angeboten werden können (deren Zulassung haben), oder werden nur noch die abgesetzt (über Zwangs-Krankenkasse), für die Ärzte die meisten Werbegeschenke oder sonstige Vergütungen bekommen, oder nur noch die, die über die Presse angepriesen werden, die wiederum „zufällig" nur jene bespricht, für die auch Anzeigen geschaltet werden. Die anderen gehen leider leer aus. All diese Macht und diese Lobby hat leider den jahrhundertealten, einfachen und oft auch billigen Naturheilmitteln, die zwangsweise und gegen den Willen der Verbraucher vom Markt genommen wurden, gefehlt. An diesem Beispiel ist klar zu sehen, wo der freie Wettbewerb aufhört und der Verdrängungswettbewerb beginnt: Er ist gekennzeichnet durch einen Mangel an Pluralität im Angebot und einen Mangel an freier Wahlmöglichkeit, natürlich gerechtfertigt durch tausend gute Gründe (man will ja den Kunden vor sich selbst schützen…). Viele Naturheilmittel konnte man daher nicht mehr kaufen, selbst wenn man wollte, und viele traditionelle Firmen mussten schließen, wodurch zusätzlich gesamtwirtschaftlicher Schaden entstand. Es kommt, wenn hier niemand Einhalt gebietet, über Fusionen, Verdrängung, Zusammenschlüssen zu marktbeherrschenden Oligopolen, lang bevor das Kartellamt hier offiziell einschreiten kann. Und selbst dann ist eine solche Entwicklung legal kaum zu verhindern, sie kann durch Verflechtungen und Subunternehmen leicht wieder umgangen werden.

Sollte sich diese Entwicklung in anderen Branchen fortsetzen, so werden auch in den Supermärkten nicht mehr die besten Produkte zu kaufen sein, sondern nur diejenigen zur Wahl stehen, deren Hersteller sich durch ihre Marktmacht oder Finanzmacht den jeweiligen Platz oder die Absatzmöglichkeit erkaufen können. Produkte, die nicht über diese Macht verfügen, werden erst gar nicht mehr bis zum Verbraucher vordringen. Er hat also gar keine Wahl mehr, nicht gewünschte Produkte zu umgehen; zumindest wird es für ihn sehr schwierig, alternative Produkte zu beschaffen, was die meisten dann auch nicht tun werden. Es geht aber auch über die finanzstärkeren Werbekampagnen. So werden beispielsweise im Bereich unserer Ernährung mit großem Finanzaufwand Produkte beworben und auf den Markt gedrückt, die vielleicht weniger gesund, vielleicht sogar gesundheitsschädlich sind, aber deren Konkurrenten als Hersteller gesünderer Produkte nicht die Möglichkeit solcher Werbekampagnen haben. Wie leicht zu sehen ist, führt diese Art von Konkurrenz nicht zu immer vielfältigeren und besseren Produkten wie der oben gezeigte Wettbewerb, sondern im Gegenteil zu immer einseitigeren und minderwertigeren Produkten – denn schließlich muss wegen der hohen Kosten dieses Kampfes zuerst einmal am Produkt gespart werden, nicht etwa am Werbeetat.

Diese Entwicklung führt neben der oben gezeigten Machtkonzentration auch zu immer weniger Wettbewerbern, zu immer weniger Produkten, deren Qualität tendenziell immer schlechter wird und auch werden kann, da sie ja nicht mehr so sehr gegen bessere konkurrieren müssen, schließlich zu Verbindungen, Verflechtungen und dann Absprachen der verbleibenden Großunternehmen untereinander und dann wieder zu höheren Preisen. Somit ist eine solche Art von Konkurrenz nur schädlich für die Gesellschaft und vor allem für die Verbraucher, die damit schlechtere Produkte zu ungerechtfertigt höheren Preisen (vgl. Strompreise) und weniger Innovation bekommen. Diese Konkurrenz ist damit völlig kontraproduktiv im Sinne ihrer eigenen Prämisse. Denn diese Art des Verdrängungs- oder Aufkaufwettbewerbs führt zur Ausschaltung von Anbietern, und je weniger Marktteilnehmer es gibt, je weniger Pluralität im Angebot, desto weniger muss man sich messen und vergleichen lassen, desto mehr Preisabsprachen kann man machen oder ungeniert höhere Preise nehmen. Preise sind übrigens ein wichtiges Indiz dafür, ob es sich um einen gesunden Wettbewerb handelt (dann sinken Preise langfristig) oder um diesen Machtkampf und ungesunden Wettbewerb, dann steigen Preise zumindest langfristig (nach entsprechendem kurzen Dumping, um die Konkurrenz pleite gehen zu lassen). Die Kunden und Verbraucher zahlen somit stets die Zeche dieser Art von Konkurrenz, haften sozusagen für den angerichteten Schaden. Weder die Gesellschaft insgesamt noch die ehrlichen Anbieter und Produzenten, noch die Verbraucher und Kunden und überhaupt alle Verfechter des freien, liberalen Wettbewerbs können dies wollen.

In unserem heutigen Wirtschaftssystem sind nun sicher alle Arten dieser Konkurrenz enthalten. Inwieweit es als Ganzes eher zu der einen oder anderen Art der hier aufgezeigten Konkurrenz tendiert, ob es also insgesamt ein noch gesunder oder schon recht ungesunder Wettbewerb ist, möge jeder anhand der gegebenen Kriterien selber beurteilen. Aufgrund der Entwicklungen der letzten Jahre sehe ich aber die Gefahr, dass es sich immer mehr in Richtung von Machtkampf und Vernichtungswettbewerb entwickelt. Wenn dem nicht so sein sollte, umso besser. Doch sollte dies so sein, so wird das System ähnlich wie der totalitäre Kommunismus damit nur seinen eigenen Untergang herbeiführen und schließlich über diesen Umweg genauso wieder zu den neuen Werten, Verhaltensweisen und einer neuen Vision der Wirtschaft kommen. Es wird ebenso und unausweichlich in den vorhergesagten Wandel münden, nur dass dieser Weg viele Ressourcen kosten und der Wandel auf diese Art recht schmerzhaft werden könnte.

WACHSENDER DRUCK

Steigender Kostendruck, Erfolgsdruck, Zeitdruck, Arbeitsdruck

Ein weiterer Hinweis, dass sich unser System eher ungünstig im Sinne eines Macht- und Verdrängungskampfes entwickelt, zeigt sich darin, dass innerhalb der Wirtschaft über immer härteren Wettbewerb geklagt wird, dass die Zahl der Unternehmenspleiten über Jahre hinweg extrem und auf unglaubliche Höhen gestiegen ist, dass immer mehr alteingesessene Marken und Namen vom Markt verschwinden, obwohl deren Produkte jahrzehntelang geschätzt waren und noch sind. Aber auch innerhalb der einzelnen Firmen nimmt der Druck erheblich zu, worunter die Belegschaft, die Arbeitnehmer leiden. Denn um in einem Verdrängungswettbewerb bestehen zu können, muss immer billiger produziert oder in immer weniger Zeit immer mehr geleistet werden. Werden dann aus diesem **Kostendruck** heraus Mitarbeiter entlassen, so müssen die übrigen die Menge an Arbeit übernehmen und kommen dadurch in immer mehr **Zeitdruck**. Sie sollen mit den immer beschränkteren Mitteln den bisherigen Erfolg für das Unternehmen sichern oder noch vermehren, stehen damit bei immer höherem **Leistungsdruck** unter immer mehr **Erfolgsdruck**, zumal die nicht erfolgreichen Unternehmen und Produkte vom Markt verschwinden. So ergibt sich eine ständig steigende Spirale von Kostendruck, Zeitdruck, Leistungsdruck, Erfolgsdruck usw., ein Teufelskreis, aus dem viele nicht mehr herauskommen. Wenn sie hier keinen innovativen Schritt machen, und der ist unter solchem Druck selten und eher unwahrscheinlich, so nimmt jener immer mehr zu, bis irgendetwas oder irgendeiner zusammenbricht, und am Ende das ganze System.

Dazu möchte ich ein konkretes Beispiel aus meiner Beratungspraxis geben. Eine Bank in Frankfurt suchte mit Hilfe ihrer konventionellen Berater Kosten einzusparen, ließ zu diesem Zweck Entlassungen durchführen und setzte zugleich die verbleibenden Mitarbeiter unter großen Erfolgsdruck, um mehr zu leisten oder neue Kunden und Absatzchancen zu erschließen, damit schließlich der Ertrag erhöht würde. In meiner Sicht ein optimales Rezept für Misserfolg, denn unter dem Druck und der Angst werden Mitarbeiter erst recht nichts Innovatives entwickeln und schon gar nichts wagen, sondern sich allenfalls gegenseitig angreifen, mobben, niedermachen, um ja nicht selbst entlassen zu werden, und sie werden so neben der Ressourcenverschwendung auch kein gutes Bild beim Kunden abgeben. Also statt auf Innovation, Talente und Fähigkeiten, auf Besonderheiten der Mitarbeiter, auf qualitative Faktoren, Erneuerung oder Fortschritt zu setzen, gaben die Direktoren der Bank den Abteilungsleitern den Auftrag, Kosten einzusparen, die am wenigsten leistenden Mitarbeiter dabei zu entlassen, was die übrigen natürlich unter großen Druck setzte. Die Abteilungsleiter, und darunter auch mein Klient, standen nun unter großem Druck vom Chef, Kosten zu sparen und zugleich mehr Erfolg zu haben, mit diesen Mitteln eine Quadratur des Kreises. Falls aber ein Abteilungsleiter den Druck nicht weitergab und gerade aufgrund seiner Integrität seine Leute schützte, kam er selbst unter Druck, wurde für solche Qualitäten bestraft, statt dafür belohnt zu werden. Somit war dadurch eine Tendenz gegeben, gerade die Besten und Integersten zu entlassen, und die fiesesten Chefs bekamen Leitungsfunktionen und mehr Verantwortung – welch ein Widersinn! Gab ein Abteilungsleiter aber diesem Druck nach und entließ Personal, war er also einer der Unterwürfigen, dann hatte er sicher die Tendenz, von seinen Mitarbeitern gerade die kreativen und nichtunterwürfigen, vielleicht sogar rebellischen seiner Abteilung zuerst zu entlassen.

In jedem Fall wurden also mit diesem sicher gut bezahlten Konzept der Beraterfirma die besten, integersten und kreativsten Leute zuerst entlassen, womit sich die Bank logischerweise selbst schadete und um ihre besten „human resources" brachte, auch indem in diesem Klima der Angst und des Drucks sicher keine fruchtbaren Ideen mehr zustande kamen. Vielleicht konnte sie dadurch tatsächlich kurzfristig Kosten sparen, das entzieht sich leider meiner Kenntnis, aber zu welchem Preis, auf jeden Fall zum langfristigen Schaden am Markt und Verlust an Know-how und Human Potential. Ich riet dann meinem Klienten, einen solchen Posten aufzugeben, und dies entpuppte sich schließlich als günstig für ihn, da die ganze Abteilung am Schluss aufgelöst wurde, wegen Ineffizienz, die vorher selbst erzeugt wurde! Unter solchem Druck gehen alle sinnvollen Konzepte und Lösungen verloren.

Einen ähnlichen Fehler haben jene Konzerne gemacht – mit sicher gut bezahlten Beratern –, die anstatt kostenträchtiger persönlicher telefonischer Beratung auf die Idee kamen, nunmehr automatisierte Hotlines mit Bandansagen einzuführen und die Kunden in endlosen Telefonschleifen hängen zu lassen. Dadurch hat man zwar kurzfristig Kosten eingespart, und dies scheint den Beratern genug Erfolg gewesen zu sein, hat aber neben dem Imageschaden massiv Kunden verloren, die selbst dann zur Konkurrenz gegangen wären, wenn diese etwas teurer gewesen wäre, nur um dem schlechten Service zu entfliehen. Man hat dadurch dem Konzern erheblich und langfristig geschadet, denn es ist viel teurer, neue Kunden zu gewinnen als alte zu behalten. Der Witz ist noch, das in manchen großen Konzernen diese Faktoren unabhängig voneinander berechnet werden und kein Zusammenhang hergestellt wird, der doch über ein wenig Feedback leicht zu sehen gewesen wäre. Es kann dann vorkommen, dass diese „klugen Einsparer" trotz ihres angerichteten Schadens noch belohnt werden, weil jenen wieder eine andere Abteilung trägt. Es ist also unsinnig, auf solche quantitativen Faktoren allein zu setzen, auf Kosten, Preise, Zahlen, anstatt wie frühere erfolgreiche Kaufleute auf qualitative Werte wie auf Service, Haltbarkeit oder Kundenzufriedenheit.

Als Gegenbeispiel möchte ich einmal die milliardenschwere Firma Google anführen, die wie viele andere neuere Großunternehmen einen ganz anderen Weg eingeschlagen hat und nach den mir vorliegenden Informationen ihre Mitarbeiter überhaupt nicht unter Druck setzt, ganz im Gegenteil. Sie haben, wie kürzlich ein Fernsehbericht zeigte, weder Arbeits- noch Zeitdruck, ja nicht einmal ihre Anwesenheit wird genau kontrolliert. Es gibt weder Kostendruck noch Erfolgsdruck, sondern die Mitarbeiter werden im Gegenteil wertgeschätzt und gut bezahlt, haben viel Freiraum und viele Angebote für ihre Lebensqualität, was wiederum zu einer großen Verbundenheit, Loyalität und Motivation beiträgt. Trotz dieser Freiräume arbeiten die meisten zeitlich mehr, als sie müssten, sind hoch motiviert, entwickeln mit Begeisterung neue Ideen und tragen damit sicher zum Riesenerfolg bei.

Das ist genau der umgekehrte Weg wie im oben gezeigten Beispiel der Großbank. Ein solcher Weg bewährt sich langfristig und zeigt auf, wie wichtig es in der kommenden Zeit ist, auf neue Werte zu setzen, zuerst innerhalb der Firma, anstatt wie andere nur Kosten zu sparen. Es lohnt sich vielmehr, <u>auf qualitative Werte zu setzen wie Freiheit, Vertrauen in die Mitarbeiter, kreative Freiräume, auf menschliche Fähigkeiten, Zufriedenheit am Arbeitsplatz, soziale Hilfestellungen</u>, statt auf Druck, Angst und Begrenzung.

Dabei weiß doch jeder am eigenen Körper, dass durch ständigen Druck erhebliche Schäden an der Gesundheit entstehen. Ständiger Bluthochdruck schädigt auf Dauer nicht nur den Blutkreislauf, die Gefäße und das Herz, sondern das ganze System. Ferner hat sich auch beim Lernverhalten der Menschen gezeigt, dass Motivation und Begeisterung viel bessere, schnellere und vor allem nachhaltigere Erfolge bringen als Druck, Angst und Strafe. Dadurch wird Lernen eher behindert. Die Wirtschaft jedoch setzt inzwischen immer mehr auf diesen Druck, der sowohl die Firmen als auch die Mitarbeiter auf Dauer schädigt. Vor allem ist ein solch ständiger Druck für jene Firmen schädlich, die nicht auf bloße Massenware setzen können, sondern auf Qualität setzen müssen, die ständig Neues entwickeln müssen, die flexibel bleiben müssen, die direkt am Kunden sein müssen und von dessen Zufriedenheit direkt abhängen. Die hauptsächlichen Nachteile von Druck:

Erstens führt hier ein solcher Druck zu viel mehr Krankheiten und zu mehr Ausfällen, als nötig wäre, was Kosten verursacht.

Zweitens führt dieser Druck zu eingeschränkter Kreativität, weniger Innovationsfreude, weniger Ideen, damit geringerer Produktivität als möglich.

Drittens führt dieser Druck zu schlechterer Qualität bei der Herstellung, zu schlampiger Produktion und zu Produktionsfehlern und damit zu schlechteren Produkten.

Viertens wird dieser Druck letztlich in Form von Missmut und Unlust und schlechtem Service an die Kunden weitergegeben. Dies geschieht ganz unbewusst und, ohne es zu wollen. Dies führt dort zu Verärgerung, schlechtem Image, Verlust von Stammkunden und damit zu fallender Nachfrage und Absatz.

Es ist also sowohl aus der Erfahrung abzuleiten wie auch wissenschaftlich gut erforscht, dass und warum massiver Druck der menschlichen Gesundheit wie auch der menschlichen Psyche schadet und wie Druck, welcher Art er auch immer sei, auch beim Lernen, in der Entwicklung, in der Entfaltung des menschlichen Potentials letztlich nicht nur keinen Erfolg bringt, sondern vielmehr kontraproduktiv ist, sich schädlich und zerstörerisch auswirkt. Um so merkwürdiger ist es daher, dass all diese Lehren aus der Medizin, aus der Pädagogik, aus der Bewusstseinsforschung und aus allgemein menschlicher Erfahrung in der Wirtschaft, im Management, nicht berücksichtigt werden, ja, dass Leistungs- und Erfolgsdruck wie auch Zeitdruck sogar immer noch verstärkt werden, obwohl die negativen Auswirkungen sich schon überall deutlich zeigen, sowohl im Management wie auch bei den Beschäftigten.

Während in der Belegschaft durch diesen Leistungsdruck und vielleicht noch durch die Angst vor Arbeitsplatzverlust die Arbeit kaum noch Freude macht und eher zu einer Belastung wird, so gibt es vor allem im Management immer mehr Menschen, die unter diesem Druck zusammenbrechen, die einfach kapitulieren, die ein Burn-out-Syndrom haben und daher länger ausfallen, auch weil sie es vorher länger unterdrücken und auszuhalten versuchen. Hier hat sich im Gegensatz zur Belegschaft, die auch mal krank machen kann, zu viel Druck angestaut und lange ungehört aufgehäuft. Selbst wenn also ein solcher Druck auf die Mitarbeiter wirklich etwas für das Unternehmen bringen sollte, was ich aus oben angegebenen Gründen sehr bezweifle, so ist er doch in jeder Hinsicht menschenverachtend, macht den Mensch zu einer Kostenstelle, überhaupt zu einem Objekt, das man drücken kann, es nimmt den Beschäftigten die Freude am Arbeiten, treibt sie in Krankheitssymptome, ob sie sich nun krank melden oder nicht, und erzeugt darüber hinaus viel Leid und viele Folgeschäden wie zerrüttete Familien oder Beziehungen, für die keine Zeit mehr da war oder die den Druck nach Feierabend abbekommen haben.

Der Mensch in unserer Wirtschaft wird dadurch immer unglücklicher und kränker. Hierin liegt ein wirklich gutes Kennzeichen oder sicherer Indikator, ob ein System krank oder gesund ist. Man könnte diesen Indikator auf alle Systeme anwenden, beispielsweise auf alle Religionen oder alle Ideologien, und fragen, inwieweit dieses System den Menschen und die Familien glücklich oder unglücklich macht. Die Resultate zeigen direkt, wie gut das System wirklich ist. Wie toll und schön doch die Theorien sein mögen, dieser Test zeigt die Realität und die Früchte, die daraus entstehen. An den Früchten soll man sie erkennen, und so können Sie sich einfach fragen: Ist unser Wirtschaftssystem derzeit ein System, das die darin befindlichen und handelnden Menschen glücklicher oder unglücklicher macht, zufrieden oder unzufrieden? Und an den qualitativen Resultaten wie Glück, Zufriedenheit, Freude usw. und nicht etwa an quantitativen Werten wie Produktionszahlen und Output zeigt sich am Ende der Wert eines Systems. Witzigerweise hat der weise König von Bhutan dies genauso gesehen und will den Wert des Erfolges für sein Land nicht im Bruttosozialprodukt berechnet haben, also an Menge und Wert der erzeugten Waren, sondern daran, wie glücklich seine Untertanen sind, also am Bruttoglücksprodukt. Im Gegensatz zu unseren Wirtschaftsbossen, aber auch unseren Politikern hat er bereits den Vorteil von Qualität vor Quantität erkannt. Auf jeden Fall kann man jedes System an seinem Output messen, es wie die Amerikaner treffend auf einen Punkt bringen und sagen:

Results have it – Die Resultate zeigen es.

Betrachtet man also die Resultate des heutigen westlichen Wirtschaftssystems mit den hier immanenten Faktoren von Angst, Bedrückung, Stress, Mobbing, Kampf, Mangel an Freude und Begeisterung, Druck in jeglicher Hinsicht, immer mehr Leistung in immer weniger Zeit, kaum Pausen zum Entspannen und Nachdenken, wie es noch die Chinesen wenigstens mit ihrem Mittagsschläfchen machen, und den Folgen wie Burn-out und anderen Stress-Krankheiten, so kann man bereits sagen, dass die Resultate zeigen, dass sich dieses System sehr negativ auf den Menschen auswirkt, sowohl auf seinen körperlichen wie seelischen Zustand, seine Freude an der Arbeit, seinen Leistungswillen, auf sein

Glück und auch negativ auf sein ganzes Umfeld wie Familie und Beziehungen. Immer mehr Menschen werden durch diesen Druck gezwungen auszusteigen, in Krankheit zu flüchten, werden an den Rand gedrängt oder halten noch so lange durch, bis sie vom Burn-out-Syndrom eingeholt werden oder bis sie gar tot umfallen wie der berühmte Hase im folgenden Beispiel:

DAS PHÄNOMEN „IGEL UND HASE"

Durch diesen immer mehr ansteigenden, allgegenwärtigen Druck zeigen sich nun vor allem im Management Phänomene, wie sie in der altbekannten Parabel vom Igel und dem Hasen erzählt werden. Die Autoren Paul Kohtes und Nadja Rosmann haben dies in dem kleinen Buch „Hören Sie auf zu rennen – was Manager von Hase und Igel lernen können" sehr schön und treffend dargestellt. In Kürze: Der junge und moderne Managerhase, ganz im Bewusstsein seiner vielen Fähigkeiten und vor allem seiner Schnelligkeit, trifft auf einen behäbigen Igel. Da für ihn nur Leistung zählt und er nur quantitative Faktoren als maßgeblich erachtet, verspottet er überheblich den langsamen, etwas vorsichtigen und doch lebenserfahrenen Igel wegen dessen alter, überholter Werte und Qualitäten, wie auch heute ältere Arbeitnehmer trotz Berufserfahrung gern abgeschoben werden, weil sie zu langsam sind. Dabei wird gern übersehen, was dieses Know-how, diese Lebenserfahrung wert ist.

Da der Hase den Wert solcher Erfahrung nicht erkennt, lässt er sich gern auf eine Wette mit dem Igel ein, wer nun wohl wirklich schneller ist (Quantität). Der Igel ist aber viel schlauer, und statt einfach zu rennen, nimmt er sein Köpfchen zu Hilfe (Qualität) – ist also innovativ oder kreativ in unserem Sinne – und produziert eine tolle Idee. Er platziert seine fast identisch aussehende Igelfrau am anderen Ende der Laufbahn. Als der Wettkampf dann beginnt, sprintet der Hase los, ohne nach rechts und links zu schauen. Er ist ja nicht wie der Igel umsichtig und innovativ, sondern ist programmiert auf größer, schneller, auf mehr „Speed", er ist also ein Macher, wie ihn die Wirtschaft sich derzeit wünscht. Wegen seiner Geschwindigkeit und seines eingeengten Blickwinkels bemerkt er dabei überhaupt nicht, dass der Igel gar nicht mitläuft. Er rennt einfach planlos vorwärts, und als er dann am Ende der Bahn ankommt, ruft das plötzlich auftauchende Weibchen: „Ich bin schon da." Nicht einmal hier wird der Hase stutzig, der Druck zu gewinnen scheint auch seine Auffassungsgabe und Intelligenz einzuschränken, sondern er macht sich einfach noch mehr Druck, anstatt genau das Gegenteil zu machen und sich die Sache erst einmal *in Ruhe* zu betrachten, was hier das einzig Richtige wäre. Er aber gibt sich nach seinen eigenen Maximen noch mehr Leistungsdruck, vielleicht bekommt er sogar Angst, nicht schnell genug zu sein und als Verlierer dazustehen, und strengt sich einfach noch mehr an. Mehr und schneller ist besser, so sein Motto. Doch trotz all seiner Anstrengung wird er sein Ziel so nie erreichen, nicht weil er nicht genug rennt, sondern weil er die falschen Werte und Annahmen hat! In diesem Beispiel wird die Absurdität seiner Lage sehr deutlich, da er so niemals gewinnen *kann*, wie sehr er sich auch bemüht, wie schnell er auch rennt, es ist *prinzipiell unmöglich*. Er müsste eine grundlegend andere Richtung einschlagen, sich erst einmal entspannen, sich Gedanken machen, eine neue Perspektive einnehmen, sein Blickfeld weiten, seine Intuition einschalten, vielleicht sogar kontemplieren (!) und dabei vielleicht auf intuitive Art auf jene Idee kommen, die der Igel hatte, dessen Trick durchschauen und ihn damit besiegen.

Doch ganz wie im bisherigen Management schaut er nur verengt nach vorn, macht sich so ständig mehr Druck und läuft mit noch mehr Geschwindigkeit. Er hat dann – ganz typisch – auch keine Zeit mehr zu rasten, zu essen und zu trinken, um noch mehr Zeit einzusparen. Termine, Termine, ein Wunder, dass er kein Handy hat. Er hat übrigens auch keine Zeit für externes, qualitatives Coaching, das ihm vielleicht durch Aufzeigen einer anderen Perspektive die Augen öffnen könnte. Er hat keine Zeit und er nimmt sich während des Wettkampfs erst recht keine, sondern er läuft immer erschöpfter dem Burn-out entgegen und rennt so lange, bis er schließlich tot umfällt. Denn Aufgeben oder gar Verlieren, das kann er nicht. Er muss rennen bis zum Zusammenbruch, und je mehr er rennt, umso weniger sieht er, was eigentlich los ist – dumm gelaufen. Kommt das manchen irgendwie bekannt vor?

Diese Fabel vom Igel und Hasen zeigt eine zeitlose Weisheit und enthält eine Lektion, die für unsere heutige westliche Wirtschaft ganz wesentlich wäre. Es kommt nicht mehr auf das quantitative Denken an, es gilt nicht mehr: „immer schneller, immer mehr, immer mehr Druck", wie vielleicht noch im Industriezeitalter, sondern eben, weil wir nicht in einer linearen Progression, sondern in einer Krise stecken, in einer Wandlung, in einer Transformation, eben deshalb müssen wir hier innehalten, rasten, nachdenken, kontemplieren, neue Ideen entwickeln, Thoughtstorm machen oder Visionssuche, die Intuition einschalten und schulen, die Perspektive wechseln, neue Leitlinien und Werte ausprobieren, was auch immer, nur nicht mehr auf bloße Quantität setzen. Die Fabel zeigt aber auch sehr drastisch die Folgen auf, wenn wir es nicht tun und so weiterlaufen wie bisher. Es zeigt einen Zusammenbruch an, der kommen muss, wenn wir weiter auf lineares Denken, enge Perspektive, eben auf die falschen Faktoren setzen statt auf Intelligenz, Kreativität und Nachdenken. Eine Pause und ein Zurücktreten aus der Tretmühle ist kein Luxus, den wir uns jetzt nicht leisten könnten, sondern etwas, das wir uns leisten *müssen*. Sonst droht uns nicht nur der Verlust des internationalen Wettkampfes, sondern der Tod.

Inzwischen scheinen wir hier aber schon in einem fortgeschrittenen Stadium zu sein. Wir haben kaum noch Zeit, und aufgrund des wachsenden Drucks *re*agieren unsere Führungskräfte immer mehr, handeln nach Reflexen, Ängsten, äußeren Triggern, auf äußere Umstände, anstatt kreativ zu agieren und innovativ zu führen, was eigentlich ihre essentielle Aufgabe wäre. So gibt es im Fahrplan ihrer Zeit kaum Pausen, Retreats, Seminare, Lücken, um über eigene Fehler oder nicht erreichte Züge nachzudenken oder auf neue Lösungen zu kommen. Ganz anders als ein CEO eines großen japanischen Unternehmens, der mir einmal begegnet ist. Zu meiner Verwunderung erklärte er mir, dass er für die optimale Führung seines riesigen Unternehmens die meiste Zeit damit verbringt, allein in seinem Büro zu sitzen und zu kontemplieren, neue Ideen zu entwickeln, über mögliche Entwicklungen nachzudenken, zukünftige Perspektiven zu entwickeln, seiner Intuition zu lauschen. Weniger Zeit hingegen verbringe er damit, Papiere zu unterschreiben, an Sitzungen teilzunehmen, von Termin zu Termin zu hetzen und auf die alltäglichen Dinge des Betriebsablaufs zu reagieren. Dies überließ er klugerweise geeigneten Mitarbeitern, sozusagen seiner Exekutive, während er wirklich führen, managen und zukunftsweisend planen wolle.

Genau dies sollten Führer auch tun, anstatt planlos loszurennen in der Angst, überholt zu werden, und gar nicht zu wissen, wohin die Reise eigentlich geht, während die „Lemminge" hinterher rennen, und warum bei immer mehr Druck immer weniger Ergebnisse zu sehen sind. Genau dies ist Führung, auf das breitere Umfeld und den Horizont zu schauen, neue Wege zu erschließen, aktuelle Herausforderungen zu bewältigen, noch nie da gewesene Lösungen zu entdecken, ins Unbekannte und Ungewohnte vorzustoßen und die Firma, das Unternehmen, die Branche dorthin zu führen, selbst wenn es noch kein anderer tut und es eine Pionierleistung ist. Genau dies macht und bringt auch viel Spaß und Freude. Genau dies unterscheidet auch den Menschen vom Tier, das üblicherweise nur reagieren kann und dessen Handlungen von Reflexen auf Außenreize, auf Geschehnisse bestimmt werden, während der Mensch eigentlich von innen heraus, aus seiner Intuition und seinem Geist heraus, handeln und dabei neue Geschehnisse ins Leben rufen und gestalten sollte.

Fragen Sie sich einmal selbst, falls Sie in einer solchen verantwortlichen Position sind: Nehme ich mir Zeit zur kreativen Pause oder Meditation, trete ich ab und zu zurück und gehe in den Zuschauerraum, um das Ganze zu betrachten und zu überblicken, kann ich mir auch Zeit nehmen, etwas zu erfühlen, oder handle ich nach äußeren Vorgaben, Fakten, Zahlen, Daten? Weise ich anderen den Weg oder bin ich selbst ein – vielleicht vom Gewinnenwollen oder anderen Faktoren – Getriebener? Entwickle ich mehrere Optionen oder steuere ich nur stur auf ein Ziel zu? Wie weit kann ich noch frei führen und gestalten und wie weit bin ich nur noch ein Opfer der Umstände oder, wie man heute so schön sagt, der Sachzwänge? Verbringe ich meine Zeit fast nur mit Dingen, die getan werden müssen, oder nehme ich mir die Zeit für Dinge, Ideen, Planspiele, die noch nie gedacht wurden? Dann schätzen Sie intuitiv, wie viel Prozent Sie für die eine oder andere Seite haben oder aufbringen, also wie viel Sie frei gestalten und wie viel Ihrer Zeit und Arbeit gebunden ist.

Falls Sie sich in einer Führungsposition befinden, könnten Sie auch einmal direkt über Gespräche oder indirekt über Fragebögen herausfinden, wie gut oder schlecht es Ihren Mitarbeitern wirklich geht, wie weit sie von 0-100 % Freude an ihrer Arbeit haben, wie viel Druck sie subjektiv verspüren, wie häufig sie krank sind und fehlen, wie weit sie genügend Pausen und Freiräume haben, und wie viel Prozent sie sich unter Erfolgsdruck, Zeitdruck, Leistungsdruck, Prüfungsstress (falls vorhanden) und Kostendruck (falls vorhanden) sehen. Wichtig ist hierbei deren subjektives Empfinden und nicht die objektiven Werte. Ferner ist zu fragen, ob es genügend Feedbackmöglichkeiten im System gibt, so dass sie als Führungskraft immer wissen, wie es den ihnen anvertrauten Menschen geht, und dass innovative Vorschläge, Wünsche und Anliegen auch weitergegeben werden können. Je besser das Feedback, umso besser kann das Gesamtsystem auf Veränderungen reagieren.

Das Problem mit dem Druck ist nicht nur, dass er, wie bereits gezeigt, viele schädigende Einflüsse auf Mitarbeiter und Produkte ausübt, wenn er von oben nach unten weitergegeben wird. Zudem wirkt er auch, indem er sich horizontal weiter ausbreitet. Dies bedeutet, dass der Druck auch zwischen den Abteilungen weiter ausagiert wird und auch innerhalb der Abteilungen, was dazu führt, dass sich die Beschäftigten gegenseitig bekämpfen. Dies wiederum führt zu Mobbing am Arbeitsplatz, es führt zu Reibungsverlusten bis hin zu offenen Kämpfen, die oft mit List und Tücke geführt werden. Hier geht unglaublich viel Produktivkraft und Kreativität verloren. Daher ist es eine der Hauptanliegen unseres Trainings, die Menschen wieder zusammenzuführen, in ein Team einzubinden und auf ein gemeinsames Ziel auszurichten. Denn in den meisten Fällen steckt dahinter nicht einmal Bösartigkeit oder wirkliche Absicht der Menschen, sondern der überall spürbare Druck wird einfach *unbewusst* weitergegeben. Die anderen geben dann diesen Druck entweder zurück und greifen an, oder sie versuchen sich durch heimliches Mobbing und Intrigen eine bessere oder sicherere Position zu schaffen. Ähnliche Ergebnisse kennt man auch aus Tierversuchen. So wurde gezeigt, dass sich Ratten, die in einem Metallkäfig unter Strom gesetzt wurden, immer mehr gegenseitig angriffen und bekämpften, obwohl gar kein äußerer Grund dafür vorlag. *Druck erzeugt also Aggression* und diese wird entweder äußerlich ausagiert oder innerlich aufgestaut, und Letzteres führt dann zumindest zu gesundheitlichen, aber auch sozialen Problemen, wenn diese Aggressionen ins familiäre und soziale Umfeld weitergegeben werden, auch wenn dies ebenfalls meist unbewusst geschieht. Hierdurch gehen wiederum Lebensqualität und Lebensfreude verloren, Angst tritt an ihre Stelle.

ANGST STATT BEGEISTERUNG

Angst als Motor des Handelns statt Motivation und Kreativität, Begeisterung: Dies verhindert Innovation und Freude an der Arbeit, dadurch Mangel an Qualität. Angst ist ein schlechter Ratgeber und schon gar kein produktiver. Zwar kann auch mittels Angst und Furcht erreicht werden, dass ein System funktioniert, dass Menschen gehorchen und etwas leisten, vielleicht mengenmäßig sogar mehr als ohne Angst, aber sicher nicht von besserer Qualität und schon gar nicht innovativ, intuitiv und kreativ, denn diese Talente offenbaren sich nur im angstfreien Raum, gedeihen nur in der Freiheit. Angst engt nämlich ein, schnürt ab, erzeugt Enge. Das Wort kommt aus dem lateinischen „angus", was „eng" bedeutet und die Angst damit treffend charakterisiert.

Despoten wie Terroristen lieben es gleichermaßen, Angst zu verbreiten, denn sie wollen sich andere damit gefügig machen. Sie verhindern damit freies

Denken, Innovation, Wandel und überhaupt den Fluss des Lebens, um zugleich dem System ihren Willen aufzuzwingen. Wo also Angst ist, da herrschen Unterwerfung, Kampf gegeneinander, Enge und Arbeiten nach herkömmlichen Mustern, denn aus Angst will man ja auch keine Fehler machen. So kann nichts Neues oder Außergewöhnliches probiert oder riskiert werden. Wo das Bewusstsein eng ist, da werden auch viel weniger Informationen aufgenommen und verarbeitet. Dann ist es nicht kreativ oder innovativ, sondern wiederholt nur Bestehendes, reproduziert nur. Nur wo keine Angst ist, kann Neues entstehen, können Visionen erblühen und kann frei gedacht werden. Angst verhindert Innovation und Intuition und damit kluge Wegweisung und Lösungen. Umso schlimmer also, dass unser Wirtschaftssystem und fast jede Firma mehr auf Angst setzt bzw. diese sowohl bei Management wie Beschäftigten so überhand genommen hat.

Schließlich treibt Angst auch zu immer mehr Leistung an. Denn man glaubt dadurch die Angst loswerden zu können. Doch selbst wenn immer mehr Leistung erbracht wird, die Angst wird man dennoch nicht los. Dies ist auch wieder gut zu sehen im Bild vom Hasen und Igel: Je mehr Angst der Hase hatte, zu verlieren und zu versagen, desto mehr strengte er sich an, wollte er um den Sieg kämpfen, schaute er nur noch nach vorn und nahm nichts mehr um sich herum zur Kenntnis, was ihn hätte die Wahrheit erkennen lassen, und lief deshalb in seinen Tod.

Es scheint vielleicht in einem Unternehmen oberflächlich so zu sein, dass die Angst vor dem Verlust des Arbeitsplatzes oder die Angst vor Abstufung oder Gehaltskürzung auf die Beschäftigten leistungssteigernd wirkt, vielleicht sogar zu weniger Fehltagen führt. Dies mag sein, wird aber teuer bezahlt. Die Angst führt nicht nur zu viel mehr Fehlern bei der Tätigkeit und vielleicht auch zu mehr Erschöpfung und Burn-out, sondern auch dazu, dass die Arbeit nur noch widerwillig und mit weniger Freude verrichtet wird. Langfristig führt sie auch zu Rückschlägen, weil die so Bedrückten sich oft *unbewusst* am Unternehmen rächen oder sogar bewusst und stillschweigend Sabotage betreiben. Dies konnten wir in vielen Fällen in unserer Praxis aufdecken. Ferner kommt es durch Angst, auch der Angst vor Fehlern, zu Machtkämpfen innerhalb der Abteilungen und damit zu vielen unnötigen Reibungsverlusten, da durch Angst der Hang zur Projektion von Schuld auf andere erheblich zunimmt und daher solche Kämpfe vorprogrammiert sind. Diese zwanghafte Schuldverschiebung und das daraus folgende Mobbing kosten das Unternehmen viel an Zeit und Geld und an menschlichen Ressourcen.

Doch das größte Problem bei der Angst ist, dass der Fluss des Lebens ins Stocken gerät, dass jede Lebendigkeit, Flexibilität und Kreativität erstickt werden. Doch eben solche Faktoren sind es, die Unternehmen heutzutage erfolgreich machen, denn der Markt ist in einem ständigen Wandel, bietet ständig neue Herausforderungen und verlangt ständig neue Produkte und Ideen. Dies bewältigt man nicht durch angstbesetzte, starre Systeme, sondern ganz im Gegenteil durch ein möglichst angstfreies System, in dem der Einzelne sich auch traut, einmal etwas zu wagen –, dabei auch Fehler machen darf –, Neues auszuprobieren und eigene Ideen einzubringen, und dafür auch belohnt wird, indem es ihm Spaß und Freude macht, sein Potential einzubringen und für die Firma auszuschöpfen. In Freiheit wird er also alles so gut wie möglich machen und hat auch Freude daran, mit Angst wird er möglichst nichts falsch machen wollen, und da wäre etwas Neues viel zu riskant.

Angst entstammt auch aus dem weitgehend überholten hierarchischen und angstinduzierenden Führungsstil, der dadurch geprägt ist, dass Druck von oben nach unten in das System gegeben wird, bei Bedarf durch Angst nachgeholfen und Untergebene gefügig gemacht oder gehalten werden. Wer Angst erzeugt, kann herrschen, zumindest über die, die es sich gefallen lassen oder der Angst nachgeben. Welche Art von Leistung durch Angst erzeugt wird, kann man auch ganz gut beim Militär sehen, wo sie dazu dient, über andere zu herrschen, ihnen große körperliche Leistungen und psychische Belastung abzuverlangen, ohne dass ihnen viel dafür zurückgegeben werden muss. Dieser Führungsstil funktioniert beim Militär ganz gut und hat auch zu Zeiten des Industriezeitalters in der Wirtschaft ganz gut funktioniert, als keine großen oder schnellen Anpassungen notwendig waren, sondern man Wert legte auf Massenproduktion, auf Quantität und Vermehrung des Bestehenden. Hier wurde durch Druck und Angst Leistung erzeugt, doch vor allem quantitative Leistung. Auch damals schon waren die innovativen Firmen diejenigen, die möglichst große Freiräume schufen und Motivation erzeugten, statt durch Angst zu führen.

Heute aber, wo es weniger um Quantität, sondern immer mehr um Qualität und Innovation geht, ist es aber noch viel wichtiger, angstfreies Arbeiten und Produzieren zu ermöglichen, da Produkte ständig wechseln, der Markt sich laufend verändert und auch die einzelnen Mitarbeiter ständig mitdenken müssen, um schnell neue Entwicklungen in ihrem jeweiligen Umfeld zu bemerken und darauf zu reagieren. Dies erfordert im Unternehmen Flexibilität, Teamgeist und das kreative Mitmachen aller. Denn bis die Informationen, wenn sie dann überhaupt weitergegeben werden, von unten nach oben kommen, in den Chefetagen besprochen und bearbeitet werden und wieder nach unten gehen, ist viel wertvolle Reaktionszeit verschwendet und das Unternehmen kann nur träge am Markt reagieren. Daher dürfte der alte hierarchische und angstbesetzte Führungsstil seinem Ende zugehen und könnte immer mehr von einem vernetzten und freundschaftlichen Führungsstil, der durchaus Verantwortlichkeiten und Funktionen unterscheidet, abgelöst werden. Teamgeist mit Respekt, aber ohne Angst voreinander wäre das optimale Ziel.

Da also die Angst in vielen Bereichen unproduktiv und oft sogar schädlich wirkt, ist sie vom Management oder den Vorgesetzten nicht nur so wenig wie möglich einzusetzen, sondern sie müsste sogar aktiv mehr und mehr eliminiert und aufgelöst werden. Doch leider ist das Gegenteil der Fall. Überall ist zu hören, dass die Angst steigt, sowohl im Management, das dadurch auch immer mehr Stresssymptome und Burn-out zeigt, als auch in der Belegschaft, die vor allem Angst um den Arbeitsplatz hat, wobei aber auch das Mobbing immer mehr zunimmt und damit die Angst vor den Kollegen. Nach Statistiken sind schon große Teile der Mitarbeiter mehr oder weniger davon betroffen. Diese Entwicklung muss dringend gestoppt und umgekehrt werden, denn diese Angst führt noch mehr in die Krise. Sie ist allerdings nur aufzulösen, wenn auch der Druck wieder sinkt, und dies geht nur durch eine neue Art von Kooperation, Teamarbeit, Zusammenarbeit sowohl in der Firma wie auch mit den Firmen untereinander. Mitarbeiter müssen wieder in ihrer Kreativität, Flexibilität und Innovationsfreude gefördert und dafür auch belohnt werden. So können Angst und Druck ersetzt werden durch Motivation, Anerkennung, Belohnung, Inspiration, Teamarbeit, Freude am gemeinsamen Schaffen und an der Zusammenarbeit. Dies bringt dann eine für das Unternehmen größtmögliche Flexibilität, Reaktionsfähigkeit, Erneuerungskraft und Entwicklungsgeschwindigkeit.

FIXIERUNG AUF NEGATIVES

Schließlich müssen wir noch einen Aspekt hervorheben, der sowohl Angst produziert als auch verstärkt, nämlich die Fixierung auf Negatives. So wie Menschen durch ihre Angst vor einer Schlange ganz auf diese fixiert werden und nicht reagieren können, so macht Angst nicht nur eng, sondern sie fixiert auch die Aufmerksamkeit auf das, wovor man Angst hat. Damit wird dieses Negative aber zugleich größer und stärker. Vermutlich aufgrund des wachsenden Drucks, der Angst und der oben gezeigten Entwicklungen kommt es dazu, dass unsere Führungselite immer mehr ausschließlich auf die negativen Aspekte fixiert ist, auf derzeitige Probleme, auf das vorhandene Negative. Doch dies hat seinen Preis oder seine Konsequenzen. Eine der schlimmsten Folgen des Drucks und der Angst ist also, dass sie uns viel zu sehr auf das Negative fixieren, was diese wiederum verstärkt und so in einen Teufelskreis führt.

Dies ist ein Aspekt, der noch kaum in das Bewusstsein der Führungsetagen vorgedrungen ist, zumal man sich bislang auch zu wenig mit den unterbewussten Teilen des Geistes und seiner Funktionsweise beschäftigt hat und zu sehr allein vom bewussten Teil ausgeht. Welche Folgen aber diese Fixierung auf das Negative hat, sei es nun individuell oder kollektiv, ist recht ausgiebig in der modernen Psychologie dargelegt worden, und es gibt hier schon seit langem das geflügelte Wort, dass immer *derselbe* auf der Bananenschale ausrutscht. Ferner hat man statistisch gezeigt, dass beispielsweise Menschen, die Unfälle fürchten und davor Angst haben, viel mehr in Unfälle verwickelt sind als Menschen, die dies nicht befürchten. Auch konnte man an Statistiken von Versicherungen zeigen, dass ca. 20 % der Menschen mehr als 70% der Betriebsunfälle haben. Der gesunde Menschenverstand zeigt uns Ähnliches. Sie können dies leicht an einem Gedankenexperiment nachvollziehen.

Stellen Sie sich vor, Sie legen ein 30 cm schmales Brett in 20 cm Höhe über den Boden und balancieren darauf. Sie gehen also über das Brett von einem Ende zum anderen; es wird Ihnen vermutlich nicht schwerfallen. Legen Sie nun dieses Brett aber in 10 Meter Höhe und laufen darauf, wird es Ihnen schon viel schwerer fallen, aber erst recht in 100 Meter Höhe. Hier werden Sie wohl nicht mehr darüber laufen können oder wollen. Warum nicht? Weil Sie viel zu viel Angst haben und darauf fixiert sind, was alles passieren könnte, wenn Sie herunterfallen. Das Brett ist dasselbe, der Weg auch, nur die Angst und die daraus folgende Fixierung auf die negativen Folgen verhindern, dass Sie etwas tun können, was Ihnen sonst leicht fällt. Ein Schlafwandler wiederum kann dies ungehindert tun, eben weil er nicht die negativen Folgen im Bewusstsein hat.

So wirkt also ganz real die Fixierung auf Negatives. Nicht nur, dass Sie dadurch positive Lösungen und viele andere Möglichkeiten gar nicht sehen können, weil keine Aufmerksamkeit dafür da ist, sondern sie blockiert und lähmt uns auch in großem Maße. Wir können schon aus der Erfahrung festhalten, dass wir, je mehr Angst wir vor etwas haben und die negativen Folgen fürchten, desto blockierter sind und selbst Dinge nicht mehr tun können, die uns sonst sehr leicht fielen. Das hat die Tiefenpsychologie noch deutlicher nachgewiesen. Ich kann hier leider nicht auf die entsprechenden Forschungsergebnisse eingehen, aber der Trend und die Gesamtaussage sind allgemein die, dass unser Bewusstsein die Wirklichkeit mitgestaltet, sowohl durch unsere selektive Wahrnehmung, so dass jeder die Welt ganz anders sieht, als auch durch unsere entsprechende Reaktion. Ist nun in unserem Bewusstsein viel Angst, so fixieren wir uns in unserem Geiste auf das Bedrohliche, Angsteinflößende, Negative, auf das, was wir nicht wollen. Unsere Absicht ist es ja, dies zu vermeiden oder zu verhindern. Doch diese Strategie ist völlig kontraproduktiv, da wir das Negative durch die Fixierung darauf immer größer machen, anstatt es zu vermeiden. Aufmerksamkeit erschafft sozusagen nicht nur eine gewollte, sondern auch eine ungewollte Realität in unserem Geiste. Dies bedeutet, Angst macht das größer und stärker, wovor man Angst hat, was wiederum zu mehr Angst führt, und so weiter...

Dies geschieht natürlich völlig unbewusst. Doch durch diese unbewusste Fixierung auf das Negative werden zugleich unsere natürlichen Fähigkeiten geschwächt, damit umzugehen – wie beim Kaninchen vor der Schlange –, und es wird genau das angezogen, was wir nicht wollen. Das Unterbewusstsein versteht einfach nur das Bild, dass wir erschaffen, und nicht die Negation dazu. Das Bild zeigt zwar das nicht Erwünschte, aber das Unterbewusstsein sieht nur das Bild und lässt es durch die Kraft unseres Geistes nun größer werden, zieht es automatisch an, denn alles, worauf wir unsere Aufmerksamkeit richten, wird stärker. Sicher haben Sie in Ihrem Alltag auch schon Menschen bemerkt, die ständig das in ihr Leben ziehen, vor dem sie Angst haben. Der kreative Geist, der viel mehr Macht hat als unser bewusster Geist und der auch im Körper beispielsweise tausende von Funktionen überwacht, sieht einfach nur das Bild, das Sie ihm zeigen, und will es für Sie verwirklichen. Negation kennt er nicht. Geben Sie ihm ein für Sie positives Bild, zieht er es an, aber genauso zieht er ein für Sie negatives Bild an, das Sie vermeiden wollen. Psychologisch ist diese Fähigkeit des Geistes, Situationen, Gefühle, Gegebenheiten und auch Personen anzuziehen, einfach zu verstehen, da der Geist viel umfassender ist, als wir bewusst wahrnehmen, und sich hier viel mehr unterbewusste Prozesse abspielen. Dies muss auch so sein, denn sonst könnten Sie gar nicht funktionieren und all die tausende von Funktionen beispielsweise in Ihrem Körper kontrollieren, die üblicherweise unbewusst ablaufen. Gesteuert wird im Unterbewusstsein durch Absicht und Willen, und der Inhalt, die Sprache, sind die inneren Bilder. Sie können beispielsweise über die willentliche Absicht jederzeit ein beliebiges Bild entstehen lassen, und der Geist führt dann diesen Befehl aus. Es gibt aber keine Nicht-Bilder. Wenn ich Ihnen etwa sage: Bitte, denken Sie in keinem Fall an einen rosa Elefanten, so gibt es in Ihrem Bewusstsein nicht etwa ein Bild für „keinen rosa Elefanten", sondern es entsteht in Ihnen genau dieses Bild: rosa Elefant. Das Bild sagt dem Unterbewusstsein, was es tun soll, Bilder sind die Sprache der Seele und werden auch genau verstanden und ausgeführt, wie ich in meinem Buch „Dein Seelenhaus" ausführlich besprochen habe.

Dies bedeutet, wenn Sie viele positive Bilder in Ihrem Bewusstsein haben, dass dann vieles Positive im Umfeld erst einmal erkannt, bemerkt und damit auch in Ihr Leben angezogen wird. Wenn Sie aber vieles Negative denken, dann wird dies ebenso im Umfeld erkannt und angezogen, und plötzlich gibt es immer mehr Negatives, wodurch Sie sich vielleicht noch mehr darauf konzentrieren, um es loszuwerden, was wiederum Negatives anzieht, und so weiter – ein Teufelskreis. Fazit ist also, dass die Tiefenpsychologie aufzeigt, dass Sie das am meisten wahrnehmen, in Ihr Bewusstsein und damit in Ihr Leben ziehen, was Sie als Bilder im Kopf produzieren (results have it – die Resultate zeigen, was Sie wirklich im Bewusstsein erschaffen haben). Sind hier nun viel Angst und Druck vorhanden, werden Sie sich ganz automatisch darauf konzentrieren und fokussieren, bis hin zur Fixiertheit, so dass Sie nur noch das Negative sehen. Dies aber zieht weiteres Negative an und macht es stärker...

Daher ist es von großer Wichtigkeit, nicht zu viel negativ zu denken. Dies hat sich in der Wirtschaft leider noch nicht herumgesprochen. Dort wird fast ausschließlich negativ gedacht, an Kosten, Probleme, Hindernisse, Konkurrenz, schlechte Wirtschaftslage, zu viel Steuern, Terminprobleme und vieles mehr, und zu wenig an Positives, Kreatives, Innovatives oder einfach Freudiges und Angenehmes. Denn es gäbe ja auch die Möglichkeit des positiven Denkens, um hierdurch das Leben zu gestalten, anstatt es der Angst zu überlassen. Über dieses positive Denken, dessen Effekte und Vorteile sind schon viele Bücher geschrieben worden. Positives Denken heißt aber nicht, dass das Negative ignoriert wird, das wäre fatal, sondern heißt, dass es erkannt und akzeptiert wird, man aber nicht dabei verweilt, sondern die Aufmerksamkeit davon abzieht und stattdessen positive Bilder ins Bewusstsein einspeist. Dies zieht wiederum positive Resultate an.

Ganz praktisch gesprochen kommt es heute durch den wachsenden Druck und die dadurch steigende Angst zu einer immer größeren Fixierung auf negative Entwicklungen und eben auf das, wovor man Angst hat. Diese Bilder werden ständig ins Bewusstsein eingegeben in der Hoffnung, dass man es damit vermeiden kann, wenn man nur genügend darauf achtet. Doch es ist gerade andersherum: Durch diese Fixierung auf das Problem erschaffe ich es immer mehr, wird es immer größer, ich entdecke – da ich ja die anderen Möglichkeiten unbewusst ausblende – immer mehr Negatives, wodurch ich noch mehr Aufmerksamkeit darauf lege, wodurch es noch größer oder stabiler wird, und so weiter, und bin in einem negativen Teufelskreis gefangen, ohne es zu merken. Ein Beispiel: Mein Unternehmen verliert Marktanteile, also untersuche ich dies, versuche Kostenberechnungen durchführen zu lassen und führe Kostenkontrolle ein, überlege auch, wen ich entlassen könnte und was noch einzusparen ist, vielleicht den Urlaub zu kürzen. Ich bleibe hier ständig in negativen Gedanken von Mangel, Begrenzung und Kürzungen und komme, wenn überhaupt, viel zu wenig auf die Idee, über Produktverbesserungen, neue Absatzmöglichkeiten, Prozessoptimierung oder sonstige Innovationen nachzudenken. Und selbst wenn, dann habe ich kaum Zeit und Ressourcen übrig, da ich ja fast zwanghaft mit dem Eindämmen und Abwehren des Negativen voll beschäftigt bin.

Fazit ist also, dass der Druck und die daraus entstehende Angst sowie Aggressivität dem Unternehmen nicht nur in Bezug auf die unmittelbaren Folgen, wie wir sie dargestellt haben, schaden, sondern auch unbewusst vor allem dadurch, dass das Bewusstsein sich immer mehr auf diese negativen Folgen fixiert, diese dadurch verstärkt wahrnimmt und anzieht, sie jedenfalls größer werden, als sie wirklich sind. Dies wiederum bringt uns dazu, ihnen noch mehr Aufmerksamkeit zu schenken, da sie ja immer bedrohlicher werden. Dies produziert weitere Negativbilder im Geist und der Prozess verstärkt sich immer mehr. Geschieht dies nun im Unternehmen oder in der Wirtschaft oder Gesellschaft als Ganzes, so werden die geistigen wie materiellen Ressourcen fast nur dazu verwendet, vermeintliche Gefahren abzuwehren (schön zu sehen bei dem Terrorwahn der Amerikaner, obwohl es kaum Anschläge gibt), und der Geist erstarrt im Blick auf das Negative wie das Kaninchen beim Blick in die Augen der Schlange. So bleibt wenig übrig, um das Positive, das Erforderliche, das Neue zu erkennen und Lösungen zu erarbeiten. **Es ist daher von großer Wichtigkeit, die Fixation auf das Negative auf ein Minimum zu beschränken und sich dann so schnell und so lange wie möglich durch Bewusstheit und**

Willensentscheid wieder dem Positiven zuzuwenden, den Lösungen, der Zukunft und neuen Ideen.

Dann hat man auch wieder Zeit, sich statt mit Problemen mehr mit den Mitarbeitern zu beschäftigen, ihre Sorgen und Nöte anzuhören und sich dadurch mit ihnen auch einmal von Herz zu Herz zu verbinden. Auch hier ist es nötig, die Fixierung auf den Menschen als Kostenstelle oder als ein zu viel Kosten Verursachender oder gar Unruhestifter aufzulösen und sich vielmehr auf das Positive zu konzentrieren, auf die Qualitäten, die er hat, die Fähigkeiten und Talente, und diese zu wecken und zu stärken, sogar Verbundenheit zu zeigen oder herzustellen. Durch diese positive Stimmung wird viel mehr Neues und Intuitives entstehen und es wird immer mehr Positives ganz automatisch angezogen, so wie früher Negatives.

QUANTITÄT STATT QUALITÄT

Damit ist ein weiteres Problem in der heutigen Wirtschaft angesprochen, das aber auch in der Gesellschaft weit verbreitet ist, die Bevorzugung von Quantität statt Qualität. Dies führt aber inzwischen zu immer größeren Problemen und ist nicht mehr zeitgemäß. Unternehmen und Management sind lange getrimmt worden, auf harte Fakten zu schauen, auf Zahlen, Daten, Mengen, so dass noch kaum ein Bewusstsein dafür herrscht, dass dies nicht die einzige Möglichkeit ist, die Welt zu betrachten, und vor allem in der kommenden Zeit nicht mehr der ausschlaggebende Faktor sein wird, sondern dass die Qualität in vieler Hinsicht, bezogen auf Produkte, Mitarbeiter wie auch das Image des Unternehmens, immer wichtiger werden. Solange auf Massenproduktion gesetzt wurde, war Quantität natürlich auch wichtig, aber meist wurden Mengen mit mehr oder weniger Qualität produziert, und nur für wenige Firmen hatte Letzteres Priorität. Inzwischen produzieren aber viele Länder die meisten unserer Massenprodukte viel billiger, und es wird sehr schwer, mit Kostensenkungen, Entlassungen, Rationalisierungen usw. dagegenzuhalten. Früher oder später wird man auf den einzigen Ausweg kommen, nämlich wie im deutschen Automobilbau, Maschinenbau oder in der Umwelttechnologie auf einzigartige, qualitativ hochwertige Produkte zu setzen oder auf innovative und noch nie da gewesene, oder auf solche, die ganz spezielle Kundenwünsche erfüllen, oder auf hochwertiges Design, auf Umweltverträglichkeit, auf sonstige Besonderheit, kurz gesagt: auf bestimmte Qualitäten und nicht einfach Mengen.

Dies ist ein echter **Paradigmenwechsel**, und wer ihn verschläft, muss teuer dafür bezahlen. So wird das Unternehmen in Zukunft mehr leiden, wenn die Qualität leidet, als wenn die Quantität abnimmt und es weniger verkauft. Natürlich ist beides wichtig, doch der Schwerpunkt verlagert sich zur Qualität, und wenn ein Unternehmen qualitativ oder innovativ gute Produkte herstellen will, so geht dies nicht ohne entsprechende Qualität der Mitarbeiter, angefangen von der Forschung und Entwicklung bis hin zur Qualität des Kundenservice. Leidet dabei die Lebensqualität der Mitarbeiter, und dies tut sie heute leider in vielen Firmen, so leidet auch die Qualität des Produkts oder der angebotenen Serviceleistung. Dass genau dies nicht erkannt wird, ist ein enormer Kritikpunkt in der heutigen Wirtschaftsführung. Vielerorts wird beispielsweise der Service immer schlechter statt besser, z.B. durch Einführung automatisierter Hotlines. Doch in der Zukunft ist gerade die Qualität auch des Service mit einer der entscheidenden Faktoren.

Viele Unternehmen, noch auf die hard-factors ausgerichtet, wertschätzen die sogenannten soft-factors, die menschlichen Qualitäten, viel zu wenig. Allein dass sie soft-factors genannt werden, zeigt, wie abschätzig sie eingestuft werden, sozusagen vernachlässigbar oder wenig ins Gewicht fallend. Doch wie schon früher ein Unternehmen mit der Unternehmerpersönlichkeit stand oder fiel, nicht austauschbar mit einem x-beliebigen Manager, und nur diese Persönlichkeit eben diese Erfolge hatte, so wird es auch in der Zukunft mit der Qualität der Mitarbeiter sein. Einige große Firmen wie Google haben dies erkannt, sie sind sowieso Marktführer in Innovation auf ihrem Gebiet und sorgen und kümmern sich ganz stark um ihre Mitarbeiter, weil sie wissen, dass aus guter Lebensqualität ihrer Angestellten gute Arbeitsqualität wird. Doch hierzulande, sicher auch weltweit, wird fast alles in der Firma, beispielsweise in der so wenig aussagenden BWA (betriebswirtschaftliche Auswertung), nach quantitativen Faktoren bewertet und ausschließlich danach werden Entscheidungen getroffen.

Dies führt auch zu dem interessanten, aber ungünstigen Phänomen in den Chefetagen, das Redakteure der „Welt" recherchiert und am 17.12.07 als Beitrag ins Internet gestellt haben. Ihre Erkenntnis: Fiese und tyrannische Chefs werden sogar befördert und belohnt, anstatt gefeuert zu werden. Dies könnte nie geschehen, wenn statt ihrer quantitativen, technischen Fähigkeiten auch ihre menschlichen Fähigkeiten zumindest mit bewertet würden. Dieser Artikel zeigt sehr schön auf, wie Vorgesetzte, die quantitative Leistung bringen, wenn auch auf Kosten von Teamgeist, von Lebensfreude und zu Lasten des Arbeitsklimas, zu

Lasten menschlicher Werte und trotz des Schadens, den sie dadurch anrichten, im Unternehmen eher vorwärtskommen oder befördert werden als Chefs mit menschlichen Qualitäten. In einer Umfrage an der australischen Bond-Universität fanden Forscher heraus, dass von den 240 befragten Mitarbeitern 64 Prozent angaben, dass ihren Chefs trotz ihres miesen Auftretens nichts passierte oder sie sogar noch befördert wurden. Dies zeigt deutlich die ganze Misere und fördert bei anderen und neu einsteigenden Managern nicht gerade die doch so sehr benötigten menschlichen Qualitäten für das Management der Zukunft, deren Wichtigkeit wir dargelegt haben.

Wenn aber Chefs dies tun, dann fühlen sich die Untergebenen sicher animiert, dies auch zu tun. Völlig unklar ist den heutigen Vorständen und Aufsichtsräten, welcher Schaden dadurch entsteht, zumal er noch zu wenig detailliert untersucht wurde. Einer der wenigen, die dies bislang getan haben, ist Professor Robert Sutton von der renommierten Stanford-Universität in USA, der diesen enormen wirtschaftlichen Schaden beschreibt und der darüber auch ein Buch geschrieben hat mit dem sehr direkten Titel: „Der Arschloch-Faktor". Darin zählt er detailliert die Folgen des unmenschlichen Vorgehens und asozialen Verhaltens dieser sogenannten „fiesen Chefs" auf, die auch bei uns hoch im Kurs stehen, oft ja auch tatsächlich quantitative Leistung bringen. Sie werden für ihr unsoziales und unkollegiales Verhalten oft noch belohnt, wobei sowohl der qualitative Schaden an der Belegschaft als auch der wirtschaftliche Schaden nicht gemessen werden, nämlich ein häufiger Personalwechsel, eine höherer Krankenstand, eine geringere Loyalität dem Unternehmen gegenüber, damit geringere Leistungsbereitschaft und Leistungsfähigkeit und vieles andere mehr.

Dennoch wird bisher in vielen, wenn auch nicht in allen Unternehmen, eine solche Ellenbogenmentalität eher noch gefördert als bestraft, zumal auch für positive und integere menschlichen Qualitäten von Chefs wie menschliches Verhalten, Teamgeist, Loyalität, Innovationsgeist und anderes die entsprechenden Kategorien fehlen und weil die Mitarbeiter nie darüber befragt werden, es also gar kein Feedback dazu gibt. Dies sind aber die Qualitäten, die für die Zukunft noch viel wichtiger werden als in der Vergangenheit, denn sie entscheiden über die Führungsqualität, die Loyalität und Innovationsbereitschaft der Mitarbeiter, den Teamgeist, die Fähigkeit zu Thoughtstorms und gemeinsamen Lösungen, und überhaupt über das ganze Betriebsklima, das wiederum wichtig ist, um

Intuition, Innovation, Kundenservice und Produktqualität mit weniger Aufwand oder Kontrolle von außen dauerhaft zu gewährleisten.

Hier haben auch manche Banken Lehrgeld bezahlt, und ich kenne vor allem eine Großbank, die hier auf die Nase fiel, als sie, fröhlich Basel II wie dem Heiland folgend, die jahrhundertelang bewährten Kriterien bei der Kreditvergabe vor allem für den Mittelstand umstellte. Qualitäten des Geschäftsführers und seine Persönlichkeit wie überhaupt das Konzept und die Dauer des Betriebs und auch der persönliche Kontakt sollten nicht mehr zählen. Nun sollte nach Basel II alles rein quantitativ und damit ganz objektiv erfassbar werden, wobei dann auch der Bankberater austauschbar und nur noch zum Exekutivorgan degradiert, also seine Erfahrung, sein Gefühl, sein Wissen gar nicht mehr einbezogen wurden. Diese früher auch wichtigen menschlichen Qualitäten wurden als soft-factors abgewertet und spielten wie viele andere Qualitäten der Firma, beispielsweise auch die Loyalität der Mitarbeiter, die Firmentradition oder das Firmenimage, keine große Rolle mehr. Die Kreditwürdigkeit wurde nach den quantitativen hard-factors in Gruppen eingeteilt, und wenn diese Faktoren nicht ausreichend waren, gab es keine oder nur teure Kredite, unabhängig vom Konzept, von der Idee dahinter, von der Innovation der Produkte, vom langjährigen problemlosen Miteinander, und so kamen viele mittelständische Unternehmen plötzlich in Bedrängnis oder wurden sogar eliminiert, da das Qualitative und Menschliche nicht mehr zählte.

Bezeichnend war dann, dass schon bald danach herausgefunden wurde, dass es bei den als schlechter bewerteten Firmen mit entsprechend schlechteren Rating-Krediten kaum mehr Ausfälle gab als bei der besten Rating-Kategorie, so dass es offensichtlich war, dass dieses System (zumindest damals) nichts taugte, zumindest nicht im Hinblick auf die Aussage über Kreditwürdigkeit, und dies lag meines Erachtens im Negieren der doch so wichtigen menschlichen und qualitativen Faktoren. Es ist eben doch wichtig, wie der Mensch agiert, der eine Firma führt, und nicht nur die Zahlen und Fakten der betriebswirtschaftlichen Auswertung, und der Bankberater konnte im persönlichen Gespräch oder beim gemeinsamen Essen doch vieles über die Kreditwürdigkeit und die Firma herausfinden, was ein Computer nicht kann.

Es war dann eine gewisse Genugtuung zu sehen, wie die Banken in den folgenden Jahren vor allem bei den Firmen im Filmgeschäft oder am sogenannten

Neuen Markt viel Geld verloren, leider mit den Banken auch viele Anleger. Denn manche waren nur mit schönen Zahlen an den Markt gegangen, aber mit keinem brauchbaren Konzept und als Insider wusste man schon vorher, dass sie so zum Scheitern verurteilt waren, trotz toller Zahlen. Andererseits haben sich viele neue und kluge Unternehmer, aber auch alte Hasen, die mehr auf die wichtigen Qualitäten achteten und gute, innovative Konzepte hatten, in den letzten Jahren mehr und mehr dem privaten Kapitalmarkt zugewandt und sind dazu übergegangen – die Zahlen sprechen hier eine klare Sprache –, private Gelder zu leihen, sowohl über Genussscheine oder Anleihen oder über sonstige Kredite. Diese sind seit Basel II enorm gestiegen, das Volumen hat enorm zugenommen, so dass hier die Banken mit ihrer damaligen Strategie das Nachsehen hatten und viele Kunden verloren haben, ohne dass die bestehenden Geschäftsbeziehungen weniger Kreditausfälle aufwiesen. So war nichts gewonnen, aber manches verloren, auch wieder dumm gelaufen. Doch werden bis heute kaum entsprechende Konsequenzen gezogen, und die Verantwortlichen sparen das dadurch verlorene Geld wieder bei den Mitarbeitern ein, anstatt ihre Politik der hard-factors und anderer Strategien zu überdenken. Bei sinkenden Gewinnen gibt es doch ein einfaches Rezept: Es werden wieder Stellen gestrichen und Gebühren erhöht, denn etwas anderes kennt man ja nicht. Dies könnte, falls nicht korrigiert, dramatisch enden.

Der Grundfehler dabei war und ist, dass man in schwieriger Wirtschaftslage, anstatt nach vorn zu blicken und den bisherigen Ansatz, die bisherigen Leitlinien in Frage zu stellen und mehr auf neue, qualitative Faktoren zu achten, den Fehler machte, zurückzutendieren, sich auf angeblich sicheres Terrain zurückzubegehen und die früher wichtigen quantitativen und messbaren Faktoren noch mehr zu betonen. Dies kann man sowohl in der Politik als auch im individuellen Leben oft beobachten. Die Krise hat immer zwei Auswege, einen nach vorn und einen nach hinten in die Regression, in die gute alte Zeit, das Bewährte, das aber überholt ist und nicht mehr greift. Sie können persönlich ja auch nicht, wenn Sie Probleme in oder mit der Welt haben, zurück in den Mutterleib. Doch immer wieder versuchen Menschen in einer Krise, da sie das Neue noch nicht sehen können, zu regredieren und das Bisherige noch härter, noch fundierter zu machen, um damit die Krise zu meistern, echte Fundamentalisten eben.

Ein Beispiel ist unser Hase, der mit dem Igel rennt. Früher war es auch so, dass man einfach mehr Gas geben und schneller laufen musste, dann war ein

Wettrennen gewonnen. Also, statt auf neue Ideen zu kommen, regrediert der Hase in alte Muster und – ohne nachzudenken, was vielleicht falsch läuft und was vielleicht an neuer Erkenntnis nötig ist –, läuft er einfach schneller und bringt immer mehr Leistung, noch mehr vom Bisherigen und Althergebrachten. Er kann es dann auch nicht verstehen, dass jedes Mal der Igel zu gewinnen scheint, und statt nun aufgrund der empirischen Befunde vielleicht nach dem 10. Mal endlich zur Vernunft zu kommen, rennt er über dreißigmal die Strecke ohne neue Einsicht bis in den Tod. Das ist es auch, was dasjenige System erwartet, das statt voranzuschreiten zurückzugehen versucht.

Diese zwei grundsätzlichen Richtungen zeigen sich auch klar in der Geschichte bei jeder großen Krise oder Umwälzung, und diese Polarisierung zeigt übrigens im Umkehrschluss, dass hier eine Krise vorhanden ist. Beispielsweise gab es auch während der Französischen Revolution zwei Wege, den nach rückwärts und den nach vorne. Während die einen forderten, die Monarchie abzuschaffen, um damit die Krise zu lösen, wollten die anderen wieder zurück zu einer guten und stabilen Monarchie, es standen somit *Revolutionäre gegen Monarchisten*. Doch es war keine wirkliche Wahl mehr, man konnte nicht mehr zurück: Auch in den Gegenden Europas, wo die Monarchisten noch zeitweise siegten, und auch in Frankreich, wo sie nochmals eingeführt wurde, konnte sich die Monarchie auf Dauer nicht mehr halten, die Transformation und Umwälzung in die Republik war nur aufgeschoben. Die Geschichte zeigt damit eigentlich deutlich, dass es zwar die zwei Richtungen gibt, letztlich aber nur eine vernünftige, und zwar die nach vorne. Denn die Evolution bewegt sich grundsätzlich immer nach vorne und jeder Versuch einer Regression oder zurück zu den Fundamenten macht den Prozess nur länger und leidvoller.

Es ist daher zu hoffen, dass dies in den Chefetagen eingesehen werden kann, dass wir uns erstens in einer Krise und Umbruchphase befinden und dass es zweitens nur zwei Richtungen gibt, darauf zu reagieren, und dass drittens die Richtung nach vorn die einzig sinnvolle ist, auch wenn sie einen bedeutenden Paradigmenwechsel, den von der Quantität zur Qualität, beinhaltet und dieser enorm und umfassend ist. Denn die Bedeutung der Quantität, der Menge, ist ein fundamentales Relikt aus dem Agrar- sowie vor allem dem Industriezeitalter und hatte über sehr lange Zeiten hinweg unbestreitbare Gültigkeit. Es hieß: Je mehr Nahrung, je mehr Land, je mehr Produkte, je mehr Produktion, je mehr Dinge – umso besser. Dies führte schließlich zu einer irrsinnigen, gar nicht mehr sinnvollen Überproduktion, zur Propagierung von Wegwerfprodukten, die ständig nachproduziert werden mussten, und zum Ende dieses „Rennens" wurde sogar die Haltbarkeit von Produkten vermindert, nur um mehr produzieren zu können. Die Folgeschäden, die wachsenden Müllberge, die extreme Umweltverschmutzung und der riesige Energieaufwand für ein solch sinnloses Wachstum wurden vermutlich deshalb lange nicht gesehen, weil es dem alten Grundparadigma zuwiderlief, und auch die Politiker (wie der Hase) bei aufkommenden Problemen einfach auf immer noch mehr Wachstum setzten, statt zu erkennen, dass eben diese Probleme aus diesem sinnlosen und rein quantitativen Wachstum stammten.

Bereits in den achtziger Jahren des letzten Jahrhunderts kamen viele Nobelpreisträger und Wissenschaftler zur Einsicht, dass quantitatives Wachstum nicht mehr nur *nicht mehr hilfreich* sei, sondern vielmehr sehr schädlich und langfristig sogar den Planeten zerstören würde. Dennoch ist lange nichts geschehen und man hat diese Einsicht glatt ignoriert und stattdessen versucht, noch mehr Wachstum zu produzieren, noch schneller, noch mehr, noch größer und stärker. Auf diese Weise etwa hat die langjährige Bush-Administration in den USA noch versucht, die Probleme in den Griff zu bekommen, und es kam nur deshalb nicht zum völligen Zusammenbuch oder Chaos, weil sie die Möglichkeit hatte, verstärkt die nationalen Ressourcen bis hin nach Alaska auszubeuten. Inzwischen wird aber langsam eingesehen, dass prinzipiell nicht mehr quantitatives Wachstum dienlich ist, zumal auch die Erde als Ganzes hier an ihre Grenzen kommt (Wasser, Luft, Rohstoffe, Atmosphäre usw.), sondern mehr und mehr ein qualitatives Wachstum, zusammen mit Langfristigkeit und Nachhaltigkeit.

Um wieder auf die Wirtschaft zurückzukommen und das Gesagte zusammenzufassen, so gilt schon im jetzigen Informationszeitalter das alte Paradigma „Je mehr, desto besser" immer weniger. Es verliert einfach seinen Wert, und dies sieht man speziell in den neuen Branchen der Informationstechnik und des Internets. Wichtig ist hier die Qualität der Informationsverarbeitung und nicht etwa die bloße Informationsmenge. Nicht *mehr* Antworten braucht die Suchmaschine, sondern differenziertere. Nicht *mehr* Software braucht der Computer, sondern qualitativ bessere oder funktionalere. Auch die Qualität der Kommunikation wird immer mehr eine entscheidende Rolle spielen. Es setzt sich also das neue Paradigma **„besser ist mehr"** anstatt **„mehr ist besser"** durch, das neue Paradigma der Qualität. Dies wird in vielen Bereichen eine Rolle spielen, beispielsweise wird der Wert eines Unternehmens dann nicht mehr dadurch bestimmt, wie viele Güter in Tonnen oder in Volumen oder in Masseneinheiten es produziert, sondern vielmehr, wie die Qualität und die Kundenanpassung der Produkte wie auch die Qualität der Dienstleitung und des Service ist. Dazu wird kommen, obwohl noch kaum erkannt, die Qualität des Firmennamens, des Images (Corporate Identity) und des sozialen und gesellschaftlichen Ansehens der Firma, kurz CSR (Corporate Responsibility).

Schließlich wird auch die Qualität der Belegschaft eine wichtige Rolle spielen, ihr Know-how, ihre Erfahrung, ihr Teamgeist, ihre Loyalität zum Unternehmen, aber auch die Qualität der Manager in den Chefetagen. Diese Qualitäten müssen aber erkannt und auch gemessen werden, damit der Schaden beispielsweise der „fiesen Chefs" durch entsprechende Gegenmaßnahmen behoben werden kann. Die Wirtschaft muss hier neue Werte und Ziele für ihre Manager erarbeiten und in deren Bewusstsein implantieren. Dieser Wechsel ist noch nicht vollzogen, wird erst von wenigen erkannt, während andere sogar zurück zu den harten Fakten tendieren (good luck). Es ist daher zu Recht ein großer Kritikpunkt an der Wirtschaft, dass dieser Grundlagenwechsel bisher noch kaum bemerkt, geschweige denn umgesetzt wurde und bislang allenfalls die Qualität der Produkte, aber noch nicht der arbeitenden Menschen erfasst, bewertet und solche Qualitäten auch belohnt werden. Je schneller dies nun die Wirtschaftsführung und die Manager in den Chefetagen begreifen, umso sanfter wird dieser Wechsel werden, je mehr sie aber noch am alten Paradigma festhalten, umso schmerzhafter wird dieser letztlich doch unaufhaltsame Prozess sein.

KURZSICHTIGKEIT STATT NACHHALTIGKEIT

Aus dem „immer mehr" und „immer schneller" des Hasen ergeben sich dann auch weitere Probleme, die ebenfalls zur Lösung anstehen, wie die daraus resultierende kurzsichtige Ausrichtung auf Gewinnmaximierung und Profit. Dadurch wird und muss sich der Blick des handelnden Unternehmers immer mehr auf kurzfristige Ziele einschränken und ausrichten, in dringliche, anstehende symptomatische Problemlösungen, beispielsweise auf Sofortmaßnahmen, um die Banken zu beruhigen, oder auf massiven Absatz mit extremen Rabattschlachten, um die Marktanteile zu halten. Doch all dies bringt dann wieder mittelfristig neue Probleme mit sich wie Gewinneinbrüche, worauf dann wieder Entlassungen oder andere Einsparungen folgen, die wiederum die Produkte verschlechtern oder Kunden verärgern, die wiederum mit mehr Rabatt gehalten werden müssten, und so weiter und so weiter. Es ist wirklich wie ein Teufelskreis, und wird ein Loch gestopft, dann tun sich schon wieder andere auf. Bei kurzfristigem Denken werden die Probleme nur in die Zukunft verschoben und gerade dadurch nicht nur nicht gelöst, sondern meist noch viel größer.

Ein schönes volkswirtschaftliches Beispiel für solche Kurzsichtigkeit ist die immense und immer größer werdende Staatsverschuldung, die ursprünglich nicht vorhanden war. Doch dann wurden, um kurzfristig Probleme zu lösen, um Wahlen zu gewinnen oder große Versprechen zu finanzieren, um große Projekte zu verwirklichen oder Bedürfnisse ohne Steuererhöhung zu befriedigen, einfach Kredite aufgenommen. Ein einfacher Weg nach dem Motto: Nach mir die Sintflut. Nie wurden dabei konkrete Aussagen über die Rückzahlung gemacht, etwas, das im privaten oder wirtschaftlichen Bereich kaum möglich wäre. Durch diese aufgenommenen Kredite wurde das Problem einfach in die Zukunft verschoben, doch die Verantwortlichen von damals müssen es bis heute nicht verantworten, was sie den folgenden Generationen angetan haben. Es nur linear zu verlagern wäre noch nicht einmal das Schlimmste. Doch dieses Geld kostet auch immense Zinsen, und so hat man jetzt das zusätzliche Problem, das schon allein die Zinsen jedes Jahr einen großen Teil der jeweiligen Einnahmen verschlingen, mit denen man viel mehr Projekte als mit den ursprünglichen Krediten finanzieren könnte. Es wurde also der Gesellschaft auf Jahre hinaus extrem geschadet, denn dieses Geld fehlt jetzt für die Ausgaben. Somit wurde das ursprüngliche Problem nicht nur in die Zukunft verschoben, sondern verschlingt nun eine Menge an Einnahmen, die jetzt fehlen, und schließlich wird es so gut wie unmöglich, dieses Problem noch zu lösen, denn bislang gibt es keinen, der plausibel dargelegt hätte, wie dies alles zurückgezahlt werden könnte. Ein Unternehmer würde bei der gleichen Sachlage wegen verschleppten Bankrotts ins Gefängnis gehen. Dies ist ein besonders treffendes Beispiel für kurzsichtiges Denken und wie dadurch ein immenser Schaden für den Staat und für uns alle entstanden ist, für den niemand haftet. Durch eine Politik der Nachhaltigkeit und Sparsamkeit oder notfalls auch kurzfristig höherer Einnahmen und mit einer Haushaltspolitik ohne Schulden, wie es noch die früheren Politiker der Bundesrepublik taten, obwohl es damals im Nachkriegsdeutschland gewiss noch mehr Probleme gab, hätte man sehr viel mehr Geld gespart. Man könnte dadurch nicht nur die riesigen jährlichen Zinsausgaben vermeiden, sondern viele weitere Projekte und damit auch Beschäftigung ohne weitere Steuern finanzieren. So würde es jeder normale Familienvater machen, und jeder vorsorgende oder vorausschauende Mensch macht es üblicherweise so in seinem Leben, nur die nicht, die es auch nicht verantworten müssen.

Da die Banken oft nur noch auf die kurzfristigen Zahlen schauen statt auf längere Entwicklung, müssen die Unternehmer inzwischen mehr *reagieren* als agieren, oft monatliche Berichte abgeben und sich rechtfertigen. Unter diesem Druck versuchen sie wie unser Hase, schnell etwas zu machen, und das erste, was ihnen einfällt, ist, Kosten zu reduzieren. Nun ist es immer vernünftig, möglichst rationell zu wirtschaften, aber die Kosten müssen reduziert werden bei gleichzeitiger Steigerung der Produktivität oder zumindest gleichbleibender Leistung. Hierfür sind aber stets Innovationen, kreative neue Lösungen gefragt, neue oder bessere Arbeitsabläufe müssen geschaffen werden. Dies erfordert sowohl Zeit wie mittelfristige Planung, erfordert Ideen und Kommunikation im Unternehmen. Geschieht dies nicht, ist bloßes *„Downsizing" etwa so sinnvoll wie der Aderlass im Mittelalter* und die Unternehmen werden dabei auch genauso ausbluten. Denn entweder wird bei gleichbleibendem Ablauf die Arbeit auf weniger Mitarbeiter verteilt, die dann unter extremen Druck geraten mit absehbaren Qualitätseinbrüchen ihrer Arbeit und ihrer Leistung, oder das Unternehmen verliert Kunden, Produkte, Marktanteile, sogar Mitarbeiter, die dies nicht mehr mitmachen, es blutet also aus.

Ein geradezu klassisches Beispiel bot eine Zeitlang die Telecom AG, als sie dieses „Downsizing" versuchte und, nachdem aus den Mitarbeitern nicht mehr Leistung herauszuholen war, auf die Idee kam, nun Maschinen (automatische Anrufbeantworter) als Ansprechpartner des Kunden einzusetzen. Genial wurde sofort massiv Personal eingespart und sicher hat sich das damalige Management stolz auf die Schulter geklopft. Doch die Kunden wurden bei Bestellungen, Aufträgen und Reklamationen in extrem zeitraubende, stundenlange Telefonschleifen verwickelt. Dies kann ich aus eigener Erfahrung bestätigen, wobei nach Stunden des Wartens die Schleife einfach aufhörte und man wieder von vorn beginnen konnte, sich durch den Sprachcomputer durchzukämpfen. Dies wurde bald wieder geändert, aber dadurch entstand ein so großer Imageschaden und Ärger bei den Kunden, dass viele nur deshalb zu anderen Anbietern wechselten, ohne dass hier der Preis eine Rolle spielte: Hauptsache, keine Telefonschleife mehr. Auch ich selbst würde lieber einen Anbieter nehmen, der ein paar Euro teurer ist, als meine Zeit mit einem schlechten Service zu verschwenden. Obwohl dies schnell erkannt und meines Wissens behoben wurde, bleibt es ein gutes Beispiel für kurzfristiges Denken, denn um einen Kunden neu zu gewinnen, muss ein viel größerer Aufwand betrieben werden, als einen bereits bestehenden zu behalten, wie gezeigt wurde, und daher ist für den Erfolg auch die Servicequalität von Unternehmen äußerst wichtig.

Wenn nun ein Unternehmen, um beispielsweise Nachfrageschwankungen am Markt auszugleichen oder um des aktuellen Börsenwertes willen oder um den Banken zu gefallen oder um was auch immer, kurzfristig Personal entlässt, so ist dies ein Aderlass an Know-how, an Menschen, die diese heute meist recht komplizierten Arbeitsabläufe ihres Unternehmens kennen. Erstens kosten die dazu erforderlichen Abfindungen viel Geld, zweitens verliert das Unternehmen ja dadurch Arbeitskraft, die bei Nachfragezunahme erst wieder am Markt gefunden und dann angelernt werden muss, was auch wieder viel Geld kostet, und drittens verliert das Unternehmen Know-how, das bislang eben nicht berechnet oder quantifiziert wurde. Bisher wurden noch kaum die langfristigen Kosten dafür berechnet, inklusive des späteren neuen Anwerbens und Anlernens von Mitarbeitern. Daher können „Downsizing" und andere ähnliche Maßnahmen keine sinnvolle kurzfristige Reaktion auf Probleme sein. Kurzfristig könnte man beispielsweise viel besser mit „Leiharbeitern", Auslagerung, Fremdeinkauf oder kurzfristig mehr Urlaub/Freitage usw. auf eventuelle Schwankungen reagieren.

Dies bedeutet nicht, dass Einsparungen oder „Downsizing" für ein Unternehmen immer falsch wären, keineswegs, aber sie sind eben nur mittelfristig oder langfristig sinnvoll. Wenn hier abzusehen ist, dass weniger Personal gebraucht wird, dass mehr Maschinen zum Einsatz kommen usw., dann ist es natürlich sinnvoll, so etwas zu tun, aber das ist dann nicht ein bloßes Beschneiden oder Kürzen aus Kostensenkungsgründen, sondern dann gibt es ja Innovation, neue Abläufe, neue Ideen, also auch Produktivitätsgewinn. In einem solchen Fall oder Wandel in der Technologie kann es durchaus sinnvoll sein, Personal einzusparen, denn sonst gäbe es ja noch den Heizer auf der E-Lokomotive. Aber so etwas läuft stets mittelfristig und geht oft über einen mehrjährigen Zeitraum, und hierbei kann ein Unternehmen auch die natürliche Fluktuation nutzen, um möglichst wenig Personal entlassen zu müssen, auch um teure Abfindungen einzusparen. Wo „Downsizing" also langfristig sinnvoll ist, nutzt es dem Unternehmen und damit auch wieder den Beschäftigten zur Sicherung ihrer Arbeitsplätze. Kurzfristig ist es aber nur eine betriebswirtschaftliche Dummheit, ist es ein bloßer Aderlass, durchgeführt von Managern, die zu wenig Geist oder Intuition besitzen, um neue Wege zu gehen, um kreativ mit einer konkreten Situation umzugehen, intelligente Lösungen zu finden, die meist einfach unter Druck stehen und daher einfach nach altem Pawlowschen Reiz-Reaktionsmuster reagieren, manchmal sogar panisch.

Doch in der Zukunft – gerade weil wir in einer so schnelllebigen Zeit leben – werden sich die Menschen wieder nach mehr Werten, Halt und Verlässlichkeit sehnen und sich in der Fülle des Angebots wieder mehr nach Qualität und Beständigkeit einer Marke orientieren, wie es auch in früheren Zeiten üblich war, in der man Maschinen wie die Singer-Nähmaschine mit einer derartigen Qualität und Zuverlässigkeit auf den Markt brachte, dass sie noch heute – wo sie eigentlich schon längst überholt ist – in manchen Ländern (Indien) gepriesen wird. Das war eine extreme Investition in Langfristigkeit, und auch deutsche Autobauer wie Maschinenbauer haben heute trotz hoher Preise ständig steigende Exporterfolge, weil sie dieses Prinzip verstanden haben. Dies erfordert aber eine langfristige Sicht, denn es dauert eine längere Zeit, solch ein Image und eine entsprechende Produktionsstätte aufzubauen, als Banken üblicherweise denken.

Doch diese Sicht gab es früher einmal, zumindest in der nationalen Wirtschaft unserer Vorfahren, und davon zehren wir sogar noch heute – ein weiteres Beispiel, wie langfristig sich dies auswirken kann. Bis heute gibt es die Anerkennung in der ganzen Welt von Waren mit dem Stempel „Made in Germany", und dafür konnten schon immer höhere Preise verlangt werden, als marktüblich waren, denn man schätzte die aufgrund des Images geglaubte Qualität der Ware. Darauf beruhte ein Großteil unseres Wohlstandes, denn wir haben kaum Rohstoffe zu exportieren und können auch nicht billig verkaufen. Sollte aber durch kurzfristiges Gewinndenken diese Qualität immer mehr abnehmen, haben wir langfristig keine Chance mehr, denn im Hinblick auf Quantität und Kosten können viele andere Länder mit Billiglöhnen viel besser auf dem Weltmarkt konkurrieren. Hieran ist deutlich abzusehen, wie verhängnisvoll kurzfristiges Denken für die gesamte Volkswirtschaft ist, denn ein solches verlorenes Image wiederaufzubauen ist sehr schwierig, wenn es überhaupt möglich ist, und dauert dann auch recht lange.

Wenn man also in der Wirtschaft und im Management wieder langfristig denkt, so wird man automatisch der Qualität den Vorrang geben. Zwischen Langfristigkeit und Nachhaltigkeit einerseits und Qualität und Image andererseits ist also ein unmittelbarer und sehr bedeutender Zusammenhang gegeben. Wer langfristigen Gewinn will, investiert in Qualität und Image, wer kurzfristigen Gewinn anstrebt, produziert so billig wie möglich unter Inkaufnahme von Fehlern und schlechter Qualität oder kann kurzfristig scheinbare Qualität verkaufen, die sich dann bald als minderwertig herausstellt, muss aber damit rechnen, langfristig vom Markt zu verschwinden. Manche nehmen dies bewusst in Kauf, nur um kurzfristigen Gewinn zu machen, schaden damit aber der ganzen Branche. Ein solcher Unternehmer schadet damit auch anderen Unternehmern und deren Image. Manche Unternehmer meinen immer noch, sie könnten beides haben, billig produzieren und diesen „Schrott" verkaufen und es dann wieder mit Werbekampagnen ausgleichen, aber dies wird kaum funktionieren, da die unterbewusste Prägung im Gedächtnis der Kunden dem entgegensteht, selbst wenn das Unternehmen faktisch wieder Qualität bietet. Somit wird eine Kampagne, die versucht, schlechte Qualität und kurzfristiges Denken mittelfristig über Werbung wieder auszugleichen, meist ins Leere laufen. Dieses Geld kann man sich sparen, und es wäre dann wohl besser, ganz neu anzufangen.

Dies hat übrigens der Discounter Aldi sehr gut erkannt und bietet trotz seiner günstigen Angebote immer zugleich auch „Qualität", wie die Stiftung Warentest oft belegt hat, und dadurch gewinnt er an Image und bindet langfristig Kunden an sich, die sich dann sicher sind, ohne es jeweils nachprüfen zu können, dass sie nichts Minderwertiges erstehen, obwohl sie billig einkaufen. Also ist es eine glänzende Strategie und ein Erfolg, langfristig zu denken und in Glaubwürdigkeit und Qualität und Nachhaltigkeit und auch in Kundenzufriedenheit zu investieren.

Doch sieht die Realität der Wirtschaft oder zumindest ihr Bild in der Öffentlichkeit anders aus. Hier ist oft die Rede von Wirtschaftsleuten, die man auch „Heuschrecken" nennt, die sich ebenso benehmen und nur auf äußerst kurzfristigen Gewinn aus sind, alles abernten und verwüsten und dann weiterziehen. Zumindest einige schwarze Schafe sind hier so sehr auf kurzfristigen Gewinn aus, dass sie das Bild der ganzen Wirtschaft negativ prägen. So ist in der Presse zu lesen, wie Unternehmen durch Aufkäufe oder Übernahmen massiv verschuldet und dann an die Wand gefahren werden. So wurden einige alteingesessene und völlig gesunde Betriebe mit gutem Namen und florierendem Absatz mit Fremdgeld erworben, dadurch verschuldet, dann profitabel ausgehöhlt, ausgeschlachtet und schließlich ihrem Schicksal überlassen. Wenn der Schaden dieser Manöver offenbar wird, werden nicht etwa jene „Manager" oder Finanzjongleure zur Verantwortung gezogen, die dies verursacht haben, vielmehr hat die Belegschaft darunter zu leiden. Es werden dann, außer dem langfristigen Schaden für das Unternehmen, das nun völlig verschuldet ist, Menschen mit unschätzbarem Know-how entlassen, obwohl ihre Produkte sich glänzend verkaufen. So haben diese Finanziers und „Manager" kurzfristig für sich viel Geld gemacht, aber dabei mittel- oder langfristig einen noch viel größeren Schaden für den Betrieb, für die Belegschaft und nicht zuletzt für die Gesellschaft hinterlassen.

Es sollte zu denken geben, dass bereits Negativbegriffe wie „Heuschrecken" für Wirtschaftsführer geprägt wurden, die sehr viel über das Ansehen in der Öffentlichkeit und damit im Kollektivbewusstsein aussagen – ob zu Recht oder Unrecht, spielt hier keine Rolle. Solch ein Image überträgt sich leider automatisch mehr oder weniger auf alle führenden Manager. Diese Kurzsichtigkeit ist infolgedessen ein Kritikpunkt, dessen sich die Wirtschaft dringend annehmen muss, will sie nicht langfristig geächtet werden. Damit würde sie auch für lange Zeit die derzeit so notwendige Führungsaufgabe für die Gesellschaft verlieren, und dies wäre tragisch, denn es ist sonst keine echte Führung in Sicht.

FEHLENDER BLICK AUF SOZIAL- UND UMWELTVERTRÄGLICHKEIT, AUF GESAMTGESELLSCHFTLICHE AUSWIRKUNGEN

Diese Aufgabe und Führung ist aber nur dann möglich, wenn die Wirtschaft wieder ihren Blick weitet und erkennt, welche sozialen, ökologischen, gesellschaftlichen Folgen ihr Handeln hat. Sie hat die Auswirkungen ihres Handelns, vor allem aber die sozialen und gesellschaftlichen Belange zu lange allein der Politik überlassen und sich zu sehr nur um ihr eigentliches Ressort gekümmert, nämlich um Erfolg in Produktion, Wachstum, Bestehen im Wettbewerb und natürlich Gewinnmaximierung und Profite. Das war auch so lange sinnvoll, solange die Politik die Kraft hatte, zu führen und zu gestalten und diese Regelungen auch durchzusetzen. So kam die ganze Sozialgesetzgebung zustande, und die Wirtschaft wurde entsprechend von außen reguliert, auch über Abgaben dazu gezwungen, soziale, gesellschaftliche oder vor allem in neuer Zeit ökologische Auswirkungen ihres Tuns mit zu verantworten und auch entsprechende Maßnahmen zur Behebung oder zur Vermeidung zu finanzieren.

Diese soziale Komponente kam jedoch nicht aus der Wirtschaft selbst heraus zustande, sondern aufgrund der Politik und ihrer Gesetzgebung, nicht aus ihrem Antrieb oder ihrem Verantwortungsgefühl, sie musste dazu mehr über Gesetze und Verordnungen gezwungen werden. Von Ausnahmen abgesehen fehlte in der Wirtschaft bislang stets der Blick auf die Sozial- wie auch Umweltverträglichkeit ihres Tuns, auf die Auswirkungen, und damit auch der Wille, hier etwas zu verändern oder sich selbst zu reglementieren. Hätte man ihr diese Maßnahmen überlassen, hätte man wahrscheinlich heute noch Fluorkohlenwasserstoffe in Spraydosen und vieles Ähnliche mehr. Die Gesellschaft und auch die Politik hatten bislang zumindest in einigen Fällen noch dieses Verständnis und den Blick auf die Auswirkungen von Wirtschaftstätigkeit und auch den Mut und den Willen, hier einzugreifen (wie beim Verbot von FCKW-Spraydosen). Die Politik beschloss dann auch mehr oder weniger geeignete Maßnahmen wie beispielsweise Arbeitsschutzgesetze und Arbeitnehmerrechte oder Begrenzung von Wirtschaftstätigkeit, wie keine Ladenöffnung am Sonntag, um dadurch wiederum andere Werte wie z.B. die Familie zu schützen, oder erließ ökologische Bestimmungen, wie etwa mit Abgas und Abfällen zu verfahren sei, damit die Umwelt nicht (allzu großen) Schaden nehme.

Inzwischen sind allerdings die Wirtschaftskraft und das Volumen so groß, sind die Produkte der Wirtschaft so vielfältig geworden, im chemischen Bereich, etwa bei den Pestiziden, auch so gefährlich, und die Produkte werden so allumfassend eingesetzt, auch in immer neuen Bereichen, dass es für den Gesetzgeber fast unmöglich wird, dies noch im Griff zu behalten, zu kontrollieren oder negative Auswirkungen zu verhindern. Allein die Gentechnik wie auch die Biotechnologie mit ihren immer neuen Bestrebungen, ethische, moralische und soziale Grenzen zu überschreiten, können von der Politik kaum noch in Schach gehalten werden, zumindest nicht auf internationaler Ebene. Auch Ladenschluss am Sonntag, lange als sinnvoll erachtet, gerät aufgrund des wirtschaftlichen Drucks ins Wanken, Familienschutz hin oder her. Auch die Erwärmung des Klimas, die Verschmutzung der Meere, selbst der Flüsse sind nicht mehr durch nationale Maßnahmen allein zu bewältigen. Natürlich versucht die Politik dieser Entwicklung im internationalen Rahmen entgegenzuwirken, aber gerade hier sieht man nun ihre Schwäche, ihre fehlende Macht, denn es müssen unzählige Interessengruppen und dann die verschiedenen Länder und unterschiedlichen Regierungen unter einen Hut gebracht werden. Selbst wenn dies im Glücksfall einmal geschieht, so haben die politischen Entscheidungsträger in vielen Ländern – wie beispielsweise in Entwicklungsländern – nicht die erforderliche Macht, dies bei sich zu Hause gegenüber der mächtigen Wirtschaft durchzusetzen, vor allem nicht aufgrund der dort oft vorherrschenden Korruption (bei uns in Deutschland gibt's ja Gott sei Dank keine ☺), und schon gar nicht international. Inzwischen ist aber der Umwelt-, Arten- und Klimaschutz nicht mehr nur ein Problem unter anderen, sondern ist zu einem äußerst wichtigen Faktor, ja manche meinen sogar zum Überlebensthema für die Menschheit geworden.

Genau deshalb muss hier die Wirtschaft selbst einspringen und von sich aus handeln, will sie die Wertschätzung und Anerkennung der Menschen nicht verlieren. Sie muss ihren Blick weiten und das gesellschaftliche Feld, vor allem die Folgen ihres Tuns in Bezug auf Sozialverträglichkeit und Umweltverträglichkeit, nicht mehr nur abschätzen, sondern auch **aus sich selbst heraus** regulieren. Dies bedeutet beispielsweise, keine umweltschädlichen Produkte mehr herzustellen oder zu vertreiben, selbst wenn diese Folgen erst langfristig zu erwarten sind, keine künstlichen und damit gesundheitsschädlichen Nahrungsmittel mehr anzubieten oder Folgen für eine ganz Region oder ein Ökosystem zu beachten und vieles mehr. Dabei muss sie von ihrem kurzfristigen Denken ablassen und auch in Bezug auf die Handlungsfolgen langfristig denken lernen. Gerade in Bezug auf die Umwelt hat sich in der Vergangenheit gezeigt, dass kurzfristige Maßnahmen, die auf kurzfristige Gewinne abzielen, wie das Roden der Wälder zur Viehhaltung oder zum Monokulturanbau, langfristig viel größeren Schaden als Nutzen bringen, wenn dadurch beispielsweise die Böden erodieren, kaputt gehen und so immer neue Flächen gerodet werden müssen, anstatt auf den bestehenden Böden so zu wirtschaften, dass sie nachhaltig und langfristig genutzt werden können und für weitere Generationen nutzbar bleiben. Solche Folgen für die Gesamtgesellschaft müssen also von der Wirtschaft selbst berücksichtigt werden, und dies erfordert ein ganz neues Denken und Bewusstsein, vor allem aber eine Verantwortlichkeit für Gesellschaftsbereiche, die sie ihrer Meinung nach jetzt noch gar nichts angehen.

Dies gilt ganz besonders im Hinblick auf Klima und Umwelt, denn ökologische Schäden sind am schwersten zu beheben und oft kaum noch zu korrigieren. Kann man in der bisherigen Wirtschaft einen Produktmangel wie beispielsweise an einem Auto, das zu schnell auf den Markt gebracht wurde und dadurch viele Mängel aufweist, mit teuren Rückrufaktionen und so mit einigem finanziellen Aufwand schnell wieder beheben, so sind Schäden an der Natur kaum wieder gutzumachen, gerade weil Ökosysteme viel zu komplex sind und ineinander greifen. Wie will man denn einen gerodeten Urwald wiederherstellen in seiner riesigen Artenvielfalt, wie das verschmutzte oder verseuchte Meer wieder regenerieren? Wer kann die Atmosphäre einfach wieder erneuern? Wer kann die Ozonschicht reparieren?

Hier müssen also vorher und rechtzeitig die Auswirkungen bedacht, muss danach gehandelt werden, und wenn die Politik dazu nur eingeschränkt in der Lage ist, ist hier die Wirtschaft der Zukunft gefordert – dies klingt heute fast wahnwitzig oder utopisch, wenn man das bestehende Bewusstsein bedenkt –, ihre Produkte und Dienstleistungen nicht nur im Sinne von Absatz und Profit zu gestalten und zu vermarkten, sondern schon bei der Entwicklung, spätestens aber bei der Herstellung die ökologischen, sozialen und auch gesellschaftlichen Folgen im Auge zu behalten. Wer dies zukünftig tut und es bei der Herstellung und Vermarktung der Produkte auch propagiert und die Menschen über eine gute PR wissen lässt, der wird wesentlich zum Image seines Unternehmens als sozialverträglich und umweltverträglich beitragen, und dies wird ein wesentlicher Verkaufsfaktor der immer mehr bewusst kaufenden Kunden des neuen Jahrhunderts sein, was letztlich wieder geldwerte Vorteile oder bessere Absatzchancen bringt. Daher ist diese neue Art und sicher noch ungewohnte Verantwortung der Unternehmen dem Ganzen gegenüber keine rein soziale Leistung oder milde Gabe, sondern zugleich eine sinnvolle Investition ins Unternehmen, in seine „corporate responsibility". Dies werden die Menschen der Zukunft zu schätzen wissen.

FEHLENDE FÜHRUNGSÜBERNAHME
UND GESELLSCHAFTLICHE VERANTWORUNG

Da bislang eher kurzfristig gedacht wird, auch wenig gesellschaftliche Verantwortung zu sehen ist, kann die Wirtschaft nicht ihre neue und zukünftige Aufgabe erkennen und schon gar nicht durchführen, nämlich die Gesellschaft mit zu führen und dabei zukünftige Auswirkungen ihres Handelns mit einzubeziehen und zu verantworten. Durch diesen derzeit noch vorhandenen

Mangel an gesellschaftlicher Verantwortung und durch Kurzsichtigkeit wie Kurzfristigkeit des Handelns wird bislang eher die Mentalität gefördert: „Nach mir die Sintflut". Unmittelbare Folgen solchen Denkens und Handelns: Die Firma oder die Gesellschaft wird zum Selbstbedienungsladen, Subventionen werden erschwindelt, durch mangelnde Qualität (Rückrufaktionen) wird dem Firmenimage geschadet, Hauptsache, der kurzfristige Gewinn ist erzielt nach dem Motto: „Wen interessiert, was in Zukunft ist, dies weiß ja sowieso niemand, also nehmen wir jetzt, was wir kriegen können." Dadurch verlieren Wirtschaft und Wirtschaftsführer Vorbildfunktion für ihre Gesellschaft, sie bekommen vielmehr ein Image als „Ausbeuter", „Piraten", clevere „Haifische" und verlieren dadurch sowohl Ansehen wie Führungsanspruch für die Gesellschaft. Das war früher nicht weiter schlimm, doch ist dies zukünftig wohl der problematischste Punkt, obwohl er bisher kaum diskutiert wird, außer von wenigen Autoren wie beispielsweise Dr. Chuck Spezzano in seinem visionären Buch „Der Tao-Index". Er postuliert darin, dass uns nur die Wirtschaft durch diese gewaltige Transformation in die neue gesellschaftliche Zukunft führen könne. Ich meine, dass sie dabei zumindest verantwortlich und führend mitwirken muss, denn woher sollte sonst solche Führung kommen? Dafür scheint sie allerdings noch keineswegs reif zu sein, und wenn sie es einmal sein wird, so muss sie sich vorher zuerst selbst von den negativen Elementen reinigen und von den Problemen befreien, von denen hier die Rede war. Dann allerdings könnte sie bei der anstehenden Führungsaufgabe und Vorbildfunktion für die Gesellschaft mitwirken, denn sie verfügt prinzipiell über ein mächtiges Potential und vielfältige Ressourcen, leider noch nicht über die notwendige Bewusstheit.

Bislang beschränkte sich die Funktion der Wirtschaft im besten Falle darauf, Güter und Dienstleistungen zu produzieren und für den Wohlstand des einzelnen wie auch der Gesellschaft zu sorgen. Zwar gab es gerade in der Wirtschaft immer schon visionäre Führer, Erfinder und vorausschauende Entwickler und Gestalter (wie N. Tesla), aber dies beschränkte sich üblicherweise auf neue Erfindungen, auf den Bereich der Wirtschaftsgüter und Dienstleistungen oder Produktionsabläufe, während die gesellschaftlichen Entwicklungen von anderen Gruppen, Lobbyisten oder Politikern bestimmt wurden. Doch schon bei der Ökologie und beim Aufkommen grünen Bewusstseins hatte sich gezeigt, dass die Politiker hier die Letzten waren, die diese Entwicklung begriffen, sie verspotteten vielmehr die ersten Grünen nachhaltig. Sie handelten erst und nahmen ganz plötzlich grüne Gedanken und Projekte auf, nachdem immer größere Teile der

Bevölkerung, auch ihrer eigenen Wählerschaft, diese Ideen aufgegriffen und eingefordert hatten. Auch die ganze Entwicklung der Umwelttechnik wie die von Solarzellen, Windmühlen zur Stromerzeugung und vieles mehr kam sowohl über Pioniere in der Wirtschaft, die die Produkte bereitstellten, wie auch aufgrund der Nachfrage aus der Bevölkerung zustande, und beide Faktoren waren für den Erfolg nötig, weniger aber die Politik, die eher folgte als führte. Auch bei den wesentlichen Entwicklungen des Informationszeitalters wie des Internets, der Computerisierung, der Informationsverarbeitung, Textverarbeitung und entsprechender Umstellungen in den Büros hatte stets die Wirtschaft die Nase vorn, wurde dadurch zum Pionier dieses (Informations-)Zeitalters, führte sozusagen diese Techniken ein und verbreitete sie, gefolgt von den Verbrauchern und erst viel später von den Ämtern und Behörden.

Ähnlich könnte und müsste die Wirtschaft – natürlich erst, wenn sie sich von den derzeitigen Defiziten befreien kann – auch ein Vorreiter, ein Pionier des kommenden Zeitalters (Bewusstseinszeitalters) werden, wenn sie ihren Blick nicht nur auf die wirtschaftlichen Aspekte legen, sondern den Blick auf ihre gesamtgesellschaftliche Aufgabe erweitern könnte. Dieses Vakuum an Führung müsste sie auch deshalb ausfüllen, weil es in der Gesellschaft dazu keine Alternativen zu geben scheint. Nur in der Wirtschaft sind heute sowohl die menschlichen Ressourcen und Spezialisten vorhanden, also das notwendige Wissen und Know-how, aber zugleich auch das dafür nötige Kapital, um solche großen Veränderungen frei zu gestalten, auch Risiken einzugehen und somit die Gesellschaft in etwas Neues zu führen. Die von Lobbyisten gebremste oder blockierte Politik und die nur auf das nächste Wahlergebnis schielenden Politiker mögen vielleicht manchmal ganz gute Ideen haben, aber üblicherweise nicht die Macht, diese auch langfristig und in der ganzen Gesellschaft einzuführen und durchzusetzen. Die Politik kann, wie beim Umweltschutz deutlich gezeigt wurde, nicht zukunftsweisend führen, sonst wären wir jetzt kaum noch vom Öl abhängig. Bestenfalls folgt sie einer Entwicklung, die von anderen bereitet wurde, und man muss noch dankbar sein, wenn sie dieser nicht allzu großen Widerstand entgegensetzt.

Wie der Amerikaner Dr. Spezzano sehen einige Zukunftsforscher daher nur die Wirtschaft als die einzige Kraft in der Lage, die Menschen in ein neues Zeitalter und in eine neu gestaltete Gesellschaft zu führen, zumal sie auch schnell, global und übergreifend handeln kann. Voraussetzung dafür ist natürlich jedoch, dass es möglich ist, den Tiger zu zähmen und ihn dann auch zu reiten, also seine Kraft positiv zu nutzen. Wie sehr dies prinzipiell möglich ist, wie sehr eine Wirtschaftsentwicklung und die Wirtschaftenden ein System umgestalten können, lässt sich beispielsweise sehr schön am Beispiel Chinas aufzeigen und dokumentieren. Sie haben mehr als alle militärische und politische Macht dieses Landes dazu beigetragen, dass China inzwischen wirtschaftlich zu den führenden Nationen der Welt gehört, dass es rasant schnell ein großes Wirtschaftspotential und eine funktionierende Infrastruktur erreicht hat. Gleichzeitig hat diese Wirtschaft dem Land und der Gesellschaft einen nie da gewesenen Wohlstand und Aufschwung beschert und zugleich auch viele politische Begrenzungen hinter sich gelassen. China hat also den Tiger Wirtschaft zukunftsweisend gezähmt und genutzt, wobei natürlich noch viele der hier erwähnten Defizite vorhanden sind, aber immerhin.

Diese große Chance der Zukunftsgestaltung und der Führungsaufgabe für die Gesellschaft wird von der westlichen Wirtschaft derzeit noch gar nicht wahrgenommen, nicht einmal erkannt, allenfalls von einzelnen Unternehmern, die hier einsam herumexperimentieren, oft ohne konkretes Ziel. Es fehlt eine gemeinsame Vision, eine gesellschaftsübergreifende Zukunftsorientierung, auch eine Sinnbestimmung, beispielsweise was an Stelle des bloßen Wachstums treten könnte. Aber schon für die Wirtschaft fehlen solche klar definierten Ziele, erst recht, wohin die Gesellschaft gehen könnte, was und wie dies zu erreichen ist und wie und mit welchen Mitteln die Wirtschaft dazu beitragen könnte. Diese Vision oder Perspektive, diese Ziele können auch nicht verordnet werden, sie dürfen kein Zwang oder neuer Druck sein, vielmehr frei aus der Verantwortlichkeit heraus entstehende Leitlinien und Leitgedanken, visionäre Vorstellungen wie Leuchttürme, nach denen die Schiffe sich orientieren können. Sie sind aber jederzeit korrigierbar oder neu gestaltbar, wenn sich bessere Ideen zeigen sollten.

Kurz gesagt, der Kritikpunkt ist: Unser westlicher Wirtschafts-Tiger hat noch keine Vision, daher auch keine Inspiration und keinen Zukunftsblick, ausgenommen einzelne Unternehmer, die in Solartechnik oder neue Informationstechnologie, neue Kommunikationsmittel oder in eine neue Art von Firmen auf eigenes Risiko investieren. Voraussetzung ist das Bewusstsein dafür, dass die Wirtschaft derzeit eine wichtige Führungsaufgabe zu übernehmen hat und auch in Bezug auf die Gesellschaft aufgerufen ist, in wichtigen Bereichen in ein neues Zeitalter zu führen und dafür auch ihre Ressourcen einzusetzen. Doch diese

Aufgabe wird nicht einmal im Ansatz gesehen, was bei den derzeitigen Defiziten auch zugegebenermaßen schwierig ist. Durch den aufgezeigten Mangel an langfristigem Denken und an gesellschaftlicher Verantwortung ist ein Sinnvakuum vorhanden, in dem sich dann sehr leicht egoistische Zielvorgaben einnisten und wie in jeder großen Krise ein Gefühl „Nach mir die Sintflut" kultiviert wird und „Was kümmern mich die anderen". Dadurch wird dann die eigene Firma durch die maßlose Erhöhung der eigenen Gehälter und Zulagen oder sogar die Gesellschaft durch Abgreifen von Subventionen zum Selbstbedienungsladen, oder aber es wird kurzfristig wie durch das schnelle Auf-den-Markt-Werfen eines neuen, noch unreifen Produkts und überhaupt durch mangelnde Qualität der Produkte dem Firmenimage langfristig geschadet (und dem Vermögen der Firma durch teure Rückrufaktionen). Hauptsache, der kurzfristige Gewinn ist erzielt. Oder es werden zu Lasten der Wirtschaftskraft der Firma wahnwitzige Machtkämpfe geführt, Firmen der Konkurrenz feindlich übernommen, um sich selbst als großen Manager feiern zu lassen, während in den Folgejahren, wie beim Zusammenschluss von Daimler und Chrysler, Milliardenverluste auf das Unternehmen zukommen.

Durch solche Raubzüge, durch das ungestrafte Wirken ihrer Finanzhaie, Firmenjongleure und Marktpiraten, durch insgesamt fehlende eigene Zukunftsorientierung wie auch durch das Fehlen gesamtgesellschaftlicher Zielorientierung verliert die Wirtschaft derzeit jedes Ansehen im Volk. Damit verspielt sie auch ihren so wichtigen Führungsanspruch in der Gesellschaft, sie geht damit eher auf Kollisionskurs mit der Gesellschaft, die dies auf Dauer nicht tatenlos dulden wird. Wird dies nicht korrigiert und erkennt die Wirtschaft diese Aufgabe nicht, kommt es zu einer noch stärkeren Polarisation und vielleicht sogar zum Kampf Arm gegen Reich, Mächtige gegen Mittellose, und extreme Parteien würden davon profitieren, was wiederum nicht ohne Wirkung auf die gesamte Politik, auch die Wirtschaftpolitik, bliebe. Wie auch immer dann dieser Kampf ausginge, es wäre nicht nur zum Schaden für das Allgemeinwohl und eine Verschwendung der Kräfte, sondern die Wirtschaft wäre dann auch längerfristig als gesellschaftlicher Führungs- und Gestaltungsfaktor diskreditiert. Wer sollte dann innovativ führen?

Doch es geht auch anders, und es sind bereits viel mehr Insider, als man glaubt, zu dieser Einsicht gekommen. So sind 2007 sage und schreibe 800 Unternehmer zu einem Kongress mit dem Thema „Karma-Kapitalismus" zusammengekommen. Sie haben dafür rund 1000 Euro bezahlt, nur um das Gegenbeispiel eines zukunftsorientierten Wirtschaftsmanagers namens Prof. Yunus kennen zu lernen. Dies zeigt, dass die Zeit für solche Ideen und für die globale Vision dieses Buches reif ist, sich weltweit schon viel mehr Unternehmer hierzu Gedanken gemacht haben und in diese Richtung denken, als man glaubt. Der inzwischen zum Friedensnobelpreisträger avancierte Prof. Yunus, Gründer der weltweit erfolgreichen „Karma Bank", erkannte, dass den Armen in den Dritte-Welt-Ländern mit bloßen Spenden – zumindest langfristig – nicht geholfen werden kann. Er kam auf die einfache wie geniale Idee, für diese Menschen Kleinkredite zu organisieren, mit denen sie sich ihr eigenes kleines Geschäft eröffnen und damit eigenes Geld verdienen konnten. Die Banken aber gaben ihm für dieses Projekt kein Geld, da bei den anfragenden Kreditnehmern zwar viele menschliche Qualitäten und interessante Konzepte vorhanden waren, aber keine banküblichen Sicherheiten. Darauf basierte aber deren gesamte Kreditpolitik. Die Banken konnten sich nicht vorstellen, dass Menschen integer sein können und ihr geliehenes Geld auch ohne Sicherheiten wieder zurückzahlen. Daher begann der Professor selbst Geld auszuleihen, und siehe da, die Theorie und die Befürchtungen der Banken erwiesen sich (wie so oft) als falsch. 98 Prozent dieser Kredite wurden fristgerecht zurückgezahlt, und das war eine ausreichende Quote. Eigentlich hätte jede der tausende von weltweit operierenden Banken dies noch viel leichter als der Professor in die Wege leiten und dabei Geld verdienen können, doch erstens kam keiner dieser Manager auf diese innovative Idee und zweitens haben die althergebrachten Leitlinien und Grundsätze von Banken, die ja auf hard-factors und entsprechende Sicherheiten ausgerichtet waren, sie daran gehindert. So verhinderten die alten Paradigmen und Leitlinien zukunftsorientiertes Handeln. Auch war durch die Kleinheit der Kredite kurzfristig nicht viel Ertrag zu erwirtschaften, langfristig jedoch schon. So hat der Professor mit seiner Bank über 50 Millionen Kleinkredite auf der ganzen Welt von Indien bis Peru vergeben.

Dies ist ein gutes Beispiel dafür, wie die hier postulierte Zukunftsorientierung der Wirtschaft aussehen könnte. Sie muss

- neue Ideen und Konzepte entwickeln
- alte Leitlinien und Grundsätze über Bord werfen
- mehr auf menschliche Qualitäten statt auf hard-factors, Zahlen, Fakten, Daten vertrauen lernen

- nicht nur Ziele für sich bzw. für ihren jeweiligen Bereich anstreben, sondern vielmehr gemeinschaftlich und gesellschaftlich sinnvolle Ziele verfolgen.

Die Wirtschaft muss also zukünftig neben den Einzelinteressen zugleich auch ihre Marktmacht und ihre Wirtschaftskraft dafür einsetzen, Ziele für die Gesamtgesellschaft und die Menschheit zu verwirklichen, selbst wenn es ihr keinen kurzfristigen Gewinn verspricht. Langfristig wird ihr dieser Gewinn – wie beim Modell des Prof. Yunus – dennoch sicher sein, denn die Menschen werden solches Handeln langfristig belohnen, sowohl ideell wie finanziell. Das Ideal für den neuen Unternehmer mit Herz und Vision würde also lauten:

„Folge dem Streben im Kern deines Herzens, der Idee oder Vision, die du zum Wohl aller Menschen verwirklicht sehen möchtest. Tue alles, was möglich ist, damit einen Beitrag zu einer besseren Welt zu leisten, und erlaube dir, auch selbst davon zu profitieren."

Damit würden sie auch ihrer noch unbewussten Aufgabe gerecht, die Menschen in eine nicht nur wirtschaftlich bessere Zukunft zu führen, von der dann alle wie im gezeigten Beispiel profitieren könnten. Zusätzlich zu dieser Maxime brauchen die Wirtschaft und die Wirtschaftsführer neue Wegweiser, ein neues Wertesystem, neue Ziele und Leitlinien, neue Paradigmen des Handelns, neue Arten der Kommunikation, der Vernetzung, der Ausrichtung auf das gemeinsame Ziel und neue Methoden, dies auch leicht und spielerisch im Unternehmen umzusetzen. Dies wollen wir im nächsten Kapitel untersuchen. Der Tiger braucht also neben der Bezähmung und Nutzbarmachung seiner Kraft auch ein Ziel, auf das er seine Kraft richten und wohin er sich entfalten kann, und das nicht nur für sich selbst, sondern zukünftig auch als Vorbild und Führungsfigur zum Nutzen für die ganze Gesellschaft.

2.4. Zusammenfassung und der Weg hinaus

Wenn man die zehn Kritikpunkte und ihre Gründe zusammenfasst, so entsteht das Bild einer Wirtschaft, die nicht mehr von früheren Werten und Bindungen gehalten oder beschränkt wird, mit **mangelnder Ethik und mangelnder Einbindung** in ein Wertesystem. Hier gilt wieder das Recht des Stärkeren, der clevere Unternehmer ist ein Freibeuter, die Wirtschaft wird weniger als Produktions- und Handelsplatz gesehen, vielmehr als ein Tummelplatz von Piraten, die Beschäftigten sind das dumme Fußvolk, und die Kunden sind die Auszuplündernden, die armen Schafe, die geschoren werden. Dabei ist alles erlaubt, selbst Subventionsbetrug oder Gesetzesumgehung, wenn man nur damit durchkommt. Nebenbuhler werden ausgestochen oder bekämpft, konkurrierende Schiffe per „feindlicher Übernahme" gekapert oder aufgekauft mit erbeutetem Gold. Als Pirat muss man sich auch nicht an die nationalen Gesetze der Menschen halten, man ist Freibeuter der Meere (oder Global Player, wie man heute sagt) und hat seine (Steuer)Oasen und Freihäfen, wo man seine Schätze vergraben kann. Dazu tummeln sich in den Weltmeeren noch die Finanzhaie, denen wird dann der jeweils Schwächere zum Fraß vorgeworfen, oder jene fallen selbst – zu Heuschrecken mutiert – über blühendes Land her und hinterlassen eine (Pleite-)Wüste.

Ob diese im Massenbewusstsein bereits verankerten und in der Öffentlichkeit verbreiteten Bilder, die ich hier absichtlich benutzt habe, nun zu Recht bestehen oder nicht, hat psychologisch keine Bedeutung. Man kann sie nicht mehr wegdiskutieren, sie sind bereits ins kollektive Denken eingeprägt, befinden sich auf einer tieferen und metaphorischen Ebene des Unterbewussten tiefer als das Denken und sind dadurch stabil verankert. Die Menschen fühlen daher: Die Wirtschaft ist heute so, und hier hilft kein Gericht oder keine Belehrung. Ohne Grund sind solche Bilder sicher nicht da hineingekommen.

So zeigt sich im heutigen Wirtschaftsalltag ganz grundlegend ein Mangel an bisherigen traditionellen kaufmännischen Werten (früher der ehrbare Kaufmann mit Handschlaggeschäft – heute umfangreiche Verträge), an religiöser Einbettung (beispielsweise durch die Arbeitsethik des Protestantismus oder Calvinismus) und auch an fehlender vernünftiger Wirtschaftsethik, die Verantwortung für das Ganze und die Folgen des Handelns lehren und somit das Haifischdenken beschränken könnte. Die global immens gewachsene Wirtschaftskraft des Tigers wird heute nur noch mühsam durch nationale Gesetze eingedämmt. Diese werden von den Cleveren und den Global Players immer mehr ausgehebelt, und bereits der Mittelstand spielt inzwischen auf internationaler Ebene mit und lässt sich so kaum noch beschränken. Die negativen Auswirkungen dieses Spiels werden aber von den Menschen auf Dauer nicht hingenommen werden, und Kampf wird folgen, sollten die Spielregeln nicht sehr bald korrigiert werden.

Wenn also weder Werte noch Religion, weder Ethik noch nationale Gesetze diese Kraft einschränken, zähmen oder beherrschen können, dann kann natürlich auch keine soziale und gesellschaftliche Verantwortung entstehen, obwohl sie dringend nötig wäre. Als Ziel oder Zweck ist in diesem Werte- und Sinnvakuum eigentlich nur eines übrig geblieben, das ist die **quantitative Maximierung** für sich selbst oder für das eigene Unternehmen und damit ein Machtzuwachs, wieder zum Nutzen für sich selbst, für das eigene Ego. Ein Grundproblem dabei ist, dass die **Quantität der Maßstab aller Dinge** ist, einfach das Wachstum propagiert wird sowohl fürs eigene Vermögen wie auch für Marktanteile, eigentlich für alles. „Mehr ist besser" ist das grundlegende und inzwischen völlig überholte Paradigma, das noch aus früheren Zeitaltern der Evolution stammt, ja eigentlich noch zum animalischen Bewusstsein gehört (mehr Land, Frauen, Nahrung, Bier, Erdöl usw.), denn bereits im intellektuellen Bewusstsein sind nicht *mehr* Argumente besser, sondern intelligentere, treffendere. Doch extrem kontraproduktiv wird dies im kommenden spirituellen Bewusstsein sein, denn hier gilt wieder: Weniger ist besser, einfacher ist besser, und das Einfache ist das Geniale. Statt mehr, größer, schneller heißt es dann: simplify your life. Schon im Informationszeitalter ist *mehr* Information nicht besser, sondern eher kontraproduktiv und überwältigend, die Menge an Input nicht mehr zu bewältigen. Im kommenden Zeitalter ist daher, wie gezeigt wurde, wieder die Qualität gefragt, sowohl in den **Dingen** (höherwertig und feiner) als auch in der **Information** (spezifischer, treffender), als auch im **Menschen** (spezielle Qualitäten und Fähigkeiten, Einzigartigkeit eines Künstlers, Designers usw.). Daher muss die Wirtschaft so bald wie möglich diesen Wandel von der Quantität zur Qualität vollziehen, sonst läuft das System außer Kontrolle und der Wandel wird durch Chaos vollzogen.

Das dritte Hauptproblem kommt daher, dass der Beginn des Wandels bereits verschlafen wurde und die Wirtschaft wie die Manager, aber inzwischen auch die Belegschaft immer mehr unter **Druck, Stress, Erschöpfung** geraten. Jeder, der die Entwicklung der Wirtschaft und der darin Handelnden beobachtet, coacht oder statistisch erfasst, muss wohl zugeben und kann sehen, dass der Druck in den letzten Jahrzehnten ständig zugenommen hat. Die Menschen arbeiten mehr, haben weniger Pause, weniger Freude an ihrer Arbeit, haben immer mehr Ängste (vor allem nicht genug zu leisten, ausgetauscht oder entlassen zu werden), fühlen sich auch seelisch immer mehr unter Druck. Dies zeigt sich beim Coaching darin, dass immer mehr Führungskräfte klagen, schlecht zu schlafen, erschöpft zu sein, keine Zeit mehr für Familie und Freizeit zu haben, und wenn, dann völlig ausgebrannt zu sein. Das Burn-out-Syndrom als letzte Maßnahme des Körpers und der Seele gegen solche Schinderei nimmt rapide zu. Hier zeigt sich deutlich ein immer stärkeres Getriebensein von Ängsten und Verteidigen von Positionen, von Machtkampf und Festhalten statt freiem, aktivem gestalterischem Handeln, Innovation, Vision, Perspektive und daraus folgendem kreativen Handeln und natürlichem Wachstum, wie es für Führungskräfte eigentlich sein sollte, wenn sie wirklich führen wollen. Auch hier läuft das System klar in eine Sackgasse.

Durch diesen Druck und diese Angst (Angst/angus=eng) verengt sich naturgemäß der Blickwinkel der Handelnden immer mehr, sie müssen ja immer öfter und immer schneller reagieren, und so sind sie gezwungen, immer **kurzfristiger** zu handeln, und werden dadurch immer blinder für die langfristigen Folgen, werden also immer **kurzsichtiger**. Dies hat oft fatale Folgen, wie zu sehen ist bei kurzfristigem „Downsizing", bei dem langfristig Geld und unschätzbares Knowhow vernichtet werden, oder bei Maßnahmen zur kurzfristigen Bilanzschönung oder Hebung von Shareholder-Value, wenn man nicht auf die langfristigen Schäden achtet. Hier kann nicht mehr mit vorausschauender Perspektive gehandelt werden, man reagiert nur noch auf Markt, Banken, Bilanzen, Tagesimage, Presse und kann dadurch nicht mehr die großen Eisberge sehen, die am Horizont auftauchen. Speziell große Firmen sind bei Umwandlungen mit einer gewissen Trägheit behaftet und können nicht geführt werden wie ein Tagestrading. Der Blick wird also **räumlich immer enger**, man schaut nur noch auf wenige Bereiche wie Aktionäre/Shareholder-Value, Profitsteigerung oder Bankenvorgaben, aber er wird auch **zeitlich immer enger** und begrenzter, und man sieht nicht mehr die Folgen für die nächsten Jahre oder Jahrzehnte, weder für die eigene Firma noch für die Gesellschaft, und man will sie auch gar nicht mehr sehen, denn das Motto lautet meist nur noch: Nach mir die Sintflut. Dieses war auch das Motto vieler Firmen, speziell Filmfirmen am Neuen Markt Anfang dieses Jahrzehnts, wo viele Anleger *absichtlich* geschröpft wurden und Federn lassen mussten, denn die Firmen waren von vornherein zum Konkurs angelegt. Kurzfristig haben die Gerissenen, besser noch die Skrupellosen, dabei große Gewinne gemacht, zu Lasten der Gesamtgesellschaft.

Haben sich in der Vergangenheit die Folgen von kurzfristigem Gewinnstreben und ökologischer Kurzsichtigkeit meist nur lokal und selten einmal national ausgewirkt, so hat die weltweit enorm gewachsene Wirtschaftstätigkeit heute sowohl durch ihr Volumen wie auch durch ihre Vernetzung untereinander zumeist globale Folgen, und damit wieder Folgen für jeden Einzelnen. Werden diese Folgen des Wirtschaftens nicht mehr gesteuert und werden die Folgen nicht beachtet oder gewandelt, kann dies sogar zum Untergang dieses Planeten führen. Hätte man beispielsweise die Fluorkohlenwasserstoffe nicht eingeschränkt, so wäre unsere Ozonschicht bald zerstört worden und damit auch unser Leben. Die Entscheidungen der großen Konzerne, beispielsweise was sie produzieren und wie sie es produzieren, haben damit großen Einfluss auf unseren Alltag, auf unser ganzes Leben. Dies ist die schlechte Nachricht, denn wir haben dargelegt, wie die Wirtschaftsführer derzeit selbst Getriebene sind, unter Druck stehen und immer schneller rennen wie der Hase gegen den Igel, selbst die Orientierung verloren haben, da ihnen kein Wertesystem mehr Orientierung bietet und sie noch auf das falsche Paradigma des quantitativen Wachstums setzen, obwohl die Schäden daraus mehr als offensichtlich sind, und sie nun immer kurzfristiger und kurzsichtiger versuchen, die daraus folgenden Symptome zu beheben, ohne die Ursache und die Grundprobleme zu erkennen. Um es mit unserem Bild zu sagen:

Der Tiger ist massiv gewachsen, agiert weltweit ohne große Beschränkung, frisst seine eigenen Führer oder treibt sie zur Erschöpfung, zum Burn-out, während die meisten anderen Menschen in ihm nur noch eine Gefahr sehen.

Was bleibt dann? Manche meinen zwar noch, den wild gewordenen Tiger einfangen und ihm per Gesetz und Bestimmungen beikommen zu können, doch dies ist reine Utopie und wäre nur dann möglich, wenn es eine mächtige Weltregierung gäbe, die weltweit Bestimmungen erlassen und auch durchsetzen könnte. Es gibt aber keine und ich prophezeie auch, dass solche Reformbestrebungen ein vergebliches Bemühen sein werden.

Realistisch gesehen gibt es derzeit nur zwei Wege, so wie sie sich in jeder politischen oder religiösen Krise zeigen: Entweder geht es bewusst oder unbewusst, entweder durch Lernen oder durch Leid. Dies bedeutet: Entweder lässt man die Kräfte entfesselt laufen, ins Chaos gehen, das Alte dann zusammenbrechen, bis sich eine neue Ordnung herauskristallisiert (dies ist das Übliche), oder man erkennt, begreift und fängt an, neue Werte, Leitlinien, Ziele zu formulieren und zu gestalten und wandelt das System schöpferisch kreativ um, dies ist der Weg des schöpferischen Geistes der Vernunft. (Beispiel für ersteres ist die Französische Revolution, Beispiel für das zweite ist die stille Revolution und das Ende des Kommunismus in Osteuropa.)

Die Wahl ist daher ganz einfach geworden und kann von uns nur kollektiv getroffen werden. Selbst wenn wir hier aber die Augen verschließen sollten und nicht wählen, haben wir auch gewählt, nämlich den Weg der schmerzhaften Veränderung. In der Psychologie erkennen wir, wie der Mensch im individuellen Leben ständig vor solcher Wahl steht, und wenn er die Augen verschließt oder gar zu kompensieren versucht, so hat das Leben oder das Schicksal viele oft schmerzhafte Maßnahmen auf Lager, diese Veränderung dennoch durchzusetzen. Es ist also eine weise Entscheidung, den Verlauf dieses Wandels und dieser Transformation – die nicht aufgehalten werden kann, da es ein Wandel im Kollektivbewusstsein ist –, bewusst, kreativ und schöpferisch mitzugestalten. Dies wiederum kann nur innerhalb der Wirtschaft geschehen, aus ihr selbst heraus und von ihren Führungskräften, so wie der Wandel in Osteuropa nicht von außen oder mit militärischen Mitteln erfolgte, sondern allein von den Menschen ausging.

Dies ist nun die gute Nachricht. Dieselbe Macht, dieselbe Kraft, die hier gefährlich und zerstörerisch wirkt, kann auch zur Heilung des Planeten und der Gesellschaft beitragen, kann die Transformation unterstützen, wenn, bildlich gesprochen, das innewohnende Gift zum Heilmittel gewandelt, wenn also der Tiger gezähmt werden kann und nicht mehr Bestie, sondern unser aller Freund ist. Wie gezeigt, kann dies nur aus der Wirtschaft selbst heraus und nicht von außen geschehen, er kann nicht mit Machtmitteln bezwungen werden, und wenn, dann wäre er gelähmt oder tot und wir hätten ebenfalls das Nachsehen.

In der Wirtschaft selbst muss also der Wandel stattfinden, und der **erste Schritt** dazu besteht darin, das Problem zu erkennen, was wir in diesem Kapitel versucht haben. Der **zweite Schritt** ist nun, die Verantwortung dafür zu übernehmen. Dazu müssen wir uns alle als Teil der Wirtschaft, als Käufer, als Mit-Handelnde sehen. Vor allem aber müssen die Wirtschaftsführer wieder Verantwortung für ihr Handeln und die mittel- wie langfristigen auch gesamtgesellschaftlichen Folgen ihres Tuns übernehmen. Nur dann haben sie auch die Macht darüber und können diesen Prozess aktiv mitgestalten und zuerst die Wirtschaft transformieren, dann aber auch die Gesellschaft führen oder zumindest mitführen, können wieder innovativ agieren, statt nur zu reagieren. Die menschlichen und finanziellen Ressourcen dazu haben sie. Dies würde der Welt und der Menschheit eine Menge an Leid ersparen. Wie gesagt, der Prozess ist unaufhaltsam, aber über den Weg können wir noch entscheiden, und die Grundlagen für diese Vision möchte ich nun kurz darlegen.

3. Die Vision einer neuen Wirtschaft – „die Kraft des Tigers nutzen"

3.1. Neue Perspektiven: vom Informations- zum Bewusstseinszeitalter

Ist das Problem erst einmal erkannt, die Diagnose gestellt, so ist der erste Schritt getan und damit auch der wichtigste, denn auch die größte Reise beginnt mit dem ersten Schritt, wie ein Sprichwort sagt. Der Rest ist dann nur noch eine Frage der Zeit. Nach diesem ersten Schritt gilt es nun, eine Therapie zu planen, sich zu orientieren: was und wie es zu ändern ist, wohin die Reise gehen soll und mit welchen Mitteln. Das wollen wir in den folgenden Kapiteln machen. Aus dem bisher Gesagten ist sicher klar geworden, dass es dabei nicht darum gehen kann, in der aktuellen Wirtschaft etwas zur reparieren, bloß Auswüchse zu beseitigen (beispielsweise Managergehälter und Abfindungen zu begrenzen) oder irgendwie zu den „guten alten Zeiten", zu einem früheren, sicheren Niveau zurückzukehren. Denn es ist hoffentlich deutlich geworden und zeigt sich in der Realität, dass wir uns in einem grundlegenden gesellschaftlichen Wandel befinden, der weit über den Bereich der Wirtschaft hinausreicht. Wir brauchen daher ein ganz neues Ziel, eine neue Vision, die für diese neue Zeit geeignet ist, die bislang noch nicht existiert hat. Wir wollen hier einmal die wichtigsten Grundlagen bzw. Leitlinien dieser Vision in 10 Punkten darlegen.

Eine Vision ist dabei kein genauer Plan, keine starre Struktur, in der alle Details festgelegt sind, sondern sie ist vielmehr eine Art von Rahmen, eine neue Perspektive, ein Ziel, auf das wir zuhalten können. Auf dieser Reise sind wir ständig gehalten, eine solche Vision der konkreten Entwicklung und vorhandenen Wirklichkeit anzupassen. Eine Vision darf also kein Korsett sein, in das die Wirklichkeit nun hineingezwungen werden soll, sondern vielmehr eine Art globales Bild, eine Inspiration, ein Leuchtturm, auf den die einzelnen Schiffe in unruhiger und stürmischer See zuhalten, sich laufend danach ausrichten können, wo immer sie auch sind.

Die Vision kann und soll daher nicht alle Einzelheiten vorwegnehmen. Das wäre auch nicht sehr inspirierend, sondern eher abschreckend. Doch trotz fehlender Details bekommen wir hier schon ein recht genaues Bild, wie es ungefähr aussehen kann, was die wichtigsten Ziele, Werte, Leitlinien und Grundsätze sind, auf denen sich die neue Art von Wirtschaft gründen könnte. Die Vision ist dennoch kein bloßes Sammelsurium von Ideen, denn die einzelnen Teile müssen schon zueinander passen, stimmig sein und dürfen sich nicht widersprechen. Und vor allem müssen sie wie die Vision als Ganzes auf das Zeitalter passen, für das sie gedacht sind.

Vorab ist es aber noch unbedingt nötig zu erkennen, dass wir seit Ende des letzten Jahrhunderts – zumindest in der westlichen Welt – vom Industriezeitalter ins **Informationszeitalter** eingetreten sind, denn sonst können wir die Inhalte der Vision nicht wirklich verstehen, da sie nicht in unser jetziges Zeitalter passen. Dies geschah, während sich andere Staaten und Gesellschaften heute noch im Industriezeitalter befinden, auf Massenwachstum setzen und sich darin entwickeln. Einige sind sogar noch im Agrarzeitalter. Wenn wir also von der neuen Zeit, dem neuen Zeitalter und dem diesbezüglichen Wandel sprechen, so beziehen wir dies vor allem auf die Gesellschaften, die sich jetzt im Informationszeitalter befinden. Was sind die Kennzeichen dafür? Dieser Zustand zeichnet sich erstens dadurch aus, dass die Grenzen des quantitativen Wachstums in vielen Bereichen erreicht wurden (Rohstoffe, Energie, Produktion, Müll usw.); zweitens dadurch, dass in diesen Ländern anstatt bloßer Waren oder Materials (Stahl, Kohle usw.) immer mehr *Information* und *Kommunikation, immaterielle Güter* wie Film und Fernsehen, Software usw. produziert wird. Dies bedeutet, dass sich hier eine Unmenge von alten und neuen Medien ausbreitet, auch viele neue Arten von Kommunikation entstehen (Handys, SMS, Internet-chat), weiter, dass die Menschen wesentlich mehr Zeit mit den Medien, mit dem Internet verbringen, sich mit allen möglichen Informationen daraus beschäftigen. Das Wissen wird immer mehr vernetzt, kann von vielen abgerufen und leicht ausgetauscht werden. Es wird immer mehr mit Computern und informationsverarbeitenden Systemen gearbeitet und ein immer größerer Teil der Arbeit wird damit oder darüber abgewickelt. Das Internet wird immer mehr genutzt, nicht nur zum Informieren, sondern auch zum Verkaufen und Kaufen, zum Handel und für sonstige Bereiche des täglichen Lebens. Informationsentwicklung, -verarbeitung und -weiterleitung werden dabei zu einem sehr wichtigen Wirtschaftsgut, wie auch Kommunikation, Medien und Medieninhalte überhaupt. All dies sind immaterielle Güter, haben eine ganz andere Qualität und erfordern auch eine ganz andere Art und Weise des Umgangs als materielle Wirtschaftsgüter. So kann man ein materielles Gut nur einmal verkaufen, ein immaterielles aber mehrfach, beispielsweise Filme immer wieder neu lizenzieren. Das Wirtschaftswachstum geht künftig immer mehr über solch immaterielle Güter, auch über vom Staat schwer zu kontrollierende Information, statt über Masse oder über materielle Waren, die viel besser beherrschbar waren.

Schließlich zeichnet sich das Informationszeitalter auch dadurch aus, dass die Firmen immer mehr Know-how, technische *Erfindungen* und *Entwicklungen* herstellen, verkaufen und exportieren und dass darauf ihr Reichtum und ihre Einnahmen beruhen, *nicht mehr so sehr auf Produktion* von Massenware. Erfindungen, Neuheiten, Verfahrenstechnik, Design, Entwürfe, Architektenleistungen, Planungen beispielsweise für Stadtentwicklung oder für neue Umweltverfahren, überhaupt Pläne aller Art, neue Wege der Verarbeitung, der Kommunikation, neue Medien, alle diese Dinge bestehen wesentlich aus Information und sind geistiges Gut, und dies wird im derzeitigen Informationszeitalter immer mehr zum Schwerpunkt der Wirtschaft, während die noch notwendige Massenproduktion eher in die Staaten ausgelagert wird, die noch im Industriezeitalter sind und auch billiger produzieren können. Diesen Trend aufhalten zu wollen, wie es manche Politiker versuchen, wäre fatal, denn dann würde die Entwicklung stagnieren und das entsprechende Land würde den Anschluss an die Weltwirtschaft verlieren.

Obwohl wir in Europa erst vor kurzem in dieses Zeitalter eingetreten sind und gerade damit beginnen, uns darin zurechtzufinden (was manchen älteren Menschen noch schwerfällt), so zeichnet sich schon eine weitere Entwicklung ab, hin zu einem neuen Zeitalter, das ich das **Bewusstseinszeitalter** nennen will. Andere nennen es auch den Geist oder Spirit des dritten Jahrtausends oder das geistige Zeitalter, um noch andere Bezeichnungen zu erwähnen. Ich nenne es deshalb das Bewusstseinszeitalter, da der Name wie beim Informationszeitalter etwas über den wesentlichen Inhalt aussagt. Darin wird dann, wie sich bereits jetzt andeutet, das *Bewusstsein die führende Rolle spielen*, wird immer mehr erforscht, entdeckt und genützt. Man arbeitet dann nicht mehr so sehr mit dem Material und den Rohstoffen der Erde, auch nicht mehr allein mit dem Computer und der Information, die dennoch ein selbstverständliches Handwerkszeug bleiben werden. Vielmehr wird man immer mehr mit den

Ressourcen und Inhalten des Geistes arbeiten. So wird es immer mehr Verfahren geben, Bewusstsein zu transformieren, zu verändern und kreativ zu nutzen, damit zu arbeiten und damit Erfolg zu haben. Was früher nur wenige Erfinder, Genies, Künstler gemacht haben, diese emotionale und spirituelle Intelligenz in uns produktiv oder kreativ zu nutzen, wird dann vermutlich von vielen gemacht, und daraus wird der neue Reichtum und Wohlstand und auch ein ganz neues Lebensgefühl entstehen.

Diese Prognose eines neuen Zeitalters scheint verwegen, ist aber gut zu begründen. Wir haben schon angedeutet, dass die ganzheitlichen Wissenschaften, zumindest die grundlegenden wie Physik, Psychologie oder Philosophie, also jene, die wissen wollen, was die Welt im Innersten zusammenhält, dass diese inzwischen auf den Bereich des Bewusstseins zielen und von ihren verschiedenen Ansätzen aus hier zu erstaunlich ähnlichen Schlüssen gekommen sind. Philosophie, Psychologie, Mystik und Physik scheinen sich zu treffen in einem gemeinsamen Schnittpunkt oder Grund, den wir das Bewusstsein oder den Geist nennen könnten, wie es bereits der Physiker Max Planck vorausschauend gesehen hat. Dieser Inhalt war bisher den Wissenschaften recht fremd, wollten sie doch objektiv die Welt erforschen. Das Grundlegende aber, das in all den oben genannten Wissenschaften inzwischen erkannt wurde, und das ist für die „objektive Wissenschaft" neu, ist die bedeutende Rolle des Beobachters, des Subjekts oder des erkennenden Geistes. Kurz gesagt, alles zielt inzwischen darauf, nicht mehr nur das Objekt, sondern auch das Subjekt dieser Welt zu untersuchen, ohne das sie gar nicht existierte, zumindest nicht bewusst, also den Beobachter, den Schöpfer, denjenigen, der Neues erschaffen kann, oder, um es in der Sprache des Informationszeitalters oder unserer Computeranalogie zu sagen, den Benutzer oder Programmierer, der diese Information überhaupt erst erfindet, gestaltet, herunterlädt, der aber auch wieder alles löschen kann.

Wir haben bereits dargelegt, dass damit zugleich die Idee immer mehr in das Bewusstsein der Menschen tritt, dass alles Wesentliche, was überhaupt in der Welt erschaffen wird, von innen heraus, aus dem Geist heraus erschaffen wird, und so von innen nach außen wirkt. Es wird also erst im Geist erzeugt und konstituiert dann – so die neuen Erkenntnisse – über mehrere Zwischenstufen die Wirklichkeit, die wir erleben (vgl. dazu das Buch von Prof. Warnke aus physikalischer Sicht: Die geheime Macht der Psyche). Obwohl wissenschaftlich durchaus erklärbar aus Erkenntnissen der Quantenphysik wie auch der

Bewusstseinsforschung und der Tiefenpsychologie, ist diese Erkenntnis aber noch nicht ins Massenbewusstsein gedrungen, wo noch überholte Vorstellungen des Industriezeitalters vorherrschen, genauso wie manche Menschen noch die überholte Vorstellung haben, dass Atome und so auch Neutronen und Protonen eine Art von festen Kugeln sind, die wie Bälle herumschwirren. Ebenso sind diese neuen Erkenntnisse über den Beobachter und die Macht des Geistes zwar *bekannt*, aber noch nicht *erkannt* in ihrer Tragweite, und erst recht noch nicht im Massenbewusstsein angekommen. Aber dies ist nur noch eine Frage der Zeit.

Somit sind wir zwar noch nicht in diesem vorhergesagten Bewusstseinszeitalter, stehen aber kurz davor. So tauchen in vielen Bereichen der Wissenschaft immer mehr Menschen auf, beispielsweise in der Medizin und Bewusstseinsforschung, in der Physik, in der Philosophie, aber auch in der Wirtschaft und sogar im alltäglichen Leben, die beginnen, sich intensiv mit dem Bewusstsein auseinanderzusetzen, die beispielsweise beginnen, ihr eigenes Bewusstsein zu untersuchen. Es werden immer mehr Verfahren angeboten, von psychischen bis hin zu rein physischen der Gehirnwellenmanipulation, die darauf aus sind, Bewusstsein und deren Inhalte zu erforschen, es steuerbar und lenkbar zu machen und darüber zu lernen, wie es funktioniert und wie man es benutzt, verändert, verbessert und vieles mehr, auch wie man Störfaktoren, Hindernisse und mentale Blockaden beseitigt, und dies anstatt durch lange Mühe und Anstrengung rein durch Bewusstseinstechnologie. Immer mehr geistige Trainings entstehen und werden nachgefragt, Meditation wird gesellschaftsfähig, und immer mehr Literatur beschäftigt sich mit dem Geist, dem Bewusstsein, den geistigen Gesetzen. Erkenntnisse der Tiefenpsychologie gewinnen auch für den Normalbürger immer mehr an Attraktivität und Bedeutung, und sogar Werkzeuge wie Aufstellungen, die sehr fortgeschritten sind, weil sie bis ins kollektive Bewusstsein reichen, werden immer populärer. All dies sind die Zeichen und Vorboten der neuen Zeit, des Bewusstseinszeitalters, und darauf soll hier deshalb hingewiesen werden, da die folgenden Grundsätze, die Vision und vor allem die mögliche Umsetzung nur in diesem Kontext verstanden werden können.

Doch wer die Zeichen der Zeit sieht, kann sich schon jetzt darauf einstellen und sich darauf vorbereiten oder zumindest zu den ersten gehören, die diese Bewusstseinsverfahren für den eigenen Bereich anwenden, wie beispielsweise die neuen Verfahren von dynamischen Aufstellungen oder andere Methoden, Bewusstsein zu verändern und damit konkret auch die wahrgenommene, vorhandene Wirklichkeit. Denn so, wie die ersten Anwender von Computern und die ersten wirtschaftlichen Nutzer von Faxgeräten und später des Internets ihren Mitbewerbern eine bedeutende Nasenlänge voraus waren und daraus einen – oft auch geldwerten – Wettbewerbsvorteil zogen, so werden auch diejenigen, die sich jetzt schon mit dem Bewusstsein und seiner Handhabung befassen, später einen solchen enormen Wettbewerbsvorteil haben. Sie können einerseits dieses Wissen schon jetzt nutzen und daraus Vorteile ziehen, beispielsweise für die eigene Entwicklung, für die Mitarbeiter, für die Kollegen, es für den Erfolg oder die positive Umgestaltung der Firma nutzen, wie auch in späterer Zeit es mit den daraus gewonnenen Erfahrungen gewinnbringend weitergeben. Man darf nicht übersehen, dass Wissen Macht ist und auch bleiben wird.

Wenn wir hier nun schon die Grundlagen einer Vision für die Wirtschaft entwerfen, so soll sie eben nicht nur für *diese* Zeit und auch nicht nur für wenige Jahre gelten, sondern sie soll und wird bereits dieses zukünftige Zeitalter einplanen und berücksichtigen. Somit ist die hier vorgestellte Vision einer neuen, globalen Wirtschaft **ein Entwurf, wie Wirtschaft nicht nur im jetzigen, sondern vor allem im kommenden Zeitalter aussehen könnte**. Dies könnte für manche befremdlich sein, wenn sie sich im Bewusstsein und dessen Handhabung nicht auskennen und noch nicht damit beschäftigt haben, so wie Computer oder Handys für die Menschen vor hundert Jahren reine Fantasy oder Wunderdinge gewesen wären. Visionäre, die solche Entwicklungen in Buchform brachten, wie etwa Jules Verne, waren für die Mitmenschen reine Phantasten oder Spinner. Niemand glaubte, dass die beschriebenen Dinge jemals Wirklichkeit werden könnten. Auch die folgende Transformation hin zu dieser Vision, vor allem in der Wirtschaft, kann nur geglaubt und verstanden werden auf dem Hintergrund der Inhalte und Methoden des kommenden Bewusstseinszeitalters. Natürlich betreffen einige der hier dargelegten Punkte auch noch das Informationszeitalter, wie beispielsweise der aufgezeigte notwendige Wandel von der Quantität zur Qualität, da bereits schon bei der Information nicht die Menge, sondern der Wert der Information zählt. Doch insgesamt betreffen die hier vorgestellten Punkte der neuen Wirtschaft das neue Zeitalter des Geistes, das neue Bewusstseinszeitalter, und können auch nur darin und in diesem Umfeld verstanden werden. Dieses Zeitalter kommt nicht erst in ferner Zukunft, sondern könnte sich schon recht schnell zeigen. Wenn ich es spekulativ voraussagen sollte, schätzungsweise schon in fünf bis zehn Jahren, und in etwa zwanzig Jahren könnte es bereits konkrete Realität geworden sein, zumindest hier in Europa.

Spätestens in diesem Zeitalter gilt es dann auch für die Wirtschaft und ihre Führungskräfte, sich mit dem Bewusstsein intensiv auseinanderzusetzen. Nur daraus werden die hier im Folgenden aufgeführten Ideen in der Praxis umzusetzen und zu verwirklichen sein, und auch nur mit diesen neuen Methoden des Bewusstseins, also von innen her und nicht etwa von außen, was auch viel zu lange dauern würde. Es ist also noch einmal festzuhalten, dass diese Transformation in Wirtschaft wie auch Gesellschaft hin zu der hier vorgestellten neuen Sichtweise und Vision nicht von außen, nicht über Zwang oder über Gesetze kommen kann, sondern *nur über die freiwillige Wandlung des eigenen Bewusstseins derjenigen Unternehmer, Führer und Manager, die die Zeichen der Zeit erkannt haben oder die einfach reif und willens sind, diesen Prozess in sich zu beginnen*, ihn dann in ihrer Firma fortzusetzen und diese Wandlung im Außen so erfolgreich umzusetzen und zu präsentieren, dass viele andere, ebenso freiwillig, aufgrund dieser sichtbaren Erfolge nachfolgen werden, bis der „hundertste Affe" erreicht ist und dieses Verhalten „normal" wird.

Die folgenden Grundsätze und Ideen sind dabei so konzipiert, dass sie auch international Geltung finden und somit Grundlage sein könnten für eine neue, globale internationale Ökonomie, die mit und aus diesem neuen Bewusstsein heraus operiert, und es ist zu hoffen, dass sich dies – zumindest ansatzweise – auch weltweit verbreiten wird, wobei sicher jeder Kulturbereich andere Besonderheiten entwickeln und dabei andere Schwerpunkte setzen wird. Doch wenn diese notwendige Transformation erst einmal begonnen hat und der „hundertste Affe" weltweit erreicht ist, so wird sich keine Wirtschaftsmacht und kein Großunternehmen dem langfristig entziehen können, ebenso wie sich im Informationszeitalter niemand den Computern entziehen konnte und sie sich schneller eingeführt haben, als alle für möglich hielten. Diese Grundsätze und diese Vision können aber auch schon jetzt ein tragfähiger Rahmen für jedes Unternehmen und jeden modernen Unternehmer sein, wie auch immer sie dann im Detail ausgestaltet werden mögen, um sich oder das Unternehmen in die Lage zu versetzen, sowohl in der heutigen Zeit wirtschaftlich besser zu überleben, die derzeitige Krise meisterlich zu meistern, als auch insgesamt für die Wirtschaft eine Vorreiterrolle einzunehmen und bestens für das kommende Zeitalter gerüstet zu sein.

3.2. Die 10 wesentlichen Punkte einer neuen, visionären Ökonomie

1. Neue Zieldefinition und Sinnfindung, neue Rahmenbedingungen: Die Wirtschaft muss wieder ihr Herz finden.

Der gesellschaftliche Sinn des Wirtschaftens in der heutigen Zeit ist fast völlig verloren gegangen. Dies können wir am besten daran erkennen, wenn wir die heutige mit früheren Gesellschaften vergleichen, wo der partikulare Zweck des Einzelnen stets eingebunden war in einen übergeordneten Sinn. So wurde beispielsweise Handel getrieben und oft vom Staat gefördert und beschützt, um lokale Überschüsse gegen Überschüsse anderswo zu tauschen und so wichtige Waren bereitzustellen und oft auch die Ernährung der Bevölkerung zu sichern. Jeder Stand oder jede Zunft hatte ihren Sinn für das Ganze. So hatten die Bauern die Aufgabe, die Ernährung der Bevölkerung zu sichern, keinesfalls sich nur zu bereichern oder vielleicht aus Spekulation einmal nichts anzubauen, um die Preise hochzutreiben. Dabei konnten sie natürlich ihren Profit machen, so wie auch die cleveren Kaufleute im Handel ihren Gewinn machten, und zumeist profitierten alle davon. Fast alle großen Unternehmer des letzten Jahrhunderts, von Carnegie bis Henry Ford, schufen durch ihr Wirken eben nicht nur Vermögen für sich, wovon sie zugleich wieder viel für die Öffentlichkeit spendeten, sondern schufen wertvolle Produkte für die Menschen. Obwohl sich durch die Individualisierung der Gesellschaft dies langsam auflöste und immer mehr Spekulation und Profitdenken Einzug hielten, verstanden sich noch in der Nachkriegszeit die Unternehmer als Stützen der Gesellschaft, schufen Arbeitsplätze und das Wirtschaftswunder. Sie versuchten über zahlreiche Vereinigungen in ihrem lokalen Bereich auch humane Aufgaben und Fürsorge für das Allgemeinwohl zu übernehmen.

Doch parallel mit dem Sinken der öffentlichen Moral und des gesellschaftlichen Bewusstseins kamen im Yuppie-Zeitalter immer mehr jener Egoisten an die Hebel der Macht in Politik und Wirtschaft, die ihre einzige Aufgabe nur darin sahen, wie Haifische im Karpfenteich einfach nur so viel wie möglich Beute zu machen und dann zu gehen, ohne sich um die Folgen zu kümmern. Eine gewisse Amerikanisierung setzte ein, und es galt das amerikanische Motto: „Money talks... bullshit walks." Geld wurde zum einzigen Kriterium, und es war nur die Frage, wie verschämt oder unverschämt man dieses erreichte. Damit ging der Sinn des Wirtschaftens für die Gesamtgesellschaft völlig verloren, und es wurde nicht nur mehr und mehr Sinnloses produziert, sondern auch für die Allgemeinheit nützliche Firmen mit guten Produkten wurden aufgekauft, zerlegt und ausgeschlachtet, Gewinn gemacht und dabei verschwanden viele bewährte Namen und Marken vom Markt, obwohl deren Produkte nach wie vor gefragt waren und somit fehlten. Die reine Profitorientierung macht die Wirtschaft zum tollwütigen Tiger, der die Schafe schlachtet und ausnimmt, oft die eigenen Kinder frisst, obwohl es letztlich niemandem etwas bringt, wenn wenige Personen damit immer mehr Geld anhäufen. Wenn der Tiger nicht verachtet, geächtet oder vielleicht sogar zerstört werden soll, muss er wieder in die Gesamtgesellschaft eingebunden und ihr nützlich sein. Seine Existenz muss für alle und nicht nur für wenige einen Sinn haben, und dieser ist ein Dienst an der Allgemeinheit.

Der **Hauptsinn der Wirtschaft** ist es und wird es immer sein, für die Gesellschaft nützliche Produkte zu beschaffen oder herzustellen. Nützlich in dem Sinne, das Leben der Menschen zu erhalten und zu bereichern, es immer schöner und angenehmer zu gestalten (auch durch Kommunikation und Medien) und auch Waren dafür bereitzustellen, damit Menschen sich frei und ungehindert ausdrücken, sich ihr Heim und ihre Umgebung passend gestalten und ihren Lebenszweck und ihre Lebensaufgabe dadurch immer besser verwirklichen können. Ein Beispiel: Diesem Sinn folgend wäre es dann oft besser, langlebige und qualitativ wertvollere Produkte herzustellen als kurzlebige, um schnell mehr Umsatz und damit mehr Profit zu machen. So verkauften frühere Handwerker oft ihre Produkte mit Stolz und mit bestmöglicher Qualität, schufen sich Markennamen mit Anerkennung und hatten doch am Schluss einen guten Profit daraus. Diese Ausrichtung auf das Produkt und den Nutzen für die Menschen statt bloßer Gewinnausrichtung ist der wichtigste Wandel für die neue Wirtschaft, und es ist für uns alle zu hoffen, dass ihr dies gelingt durch verantwortungsvolle Unternehmer, denn nur durch jene und nicht durch äußeren Zwang kann diese Transformation geschehen.

Die absolut wichtigste Wandlung in der Wirtschaft und damit die vordringlichste Aufgabe der neuen Wirtschaftsführer ist es also, wieder den verlorenen **Sinn** des Wirtschaftens zu finden, vom sinnlosen zum sinnhaften Tun zu kommen, wieder sinnvoll zu werden im Sinne des Ganzen. Das Partikulare ist wie ein Krebsgeschwür, das nur für sich selber denkt, an seinen Profit, damit letztlich aber das Gesamtsystem zerstört und damit auch sich selbst – welche Dummheit. Die Wirtschaft muss also das sinnlose Krebswachstum in ihren Reihen beenden und den Krebs abstoßen, so dass alle Zellen bzw. Mitglieder wieder freiwillig in eine größere Ordnung sich eingebunden fühlen und sind und auch etwas Sinnvolles für die Allgemeinheit bereitstellen, so wie es auch jede gesunde Körperzelle tut.

Findet die Wirtschaft wieder den gesamtgesellschaftlichen Sinn, wird sie zugleich auch **aufhören, herzlos zu sein** und herzlos zu handeln. Herzlos kann nur sein, wer egoistisch oder ausschließlich partikular denkt, und wird dies aufgehoben, bekommt die Wirtschaft wieder ihr Herz zurück und wird auch von der Gesellschaft wieder akzeptiert. Wirtschaft ist nicht naturgegeben, sondern ist eine Erfindung der menschlichen Vernunft. Der Sinn dieser Erfindung und Transformation war, nicht einfach nur mehr Profit zu machen, sondern ökonomischer zu arbeiten, indem nicht jeder alles allein produzieren und anbauen musste, sondern die Menschen sich spezialisieren konnten und jeder seine Fähigkeiten und Begabungen nun voll ausleben konnte, zum Nutzen aller. Statt als Schmied beispielsweise noch zu ackern oder als Ackersmann noch zu schmieden mit wenig Lust und Geschick, konnte jeder das ihm am besten Gelingende machen, so dass schließlich über den eingeführten Handel und Austausch, den Markt, jeder mehr bekam, als er an seinem Ort vorfand oder selbst herstellen konnte. Kurz gesagt, durch die Spezialisierung und Einführung von Wirtschaft und Handel wurden erstens immer mehr menschliche Ressourcen frei, es gab einen Produktivitätsgewinn, das Handwerk (auch Kunsthandwerk) und andere Berufe konnten entstehen, und zugleich konnten die Menschen ganz ihrer jeweiligen Begabung nachgehen und hatten dadurch natürlich mehr Lebensqualität. Das machte Sinn, und **so hatte Wirtschaft Sinn**, sowohl für alle Beteiligten wie für die Gesellschaft als Ganzes. Daneben war dies auch profitabel, doch dies war nicht das Hauptmotiv, sondern die Folge dieses Tuns. Heute produziert kaum noch jemand dafür, etwas Schönes oder Nützliches für die Menschen herzustellen, sondern in erster Linie wird nur produziert oder auf den Markt gebracht, was den schnellsten Gewinn verspricht, selbst wenn dies langfristig einen Schaden ergibt.

So ist der Sinn ersetzt worden durch einen partikularen Zweck, und so dient die Wirtschaft zumindest von ihrer Motivation und ihrem Anspruch her nicht mehr dem Gemeinwohl, sondern fast nur noch dem Zweck des Profits oder des Gewinns, dem Shareholder-Value, dem Aktiengewinn, den man kurzfristig daraus ziehen kann. Wer wirtschaftet, tut dies nicht mehr für das Gemeinwohl oder um den Mitmenschen schöne Produkte zu schaffen, um ihnen sinnvolle Arbeit zu ermöglichen und Wohlstand, wie es noch Ludwig Erhard propagierte, sondern handelt heute fast ausschließlich aus egoistischen Zwecken, und hier spielt neben Geld auch Macht eine große Rolle. Selbst wenn sich ein Unternehmer dagegen sträubt, wird er von den Banken oder Shareholdern dazu gezwungen oder abgesetzt. Ein solches Handeln erscheint derzeit auch so selbstverständlich und normal, dass die hier aufgeworfene Frage nach dem Sinn für das Ganze für jene modernen Unternehmer schon anormal klingt. Somit ist in der heutigen Wirtschaft außer den partikularen Zwecken ein allgemeiner Sinn des Wirtschaftens nicht mehr zu erkennen.

Was folgt daraus? Wenn dieser Sinn und damit der Blick für das Gemeinwohl verloren ist, so wird das Ganze eher zum Tummelplatz von Piraten, Haifischen, Heuschrecken, wie sie der Volksmund treffend bezeichnet, also von Eigeninteressen, von bestimmten Zwecken, die Wirtschaft wird zum Krebsgeschwür der Gesellschaft, die sich früher oder später dagegen auflehnen wird. Es muss also an erster Stelle stehen, der Wirtschaft wieder ihr Herz, ihren Sinn zurückzugeben, damit ihre Bestimmung, und dies ist ein Sinn nicht für den Einzelnen, sondern für das Ganze. Dabei ist völlig legitim und soll überhaupt nicht bestritten werden, dass die einzelnen Mitwirkenden, die darin Handelnden zugleich ihre persönlichen Zwecke mit einbringen und natürlich auch Gewinn als Bezahlung oder Belohnung für ihre Leistungen erzielen, und die müssen durchaus nicht beschränkt werden. Haben Microsoft und Bill Gates es geschafft, Millionen Menschen den Computer mit einfacher Bedienung ins Wohnzimmer zu bringen, so ist es völlig legitim, solange dies freiwillig bezahlt wird, damit enorme Summen Geldes zu verdienen. Solange dieses Geld nicht durch Zwang, Manipulation, Preisabsprache, mangelnde Qualität, Betrug etc. erlangt wurde, sondern durch Bereitstellung nützlicher Produkte, ist dies völlig legitim und sollte auch nicht beschränkt werden. Nur können diese persönlichen Zwecke allein nicht genügen.

Wie zu Beginn von Wirtschaft überhaupt, wo ihr Sinn und auch der Nutzen für die Allgemeinheit klar zu erkennen waren, so muss die Wirtschaft jetzt wieder den Sinn bekommen, der gesamten Gesellschaft ein Fundament zu geben, die für die Menschen wichtigen Güter zu produzieren und ihnen auch zukommen zu lassen, ihnen Arbeitsplätze für diese Tätigkeiten anzubieten und einzurichten, den Güterverkehr zu organisieren, neue, bessere ökologische

Produkte zu entwickeln, die Arbeitsleistungen zu organisieren, zu kanalisieren und möglichst gerecht zu honorieren. Kurzum: Sie muss den Menschen **eine sinnvolle Arbeitswelt bereitstellen,** in der möglichst jeder seine Talente und Fähigkeiten entfalten und der Gesellschaft auch geben kann, und zugleich die benötigten Waren und Dienstleistungen für das Leben und die freie Entfaltung der Menschen bereitstellen. Dabei muss eine möglichst gerechte Verteilung der Mittel und Ressourcen, eine möglichst große Chancengleichheit der Anbieter, also ein wirklich freier Markt gewährleistet sein, an dem jeder, der will, auch teilnehmen kann. Der Wettbewerb muss reguliert und von Vernichtungswettbewerb frei sein und schließlich muss und wird es auch im freien Markt eine Ausgewogenheit zwischen Leistung und Honorierung geben. Ist der Markt wirklich frei und pluralistisch, wird jener Punkt sich von selbst regeln.

Mit diesem Sinn, der natürlich von Unternehmern und Unternehmen der neuen Zeit umgesetzt werden muss, wird die Wirtschaft nicht mehr als etwas Negatives und Bedrohliches gesehen wie ein wildes Tier, ein Räuber, der einem etwas **nehmen** will, das oder der die dummen Schafe scheren oder fressen will, und somit als etwas, das man bekämpfen müsste, sondern mit diesem grundlegenden Sinn wird die Wirtschaft wieder ihr Herz zurückbekommen, das den Menschen dienen und ihnen etwas **geben** will. Dieses Geben wird ihnen aber nicht nur nützliche Produkte, sondern auch eine sinnvolle Arbeitswelt bereitstellen, beispielsweise die Arbeit und die Arbeitsleistung der Menschen so human organisieren, dass jeder Mitarbeiter gemäß seinen Begabungen möglichst viel von sich einbringen kann, so dass die Human Resources der Gesellschaft optimal genützt werden. Die Mitarbeiter werden dadurch wiederum mehr Freude haben. Dadurch würden die Menschen nicht mehr entfremdete Arbeit ableisten müssen, sondern sinnvoll arbeiten dürfen. Sie wären dann nicht mehr gezwungen, rein des Geldes wegen zu arbeiten, ohne jegliche Freude daran, sondern sie würden, sobald sie auch einen Sinn und eine sinnvolle Aufgabe darin sehen, die sie mit Freude erfüllt, sich viel mehr in ihre Arbeit einbringen, für das Ganze nutzbar machen und ihren Teil zu dieser neuen Art von Wirtschaft beitragen. Es wäre dann, bildlich gesprochen, ein gesundes, sich austauschendes Ökosystem und nicht mehr ein Fischteich, in dem die größten Fische sich die anderen einverleiben, oder wie der bisherige Schafstall, in dem die Abhängigen mittels massiver Werbung und Manipulation geschoren werden und sich die Wölfe die größten Gewinne holen und Verluste sozialisieren.

Zu diesem neuen Sinn gehört auch ein **sinnvolles Produzieren von Gütern** oder Dienstleistungen, beispielsweise ohne ökologischen Schaden für die Gesamtheit. Heute wird schon deshalb so viel Sinnloses produziert, weil man nicht den Menschen etwas Nützliches geben – und dabei sicher auch gut verdient –, sondern nur das schnelle Geld machen will, ohne Rücksicht darauf, ob es den Menschen nützt oder schadet. Im Gegenteil – es wird der Schaden oft bewusst in Kauf genommen, z.B., wenn man nützliche Naturheilmittel vom Markt verschwinden lässt und durch teure und sogar ineffiziente Chemieprodukte ersetzt. Oder es werden künstlich neue Bedürfnisse geweckt, nur um etwas produzieren zu können, was zwar niemand braucht, aber den Menschen das Geld aus der Tasche zieht. Sinnvolle Produkte verkaufen sich letztlich von selbst, wie an vielen alten Markenprodukten wie der Nivea-Creme zu sehen ist, und bei neuen bräuchte es nur die Information zur Markteinführung, aber keine massiven Kampagnen. Dies bedeutet: Je sinnloser oder nutzloser die Produkte – und es scheinen immer mehr zu werden –, desto mehr Werbung brauchen sie, um sie sozusagen zwangsweise, durch Manipulation oder durch Überredung, abzusetzen. Oder immer mehr Lobbyarbeit ist nötig wie Gratisreisen (sogenannte Fortbildung) für Ärzte, um bestimmte Produkte mittels der Manipulation der „Gatekeeper" den Kunden aufzuzwingen. Dies ist volkswirtschaftlich gesehen nicht nur ein Nachteil für die Verbraucher, sondern zugleich eine immense Verschwendung von Geldern, und der gesamte Etat der Werbeindustrie muss letztlich wieder vom Verbraucher bezahlt werden, es ist sein Schaden.

Dieser neue Sinn muss sich auch in Bezug auf Nachhaltigkeit und Wiederverwendung, auf **sinnvolle Kreisläufe der Produkte, Waren und Rohstoffe** beziehen. Heute wird auch insofern noch sinnlos produziert, als sich beispielsweise bestimmte Produkte nicht leicht wieder recyceln oder in Naturkreisläufe zurückbringen lassen. Dies belastet langfristig die Umwelt und damit auch finanziell wieder die Gesellschaft, die eines Tages die Entsorgung teuer bezahlen muss. Sinnvoller wäre es, gleich so zu produzieren, dass diese produzierten Güter in den jeweiligen Kreislauf der Verwertung passen, also wieder zurückgenommen, neu verwertet oder eben recycelt werden. Es hat Sinn, wie die Natur zu produzieren, in immer sich erneuernden Kreisläufen, und dies muss auch für die vom Menschen erzeugten Produkte gelten.

Dadurch würde auch vermieden, viel zu kurzfristig zu produzieren, was ebenfalls gesamtwirtschaftlich gesehen keinen Sinn macht. Denn statt Hunderten von Plastiktellern könnte man sinnvoller einen stabilen Teller produzieren, mit dem man viele hundert Mal essen kann. Vielleicht ist es ja kurzfristig billiger, Hunderte von Papptellern zu produzieren als etwas Nachhaltigeres, und aus Gewinnsucht wird es auch so gemacht, kostet aber nachher über den ökologischen Schaden, Müllberge usw. viel mehr. Daher sollten diese Kosten auch für solche kurzsichtigen Produzenten umgelegt werden, so dass sie ganz von selbst die Lust verlieren, so viel Müll zu produzieren. Auch insofern ist es sinnvoller, nachhaltigere und weniger Müll verursachende Produkte anzubieten, und die neue Art von Wirtschaft muss auch darin einen Sinn sehen, dies zu leisten, und hier liegt auch ihre Verantwortung, die sie nicht dem Kunden aufdrücken kann, denn dieser ist nicht in der Lage, ständig alle Produkte daraufhin zu überprüfen. Vielmehr sind die Wirtschaft selbst und die verantwortlichen Führungskräfte in den Firmen hier gefragt, den Fokus darauf zu richten, inwieweit sie sinnvolle Produkte produzieren. Auch hier hilft kaum ein äußerer Zwang, da unmöglich verordnet werden kann, welche Produkte sinnlos sind und welche nicht. Doch können wir sicher Kriterien und Richtlinien dafür anführen, und jeder Unternehmer und jedes Unternehmen könnte sich daran messen. Was könnte also wenig sinnvoll sein in Bezug auf Produkte und Dienstleistungen?

- Produkte, die für die Verbraucher schädlich sind, sowohl in körperlicher wie auch in seelischer Hinsicht, so zum Beispiel gewalttätige Computerspiele, die Menschen eher zum negativen Verhalten führen oder animieren.

- Produkte, die nur zum schnellen Verbrauch bestimmt sind, obwohl es auch möglich wäre, sie für längerfristigen Gebrauch zu konzipieren.

- Produkte, die schon einen bestimmten Verfall oder Konstruktionsfehler enthalten, um nach bestimmter Zeit kaputt zu gehen zu dem einzigen Zweck, dass der Kunde dann etwas Neues kaufen muss.

- Produkte, die der Umwelt schaden, beispielsweise dem Trinkwasser oder auch der Nahrung, und hierunter fallen sehr viele Pflanzenschutzmittel, die eigentlich Umweltgifte heißen müssten.

- Produkte wie Rüstungsgüter, die keinen gesellschaftlichen Nutzen haben, aber immensen Schaden verursachen können, oder wie in USA frei verkäufliche Waffen.

Dies soll keine vollständige Aufzählung sein, sondern nur die Idee zeigen, dass die Wirtschaft auch wieder darauf achten muss, was sie herstellt und was die Folgen ihrer Produkte sind. Sinnvolle Produkte sind dann jedenfalls alle diejenigen, die von den Menschen gebraucht und nachgefragt werden, ohne jedoch die Gesellschaft in irgendeiner Weise zu schädigen. Dazu gehören natürlich auch schöne und künstlerische Dinge ohne praktischen Nutzen und ebenso auch Luxusgüter. Denn auch diese werden von Menschen nachgefragt, die einen bestimmten Stil leben wollen, und es ist völlig deren Sache, in welcher Fülle oder welchem Luxus sie leben wollen, *solange sie nicht anderen Wesen damit schaden*. Dies allein ist das Kriterium und nicht etwa den Menschen verordnete Güter wie im Kommunismus. So gibt es beispielsweise auch bei uns Politiker, die tatsächlich ihren „Schäfchen" vorschreiben wollen, wie oft und wie viel jemand pro Jahr im Flugzeug fliegen darf, alles andere erachten sie für nicht sinnvoll. **Jedes solche Zwangssystem ist in unserer Vision absolut abzulehnen**, da es die grundlegende Prämisse verletzt, dass die Wirtschaft dazu dienen soll, alle Menschen in der Entfaltung ihres Lebens und ihres Arbeitslebens zu fördern, so dass sie auch frei die von ihnen gewünschten Produkte wählen und kaufen können, solange sie nicht gemäß unserer obigen Definition der Gesellschaft schaden. Sinnlosigkeit liegt nur dort vor, wo dem Ganzen unter Vorspiegelung vielleicht kurzfristiger Gewinne oder kurzfristigen Nutzens mittel- oder langfristig Schaden entsteht oder wo Dinge künstlich produziert werden, die niemand braucht, so wie früher die mit Subventionen produzierten Milchseen oder Butterberge, die nur dazu dienten, mit noch größeren Steuermitteln dann wieder vernichtet zu werden. Dies wäre etwas Sinnloses gemäß unserer Definition, und anders herum ist alles sinnvoll, was den Menschen nützt, und wenn es auch nur ihr ästhetisches Empfinden wäre, oder womit sie sich ausdrücken wollen, und wenn es der neueste Ferrari ist, ohne damit anderen oder der Umwelt oder der Gesellschaft zu schaden. Dies wäre die ungefähre Leitlinie, und sie kann nicht von außen kommen oder auferlegt werden, sondern muss von den Unternehmern und Unternehmen gemäß diesem allgemeinen Kodex selbst bestimmt und ausgeführt werden, wobei die Kunden auch darüber durch ihren Kauf mit entscheiden können und damit die verantwortlicheren Unternehmer belohnen können.

Auf keinen Fall darf dies so missverstanden werden, dass der Sinn von Produkten in dem Sinne bestimmter Gruppen definiert werden sollte, sondern nach wie vor muss jede Gruppe und jeder Mensch im Wirtschaftssystem die Freiheit haben, seine ihm eigene Art von Arbeit, sein Talent, seine Begabung zu verwirklichen, seinen Interessen nachzugehen und seine speziellen Bedürfnisse zu befriedigen, solange dies der Gesellschaft auch langfristig nicht schadet. Somit ist einfach alles sinnvoll, wenn es nachhaltig und ökologisch ist, den anderen nicht schadet und von Menschen gebraucht wird bzw. ihnen Freude macht und ihnen nicht aufgezwungen werden muss wie heute die Krankenkassen. Sinnvolle Produkte und Dienstleistungen herzustellen muss also heißen, den Menschen das für ihn Nötige und Nachgefragte in reicher Auswahl zur Verfügung zu stellen, ihre wirklichen Bedürfnisse zu befriedigen, anstatt ständig neue zu wecken. Es heißt auch, immer bessere Produkte und innovative Verfahren zu entwickeln, die die Lebensqualität der Menschen verbessern können.

Auf jeden Fall wird die neue Wirtschaft, die Wirtschaft mit Herz und Sinn, nicht mehr dazu da sein, über das Gewähren von Arbeitsplätzen Menschen in Abhängigkeit zu bringen und auszunutzen. Dies wird auch in der neuen Zeit kaum noch funktionieren. Solche Firmen werden dann Probleme haben, geeignete Mitarbeiter zu finden, sobald es für die Menschen bessere Alternativen gibt. Jedes Unternehmen sollte wieder zu diesem Sinn, zu diesem ursprünglichen Zweck von Wirtschaft zurückfinden, nämlich sinnvolle Produkte herzustellen, die Arbeit der Menschen und ihre Arbeitsleistung immer besser zu organisieren, auszutauschen und ihren Wohlstand zu vermehren. Dabei sollte jeder Einzelne die Freiheit haben und den Spielraum, seine Fähigkeiten und Talente einzubringen. Die Firmen sollten dann dazu dienen, diese Arbeitsleistung in sinnvolle, nichtschädigende und verantwortliche Produkte umzumünzen, durch Steigerung von Innovation und Produktivität den langfristigen Wohlstand und Reichtum der Menschen in der Gesellschaft zu vermehren und das Ökosystem und die Lebensqualität zu verbessern, anstatt wie heute zu verschlechtern.

Das Gewinnstreben wird damit nicht abgeschafft, sondern vielmehr auf eine vernünftige und sinnvolle Basis gestellt, ist sozusagen die Belohnung für sinnvolles Handeln und nicht für Ausbeuten und Manipulation. Ferner bedeutet dies auch nicht, dass nun alle Menschen gleich viel verdienen müssten, sondern dass nach wie vor wertvolle und sinnvolle Ideen und größere und mutigere Leistungen finanziell mehr belohnt werden. In einer freien Marktwirtschaft regelt dies der Markt selbst, indem Kunden ja freiwillig für etwas bezahlen, was sie wertschätzen, und die Wertschöpfung daher auch dem Wertschöpfenden zusteht. Was und wie viel jeder in die Wirtschaft, seine Firma, Arbeit, Beruf einbringen will, liegt nach wie vor im Ermessen des Einzelnen, aber wenn er es einbringt, so wird es in einer solchen sinnvollen Wirtschaft für alle sinnvoll genutzt und bringt der Gesellschaft auch insgesamt mehr Nutzen.

Fazit: Die Wirtschaft muss wieder ihren Sinn und damit ihr Herz finden und damit

- den Menschen einen sinnvollen Arbeitsplatz geben, wo sie ihre Begabungen entfalten können

- sinnvolle Produkte und Dienstleistungen für die Menschen bereitstellen

- sinnvolle ökologische Kreisläufe von Waren und Rohstoffen organisieren

- gesamtgesellschaftlichen Nutzen erbringen (anstatt wie ein Krebsgeschwür zu sein)

- damit für die Menschen Sinn machen und ihnen Wohlstand und Fülle bescheren

Dazu müssen diese Leitlinien von verantwortlichen Managern und Wirtschaftsführern nicht nur ohne äußeren Zwang angewandt und umgesetzt, sondern auch den Menschen propagiert werden, die dann über den Konsum diese Entwicklung unterstützen können und in Zukunft auch immer mehr werden, da das Bewusstsein dafür zunimmt. Wenn die Wirtschaft wieder ihr Herz hat, wird sie ihr Räuberimage verlieren und wieder zum Freund und Verbündeten des Menschen werden und kann dann beginnen, auch gesellschaftliche Führung zu übernehmen.

2. Neue Unternehmer-Ethik: neue Werte, Ausrichtung, Verhaltensformen

Diese neue Wirtschaft braucht einen völlig neuen Typ von Unternehmer: weder den alten konservativen nach äußeren Regeln und Kodizes sich verhaltenden Unternehmer noch den nach Eigennutz strebenden und sich am Gewinn orientierenden Manager mit Ellbogenmentalität. Beide Arten haben ausgedient. Gefragt ist vielmehr ein Mensch wie bisher mit Führungsqualitäten, der aber den Sinn der Wirtschaft und auch seines Unternehmens für die Allgemeinheit versteht und sich auf seinem Posten sozusagen als Statthalter der Gemeinschaft sieht, zuständig für das langfristige Wohl des Ganzen. Beispielsweise muss ihn die Erhaltung der Arbeitsplätze oder besserer Arbeitsbedingungen genauso interessieren wie den Produktabsatz. Er muss vor allem zwei Eigenschaften besitzen, und diese sind **Bewusstheit**, um die Verflochtenheit zahlreicher beteiligter Faktoren heutigen Handelns zu sehen und um die Auswirkungen seines Handelns auch langfristig einschätzen zu können. Ferner muss er fähig sein, echte **Verantwortung** zu übernehmen, um verantwortlich zu handeln für seine Abteilung, seine Firma, für die Angestellten und für die Gesellschaft. Sollte es zu einem Interessenskonflikt kommen zwischen den Interessen für sich, der Firma oder der Allgemeinheit, so muss er eine verantwortliche Güterabwägung treffen können, anstatt nur auf seinen oder der Firma Vorteil zu schauen.

Doch diese neuen Unternehmer sind nicht nur das Ziel, sondern auch **die Quelle der angestrebten Transformation,** und ohne sie geht überhaupt nichts. Denn wir haben schon mehrmals dargelegt, dass der Wandel im Bewusstsein stattfinden muss, und im Falle der Wirtschaft ist es das Bewusstsein der Führungsetage, das sich wandeln muss. Dieser muss aber nicht nur hier stattfinden, sondern von hier muss er auch ausgehen und seinen Anfang nehmen. Es müssen sich verantwortliche und einsichtige Menschen finden, deren Interesse über Geldverdienen oder Machtspiele hinausgeht, die zugleich den Menschen wirklich helfen und deren Status verbessern wollen, die sich nicht damit zufrieden geben, den Shareholder-Value zu mehren, sondern sich als diese Führer mit Herz sehen, die etwas in ihrem Bereich bewegen und verbessern wollen, die sich erst zufrieden geben, wenn sie ihrer Verantwortung für das Ganze gerecht geworden sind und etwas Sinnvolles geleistet haben.

Obwohl es sicher im klassischen Unternehmertum zahlreiche Vorbilder für solches verantwortliche Handeln für die Gemeinschaft gegeben hat, so gibt es aber für den neuen Schritt im Bewusstsein und in der Wirtschaft noch keine konkreten Leitlinien oder Vorgaben. Daher spielen diese bewussten Unternehmer und Führungskräfte der neuen Zeit auch bei der Ausgestaltung dieser Verantwortung, bei der Sinnfindung, Zielsetzung und der Ausgestaltung neuer Leitlinien für die Wirtschaft eine große Rolle. Sie sind es auch, die aufgrund der allgemeinen Vorgaben eine für alle nützliche Wirtschaft ermöglichen, eine neue Ethik und einen neuen Verhaltenskodex untereinander und miteinander entwerfen und zunächst in ihrem Bereich durchsetzen müssen. Denn ihnen ist ja die

Macht gegeben über die Beschäftigten und über für die Gesellschaft wichtige Unternehmen oder Unternehmensbereiche. Daher sind sie nicht nur für die ihnen anvertrauten Firmen und die darin Beschäftigten verantwortlich, sondern sind zugleich auch Treuhänder für die Gesellschaft. Der neue Verhaltenskodex muss also in erster Linie umfassen, dass sie sich nicht mehr schädigend verhalten, weder gegen Beschäftigte noch Wettbewerber, sondern „sportlich" und fair, und die Interessen der Gemeinschaft und der Gesellschaft achten und fördern. Sie müssen also erstens neue Ziele für sich, für ihr Management, für ihre Firma, ihre Branche finden, beispielsweise ökologischere Produkte herzustellen, weniger Gifte einzusetzen usw., müssen aber zugleich eine neue Ethik definieren, bestimmte Werte festlegen, an denen sie sich orientieren können, denn ohne Werte gibt es keinen Sinn und ohne Sinn keinen immanenten (nicht von außen aufgezwungenen) Ordnungsrahmen. Diese neuen Werte müssen dann in einen allgemeinen Verhaltenskodex münden, der beispielsweise die Konkurrenz nur als sportlichen Wettbewerb, aber nicht mehr als Vernichtungswettbewerb zulässt, diesen vielmehr ächtet. Unternehmer werden wie einst im Lions Club oder sonstigen Organisationen wieder zu Wächtern des Gemeinwohls, zu Helfern der Gemeinschaft, und der Tiger wird somit zu einem Nutztier statt einer Bedrohung.

Leider sind wir inzwischen von dieser Vorstellung, dass Unternehmer und Manager auch für ihre Beschäftigten, ja für die Region, für die Branche und Gesellschaft mit verantwortlich sind, sehr weit entfernt. Manche handeln nicht einmal mehr für sich selbst verantwortlich. Da erscheint es fast wahnwitzig, hier einen neuen Verhaltenskodex oder gar eine neue Ethik, verbunden mit dieser umfangreichen Verantwortung, zu propagieren oder vorzuschlagen.

Ich kann mir das Grinsen mancher Bankvorstände vorstellen, doch auch das Ende der Dinosaurier kam schneller als erwartet. Denn was sie nicht verstehen, ist der Fortschritt im Bewusstsein der Menschen, und ob nun solche neuen Unternehmer rechtzeitig kommen oder nicht, das bisherige Verhalten wird auf jeden Fall geächtet werden und ist es bereits, nur dass sie aufgrund der Macht es noch nicht zur Kenntnis nehmen, wie einstmals Erich Honecker, der weder die Zeichen der Zeit sah noch sich vorstellen konnte, so schnell seine Macht zu verlieren. Doch die größte Macht kommt nicht aus Gewehrläufen, wie noch die alten Kommunisten glaubten, oder durch Geld, wie man heute glaubt, sondern kommt aus dem Bewusstsein, und dies ist nicht aufzuhalten. Es fragt sich nur, ob das Neue evolutionär oder revolutionär hervorbrechen wird.

Der Wandel zu einer neuen Wirtschaftsform ist daher, weil das Innen das Außen bestimmt, also das Bewusstsein das Sein und nicht umgekehrt, unumgänglich und innen bereits vollzogen, ähnlich wie sich bei der Französischen Revolution lange Zeit vor ihrem Ausbruch im Bewusstsein der Elite der Wandel bereits vollzogen hatte und dies dann nur noch Form annehmen musste. Doch nicht nur in der Elite und bei führenden Intellektuellen wird dieses jetzige System als überholt angesehen, wie im Buch von Dr. Hans Wielens, einem ehemaligen Vorstandsvorsitzenden und Finanzberater (Geld & Spiritualität – Ist die Krise der materiellen Welt überwindbar?), und in weiterer Literatur deutlich wird. Auch bei den „normalen" Menschen, dem Mann auf der Straße, ist schon das Bewusstsein dafür geschärft, dass die heutige Form der Wirtschaft ihn mehr oder weniger ausnimmt, ausbeutet, jedenfalls ihn nicht unterstützt oder fördert, nicht auf seiner Seite ist. Den Menschen wird mehr und mehr bewusst, was hier vorgeht, sie bemerken die Abhängigkeiten, in denen sie sich befinden, wie sie als Kostenstellen, Kostenfaktoren, eigentlich wie Nutztiere behandelt werden und entsorgt oder gekündigt werden, wenn sie nicht mehr gebraucht werden. In immer mehr Untersuchungen wird inzwischen bekannt, wie viel Schaden die sogenannten „fiesen Chefs" im Unternehmen anrichten, obwohl sie nach bisheriger Personalpolitik und dem Wert des Gewinnmaximierung bisher noch gefördert und befördert wurden. Doch ihre Zeit ist bald vorbei, sobald jedenfalls der angerichtete Schaden erkannt wird.

Auch kaum einer der Bürger glaubt heutzutage noch, dass die Wirtschaft uns hilft, Wohlstand zu vermehren, der Gesellschaft insgesamt nützlich ist, und sehen sie eher als Gegner. Dies ist äußerst bedenklich, denn kollektives Bewusstsein kann man nicht so schnell ändern. Von Unternehmerseite her werden statt gemeinsamen Wirtschaftens Kosten-Nutzen-Analysen in den Vordergrund gestellt, und viele Manager sehen die ihnen anvertrauten Menschen nur noch als Zahlen, als (Kosten)Faktoren, als Rohmaterial, mit dem natürlich im gesetzlichen Rahmen beliebig umgegangen werden kann, einfach als Dinge, zumal sich diese Leute ihnen „verdingt" haben. Diese Vorstellungen sind ein weiterer Ausfluss einer Wirtschaft ohne Herz, selbst wenn dies noch so gesetzlich geregelt ist. Herzlosigkeit kann man nicht durch Regeln wieder gutmachen, denn sie beruht auf einer Vorstellung vom Menschen, die noch aus dem Industriezeitalter stammt, wonach Menschen als Material gesehen werden, wie ein Rohstoff, der relativ beliebig eingekauft oder wieder beseitigt werden kann. Der „Mensch als Ding" ist aber nicht mehr zeitgemäß, und eine solche Einstellung wird im neuen Zeitalter geächtet werden.

Die Vision einer neuen Wirtschaft – „die Kraft des Tigers nutzen"

Neben einem neuen Umgang mit den Beschäftigten und mit der Gesellschaft überhaupt muss es aber auch im Verhältnis der Unternehmer und Unternehmen untereinander einen neuen Verhaltenskodex geben, der sich ebenfalls freiwillig entwickeln muss und wobei schließlich die geächtet oder vom Wirtschaften ausgeschlossen oder boykottiert werden, die sich nicht daran halten. Dies kann dadurch unterstützt werden, dass die Öffentlichkeit stets gut darüber informiert wird, wer sich daran hält und wer nicht. Der Werteverfall und der Egoismus der Einzelnen sind inzwischen so weit fortgeschritten, dass es auch untereinander kein Vertrauen, keine (Zahlungs-)Moral, keine Achtung mehr gibt, sondern der Schlauere oder Mächtigere setzt sich durch, und so gibt es auch hier eher ein Hauen und Stechen, einen Vernichtungswettbewerb, der früher undenkbar gewesen wäre. So hätte sich früher ein Unternehmer geschämt, dafür bekannt zu werden, dass er seine Rechnungen überlange nicht bezahlt, dafür Kleinbetriebe in den Konkurs treibt, doch heutzutage nehmen sich die großen Ketten immer längere Zahlungsfristen und -bedingungen, wie sie es wollen, und die anderen müssen sich fügen. Oder es wird überhaupt nicht mehr bezahlt, oder viel zu schleppend, und dann nur, wenn man wirklich gezwungen wird. Die eindeutig zu beweisende Verschlechterung der Zahlungsmoral ist nur ein wichtiges Beispiel dafür, dass auch der Umgang der Wirtschaftstreibenden untereinander immer schlechter geworden ist und nur noch der Wert des Eigennutzes zählt. Ehre, Vertrauen, Handschlag, Zuverlässigkeit, solide Wertarbeit, Wertschätzung der anderen Partei, gegenseitige Hilfe, das war gestern.

Ein solcher Werteverfall, wie beispielsweise das Schwinden der Zahlungsmoral, kann nur dann stattfinden, wenn ich den anderen und seine Leistungen nicht mehr respektiere, wenn ich sogar bewusst Schaden für ihn in Kauf nehme, indem ich ihn nicht bezahle, nur weil ich es *kann* und ich mächtiger bin als er. So treiben Konzerne ihre Kleinanbieter an den Rand des Ruins und lassen Rechnungen immer länger liegen oder zahlen mit großer Verspätung, nur um etwas Profit oder Zinsgewinn daraus zu schlagen, wobei sie wissentlich riesigen Schaden beim Lieferanten in Kauf nehmen, ja riskieren, dass jene dadurch pleite gehen, Beschäftigte arbeitslos werden. Im Mittelstand sieht es nicht besser aus, viele Handwerker sitzen immer länger auf immer mehr unbezahlten Rechnungen und dies führt zuletzt zu immer mehr Misstrauen auch zwischen Auftraggeber und Auftragnehmern.

Aber auch in anderen Bereichen sieht man den Werteverfall unter Unternehmern und Firmen, beispielsweise im Vertragsrecht. Während früher noch kurze Verträge oder Deal-Memos ausreichten, in denen das Wichtigste des Deals kurz festgelegt wurde, ja, manchmal sogar einfache Handschlag-Geschäfte abgeschlossen wurden, so braucht es heute meterlange Verträge, in der alle Einzelheiten geregelt sind, die ohne Anwälte gar nicht mehr zu leisten sind. Wie viel Mühe, Arbeit (von teuren Anwälten), Geld und Zeit werden heutzutage allein dadurch verschwendet, dass man wasserdichte Verträge abschließen muss, die jede Möglichkeit berücksichtigen. So müssen bei Geschäftsabschlüssen lange, komplizierte Verträge erstellt werden, man muss sie übersenden, lesen, gegenlesen, den Anwälten vorlegen und prüfen lassen, sie bis ins Kleingedruckte hinein studieren, bis sie endlich unterschrieben werden können. Dies zeigt, dass heute auch Unternehmer sich gegeneinander nicht mehr als geschätzte Kollegen, sondern nur noch als Beutestücke sehen, wobei der Stärkere den Schwächeren verschlingen kann, sobald ihm dies irgendwie gelingt. Die alte Kaufmannsehre wird von Ellbogenmanagern nur noch belächelt, wenn nicht sogar verspottet, und dies zeigt wie kein anderes Symptom den Niedergang des Systems, in dem es keine innere Ordnung mehr gibt.

Aus eigener Erfahrung kenne ich noch das Gegenteil, wo im Filmgeschäft ein Handschlag oder ein paar Zahlen, auf eine Papierserviette gekritzelt, genügten, um einen Millionen-Deal abzuschließen, und hätte es jemand gewagt, dies einmal nicht einzuhalten, wäre er sofort zur „Persona non grata" geworden und keiner hätte mehr mit ihm gehandelt. Das zeigt, wie es anders gehen könnte, sobald wieder ein Verhaltenskodex zwischen Unternehmern etabliert ist. Sobald es einige wichtige Unternehmen und Marktführer so machen würden, wären die anderen gezwungen, sich auch an diese „Spielregeln" zu halten, oder sie könnten nicht mehr am Markt teilnehmen. Dazu könnte noch eine öffentliche Ächtung kommen, sobald sich die Verbraucher ihrer Macht durch Kaufverhalten bewusst geworden sind.

Diese neuen, aber teilweise auch alten Verhaltens- und Umgangsformen vor allem der Wirtschaftstreibenden untereinander könnten auch von den entsprechenden Unternehmerverbänden und Wirtschaftskammern unterstützt werden, auch von Mittelstandsvereinigungen. Es könnten Rahmenrichtlinien und ein grundsätzlicher Verhaltenskodex mit Vorgaben, wie beispielsweise im Hinblick auf Zahlungsverhalten, festgelegt werden. So könnten darin bestimmte Werte des Umgangs miteinander wie auch im Hinblick auf Belegschaft, zur ganzen Branche und auch zum anderen Unternehmer als Leitlinien festgehalten werden. Wichtig für den Erfolg ist nur, dass sich eine bestimmte Zahl von Unternehmern einer Region oder die Marktführer in einem Bereich darauf einigen können und auch entsprechende Sanktionen festgelegt sind. Die Basis und Grundlage eines solchen Unternehmerkodex ist Rückkehr zu der seit Urzeiten geltenden sogenannten goldenen Regel, die besagt: „Was du nicht willst, dass man dir tu, das füge auch keinem anderen zu."

Dieser Weisheit liegt ein tiefes Wissen von der Vernetzung aller Dinge, vor allem auch der Taten, zugrunde, und dass ein Schaden immer dem Ganzen schadet. Diese Basisregel führt unmittelbar zu den für das neue Wirtschaften wichtigen Werten:

Wahrheit, Ehrlichkeit, Zuverlässigkeit und Vertragstreue, gegenseitige Achtung, gegenseitige Hilfe, solide Arbeit oder Lieferung, Absicht, grundsätzlich niemanden zu schädigen, die Haltung „leben und leben lassen", Toleranz und Rücksichtnahme, sportlicher und fairer Wettbewerb, Verantwortung für sich, das Unternehmen, die Mitarbeiter sowie für das Ganze.

Diese gegenseitige Achtung, Wertschätzung und Unterstützung ist die Grundregel, die von den Führungskräften und Unternehmern der neuen Zeit wieder beachtet werden muss, nicht von außen aufgedrängt, sondern aus freier Entscheidung. Sie basiert auf der Wertschätzung der Menschen, statt sie als Rohmaterial zur Bedürfnisbefriedigung zu sehen, und diese Wertschätzung ist der Schlüssel und die Basis dieser neuen Ethik. Auch wenn der andere Mensch in einer abhängigen Position ist oder als Konkurrent schwächer ist oder als Auftragnehmer bedürftiger ist und mich mehr braucht als ich ihn, so weiß ich doch als verantwortlicher Unternehmer, dass wir alle im selben Boot sitzen, und nutze diese Stellung nicht aus, sondern tue ihm nur solches an, was ich auch ihm erlauben würde mir anzutun. Dies ist *eine ganz einfache Entscheidung* und Abwägung, für die ich keine komplizierten Gutachten oder Handlungsanweisungen brauche. Sondern der moderne, bewusste Manager nach unserem Sinn könnte sich stets fragen kann: Möchte ich in seiner Position genauso behandelt werden, würde ich jetzt als dieser Arbeitnehmer das auch als fair und gerecht empfinden? Wenn man so fragt, dann wird man sicher die Rechnungen, sofern sie natürlich berechtigt sind, gern und schnell bezahlen, denn man würde sich auch freuen, schnell und gerne bezahlt zu werden.

Wende ich also grundsätzlich diese **goldene Regel** an im Umgang mit anderen Marktbeteiligten, so werde ich mich nicht nur gut fühlen, sondern um so besser wird auch das gemeinsame Klima, und dies ist dann auch das Ende der tyrannischen Bosse und der „fiesen Chefs". Zuerst wird sich dadurch das Betriebsklima verändern, dann das Klima in der ganzen Branche oder ganzen Wirtschaft, und es wird wieder leicht und einfach, Geschäfte zu machen. Den einzigen Nachteil haben die Vertragsanwälte. Greift dieses Verhalten um sich, werden die alten Egoisten und Haifische ausgebremst, umso leichter wird das allgemeine Wirtschaftsklima, und dies wäre schon Gewinn genug. Doch kann ich aus der psychologischen Forschung und Erfahrung hinzufügen, dass ein solches Verhalten auch vom Leben selbst und von den Mitmenschen honoriert werden wird. Neben der Achtung und Würde, die sie auf dem Gebiet genießen, werden sie aufgrund von Freiheit von psychologischer Schuld, die sonst unbewusst zur Selbstbestrafung und Selbstsabotage führt, einfach mehr Glück haben bei ihren Aktionen, werden leichter erfolgreich sein und es auch bleiben im Gegenzug zu jenen, die mal kurz die schnelle Mark machen. Diese Belohnung des Lebens sollte zwar nicht im Vordergrund stehen, sonst wäre sie wieder ein egoistisches Motiv, sondern man sollte aus ethischen Gründen handeln, ohne auf den Lohn zu schauen, ganz einfach, weil sie auch so behandelt werden wollen. Tun sie dies, werden sie aber ganz automatisch gemäß dem Gesetz der Resonanz (ein wichtiges Prinzip im Bewusstsein) die Früchte ernten, die sie gesät haben. Ein Schweizer hat daraus einmal ein Prinzip zur Erlangung von Reichtum und Erfolg entwickelt und es das Lola-Prinzip genannt. Doch will ich hierauf nicht weiter eingehen.

Sollten Sie aber als moderne Führungskraft diese neuen und doch uralten Werte wieder annehmen und nach ihnen leben, ganz unabhängig von äußerer Notwendigkeit, so werden Sie sich selbst gut fühlen, Sie werden von Ihren Mitmenschen und selbst Konkurrenten geachtet werden, und Sie werden mehr und mehr so behandelt werden, wie Sie nun andere behandeln. Dies sind genügend gute Gründe, damit anzufangen, selbst wenn Sie der erste damit sein sollten. Die anderen Affen werden spätestens nach dem hundertsten Affen folgen und sie werden dann die Ehre haben, unter den Visionären gewesen zu sein.

Fazit: Die Manager mit dem neuen Bewusstsein werden neben echter Führungsstärke wieder Verantwortung übernehmen müssen, und dies mehr als je zuvor, nicht nur für sich selbst, sondern auch für die Firma, für die Beschäftigten, für die Branche, ja die ganze Wirtschaft und die Gesellschaft, und nur noch Handlungen durchführen, die (nach Güterabwägung) auch dem Ganzen nützen. Grundlage ist die Einsicht, dass wir nicht wirklich getrennt voneinander agieren und anderen schaden können, ohne letztlich und endlich uns selbst zu schaden.

Wir sitzen gerade in der heutigen Zeit der völligen Vernetzung im selben Boot und können nicht mehr nur für partikulare Interessen einstehen und diese durchsetzen. Dies führt prinzipiell zu einer Rückkehr zu der goldenen Regel des Verhaltens, dass man nur dies tun soll, was man auch anderen erlauben würde, einem selbst zu tun. Daraus können die Manager und Wirtschaftsführer der neuen Zeit einen neuen Verhaltenskodex entwickeln, auch mit einer neuen Zahlungs- und Vertragsmoral, der auch mittels der Unternehmerverbände und Kammern durchgesetzt werden könnte, so dass sich davon ausgrenzende Unternehmer auch wirklich ausgegrenzt werden, einfach dadurch, dass niemand mehr mit ihnen Geschäfte macht und sie auch öffentlich angeprangert werden.

Die wichtigsten Werte sind einfach aus der besagten goldenen Regel abzuleiten, die man auch in jedem Fall anwenden kann, wenn man sich seiner Handlungen nicht sicher ist. Die wichtigsten neuen Werte für den Wirtschaftstreibenden sind, und dies schließt auch die Mitarbeiter ein:

- Verantwortung für sich, das Unternehmen, die Mitarbeiter, auch für das Ganze

- Wahrheit, Ehrlichkeit, Zuverlässigkeit und Vertragstreue

- gegenseitige Achtung, Wertschätzung, gegenseitige Hilfe

- solide Arbeit oder Lieferung, Absicht, grundsätzlich niemandem zu schaden

- sportlicher und fairer Wettbewerb

- Klugheit und Maßhalten, Vernünftigkeit

- leben und leben lassen, Toleranz und Rücksichtnahme

- faire Entlohnung und faire Preise, die den anderen leben und überleben lassen

- kollektives Ziel: das Vermehren von Wohlstand und Fülle für alle

Dadurch und auch, weil die Unternehmer dies aus sich heraus freiwillig entwickeln müssen (und werden) und es nicht von außen aufgezwungen werden wird, können die Unternehmer auch wieder einen moralischen Führungsanspruch in der Gesellschaft bekommen und (statt zu Buhmännern) hierdurch wieder zu Pionieren, Visionären und Vorbildern werden für die Menschen.

3. Neue Ethik und neues Image des Unternehmens: „Corporate Social Responsibility" (CSR)

Diese Werteumstellung und vor allem die Verantwortungserweiterung von bloßer Rechenschaft gegenüber Aktionären, Shareholdern und Banken hin zur Verantwortung für das Ganze, also den Betrieb, die Beschäftigten, die Branche, die Wirtschaft, bringen natürlich auch eine ganz andere Art von Unternehmen hervor. Die neue Art des Unternehmers drückt sich in einer neuen Art von Unternehmen aus. Der **Hauptunterschied zur bisherigen Einstellung liegt darin, das Unternehmen nicht mehr als isoliert zu betrachten**, als eines gegen andere, das ständig kämpfen und sich durchsetzen muss, wie etwa eine Krebszelle, die sich gegen das Ganze durchsetzt. Vielmehr wird das Unternehmen als Teil eines größeren Ganzen gesehen, das sowohl für sich selbst Gewinne macht, aber auch wie eine Körperzelle sinnvoll dem Ganzen dient.

Bereits heute zeigen sich Ansätze zu dieser Bewusstseinsveränderung im internationalen Management, und man bezeichnet dies mit dem englischen Begriff „Corporate Social Responsibility", kurz CSR genannt. Es zeichnet sich **ein eindeutiger Trend** in diese Richtung ab, wenn er auch noch oft nicht echter Verantwortung und dem Dienst an der Gesellschaft entspringt, sondern weil Konzerne erkannt haben, dass Faktoren wie Nachhaltigkeit, Umweltmanagement und Übernahme oder Mithilfe bei sozialen Aufgaben geldwerte Vorteile sein können. Dies wiederum ist ein wichtiger Anreiz, warum es zu diesem Wandel kommen muss und kommen wird. Denn das Bewusstsein der Bevölkerung und der Käufer wird immer größer und damit immer mächtiger. Schon vor einigen Jahren konnte Shell nicht einfach wie geplant eine Bohrinsel im Meer versenken, sondern wurde durch das Käuferverhalten und das negative Image in den Medien daran gehindert.

Doch letztlich müssen die Manager dies nicht nur aus Gründen des **Firmenimages** tun, sondern weil sie sich wirklich verantwortlich fühlen für die Folgen ihrer Taten für das Ganze. Dies wird zu einer echten sozialen Verantwortlichkeit der Unternehmen des neuen Zeitalters führen. Im Unternehmen und in dessen Führungsspitze wird klar, dass das Unternehmen nicht isoliert von der Gesamtentwicklung der Menschen zu sehen ist. Beispielsweise wenn viele Menschen arbeitslos werden, so können sie auch nicht mehr so viele Produkte nachfragen, und wenn das Image der Firma einem Haifisch entspricht, der Menschen in der Dritten Welt ausbeutet, so kann man nicht ein liebevoll gemachtes Qualitätsprodukt anpreisen. Diese einfache Einsicht setzt sich auch heute schon durch, selbst wenn sie nur dazu dient, das Image der Firma zu verbessern, um Produkte der eigenen Firma besser verkaufen zu können oder in einem Bereich Kompetenz zu beweisen.

Auf jeden Fall zeigt sich hier sehr deutlich, wohin der Trend im Massenbewusstsein geht, und große Konzerne stellen sich darauf bereits ein. Es dient demzufolge dem Unternehmen, wenn es soziale Verantwortung zeigt, wenn es seinen Beschäftigten gut geht, wenn es ökologisch verantwortlich handelt, wenn es bei Katastrophen hilft, und zwar mit Einsatz und nicht nur mit Spenden, wenn es gesellschaftliche Ereignisse sponsert oder wichtige soziale Einrichtungen unterstützt. Der Trend geht also dahin, dass die Unternehmen **wieder Schutzfunktion und Hilfsfunktion für die Menschen übernehmen** und nicht mehr die Gegner sind, vor denen man sich fürchten muss und von denen man ausgenommen wird. Statt wie bisher auf bloße Spenden, die öffentlich wenig Beachtung bringen, setzen immer mehr Unternehmen auf **„Corporate Volunteering"**. Dies bedeutet, die Ressourcen und Fähigkeiten des Unternehmens werden direkt eingesetzt. So hat die Post-Tochter DHL nach dem Tsunami 2004 direkt geholfen und ist heute ein Partner der Vereinten Nationen, indem sie zwei „Disaster Response Teams" unterhält, die bei solchen Katastrophen das Flughafenmanagement übernehmen. Damit werden zwei wesentliche Ziele zugleich erreicht:

- Erstens zeigt man der Öffentlichkeit viel mehr als durch Spenden, dass dieses Unternehmen sich sozial und gesellschaftlich verantwortlich fühlt, direkt und schnell hilft und sich für andere einsetzt, und

- zweitens zeigt man der Öffentlichkeit, dass man auf diesem Feld große Kompetenz hat, so dass man sogar von den Vereinten Nationen hierfür geschätzt wird. Einem solchen Unternehmen wird man dann eher die Logistik anvertrauen.

Ignoranz gegenüber diesem neuen Bedürfnis der Menschen nach sozialer Verträglichkeit und sozialem Engagement der Unternehmen hat inzwischen auch **negative finanzielle Folgen**, und hieran zeigt sich auch, wie sich die Wirtschaft durch den freien Markt selbst transformieren kann, auch ohne Maßnahmen von außen. So wurde an der Universität Hamburg die Kursentwicklung von Unternehmen verglichen, wobei die Papiere der CSR-affinen Unternehmen im Durchschnitt um 8% besser abschnitten. Und glaubt man einer Studie der Unternehmensberatung Ernst & Young, so sind Werte wie Vertrauen, Integrität und Nachhaltigkeit, auch transparente Kommunikation und Offenheit die wichtigsten „Drivers of Financial Reputation", was sich natürlich entsprechend positiv auf die Kapitalbeschaffung und die Kapitalkosten auswirkt. Allein schon aus diesen wirtschaftlichen Gründen werden zunächst die großen, später aber auch die kleineren Unternehmen nicht daran vorbeikommen, diese soziale Verantwortlichkeit zu entwickeln oder zumindest vorzutäuschen. Letzteres wäre aber ein sehr kurzfristiges Denken, denn früher oder später setzt sich die Wahrheit durch.

Auch für die Gewinnung von wichtigen Mitarbeitern wie überhaupt für die eigene Belegschaft des Unternehmens werden das Image und die soziale Verantwortlichkeit des Unternehmens immer wichtiger. So gewinnt man die besten Köpfe und Mitarbeiter für sich, zieht innovative und verantwortliche Manager und kreatives Personal an, wie Chris Weeks, Direktor für Humanitäre Aufgaben bei DSL, einmal zitiert wurde: „Bewerber für Top-Jobs bevorzugen heute Unternehmen mit starken ethischen Werten." Aber auch nach innen wirken dieses Programm und dieses Image direkt auf die eigene Belegschaft. Mitarbeiter, die nicht nur für ihr Gehalt, sondern im Bewusstsein arbeiten, etwas für die Menschen und die Gesellschaft Sinnvolles und Nützliches zu tun, arbeiten nicht nur motivierter und engagierter, sie sprechen auch besser über das Unternehmen und vertreten es besser nach außen.

Fazit: Aus der Diskussion über die Notwendigkeit neuer Werte und neuer Umgangsformen folgt bereits, dass hier auch entsprechende Änderungen bei den Firmen anstehen. Konzerne wie auch mittlere Unternehmen können sich in unserer derart vernetzten Welt nicht mehr als isoliert betrachten, sondern müssen die Folgen ihres Handelns für das Ganze betrachten. Wenn sie sich nun wieder in die Gesellschaft eingebunden fühlen und neben ökologischer auch soziale Verantwortung übernehmen (CSR), so zeigt sich dies vor allem über die eigenen Produkte hinaus in ihrem sozialen und gesellschaftlichen Einsatz, im Corporate Volunteering (CV). Dies bedeutet konkrete Hilfe und konkrete Taten, am besten im eigenen Tätigkeitsfeld, denn dies wiederum zeigt oder promotet die eigene Kompetenz auf diesem Gebiet. Diese CSR dient nicht nur wie bisher dem Firmenimage, sondern ist auf mittlere Sicht eine überlebensnotwendige Strategie, da das öffentliche Bewusstsein dafür zunimmt und Firmen, die dies missachten, nicht nur Imageschaden hinnehmen müssen und vom Verbraucher dafür abgestraft werden können, sondern auch negative Folgen in ihrem Rating auf dem Finanzmarkt und ein schlechtes Bild bei der Belegschaft fürchten müssen. Die Firmen der Zukunft, die jetzt überleben und im Bewusstseinszeitalter führend sein wollen, müssen daher folgende Kriterien entwickeln oder ausbauen:

- ethische Werte und gesellschaftlich sinnvolle Ziele für die Firma definieren: Wofür steht sie, wofür setzt sie sich ein, womit kann man sich identifizieren (z.B. Tierschutz)?

- Kernidee: mit Anstand Geschäfte machen und unlautere, unfaire ablehnen

- soziales Engagement möglichst im eigenen Tätigkeitsbereich zeigen (CV)

- ökologisches Engagement zeigen und Mitwirkung beim Umweltschutz

- gesellschaftliches Engagement zeigen durch Unterstützung von Förderprojekten

- Mitarbeiter als wertvolles Gut behandeln, fördern, gesund erhalten, dies vorzeigen

Wichtig ist natürlich parallel dazu, diese Vorgaben, Leitlinien und Aktivitäten publikumswirksam durchzuführen und öffentlich zu propagieren nach dem alten Motto: Tue Gutes und sprich darüber. Dies ist schon deshalb wichtig, damit der Kunde die Chance bekommt, dies auch zu honorieren, und zugleich ist es ein gutes Recht der Firma, hat sie doch die Transformation gemeistert und die der Wirtschaft eigentlich zustehende Führungsaufgabe, Schutz- und Hilfsfunktion übernommen, und somit ist der Tiger statt wie bislang zu einer Bedrohung sogar zu einem geschätzten Freund geworden.

4. Neue Orientierung: Qualität statt Quantität

Diese wachsende Verantwortlichkeit für das Ganze in dem Wissen, dass wir letztlich alle im selben Boot sitzen, führt zu einem anderen wichtigen Punkt für das kommende Zeitalter, der, wenn er übersehen wird, unmittelbar zum Aussterben oder Verdrängtwerden vom Markt führen wird: der Wandel von der Quantität zur Qualität, und dies in vielerlei Hinsicht, beispielsweise beim Produkt, bei Mitarbeitern, bei Fortschritt, bei Bildung und vielem mehr. Dieser Wandel geht weit über die Wirtschaft hinaus und ist ein grundsätzlicher Paradigmenwechsel in der menschlichen Entwicklung. Seit ältesten Zeiten hieß es immer: Je mehr, desto besser. In Zukunft wird es aber heißen: Je (qualitativ) besser, desto besser.

Schon im jetzigen Informationszeitalter zeigt sich dieser Trend deutlich, da man einerseits an die Grenzen quantitativen Wachstums stößt, wie sicher inzwischen jeder bemerkt hat, der ganze Planet an seine Grenzen gekommen ist, andererseits man auch die Unsinnigkeit bemerkt, immer mehr haben zu müssen, denn dies führt eben nicht zu immer besserer Lebensqualität, sondern ganz im Gegenteil – unser Leben wird dadurch immer belasteter. So werden wir inzwischen mit einer Flut von Informationen überschwemmt aus zahlreichen Zeitungen, Zeitschriften, Büchern, Radio, Fernsehen, Filmen und vor allem dem Internet und jetzt sogar den Handys. Schon hier zeigt sich, dass nicht mehr Information besser ist, sondern bessere und spezifischere Information. Auch wollen wir inzwischen nicht mehr Fernsehprogramme oder mehr Filme, sondern allenfalls bessere. Die Quantität stößt auch in unserem Zeitbudget schnell an ihre Grenzen, aber nicht die Qualität, die durchaus und problemlos zu steigern wäre.

Daher ist zukünftig die einzig sinnvolle Methode, etwas noch zu steigern oder vermehrt abzusetzen, eine Steigerung der Qualität, ob nun Design oder Effizienz oder Umweltverträglichkeit oder was auch immer. Denn die quantitative Verbreitung der meisten Produkte hat inzwischen die Sättigungsgrenzen erreicht, und selbst wenn nicht, wird eine Ausweitung der Produktion so nicht weitergehen können, da unser Planet und unsere Umwelt eine ständige Zunahme an Müll und Abwässern u.s.w. nicht mehr verkraften können. So bleibt der inzwischen sinnvolle Weg, die Qualität zu steigern. Sie wird künftig das Maß aller Dinge. Bei der Informationsverbreitung wird dies inzwischen auch gesehen, und die Suchmaschinen beispielsweise konkurrieren weniger darum, noch mehr Informationen zu beschaffen, sondern die bessere und gezieltere Information, und dies wird vom Kunden auch so verlangt werden. Ferner gibt es auch noch ein Kostenargument, denn die bloße Massenproduktion wird heutzutage von Billig-Lohn-Ländern durchgeführt, gegen die wir weder konkurrieren können noch sollen. Wer darauf setzt, wird untergehen, zumal auch eine Abschottung heute kaum noch möglich ist. Unsere hochentwickelte Wirtschaft muss daher genau den anderen Weg gehen und auf Hochentwickeltes, qualitativ Wertvolles und Besonderes setzen, und dafür können auch die für uns nötigen Preise am internationalen Markt erzielt werden, wie es große Unternehmen vormachen, die hochwertige Autos in den Billig-Lohn-Ländern verkaufen. Doch mit ihnen auf dem Level der Quantität konkurrieren zu wollen ist völlig unsinnig und würde auch nicht lange durchgestanden werden. So bleibt einzig die Steigerung der Qualität, und diese neue Bedeutung von Qualität wird sich auf vielen Ebenen zeigen:

a) bei den Produkten, Waren und Dienstleistungen

b) bei den Mitarbeitern der Firma, dem Personalbestand

c) beim Fortschritt, der nicht mehr quantitativ und linear, sondern nur noch qualitativ und in Regel-Kreisläufen erfolgen kann

d) bei der Bildung und Ausbildung

e) bei der Information (Wissen ist Macht / besseres Wissen ist mehr Macht)

zu a) Bei Produkten, Waren und Dienstleistungen kann die Qualität auf vielerlei Arten gesteigert werden. Sie können langlebiger und stabiler werden oder schöner und ästhetischer, besser auf den einzelnen Kunden zugeschnitten, oder effizienter und auch ökologischer. Bereits in der Umwelttechnik wird mit diesen Kriterien geworben und werden Marktanteile gewonnen, nicht einfach durch Massenware und über den Preis. Dieser ist zwar wichtig, aber nur ein Kriterium gegenüber den genannten anderen. Die Firmen werden sich sicher in bestimmte Richtungen spezialisieren, so dass beispielsweise in der Autoindustrie die eine Firma mehr auf ausgefallenes Design setzt, die andere mehr auf Langlebigkeit, die dritte wiederum mehr auf ökologische Faktoren. Natürlich ist es optimal, alle diese Qualitäten zu verbessern, aber man wird sicher Schwerpunkte setzen, die dann beworben werden können und zu einem Markenzeichen werden, wie die Langlebigkeit der Autos bei Daimler-Benz. Ein solches Image hält auch noch lange an, selbst wenn die Produkte faktisch keine oder kaum noch bessere Qualität haben, es ist also eine Investition in die Zukunft.

Firmen sind also gut beraten, nicht nur am bloßen Preiskampf teilzunehmen. Dies können sie durchaus auf bestimmten Feldern machen, doch wird es immer einen billigeren Konkurrenten geben. Daher müssen sie zukünftig darauf achten, zumindest auf bestimmten Gebieten die Qualität ihrer Produkte zu verbessern. Bei Dienstleistungen sind es vielleicht das Design oder der Service, der durchaus bezahlt werden wird, denn auch Zeit ist Geld, und bevor jemand ein Produkt kauft mit schlechtem oder zeitraubendem Service, wird er eher ein etwas teureres Produkt kaufen mit einem schnellen und guten und daher zeitsparenden Service. Ging der Trend im letzten Jahrhundert zur Massenproduktion – und diese wird sicher noch eine Weile für Gebrauchsgüter nötig sein, die aber dann aus Billigländern kommen werden –, so geht jetzt der Trend in allen Bereichen zu mehr Design, zu mehr Individualität, zu mehr Besonderheit, zu vielfältigerem Ausdruck, zu (hoffentlich) ökologischeren und langlebigeren Produkten, jedenfalls immer mehr – auch im Servicebereich – auf den Menschen zugeschnitten. Wenn Firmen dies leisten, wie Google in der Informationsbranche, und Dienstleistungen einfach besser statt mehr anbieten, dann werden sie auch Erfolg haben.

Diesem Trend zu folgen ist ein sicherer Weg dazu, und eine Umkehr ist nicht in Sicht.

zu b) Firmen, die ihre Mitarbeiter noch wie Dinge behandeln, als einzukaufende Arbeitskraft, und sie entsprechend wie Nutztiere – natürlich gemäß gesetzlichen Vorschriften – behandeln, die ihre Mitarbeiter als Kostenfaktoren sehen, die eine rein quantitative Leistung (Arbeitszeit oder Produkte) erbringen müssen, wie es heute noch in vielen Banken und Betrieben geschieht – diese Firmen sind zukünftig äußerst benachteiligt oder dem Untergang geweiht. Denn auch das Bewusstsein der Menschen ändert sich, und abgesehen davon, dass immer weniger von ihnen so behandelt werden wollen, ist es auch für die Firmen selbst nicht effizient. Denn wenn immer mehr Qualität erzeugt werden soll, wie wir oben dargelegt haben, dann brauche ich dafür auch immer bessere Mitarbeiter oder muss die bisher brach liegenden Fähigkeiten und Talente ausschöpfen, muss die Beschäftigten ständig fördern, statt sie nur auszupressen im Hinblick auf quantitative Leistung, die immer mehr auch von Maschinen übernommen werden kann. So werden mechanische Arbeiten oder bloßes Verwalten, Sortieren oder sonstige eintönige Arbeiten sicher immer mehr von Robotern und intelligenten Maschinen übernommen werden. Dies ist letztlich ein Glück, denn nun können die Menschen wieder das machen, was sie wirklich können und auch gerne tun, kreativ, handwerklich, künstlerisch oder kreativ arbeiten oder mit Freundlichkeit und Freude den Service ausführen, wie es Maschinen nicht können.

Hierarchisch strukturierte Firmen, deren Mitarbeiter ihre Zeit einfach absitzen oder rein mechanische Leistungen erbringen, einfach der Entlohnung wegen, können zukünftig niemals mit Firmen mithalten, deren Mitarbeiter engagiert und kreativ arbeiten, sich mit der Firma identifizieren, sich und ihre Ideen gerne einbringen und Spaß an innovativer Leistung und Bewältigung von Herausforderungen haben. Hier muss das entscheidende Umdenken ansetzen, und manche großen internationalen Firmen, vor allem bei neuen Technologien, haben dies bereits getan: Nicht mehr das bloße Kapital zählt, sondern das Knowhow der Firma, das Humanpotential, die Fähigkeit der Mitarbeiter, kreativ und flexibel auf den Markt zu reagieren, selbstständig zu denken, mitzudenken und sich in die Firma einzubringen, zu deren Vorteil zu denken und auch zu handeln, da sie wiederum den einzelnen Mitarbeiter wertschätzt, honoriert und fördert. Durch ein Zwangssystem bisheriger Menschenführung über Controlling, Rationalisierung und Einsparungen sowie über Druck oder über Geld ist so etwas nicht zu erreichen, und Firmen mit dieser Einstellung werden bald am Markt scheitern, sobald es genügend andere gibt, bei denen sich fähige Mitarbeiter bewerben können und dorthin auch abwandern werden.

Daher gilt es für vorausschauende Unternehmer und Manager, zukünftig verstärkt auf die Qualität der Mitarbeiter zu achten, sie auch danach einzustellen, aber dann sie auch zu fördern, zu motivieren, ihre Talente und Fähigkeiten zu mobilisieren, auch ihre Herzen für die Firma zu gewinnen. Dies kann nie durch Druck, sondern nur durch Wertschätzung geschehen, auch indem man ihre Bedürfnisse erkennt und achtet, wie beispielsweise Kinderbetreuung, flexible Arbeitszeiten, Erholungsstätten, Gewährung von individuellen Pausen oder Arbeitsplatzgestaltung, Anerkennung ihrer Leistungen, Mitspracherecht bei Entscheidungen und vieles mehr. Zunächst sieht es so aus, als wenn dies unnötige Kostenfaktoren sind (und Controller würden dies auch nie begreifen, warum man so etwas tun sollte). Doch die Investition in die Mitarbeiter wird sich auszahlen, denn sie sind es vor allem, die den Produkten und dem Service des Unternehmens die oben erwähnte nötige Qualität oder den Qualitätsvorsprung vor dem Mitbewerber verleihen, die nötige Flexibilität am Markt, die nötige Innovation oder effizientere Produktion. Natürlich sind solche Mitarbeiter auch weniger krank und erbringen auch mehr Leistung, doch ist dies nicht der ausschlaggebende Punkt, sondern es ist der Vorsprung im Bewusstsein, und das liegt in den Mitarbeitern.

In unserem Tiger-Training ist ein wesentlicher Punkt, diese Wertschätzung zu erzeugen und das verborgene Potential in den Mitarbeitern zu erkennen und freizulegen. Neben dem Nutzen für die Firma haben solche Mitarbeiter auch mehr Lebensfreude und mehr Begeisterung für ihre Arbeit und werden auch dies nach außen tragen.

zu c) Der Fortschritt der Gesellschaft und vor allem der Wirtschaft kann nicht mehr in quantitativer Vermehrung gesucht oder gefunden werden – ständig müssten der Absatz, die Produktionszahlen, der Umsatz, die Marktanteile steigen. Durch dieses nicht mehr zeitgemäße Denken kommt es ja bei Erreichen der quantitativen Grenzen zu Versuchen der Übernahme anderer Wettbewerber, um ja noch irgendwie wachsen zu können. Wie sinnvoll das ist, und vor allem wie dumm und kostspielig, hat sich in der Fusion von Daimler-Benz mit Chrysler gezeigt, und inzwischen sind auch andere Firmen wieder davon abgekommen, auf diese Weise noch weiter zu wachsen. (Fiat-Übernahme gestrichen) Das Wachstum wird sich in besseren Produkten, selbst wenn es weniger sind, zeigen, mit denen schließlich aufgrund ihrer Qualität mehr verdient wird. Dies hat sich vor allem bei den Banken noch überhaupt nicht herumgesprochen, deren Bewertung der BWL vor allem auf quantitative Faktoren ausgerichtet ist und die daher Unternehmen geradezu behindern, sich modern auszurichten, wettbewerbsfähig zu bleiben und sich vielleicht sogar zu verkleinern, um sich zu verbessern. Den modernen Unternehmern kann ich daher sowieso nur privates Kapital empfehlen, wie es auch immer mehr in Mode kommt, denn solange die Banken dies nicht begriffen haben, und dies hat auch teilweise zu der jetzigen Bankenkrise geführt, führen sie die übrige Wirtschaft mit ihrem quantitativen Mess- und Bewertungssystem mit in den Untergang. Wo ist denn eine bedeutende Bank, die Faktoren wie Mitarbeiterqualität, Mitarbeiterzufriedenheit, Produkt- und Servicequalität und Innovativkraft des Unternehmens misst statt ihrer „hard factors" aus der Steinzeit?

Der Fortschritt, den es in der menschlichen Entwicklung immer geben muss und der nicht, wie andere meinen, einfach gestoppt werden könnte (so wenig, wie man das Leben stoppen könnte), wird sich eben nicht mehr quantitativ, sondern qualitativ zeigen, und das ist gut so. Es wird dann nicht mehr, sondern bessere und effizientere oder intelligentere Produkte geben. Wer diesen Trend erkennt, der wird sich darauf ausrichten und den Fortschritt seiner Firma nicht daran messen, wie viel Output herauskommt, sondern welche Qualität und auch welcher Gewinn, denn dieser hängt von der Bereitschaft des Kunden ab, einen bestimmten Preis zu zahlen, und nicht von der Menge, die dann nur mit Dumping verkauft werden kann.

Der zukünftige Fortschritt wird daher im Wesentlichen ein Fortschritt in Qualität und Effizienz sowie auch an Schönheit, Design und Individualität sein, und eben dafür wird der Kunde auch bereit sein, einen Preis zu bezahlen, der satten Gewinn bringt. Glücklicherweise hat der deutsche Mittelstand dies teilweise schon lange begriffen, ganz im Gegensatz zu seinen Banken, und hat nicht zuletzt deshalb so große Exporterfolge, obwohl die Löhne für die Spezialisten und Fachleute bei uns sehr hoch sind und hohe Preise genommen werden müssen. Dennoch werden diese auf dem Weltmarkt bezahlt, und zwar genau deshalb, weil man auf den Fortschritt in Qualität und Effizienz und Spezialität gesetzt hat, und das ist auch der Schlüssel für eine erfolgreiche Zukunft.

zu d) Diese Entwicklung wird sich natürlich vor allem im Informations- und Bildungssektor zeigen und verstärken, wo schon bisher nicht das Mehr an Wissen, sondern das bessere oder speziellere oder überlegenere Wissen von Vorteil war und auch sein wird. Bei der Information kommt es darauf an, gezielte und passende und präzise Informationen zu haben, also auch hier mehr Qualität statt Quantität. Als Bediener von Info-Systemen bis hin zum Fahrkartenautomat brauche ich gezielte und für mein Vorhaben wertvolle Information, nicht einfach eine Menge davon. Das Wissen und die Informationen müssen also intelligenter und effizienter verarbeitet und dem Kunden oder Benutzer verabreicht werden, also auch hier eine Steigerung von Qualität. Und nur diese ist möglich, da die Menge der zu verarbeitenden Information im Menschen begrenzt bleibt, auch an ihre Grenzen stößt und diese Grenzen mit unserer heutigen Informationsüberflutung auch deutlich sichtbar werden.

Auch in der Ausbildung der Menschen sowohl in der Schule wie auch im Betrieb gilt: Wir können nicht immer mehr Wissen in die Schüler hineinstopfen, obwohl das gesamte Wissen in fast jedem Bereich ständig zunimmt. Es bleibt daher nur eine qualitative Verbesserung zu immer mehr Weisheit statt Wissen, zu mehr vernetzter Information statt bloßer Menge, zu mehr Bildung statt wie früher bloßem Abspeichern von Wissen. Somit werden nicht mehr die Fachspezialisten oder „Fachidioten" gefragt sein, die auf einem bestimmten Gebiet eine Menge an Wissen haben, sondern übergreifend ausgebildete Personen, die intelligent Wissen finden, abrufen, vernetzen und immer neu kombinieren können, ohne notwendigerweise alle Details des jeweiligen Gebietes zu kennen. Es wird also vermutlich wieder zu einer Wertschätzung der Weisheit und nicht des bloßen Wissens kommen, obwohl dies nach wie vor unverzichtbar sein wird. Daher wird es wichtiger, übergreifend und synthetisch denken und Wissen verarbeiten zu können als bisher vor allem analytisch. Das bloße Abspeichern von Wissen können Datenbänke übernehmen, und der Wissenschaftler der Zukunft muss vor allem einen Überblick über das Wissen haben, muss wissen, wo man es abrufen kann, es auch synthetisch und kreativ vernetzen und damit qualitativ hochwertigeres Wissen hervorbringen. Man könnte diese Fähigkeit auch als Weisheit bezeichnen, denn dies ist eine höhere Qualität als Wissen. Dies wird auch Auswirkungen auf die Schulen der Zukunft haben, obwohl ich hier nicht näher darauf eingehen will. Doch jene Schulsysteme, die oben genannte Weisheit oder übergreifendes Denken fördern, auch den intelligenten Umgang mit Information, werden denen überlegen sein, die noch Wissen einpauken nach dem alten Motto: je mehr, desto besser. Denn auch hier gilt unser grundlegender Satz: Nicht mehr Wissen ist besser, sondern spezifischeres, genaueres, besser vernetztes Wissen ist besser.

Fazit: Die Grenzen des quantitativen Wachstums sind in fast allen Bereichen erreicht, und somit kann es zukünftig nur einen Fortschritt geben über qualitatives Wachstum, und dieser zeichnet sich bereits ab. Nur so können wir in Deutschland noch Exporterfolge erzielen, indem wir auf Qualität in vielen Bereichen setzen, in besserer Effizienz, Design, Langlebigkeit, Handhabbarkeit, Ökologie- und Umweltverträglichkeit und Individualität des Produkts. Dafür kann man auch entsprechende Preise erzielen und Gewinne machen, wie sie durch Ausweitung der quantitativen Produktion kaum noch möglich sind. Dieses Wissen um den Paradigmenwechsel von der Quantität zur Qualität ist eine der wichtigsten Einsichten des modernen Managers und Unternehmers und wird auch über die Zukunft seiner Firma oder seiner Abteilung wesentlich mit entscheiden.

5. Neue Zusammenarbeit: Kooperation statt Konkurrenz

Die nicht nur in Wissenschaft und Gesellschaft sich immer mehr ausbreitende Bewusstheit, dass wir im selben Boot sitzen und dass ein angerichteter Schaden wo auch immer letztlich wieder auf uns zurückfällt und es daher langfristig sinnlos ist, anderen zu schaden um des kurzen eigenen Nutzens willen, führt auch dazu, dass die Zusammenarbeit der Firmen untereinander zunehmen wird. Diese Tendenz zeigt sich schon in den Staaten dieser Welt, nicht nur in Europa, wo immer neue Kooperationsabkommen geschlossen werden und die Zusammenarbeit der Nationen auf vielen Feldern zunimmt.

Obwohl die derzeitige Wirtschaft noch dem Partikulardenken verhaftet ist, eine Situation analog zu den vielen Kleinstaaten Deutschland im 19. Jahrhundert, und jeder gegen jeden kämpft, wird sich auch hier ein Wandel vollziehen müssen aus der Einsicht heraus, dass wie bei der Entstehung Europas es viel profitabler wird, zusammenzuarbeiten, miteinander zu kooperieren, das Gegeneinander abzubauen und zum Miteinander umzugestalten. Kurz gesagt: Konkurrenz muss mehr zur Kooperation werden oder zu einer fruchtbaren Konkurrenz, in der wie bei den Olympischen Spielen alle Beteiligten letztlich profitieren, entweder dadurch, dass sie und ihre Produkte gewinnen und Erfolg haben, oder dadurch, dass ihnen vom Markt gezeigt wird, wo etwas verbessert werden kann.

Wir haben bereits in Kapitel 2 die drei Arten von Konkurrenz unterschieden, und diese Unterscheidung ist wichtig, da diejenigen, die von Konkurrenz reden, nicht immer dasselbe meinen. Wir haben also unterschieden zwischen:

- **Konkurrenz mit sich selbst**, ständige Verbesserung und Optimierung der eigenen Leistung

- **Konkurrenz mit anderen** in freiem, sportlich-fairem Wettbewerb

- **Konkurrenz als Machtkampf** mit dem Ziel, den anderen zu verdrängen oder zu vernichten

Da wir von der Prämisse ausgehen, dass alles mit allem zusammenhängt und ein Schaden an einem Wirtschaftsbeteiligten einen Schaden an der ganzen Wirtschaft darstellt und die ganze Gesellschaft ihn wiederum tragen muss und er somit zu vermeiden ist, so können wir nur die ersten beiden Konkurrenzformen als gesund bezeichnen, die letztere dagegen als schädlich oder ungesund, da sie zwar für den Gewinner einen Erfolg darstellt, aber unter dem Strich der Wirtschaft insgesamt schadet und damit gesamtgesellschaftlich kein Erfolg ist. Die modernen Unternehmer, die soziale Verantwortlichkeit ernst nehmen, werden also möglichst so handeln, dass freie Konkurrenz gelebt werden kann mit dem Motto, dass der Bessere gewinnen möge, aber der Verlierer die Chance hat, daraus zu lernen, und nicht gleich vernichtet wird. Diese Art von Konkurrenz macht das Handeln am Markt wieder eher zu einem Spiel als einem Kampf.

Mit einer solch gesunden Konkurrenz wäre schon viel gewonnen, doch darüber hinaus lässt die Prämisse der gegenseitigen Vernetzung auch vermuten, wie in dem Beispiel von Europa gegenüber den unzähligen Staaten und Kleinstaaten des 19. Jahrhunderts zu sehen ist, dass eine stärkere Zusammenarbeit noch viel nützlicher als bloße Konkurrenz sein könnte. In manchen Bereichen könnte Kooperation zwar die Konkurrenz nicht ablösen, aber doch ergänzen, sonst kämen wieder Trägheit und vielleicht Oligopole ins Spiel, indem Wettbewerber gewisse Erfindungen gemeinsam entwickeln oder produzieren, indem man gegenseitig Know-how austauscht, das dann nicht extra entwickelt werden muss, dass man Produkte gemeinsam produziert, wo dies sinnvoll ist, so wie etwa beim Airbus, der von vielen Firmen aus mehreren Staaten hergestellt wird. So kann vor allem bei größeren Projekten jede Firma genau das beitragen, was ihr wesentliches Merkmal oder ihr Vorzug ist, und so kann Kooperation viele Vorteile bringen. Diese sind beispielsweise Synergieeffekte, Kosteneinsparungen, Vermeidung von parallelen Entwicklungskosten, Vermeidung hoher Werbekosten, um den Konkurrenten zu bekämpfen, effizienter Einsatz von Ressourcen und vieles mehr.

Es haben bereits in der Vergangenheit Wissenschaftler ausgerechnet, dass, wenn es statt Konkurrenz Kooperation unter den Menschen geben würde, Reichtum und Wohlstand sehr zunehmen würden. Ohne nun dies im Einzelnen überprüfen zu können, so ist doch generell einsichtig, dass <u>Kooperation der beste und effizienteste Weg der Produktion</u> ist, mit geringen Nebenkosten. Konkurrenz dagegen verursacht immer parallele Entwicklungskosten, viele vergebliche Produkte, die dem Markt nicht standhalten, vor allem riesige Werbekosten oder Preis-Dumping, damit ein Produkt gegen andere durchgesetzt werden kann, was wiederum alles vom Verbraucher bezahlt werden muss. Dennoch hat auch die Konkurrenz ihren Vorteil, denn hier werden Produkte getestet und verworfen, entsteht eine größere Pluralität und Vielfalt, entstehen wie bei den Olympischen Spielen auch ein gewisser Ehrgeiz und Tatendrang, besser oder schneller zu sein mit seinen Leistungen.

Daher kann es auch in Zukunft nicht heißen, entweder Konkurrenz oder Kooperation. **Die nach unserer Definition gesunde Konkurrenz muss bleiben, aber Kooperation und Zusammenarbeit müssen zunehmen.** So können sich Firmen zusammenschließen, um bestimmte Umwelttechniken zu entwickeln, wobei die eine sich auf Sonnenwärme, die andere auf alternative Brennstoffe, die nächste wiederum auf Energiespeicherung spezialisiert. Oder man tauscht sich aus und kauft voneinander, wie beispielsweise viele Autofirmen das von Porsche entwickelte Automatik-Getriebe verwenden. Dieses bringt Porsche zusätzliches Geld und erspart den anderen hohe Entwicklungskosten. Kooperation ist also auf vielen Gebieten nützlich und sollte vor allem im Hinblick auf den daraus resultierenden Wohlstand für das Gesamtsystem immer mehr von den Verantwortlichen gesucht und praktiziert werden.

Dafür sind natürlich bestimmte geistige und ethische Voraussetzungen nötig. Neben den schon angesprochenen Werten wie gegenseitige Achtung, Wertschätzung, Toleranz usw. ist es hier vor allem der Wert des Vertrauens... Vertrauen vor allem in die Ehrlichkeit und Fairness des anderen, Vertrauen, dass man auch etwas zurückbekommt und nicht nur ausgenommen wird, Vertrauen, dass alle davon profitieren werden. In der jetzigen Wirtschaftsform und mit dem jetzigen Wertevakuum ist dies so gut wie unmöglich. Dies sieht man in der Bankenkrise schon darin, dass keine Bank der anderen traut und einzig der Staat als Garant auftreten muss, um gegenseitige Geschäfte abzusichern, wie unter Räubern und Dieben, die sich nicht mehr über den Weg trauen, weil sie von sich selbst keine gute Meinung haben und eine höhere Instanz brauchen, um noch Geschäfte abzuwickeln und zu garantieren. Soweit ist es derzeit gekommen, aber dies dürfte auch der Bodensatz sein und das äußerste Ende der Fahnenstange.

Daher ist für eine fruchtbare und vermehrte Kooperation zum Wohle und zum Wohlstand der Menschen zuerst nötig, dass das geforderte neue Wertesystem eingeführt und durchgesetzt wird, zumindest teilweise oder branchenweise, und es Wirtschaftsführer mit neuem Bewusstsein gibt, die wieder verantwortlich handeln und vor allem über den eigenen Tellerrand hinaus für die Wirtschaft übergreifend denken und handeln. Gibt es wieder ein stabiles Wertesystem und eine innere Ordnung, so entsteht Vertrauen, vor allem wenn es durch Taten von CSR untermauert wird, und dieses Vertrauen wiederum ist die Basis der Kooperation. Dadurch würde vieles leichter, vieles effizienter, vieles einfacher und auf jeden Fall gewinnbringender. Das Motto in der Wirtschaft würde sich dann wandeln **vom Ich zum Wir, vom Gegeneinander zum Miteinander**, und dies kann nur positive Effekte haben, wie schon der gesunde Menschenverstand leicht einsehen wird.

Kooperation ist also auch eines der Merkmale der neuen Wirtschaftsordnung und des neuen globalen Wirtschaftens, und es ist schon heute zu sehen in vielen kleinen regionalen Tauschbörsen oder Netzwerken, die durch Kooperation und Zusammenarbeit viel Nutzen für ihre Mitglieder schaffen oder erzeugen können. Doch im großen Stil, in der nationalen Wirtschaft wird es erst dann wieder möglich sein, wenn neue Leitfiguren die Wirtschaft leiten, die die Haifische und Heuschrecken abgelöst haben, und vor allem wenn eine neue Wertordnung zumindest in Teilen der Wirtschaft entstanden ist, deren Handelnde sich gegenseitig schätzen, entsprechend sachlich und ethisch angemessen miteinander umgehen und sich so vertrauen können, was wiederum die Basis für immer mehr Kooperation und Zusammenarbeit sowohl im regionalen wie auch nationalen und internationalen Bereich sein wird. Es wird also noch eine Zeit dauern, bis diese Kooperation unter Menschen auch in der Wirtschaft möglich ist, doch wird die Zeit parallel zu dem neuen Bewusstsein kommen und dann sehr viel Wohlstand bringen.

6. Neue Art der Führung:
Teamwork statt Hierarchie, Miteinander statt Gegeneinander

Durch die bereits angesprochenen Veränderungen im Bewusstsein und die sich abzeichnenden Entwicklungen zwischenmenschlicher Kommunikation werden sich auch der Führungsstil und die Art der Führung im Unternehmen sehr verändern.

1. Erstens haben wir von einer Veränderung der Rolle des Menschen im Betrieb, des Mitarbeiters gesprochen und von der neuen Wertschätzung, die den Mitarbeitern entgegengebracht werden wird und muss, wenn die gewünschten Ergebnisse erzielt werden sollen. Hierdurch wird der Mensch nicht mehr als

Ding, sondern als eine Quelle der Kreativität und Schöpferkraft betrachtet, als ein Spiegel von sich selbst, als Partner, als Freund, und damit kollidiert dieses neue Bild des Mitarbeiters mit hierarchischer und autoritärer Führung.

2. Ferner entstanden im Informationszeitalter Vernetzung und Kommunikationsaustausch auf horizontalen Ebenen, so dass der Wissensstand über die Vorgänge des Unternehmens sowie der Wirtschaft viel höher und präsenter ist als früher, als noch „die da oben" sich nicht in die Karten schauen ließen. Die Abschottung der Ebenen ist viel durchlässiger geworden und sollte es auch sein.

3. Schließlich ist es auch nötig, die Mitarbeiter anders einzubinden, zu motivieren, sie als Partner statt als Arbeitssklaven zu sehen, um die für die Zukunft nötigen Innovationen, den flexiblen Service am Kunden, die freien und kreativen Leistungen zu bekommen, um das Human Potential wirklich auszuschöpfen. Dies ist mit bisherigem Druck und hierarchischer Führung nicht zu erreichen.

4. Als letztes Argument sind auch die Entscheidungswege und Entscheidungszeiten in solchen alten Strukturen viel zu lang und zu langwierig. Feedback über den Arbeitsprozess, Anpassungen und Entscheidungen können auf horizontaler Basis viel schneller ablaufen.

Welche Art von Führung passt also besser in das Unternehmen der Zukunft? Dafür müssen wir einmal prinzipiell die drei hauptsächlichen Arten unterscheiden, die derzeit auf diesem Planeten möglich sind bzw. praktiziert werden:

A) Die hierarchisch-animalische Führung: Belohnung und Bestrafung

Sie ist der klassische Fall und wird bis heute noch bei allen Militärs und auch vielen Firmen, auch in klassischen Religionsgemeinschaften gepflegt und hat den Vorteil einer klaren Struktur. Hier gewinnt der Stärkere, oder der Obere befiehlt und der Untere führt aus, und dies hängt weder vom Intelligenzquotienten noch von der Stichhaltigkeit oder Vernünftigkeit der Entscheidung ab, sondern einfach nur davon, wer in der Hierarchie der Obere ist.

Die Mittel, Führung durchzusetzen, basieren auf Belohnung und Bestrafung, und dies sind die Konsequenzen bei Verweigerung. Dieses Modell ist aus dem Tierreich entlehnt, und da es mit äußerlichem Zwang, Druck, Drohung oder Belohnung arbeitet, also mit Zuckerbrot (Orden, Geld, Anerkennung) und Peitsche (Bestrafung, Kündigung, Kürzung, Ächtung), nenne ich dies auch das animalische Modell. Es wird bis heute noch in großen Teilen von Politik und Wirtschaft angewandt, insbesondere von den Banken, die daher auch nicht sehr effizient wirtschaften können, wie an ihren riesigen Verlusten zu sehen ist, und natürlich beim Militär. Bei letzterem ist auch kaum eine andere Führung möglich, in der Wirtschaft schon.

B) Die intellektuelle Führung: Argumente und Wissen

Diese Form der Führung wird insbesondere im intellektuellen Bereich angewendet, beispielsweise unter Wissenschaftlern, aber auch in bestimmten politischen Kreisen, die über das animalische Modell hinausgewachsen sind. Dies ist auch die Art von Führung in vielen alternativen Gruppen, hat allerdings oft den Nachteil endloser Diskussionen. Auch in modernen Ehen oder Beziehungen wird dies immer mehr versucht, vor allem wenn Partner gleichberechtigt sein und keine hierarchische Struktur anerkennen wollen. Hier gewinnt oder führt nicht der Stärkere, sondern derjenige, der die besseren Argumente hat, der die Vernunft auf seiner Seite hat oder plausibler erklären kann. Diese Art von Führung gibt es im Tierreich nicht und sollte eigentlich die vorrangige Art im menschlichen Bereich sein, doch ist sie leider noch nicht sehr verbreitet, außer in den Wissenschaften, wo spätestens seit Galilei nicht mehr der Höhergestellte führt, sondern der Klügere. Zumindest sind die Wissenschaftler stets eher den Argumenten und der Vernunft gefolgt, und Führung geschieht hier durch Überzeugung.

Diese sollte vor allem im jetzigen Informationszeitalter Vorrang haben, und sie setzt sich auch immer mehr durch, selbst in der Politik, wo inzwischen nicht nur die Stärke eines Staates zählt, sondern wie in der UNO oder dem Europarat die besseren Argumente. (Leider war ein George Bush weit von dieser Möglichkeit entfernt und musste daher zu Führungsstil A greifen, was letztlich aber nicht gut angekommen ist.) Auch in Firmen werden bestimmte Abteilungen, die Beschäftigten oder auch die Konzernspitze immer mehr mit Argumenten überzeugt. Meinungen prallen aufeinander, werden diskutiert und abgewogen, und in vielen Fällen wird dies auch gegen die Hierarchie durchgesetzt.

Wo nicht, da gewinnen die schlechteren Argumente zum Schaden der Firma, und daher werden solche Dinosaurier-Firmen mittelfristig untergehen (es sei denn, man hält sie künstlich am Leben, subventioniert sie massiv wie viele der derzeitigen großen Banken). Diese Art von Führung ist etwas komplizierter als die animalische, und daher auch nicht für Kriegszeiten geeignet. Sie erfordert Beratung, Abstimmung, Brain-Storming, gegenseitige Toleranz und Achtung, auch Zeit, ist aber äußerst effizient, da sie das Potential aller Beteiligten einbringt und ausschöpft.

Die heutigen Firmen brauchen mindestens ansatzweise diesen Führungsstil im jetzigen Informationszeitalter, wo die Vielfalt und Schnelligkeit von Information und darauf basierenden Entscheidungen oft überlebensnotwendig ist. Natürlich muss auch hier entschieden werden, ob nun aufgrund der jeweiligen Verantwortung oder des Aufgabengebiets, durch Mehrheitsentscheid oder wie auch immer. Hierfür muss es eine Form der Meinungsbildung und eine Form der Entscheidungsfindung geben. Manche mögen einwenden, dies wäre in Politik und Wirtschaft nicht machbar.

Doch ein optimales und funktionierendes Beispiel dafür ist das politische System der Schweiz, wo die Oberen nicht einfach hierarchisch entscheiden, sondern den größtmöglichen Teil der Bürger stets in die laufenden politischen Entscheidungen einbinden. Deren Argumente müssen stets gehört werden und in die Entscheidungen einfließen, so dass unsinnige hierarchische Entscheidungen gar nicht möglich sind oder wieder gekippt werden können. Dennoch sind in einem solchen System klare Entscheidungen und eine klare Führung möglich. Der große Vorteil dabei ist, dass sie von den Herzen der Menschen viel mehr angenommen werden und diese viel mehr sich engagieren und mitarbeiten, als wenn einfach nur über sie bestimmt oder etwas durch Druck und Zwang durchgesetzt wird.

C) Die geistige Führung: Weisheit, Charisma, Führung durch Vorbild

Diese Art von Führung jenseits des Intellektuellen gab es bisher in der Geschichte der Menschheit zwar selten, und viele können sich dies überhaupt nicht vorstellen, und doch hat es dies immer wieder gegeben. Neben vielen Religionsgründern und Führern von religiösen und politischen Bewegungen fällt mir vor allem Ghandi als Beispiel dafür ein. Die Führung geschieht hier einfach dadurch, dass jemand so viel Charisma, Freude, Begeisterung, Enthusiasmus ausstrahlt, dass ihm oder ihr andere einfach folgen, obwohl diese Führer über keinerlei äußere Macht verfügen. Sie können nicht bestrafen oder belohnen, sie können oft auch nicht großartige Argumente vorbringen oder überzeugen. Sie stützen sich vor allem auf Ausstrahlung, Integrität, und sind selbst das Vorbild, das Ideal, das sie propagieren. Ghandi hätte auch eine Armee aufbauen und nach hierarchischem Modell versuchen können, die Engländer zu vertreiben, oder hätte Politiker werden können oder Bücher schreiben und Argumente austauschen, was er vermutlich auch zeitweise getan hat. Aber seine Führung lag darin, Vorbild zu sein und die Massen zu begeistern, auch ohne Worte, wie die meisten Religionsgründer, die oft kaum Bildung besaßen, oder Persönlichkeiten wie Jeanne d´Arc, der Dalai Lama und manche charismatischen Politiker, die oft aus dem einfachen Volk stammten.

Diese Art von Führung ist der Wirtschaft zugegebenermaßen noch völlig fremd und kann erst dann entstehen, wenn diese Wirtschaftsführer ein gereinigtes und nicht-schädigendes Bewusstsein haben werden, Integrität und Charisma wie eben heute für viele Menschen, auch der westlichen Welt, der Dalai-Lama. Er hat keine Macht, zu bestrafen oder zu exkommunizieren, keine weltliche Macht, und überzeugt die Menschen auch nicht durch Debatten oder Diskussionen, vielmehr durch sein bloßes Dasein, durch seine Integrität, sein Wohlwollen, seine Ausstrahlung, Güte, Vorbild.

Warum soll es eines Tages nicht auch in der Wirtschaft solche Führer geben, die sowohl dem animalischen wie auch intellektuellen Bewusstsein entwachsen, visionär und charismatisch sind und in sich selbst das verkörpern, was sie predigen oder was sie wollen? Auf jeden Fall wäre dies möglich, und noch unbestimmt ist, ob solche Führer entstehen oder nicht. Aber sie sind auf jeden Fall nötig, wenn die Wirtschaft zukünftig nicht nur wieder eine hilfreiche Rolle für die Menschen spielen wird (der nützliche Tiger), sondern im optimalen Falle sie sogar anführen könnte (der Tiger als Führung und Wegweiser). Solche Menschen sind in Religion und Spiritualität entstanden, in Politik und Geschichte, und warum soll dies nicht auch in der Wirtschaft geschehen können? Es ist sehr zu hoffen, für uns alle, da hier in den kommenden Jahren eine enorme Macht und Verantwortung gemanagt werden muss.

In dieser Art der Führung folgen die Menschen nicht der Macht oder den Argumenten, sondern sie folgen einem, der im Sein verankert ist, der Ideen verkörpert, die in der Seele auf Resonanz stoßen, der begeistern kann, der selbst Vorbild ist und alles dies lebt, was er von anderen verlangt. Hier kann es auch kein Gefälle geben, sondern ein solcher Führer fühlt sich verbunden mit seinen Gefährten oder Kollegen, fühlt sich auf einer Ebene mit ihnen und kann dennoch machtvolle Entscheidungen treffen, die aber nicht durchgesetzt werden müssen, da die Menschen wie damals bei Ghandi einfach spüren, fühlen, intuitiv wissen, dass dies echt ist, dass dies ein guter, neuer Weg ist. In der Wirtschaft würde es bedeuten, dass ein solcher Führer bei seinen Mitarbeitern beliebt und geschätzt ist, dass sie fühlen, dass er auf gleicher Ebene wie sie ist und doch ein hohes Maß an Integrität und Vorbild hat, das sie bewundern können, dass er seine Ideen und Visionen mit ihnen teilt und sie und sein Unternehmen zu immer neuen Ufern führt, was der Erfolg dann auch bestätigt.

Dies wäre die optimale Führung in jeglichem Bereich, da hier der Geist durch diese Führungsfigur selbst wirkt, da sie ja bereits selbstlos ist, also keine partikularen Interessen mehr hat und somit nur das Interesse des Ganzen im Auge hat. Für die Wirtschaft ist dies insbesondere zu wünschen, da hier bislang sehr viele partikulare Interessen eine Rolle spielten und Selbstlosigkeit und Allgemeinwohl die Ausnahme waren, wenn es sie überhaupt gab. Wie die alten Religionsformen, so setzen auch viele Teile der Wirtschaft heute noch auf alte, bislang funktionierende hierarchische Strukturen, scheitern dabei aber immer mehr. So ist zunächst ein Übergang nötig, eine Transformation der Führung in eine mehr horizontale, vernetzte, Argumente und Information austauschende und nach Vernunft und Einsicht entscheidende Führung. Hier werden das Wissen und die Weisheit aller Beteiligten eingebracht, und durch den für jeden Beteiligten vorhandenen Freiraum und eigene Verantwortlichkeit kann auch stets sehr flexibel und schnell auf Veränderungen reagiert werden. Der Informations- und Entscheidungsfluss läuft nicht nur von unten nach oben und umgekehrt, sondern er läuft immer mehr horizontal ab, so wie in einem gesunden Körper nicht alles vom Gehirn gesteuert wird, sondern die Zellen und Organe eine gewisse eigene Intelligenz, Flexibilität und Kommunikation haben und daher schnell und gewandt auf Einflüsse reagieren können.

Im zukünftigen Bewusstseinszeitalter aber wäre es zu wünschen, und dies ist noch eine Vision, dass integre und selbstlose, in ihrer Persönlichkeit geheilte und wachbewusste Führungspersönlichkeiten entstehen, die über ihre Ausstrahlung, Charisma, Vorbild, Güte, ihre Vision und ihre Projekte ihre

Belegschaft, Aktionäre, Manager begeistern, mit ihnen gemeinsam auf neue Ziele ausrichten, Visionen verwirklichen, neue Wirtschaftsformen erproben, soziale Projekte starten, Neuland betreten und die Finanzkraft und Innovationskraft der Wirtschaft schließlich dazu nutzen, die ganze Gesellschaft zu transformieren, anfangend mit der eigenen Belegschaft, dann dem Konzern, der Branche. Sie werden später die Ghandis, die Kennedys, die Vorbilder sein, nach denen sich der neue Typ des Wirtschaftsführers definieren wird und ohne die die hier vorgestellte Vision der Wirtschaft wohl kaum verwirklicht werden kann.

7. Neue Bewusstheit und Wachheit, Handeln nach den Tao-Prinzipien (Gelassenheit und Mitte, Vision und Intuition), und die Bedeutung von Feedback und Coaching.

Bewusstheit: Die Bedeutung von Ruhe und Abstand, Beobachtung und Selbstbeobachtung

Wir haben im Bild vom Hasen und Igel das Negativ-Bild des heutigen Managers gezeichnet, der nicht mehr führt, sondern rennt bis zum Umfallen. Anders ausgedrückt, er ist so in das Tagesgeschäft, in Termine und Abläufe verstrickt, dass er den Wald vor lauter Bäumen nicht mehr sieht und darum sich immer mehr anstrengt, unter Druck gerät, immer schneller und verbissener arbeitet, bis er schließlich tot umfällt. Es ist, wie wenn ein verwirrter oder emotionaler Heerführer sich in die Schlacht stürzt und überall mitkämpft, anstatt auf dem Feldherrnhügel zu stehen und seine Truppen von dort aus sinnvoll zu befehligen, wodurch aber ein Vakuum in Führung entsteht, das Ganze kopflos wird. Die Anstrengung und der Druck führen immer mehr in Verstrickung mit den Alltagsgeschäften, zu immer weniger Abstand und Pausen, so dass er schließlich statt wach und ausgeruht, kreativ und entspannt, nur noch (wie der blind rennende Hase) wie in Trance handelt und sein Unternehmen den Marktkräften überlässt, da niemand mehr steuert.

Ein Führer oder Unternehmer kann sich sicher einmal kurzfristig in die Schlacht stürzen, kann hier und da motivieren oder schauen, wo es brennt, um sich dann aber wieder zurückzuziehen, nachzudenken, nachzufühlen und von der höheren Warte mit Blick auf das Ganze neu zu entscheiden. Dies gilt und galt seit jeher für Führung in allen Bereichen.

Das Ganze, die Strategie, die Richtung, die Vision, die Zusammenhänge dürfen nie aus den Augen verloren werden. Hätte der Hase einmal innegehalten und die ganze Lage überblickt, so hätte er schnell den Trick durchschaut und das Rennen für sich entschieden.

Daher müssen sich Unternehmer, Wirtschaftsführer, Manager der zukünftigen neuen Wirtschaft wieder auf ihr Eigenleben, auf ihre eigentliche Funktion, nämlich das Führen, das Leiten, das Managen besinnen und sich vor den allzu großen und allzu direkten Verwicklungen in Tagesgeschäfte hüten, erst recht vor den Verwicklungen in Machtkämpfe und Intrigen. Sie müssen dabei auch lernen, gelassen zu beobachten und wahrzunehmen, wie ein strategischer Führer auf dem Feldherrnhügel den **Überblick** und vor allem den **Vorausblick** zu bewahren. Dafür müssen sie sich immer wieder vom Hamsterrad der alltäglichen Arbeitsabläufe befreien, das Alltägliche delegieren und sich kreative Freiräume schaffen, in denen sie kreativ, vielleicht auch meditativ, mit rationaler wie emotionaler wie spiritueller Intelligenz und Intuition neue Wege, Möglichkeiten und Lösungen für das Unternehmen finden. Wie ein Feldherr nicht viel wert ist, wenn er sich in die Getümmel der Schlacht verliert, anstatt seine Kämpfer zu befehligen und strategische Anweisungen zu treffen, so ist auch der Manager nicht viel wert, der meint, immer mehr mit Arbeiten, mit Druck, mit vollem Terminkalender im Akkord und mit Überstunden schuften zu müssen, um so – wie der arrogante Hase – seine Leistung zu beweisen. Vielmehr beweist sich Managerleistung durch kluge und vorausschauende Entscheidungen, oft gegen den aktuellen Trend, wie übrigens auch an der Börse. Dies aber kann jemand nur tun, wenn er gelassen, zentriert und ausgeglichen ist, auch einen Beobachterstatus einnehmen kann und dann aus dieser seiner geistigen Mitte heraus handelt. Somit sind Gelassenheit und Abstand vom Alltagsbusiness, **Beobachtung,** aber auch **Selbstbeobachtung** äußerst wichtig, um die Ursachen bestehender Probleme wahrzunehmen und sie dann durch kluge und vorausschauende Entscheidungen zu beseitigen. Manager und Führungskräfte, wollen sie nicht eine Karikatur ihrer selbst sein, müssen sich daher immer wieder von der Bühne des Lebens und Arbeitens sozusagen in den Zuschauerraum begeben und dem ganzen Schauspiel einmal von außen zuschauen. Dann würde der Hase schnell bemerken, was da nicht stimmt, und müsste nicht tot umfallen. Es wird dadurch wieder Handlungsspielraum geschaffen, es werden neue Ideen, Verbindungen und Wege wahrgenommen, die inmitten der Bühne selbst nicht gesehen werden können.

Diese Voraussetzung der Gelassenheit, des In-Sich-Ruhens, des Sichzentrierens und Meditierens (wörtlich „in die Mitte kommen") als Grundlage des Erfolges ist nicht neu. So wird auch in asiatischen Kampfsportarten gelehrt, vor dem Kampf erst einmal **in sein Zentrum, in seine Mitte zu kommen**, die innere Balance zu finden, mit sich in Harmonie zu sein, um dann, wenn nötig, von diesem Zustand oder von dieser Mitte aus sinnvoll und schnell, sicher und treffend agieren zu können. Wer aber agiert, ohne in dieser seiner Mitte zu sein, wird schnell umgeworfen oder verliert sein Gleichgewicht, er kann seine Ziele nicht oder nur schwer erreichen und wird stattdessen immer hektischer, versucht es dann durch Druck auszugleichen. Auch unser Volksmund sagt deutlich: *In der Ruhe liegt die Kraft*. Die heutigen Manager und Chefs haben aber alles andere als Ruhe, ganz im Gegenteil. Als wären sie unfähig, zu leiten und vernünftig zu delegieren, versuchen sie allzu viel selbst zu machen, auch noch ständig zu kontrollieren und natürlich viele „wichtige Kontakte" zu pflegen, wollen überall präsent sein, so dass alle sehen, wie wichtig sie sind und wie viel sie leisten. Ein Manager ohne Termindruck ist hier ein „Loser" oder zumindest ein seltsamer Außenseiter. Vermutlich bemessen sie ihre Bedeutung und Leistung an der Fülle des Terminkalenders, der dann schnell voll ist mit eigentlich unwichtigen Aktivitäten. Dabei wird völlig übersehen, dass die wichtigste Aktivität darin liegt, zu dieser Mitte, zu dieser Ruhe, zu diesem Nicht-Tun zu kommen, aus dem heraus alle Dinge leicht und spielend getan werden können. Es ist zu befürchten, dass dies wohl die schwerste Lektion werden wird, die die westlichen Wirtschaftsführer lernen müssen, denn es widerspricht ihrer ganzen bisherigen Einstellung (von äußerlicher Leistung) und Erziehung, und daher müssen wir hier auch auf Vorbilder asiatischer Weisheit zurückgreifen.

Aber nicht nur muss aus dieser inneren Mitte gehandelt werden, um sichere und passende Entscheidungen zu treffen, es ist auch **die einzige Möglichkeit, Zugang zu mehr Intuition zu haben,** zu spiritueller und auch emotionaler Intelligenz. Bisher galt bei uns immer: *Je mehr, desto besser*. Aber es müsste eigentlich gelten: *Je besser, desto besser*, deutlicher gesagt: *Je intelligenter, desto besser*, je ganzheitlicher, desto besser, je klüger, desto besser oder je innovativer, desto besser. Die Qualität zählt beim Führen viel mehr als die Quantität der Aktion, wie beim Hasen und Igel deutlich zu sehen ist, und eine kluge Entscheidung ist besser als fünf unkluge, die ich dann ständig wieder nachbessern, korrigieren oder wieder aufheben muss, weil ich manches nicht bedacht habe, ähnlich wie die Rückrufaktionen bei nicht ausgereiften Autos mehr Schaden anrichten, als das schnelle Ausliefern gebracht hat.

Die Vision einer neuen Wirtschaft – „die Kraft des Tigers nutzen"

Ich habe in diesem Zusammenhang bereits den Geschäftsführer eines großen japanischen Konzerns erwähnt, der es gemäß der alten asiatischen Tradition (heute ist sie auch in Asien selten) ganz anderes macht als unsere Manager und mehr als die Hälfte seiner Zeit damit verbringt, völlig in Ruhe und zurückgezogen das Unternehmen und seine Aktivitäten zu beobachten, zu überschauen, zu überdenken und dabei spielerisch neue Lösungen und Wege zu finden, auf die er das Unternehmen führen und für die Zukunft bereitmachen kann. So etwa wird auch der erfolgreiche Unternehmensführer der Zukunft sich verhalten, *zumal wir ja in ein Zeitalter gehen, das nicht mehr auf Produktion und Masse setzt, sondern auf immer bessere Information und Informationsverarbeitung, dementsprechend immer klügere Entscheidungen*, und später im Bewusstseinszeitalter auf immer bewusstere, klügere und weisere Art des Handelns unter Berücksichtigung der emotionalen und spirituellen Intelligenz. Entscheidungen, die daraus getroffen werden, werden viel mehr Wert und Erfolg haben als zehn andere, die nur aus der rationalen Gehirnhälfte stammen.

Es wird in Zukunft also im Geschäftsalltag immer wichtiger, dem Hamsterrad einen bewussten Stopp zu setzen, sich eine Auszeit zu nehmen, so souverän und selbstbestimmt dem heutigen Getriebensein kurzfristig zu entfliehen und sich in die innere und manchmal auch äußere Stille zu begeben, in die Mitte des Rades, von der aus alles überschaut und notfalls auch korrigiert werden kann. Erst von hier aus kann ich erkennen, ob das Unternehmen überhaupt auf dem richtigen Kurs ist, ob es alle Möglichkeiten ausschöpft, ob es die richtigen Werte vertritt, ob es die richtigen Produkte produziert, ob mit der Belegschaft richtig umgegangen wird, auch wie es noch mehr Gewinn machen oder Verluste vermeiden kann, gegebenenfalls auch, warum es überhaupt Verluste macht und welches die nötigen Maßnahmen sind, um es in eine bessere Zukunft zu führen. Praktisch bedeutet dies neben der meditativen Pause, der kurzen Auszeit, der Ruhe und dem Finden der inneren Mitte vor allem eine Selbstbeobachtung, eine Distanz zu sich selbst wie auch Abstand zu dem täglichen Getriebe. Der Unternehmer muss nicht nur zur Ruhe und Mitte kommen, sondern einmal mental von der Bühne des Lebens zurücktreten in den Zuschauerraum, und von dort, von der Distanz zu dem Geschehen, sich und die anderen, seine Firma und die Umwelt beobachten, wie ein neutraler, nicht involvierter Beobachter. Hier erscheinen viele Dinge in neuem Licht, man erkennt versteckte Dynamiken, aber auch Lösungsmöglichkeiten, oder man hat von hier aus neue und bessere Ideen. Geschieht dies nicht, kann es leicht passieren, dass der Manager sich wie der Hase tot läuft, in immer denselben Mustern, da er aus sich und anderen immer mehr Leistung herauszupressen versucht, was aber letztlich völlig kontraproduktiv ist. Er verliert stattdessen immer mehr an Bewusstheit und Achtsamkeit, was eine weitere wichtige Komponente ist, die ein Führer braucht, um neue Ideen zu finden und kreativ zu sein. Wer seine Aufmerksamkeit nicht steuern kann, ist völlig unfähig zur Führung anderer, da er nicht einmal seine eigene Geisteskraft steuern kann. Er ist dann ein Getriebener, ein Opfer der Umstände, ein leicht Manipulierbarer, ein von seinen Vorstellungen und Emotionen Gesteuerter und ihnen Unterworfener, anstatt aus einem souveränen Geist heraus diese zu steuern und damit auch die Wirklichkeit aktiv und dynamisch mitzugestalten und ihr so seinen Willen und Stempel aufzudrücken. Dies nennt man aktives Leading, aktives und positives Führen ganz aus der Ruhe, dem Sein, aus der Mitte heraus.

Dieses aktive Leading ist aber für einen Manager und Führer unabdingbar, denn genau dies zeichnet einen fähigen Führer aus, dass er nicht andere beherrscht und sie seinen Launen unterwirft, sondern sie zu ihrem Wohle führt und als Wirtschaftsführer zu Wohlstand. Auch indem er aus dieser Ruhe und meditativen Mitte heraus neue Wege findet, um sein Volk, seine Firma, sein Unternehmen, seine Abteilung voranzubringen. Er hat Freude daran, es wachsen und gedeihen zu sehen, wie ein guter Gärtner, unabhängig von seinem persönlichen Profit. Er zeichnet sich dadurch aus, dass er seine Mannschaft, die ihm anvertraut ist, auch in stürmischen Zeiten zusammenhält, sie betreut und für ihr Wohlergehen sorgt, für sie Verantwortung übernimmt, daher möglichst vorausschauend handelt und Entscheidungen trifft, die eben nicht nur aus der Vergangenheit herrühren (!) oder aus dem Bestehenden extrapoliert sind, oder gar wie ein Lemming den Gutachtern folgt und damit auch noch Verantwortung abzugeben versucht, sondern der ganz neue und kreative Lösungen findet und souverän entscheidet.

Diese Leistungen können aber nur aus der eigenen **Selbstbeobachtung** und gelegentlichen Selbstdistanz kommen, wie auch durch die gelegentliche Distanz zur Bühne der Welt, indem man in die Rolle des neutralen Beobachters schlüpft. Dies kann man nicht nur in Retreats und in den gezeigten Ruhephasen, sondern fast überall und jederzeit machen, indem man sich sogar bei der Tätigkeit kurz als Beobachter zurücknimmt und sich selber bei der Arbeit, bei seinen Handlungen, Aktivitäten im täglichen Leben beobachtet und von außen oder von oben zuschaut. Dies ist wiederum sehr einfach möglich durch die Fähigkeit zur Steuerung der Aufmerksamkeit, wie wir sie im Training auch vermitteln. Vom Beobachterstandpunkt oder Feldherrnhügel aus bemerkt man dann sehr leicht, was passend ist und was nicht, was eigentlich überflüssig und hinderlich ist und was hingegen besser gemacht werden könnte. Diese Selbstbeobachtung und Beobachterrolle sowie auch die kurze meditative Auszeit, um neue Ideen zu entwickeln, kann man sowohl in bestimmten Momenten des Tages kurzfristig machen, als gelegentlich auch etwas länger in speziellen Retreats, ganz abgehoben von den Tagesgeschäften. Dabei bietet sich an, auch manche Kollegen einzubeziehen, diesen Weg in die Stille und in die kreative Ruhe und die dort mögliche Beobachtung mit anderen Managern oder wichtigen Mitarbeitern des Betriebes zu machen, um sich gegenseitig zu inspirieren, zu unterstützen oder Lösungen gegenseitig zu evaluieren. Es spart letztlich auch Kosten, denn äußere Gutachten und Fachberater werden dann nur noch in geringem Umfang nötig sein, vor allem, wenn hierbei die spirituelle Intelligenz angezapft werden kann, die weit über das rationale Begutachten hinausreicht und ganzheitliche und übergreifende Zusammenhänge sichtbar werden lässt, Synthese verschiedener Standpunkte und Konzepte ermöglicht und somit geniale Lösungen liefern kann.

Bedeutung von Intuition, Vision, Weisheit, emotionaler und spiritueller Intelligenz

Um dies alles leisten zu können, braucht der Wirtschaftsführer von morgen natürlich erst einmal Bewusstheit darüber, wie wichtig die angesprochenen Dinge sind und wie sie im Alltag praktisch umgesetzt und verwirklicht werden können. Daher ist es sicher günstig, auf ein entsprechendes Training zurückgreifen zu können mit zahlreichen Werkzeugen und Methoden, um in und mit diesem Bewusstsein operieren zu können. Zudem sollte ein Manager der neuen Art möglichst befreit sein von mentalen Hindernissen, Blockaden, von negativen emotionalen Mustern und hinderlichen Einstellungen und Überzeugungen. Das von mir entwickelte Tiger-Training für Unternehmen und Unternehmer ist einer der schnellen und zuverlässigen Wege, dies (auch messbar) zu erreichen, doch sicher gibt es noch viele andere. Auf jeden Fall muss er Methoden lernen, Intuition und Vision zu entwickeln, auf welchem Wege auch immer, und Zugang zur emotionalen und später auch spirituellen Intelligenz zu finden, was auch Zugang zum eigenen Unbewussten bedeutet, in dem reiche Schätze lagern, von denen er profitieren kann.

Die **emotionale Intelligenz** ist die Fähigkeit des Fühlens und Einfühlens oder des sicheren Instinktes, den richtigen Riecher zu haben, den die Erfolgreichen immer schon hatten und den sie für nachhaltigen Erfolg immer haben müssen, sonst rennen sie der Masse hinterher. Ohne jetzt wieder die moderne Physik zu bemühen, ist inzwischen allen klar, dass alles im Universum, das ja im Bewusstsein stattfindet, mit allem verbunden ist, und wir also – leider zumeist unbewusst – über viel mehr Informationen verfügen, als wir bewusst und rational wissen. Dieses riesige Wissen und die Informationen über all die Zusammenhänge können wir unmöglich analytisch verarbeiten, da die Menge einfach zu groß ist, aber wir können sie fühlen und erfühlen, und das ist die Leistung emotionaler Intelligenz. Jede gute Mutter weiß nicht nur um ihr Kind, sie fühlt es. Börsenprofis fühlen, wo es hingeht, selbst gegen die rationale Mehrheitsmeinung. Bei Aufstellungen fühlen Menschen exakt Gefühle und Einstellungen anderer Menschen, denen sie nie begegnet sind. Tiere fühlen instinktiv das Herannahen einer Katastrophe und sind so vielen Menschen überlegen, die hier den Verstand entgegensetzen und diese Impulse ignorieren oder einfach verlernt haben. Doch wir können im Training diese Fähigkeit wieder entwickeln, da sie stets vorhanden ist und nur geweckt werden muss.

Sie können aber auch noch höhere Ebenen erfühlen und plötzlich Informationen oder Eingebungen bekommen, AHA-Erlebnisse, Zugang zu der sogenannten Intelligenz des Universums, sozusagen der Gesamtsoftware dieses Spiels, das wir Leben nennen, und dies nenne ich die **spirituelle Intelligenz**. Während die emotionale Intelligenz, das Fühlen, zwar ganzheitlich ist, aber noch Zeit brauchen kann, bis etwas erfühlt ist, so kommt die Information bei der spirituellen Intelligenz sofort und gesamt ins Bewusstsein, sozusagen ohne Zeit.

Dies geschieht dann, wenn einem plötzlich Zusammenhänge klar werden, und zwar mit einem Schlag, unmittelbar und nicht nacheinander, oder wenn einem etwas ein-fällt (es fällt also herein), ein Eureka-Erlebnis wie bei einer plötzlichen Erfindung, oder man fühlt plötzlich den Sinn des Ganzen oder den Zusammenhang vorher getrennter Teile. Charakteristisch dafür ist, dass wir es plötzlich und evident, das heißt für uns gewiss, einfach wissen, während es bei der emotionalen Intelligenz eher dämmert oder unter Zeit erfühlt wird und langsam gewiss werden kann. Die spirituelle Intelligenz dagegen ist eine direkte Verbindung mit dem kosmischen Geist, Hegel würde sagen mit dem Weltgeist, oder die Physiker würden vielleicht sagen mit dem unter den Erscheinungen liegenden Skalarfeld. Es ist eine Art Wahrnehmung höherer Intuition, ein Einfallen, ein plötzliches, spontanes und direktes und umfassendes Wissen im höheren mentalen oder im (wie wir sagen) darüberliegenden kausalen (individuell-unbewussten) und kosmischen (kollektiv-unbewussten) Bereich. Nun ist dieses tiefe Verstehen und Wissen um die Zusammenhänge, das man eigentlich im Gegensatz zum rationalen Wissen Weisheit nennen müsste, dieses Anzapfen des kollektiven Bewusstseins kein bloßer Luxus oder Zeitvertreib, den man sich leisten kann oder auch nicht. Es ist – wenn man überhaupt eine Führungskraft sein will – dringend und unbedingt erforderlich, auch wenn man Erfinder oder Pionier oder Visionär sein will. Ansonsten ist man nur eine rationale und damit *ausführende* oder *analysierende* Maschine, so wie ein Computer einfach Informationen verarbeitet und daraus Ergebnisse ableitet und ausspuckt. Eine derartige Maschine aber, sei sie auch noch so kompliziert, kann niemals führen und leiten! Dies ist Führungskräften vorbehalten, die dann auch weit über die Maschinen hinausgehende Fähigkeiten haben und kultivieren müssen, wie mindestens die emotionale, aber besser noch die spirituelle Intelligenz. Sie müssen sowohl Zusammenhänge erfühlen und damit viel umfassender wissen, wo die Probleme liegen, aber auch aus der kosmischen Weisheit, der Intuition, aus dem tief Unbewussten und sogar dem kollektiven Geist schöpfen können. Die rein analytischen und logischen Abläufe kann man dagegen getrost den Maschinen überlassen, dafür braucht es keine hochbezahlten „Manager".

Diese Notwendigkeit für jene Fähigkeiten, Menschen und Unternehmen zu führen, wird noch deutlicher erkennbar, wenn wir uns einmal die großen Führer in der Geschichte der Menschheit anschauen, die oft nicht einmal über große rationale, intellektuelle Begabungen verfügten. Oft kamen sie aus dem einfachen Volk oder waren Krieger oder einfache, religiös-begeisterte oder von einer Idee erfüllte Menschen ohne große Bildung. Aber alle großen Führer konnten sehr gut fühlen und sich einfühlen, wie Cäsar, Alexander der Große oder sogar hartgesottene Generäle des Zweiten Weltkriegs wie Rommel oder Patton. Kennzeichen war, dass sie trotz der Strapazen, die sie ihren Anhängern aufbürdeten, beliebt waren. Denn sie fühlten beispielsweise, was ihre Soldaten begeisterte, was ihre Anhänger fühlten, und daher hatten sie „einen Draht" zu ihnen, konnten sie zu großen Taten und Leistungen animieren und mitreißen. Auch große Redner oder Politiker der Geschichte konnten fühlen, was die Menschen hören wollen, was sie im Herzen bewegt, und ihnen genau dies sagen, eben weil sie in sie hinein zu fühlen vermochten. Große Liebende fühlen, was der/die Geliebte hören, sehen oder erleben will; Eltern können fühlen, was ihre

Kinder brauchen, unabhängig davon, was sie rational über die Kindererziehung gelernt haben oder generell über die Bedürfnisse von Kindern wissen. Das Fühlen ist erstens jetzt und ganz aktuell, geht zweitens unmittelbar aus der Sache hervor und ist daher auch gewiss, und drittens passt es genau auf den Einzelfall, ist daher dem räsonierenden, mutmaßenden Denken und dem gespeicherten, bloß gelernten, daher immer veralteten und nur generellen Wissen weit überlegen. Auch deshalb, da es ähnlich wie ein Bild sofort das Ganze erkennt und dann erst zu den Einzelheiten fortschreitet, also erst die Zusammenhänge erkennt und dann erst die Einzelfaktoren, so dass man beispielsweise in einer Krisensituation sofort fühlen kann, was stimmt oder stimmig ist und was zu tun ist, ohne es lange analysieren und ohne die Details kennen zu müssen, oder dass man sofort erfassen kann, was gebraucht wird, ohne genau erklären zu können, warum. Kurz gesagt, je größer das Fühl-Vermögen, die Fähigkeit auf allen Ebenen zu fühlen, um so genialer und umfassender ist der Mensch und umso mehr kann er auf seine Mitmenschen eingehen und sie führen, umso mehr kann er Ver-*antwortung* übernehmen, denn dies ist – wie das Wort schon sagt – die Fähigkeit, zu *antworten* auf deren Bedürfnisse und Zustand. Dazu muss ich sie aber erst einmal genau und direkt erfassen und damit fühlen können. Wird dies noch ergänzt durch klare Intuition, durch Zugriff auf unbewusstes und kollektives Wissen, also durch spirituelle Intelligenz, so ist hier zusätzlich die Fähigkeit zum visionären Führen und Gestalten, also insbesondere zur kreativen Zukunftsgestaltung und Führung in neues Territorium gegeben.

Ständiges Feedback, Coaching und geistige Weiterentwicklung

Wir müssen aber nicht warten, bis solche Führer zufällig erscheinen, sondern es gibt heute viele Möglichkeiten, diese angesprochenen und schon im Menschen schlummernden Fähigkeiten zu entfalten und weiter auszubauen, z.B. durch gezieltes Coaching und Training. So wie auch andere, beispielsweise sportliche Fähigkeiten, entwickelt werden können, so ist auch die natürliche Fähigkeit zur Intuition, zum Fühlen und der Zugang zu den tieferen Bewusstseinsschichten erlernbar und trainierbar, und für das neue Bewusstseinszeitalter wird dies essentiell notwendig sein, zumindest für die Führungskräfte.

Es ist also nicht mehr möglich, sich einmal auszubilden und dann auf dem Wissen auszuruhen, oder eine Position nur aufgrund von Jahren oder Einfluss zu behalten, sondern es wird unumgänglich sein, hier ständig beweglich zu bleiben, da sich die Entwicklung des Bewusstseins allgemein unheimlich beschleunigt hat. Daher ist zusätzlich zur Ausbildung und Erziehung das ständige Coaching und die Weiterentwicklung des eigenen Geistes notwendig und wird auch Freude machen, sobald man entdeckt, dass dies im Gegensatz zum traditionellen Lernen nicht mehr mit Anstrengung und Mühe, sondern mit Enthusiasmus, Gefühl, Begeisterung und Entdeckerfreude wie auch Wohlbefinden einhergehen kann.

Zumindest ist dies die Motivation und Erfahrung in unserem Training und die Teilnehmer nehmen fast immer ein viel besseres Lebensgefühl mit nach Hause.

Sicher wird es mit aufkommender Nachfrage mehr und mehr solcher Trainingsansätze geben, sowohl auf einzelne Themen bezogen wie auch auf ganzheitliche und den Menschen in vielen Schichten ansprechende Schulungen. Diese Wege kann jeder Unternehmer selbst wählen, indem er nur darauf achtet, dass sie auch entsprechende Ergebnisse bringen. Denn inzwischen ist es möglich, wie wir in vielen Seminaren auch in Bezug auf Partnerschaft und anderen Themen gezeigt haben, durch moderne Methoden nicht nur schnelle, sondern auch solide und dauerhafte Transformationen und Bewusstseinsheilung zu erzielen. Sichtbar sind diese Ergebnisse sowohl durch subjektive Kriterien der einzelnen Teilnehmer wie auch durch objektive Messungen von Leistung, Gesundheit und Lebensfreude.

Zugleich mit dieser immer stärker werdenden Notwendigkeit von effizientem Coaching – und ich meine hier kein rationales, sondern die tieferen Bewusstseinsschichten veränderndes Coaching und Training mit auch emotional sichtbarem Erfolg, besserer Teamarbeit, mehr Freude am Arbeitsplatz, mehr Kreativität und so weiter –, wird es nötig sein, das Feedback zu verbessern, um viel zeitnaher und treffsicherer die Notwendigkeit für Coaching und Entwicklung erkennen zu können. Denn wenn sie keine betriebsnahen und zeitnahen Informationen haben, sondern noch den alten hierarchischen Weg der Information bevorzugen, so wird es diesen Unternehmen zukünftig wie den Dinosauriern ergehen, deren Nervensystem einfach zu langsam war, um schneller und beweglicher zu reagieren, und sie werden wohl ein ähnliches Schicksal erleiden gegenüber den Konkurrenten, die ihr inneres wie äußeres Feedback ständig verbessern. Mehr Feedback ist notwendig, da Wechsel und Wandel, da Innovation und Transformation in der Wirtschaft immer schneller ablaufen und daher Markttrends wie auch Fehlentwicklungen und Probleme schneller erkannt und behoben werden müssen.

Dazu muss das Feedback nicht nur ausgeweitet, sondern auch verfeinert werden, muss ein neues Regelsystem geschaffen werden, das schon auf der jeweiligen Ebene reagieren und antworten kann, ohne erst hierarchisch nach oben gegeben und von dort wieder empfangen werden zu müssen, was nicht nur viel zu viel Zeit und Aufwand erfordert, sondern hier müssen auch Entscheidungen „von oben" getroffen werden können, die in der jeweiligen Ebene gar nicht passen und daher Fehlentscheidungen sein können. Anders ausgedrückt muss das Feedback nicht nur feiner und genauer werden, beispielsweise Feedback über Gesundheit der Mitarbeiter, Motivation, Lebensfreude, Produktivität, Kreativität, Mobbing oder Teamwork und vieles mehr, sondern es muss auch mehr horizontal statt wie bisher oft vertikal werden. Dies bedeutet wiederum, dass mehr Verantwortung auf die jeweiligen Leitungsebenen delegiert wird, so dass auf das Feedback sofort und unmittelbar auf derselben oder nächsthöheren Ebene reagiert werden kann. Wie auch immer es konkret strukturiert und durchgeführt werden wird, ein besseres, leistungsfähigeres und intelligentes Feedback ist ein absolutes Muss in den Regelsystemen der neuen Wirtschaft, und es bedarf hier eines besonderen Augenmerks der neuen Manager, denn ohne diese Informationen können sie nicht präzise reagieren und verpulvern somit unnötig viele Ressourcen, wie veraltete Regelsysteme in Energiekreisläufen.

Zugleich müssen die neuen Manager und Führungskräfte darauf achten, entsprechendes Know-how des Bewusstseinszeitalters einzukaufen, entsprechendes Coaching zu bekommen oder ihre Mitarbeiter zu entsprechenden Trainings zu schicken, um damit zumindest folgende Effekte zu erzielen:

- besseres Teamwork und weniger Mobbing und Reibungsverluste
- mehr Kreativität und Motivation
- Erschließung von Talenten, Fähigkeiten, human resources
- schnelle und effiziente Lösung von Problemen und Blockaden
- Zugang zu Intuition und Vision, Entwicklung neuer Ideen, Produkte usw.
- Zunahme emotionaler und spiritueller Intelligenz
- mehr Gesundheit und Lebensfreude der Mitarbeiter
- bessere Leistung und Produktivität, vor allem auch Innovation
- genauere Zukunftsausrichtung und besseres Image des Unternehmens

Fazit: Der Unternehmer der Zukunft muss neben der Fähigkeit zu handeln auch die Fähigkeit entwickeln und in sich haben, sich immer wieder zurückzunehmen, in die Stille zu gehen, in seine Mitte zu kommen und dies jederzeit, auch mitten im Geschehen, schnell und mühelos. Er muss **Präsenz** neben der Action entwickeln und aus dieser Mitte, der Stille, dem Abstand, aus dem Nicht-Tun heraus das stimmige Tun, die richtigen Lösungen finden. Dafür wiederum muss er wieder Meister werden über seine Zeit, nicht mehr getrieben sein oder sich antreiben lassen wie der arme Hase im Rennen gegen den Igel, sondern vielmehr seinen Zeitplan souverän und selbstbestimmt gestalten, sich Zeit nehmen für die wesentlichen Entscheidungen, die nur aus dieser Mitte, Ruhe und Kraft und Zentriertheit kommen können.

Ferner ist hier nötig die Fähigkeit zur Selbstbeobachtung und Selbstdistanz, aber auch die Fähigkeit zu mentaler Distanz zum Geschehen. Er muss den aktiven Standpunkt auf der Bühne des Lebens kurzfristig verlassen und das Ganze vom Zuschauerraum betrachten können. Nur so findet er den großen Überblick und kann dadurch – auch unter Einbeziehung der hier erwähnten und nur aus dieser Gelassenheit heraus möglichen emotionalen wie spirituellen Intelligenz – die richtigen Entscheidungen treffen, neue Ideen entwickeln und bessere Wege und Lösungen finden. Dafür ist wiederum Voraussetzung, die Achtsamkeit, die Bewusstheit über die Prozesse und das Einfühlungsvermögen zu entwickeln und die eigene Aufmerksamkeit, die eigene Geistkraft steuern zu können.

Dabei hilft es natürlich, wenn sich diese Führungskräfte durch entsprechendes Coaching beraten und durch modernes Bewusstseinstraining schulen lassen, wenn sie sich dadurch im Bewusstsein, seinen Ebenen auskennen und darin navigieren können, wenn sie – vielleicht durch das hier angedeutete Tiger-Training für Manager – ein Bewusstseinstraining absolviert haben, hiermit ihre im Unterbewusstsein verborgenen negativen Belastungen und Muster schon zum großen Teil aufgelöst haben und darüber hinaus Zugang zum kollektiven und kosmischen Bewusstsein, zur unfehlbaren Intuition und klaren Vision ihrer Ziele haben und schließlich durch dieses Training auch die im nächsten Kapitel zu besprechenden neuen Werkzeuge haben, dies auch im Unternehmen und bei ihren Mitarbeitern umzusetzen, und somit durchschlagenden und vor allem mühelosen Erfolg haben, so wie sich Intelligenz immer gegen bloße Kraft durchgesetzt hat und ihr überlegen war.

8. Neue Werte und Leitlinien für das Wirtschaften der kommenden Zeit
Das Ende der „fiesen Chefs" – eine Werte-Wandel-Tabelle

Insgesamt ergibt sich für die neue Wirtschaft ein ganz neues Wertesystem, das wir hier einmal zusammenfassen wollen. Obwohl eine Tabelle immer etwas grob und plakativ ist, so kann sie wiederum einen sehr guten Überblick geben, was einerseits die Werte des bisherigen und des neuen Zeitalters waren und sein werden, und andererseits den Handelnden eine Anleitung oder Empfehlung an die Hand geben, was an Werten und Zielen angestrebt werden sollte, will man diese neue Form der Wirtschaft unterstützen, sie fördern oder im eigenen Unternehmen, der eigenen Abteilung oder auch nur für sich selber umsetzen.

Diese Tabelle fasst die bisherigen Ergebnisse zusammen, enthält aber dazu noch einige weitere Werte und Paradigmen, die mir für die Vision einer neuen und humanen Wirtschaft, im Sinne eines zahmen und nutzbringenden Tigers, nötig erscheinen. Dies geschieht natürlich ohne Anspruch auf Vollständigkeit und ist mehr ein Orientierungsrahmen, um einmal im Überblick zu sehen, was die Werte und Leitlinien dieser neuen Vision sein werden.

derzeitige Wirtschaft	Vision einer neuen, humanen Wirtschaft
Quantität	Qualität
sinnloses lineares Wachstum (quantitativ)	sinnvolles Wachstum (qualitativ)
linear progressiv = Krebszelle	kreisförmig, nachhaltig = organisch
sinnlose, auch schädigende Produkte	sinnvolle, nützliche oder schadfreie Produkte
abnehmender Wert der Massenware und Dienstleistungen	zunehmender Wert der Information
Massenfertigung, Zahlen, Output	Einzigartigkeit, Schönheit, Design
Fertigung für anonyme Käufer	Fertigung gezielt für Käufer oder -gruppen
Verstand – Nützlichkeit als Maßstab	Vernunft – Sinnhaftigkeit als Maßstab

Ich-Denken, Konkurrenz	Wir-Denken, Kooperation
individuelle Ziele; Nutzen des Einzelnen	kollektive Ziele, Nutzen für Gesamtsystem
nur ichbezogenes Handeln	stets auch kollektiv sinnvolles Handeln
Konkurrenz und Kampf	Kooperation und fairer Wettbewerb
win – lose	win – win
nur einer kann gewinnen	alle können dabei gewinnen
Konzentration und Monopolisierung	Pluralisierung u. Vielfalt
gesteuerter begrenzter Marktzugang	freier Zugang zum Markt u. Verbraucher (Internet)
Vernichtungswettbewerb	sportlich fairer Wettbewerb / Achtung des anderen, Denken und Handeln für das Ganze
Kampf um Marktanteile	leben und leben lassen, gegenseitige Hilfe /Sharing
Verluste durch Aufkäufe/Kampagnen	Nutzen von Synergieeffekten bei Kooperation
Gegeneinander (Mobbing usw.)	Miteinander, Teamwork
Regulation durch Gesetze und Strafen	Regulation durch Ehrlichkeit und Ethik-Kodex
Fremdbestimmung	Eigenbestimmung (z.B. kaufmännische Tugenden)
Verantwortlichkeit für sich	Verantwortung für Gesellschaft, Nation als Ganzes
maximal für eigene Firma	maximal für Menschheit als Ganzes
Mensch als materielles Objekt	**Mensch als geistiges Wesen**
Mensch als Leistungsmaschine	Mensch als kreativ, schöpferisch, innovativ
Mitarbeiter beliebig austauschbar Leistung quantitativ gemessen (z.B. Zeit)	einzigartige Fähigkeiten des Einzelnen geschätzt und gefördert, Leistung qualitativ gemessen (z.B. Ideen)
vorgegebenes Leistungssoll	offenes Leistungssoll orientiert an Zielen
Ausbeuten des anderen	Dienstleistung am anderen

Kunde als Geldquelle	Kunde als Partner
Profitdenken nur für sich	Wohlstand für alle, Fülle
Geldfixierung	Fülle und Freude als Ziel
Entlohnung muss erkämpft werden	faire Entlohnung, Profitsharing, Anteil am Gewinn
Führung durch animalisches Bewusstsein	**Führung durch intellektuelles/ spirituelles Bewusstsein**
Hierarchie, Übereinander	Netzwerk, Miteinander
Gehorsam, Unterwerfung	Gleichberechtigung, Wertschätzung, gegenseitige Achtung
Motivation durch Strafe/Belohnung	Motivation durch Überzeugung und Begeisterung
Druck zur Leistungssteigerung, Stress	Entwicklung von Fähigkeiten und Ressourcen
äußere Begrenzungen, Sanktionen	innere Begrenzung durch ethische Ausrichtung
Kontrolle, Aufsicht	Eigenverantwortlichkeit, Feedback
Verantwortung für sich und Geldgeber	Verantwortung für Unternehmen und Mitarbeiter

9. Neuer Umgang mit Mitarbeitern: neue Art der Motivation und neues Betriebsklima: innere Motivation, Freude, Erfüllung statt äußerer Anreize

Da Unternehmen oder fast die gesamte Wirtschaft bisher aus dem animalischen, nur selten aus intellektuellem Bewusstsein und ganz selten nur aus spirituellem Bewusstsein heraus geführt wurden, so herrschten hier entsprechend als Antrieb und Motivation fast nur „Zuckerbrot und Peitsche", also Methoden von Belohnung oder Bestrafung. Im ersteren Fall motivierte man Mitarbeiter durch materielle Anreize wie Belohnungen, Bonusse, Urlaubsfahrten (beispielsweise der Allianz-Konzern, der ganze Schiffe dafür anmietet), leider aber viel öfter durch Druck und Bestrafung, durch Drohung, Gefahr von Entlassung, Streichung von Vergünstigungen, Nicht-Versetzung oder Nicht-Beförderung und vieles mehr. In Zeiten von wirtschaftlichen Problemen neigen viel mehr Unternehmen aus Mangel an Überschüssen und unter Kostendruck dazu, mit Letzterem zu agieren, und setzen die Mitarbeiter immer mehr unter physischen wie psychischen Druck, um entsprechende Leistung zu bekommen oder, deutlicher gesagt, herauszupressen.

Dies ist keine Spekulation, sondern aus Umfragen nachweisbar, wie aus dem jüngsten Bericht des Berufsverbandes Deutscher Psychologen hervorgeht (WAZ 23.4.08). Demnach ist von 2001 bis 2005 der Anteil der Krankmeldungen wegen psychischer Probleme bundesweit von 6,6 auf 10,5 Prozent gestiegen. Davon sind laut Studie Ärzte (!), Lehrer und Lokführer besonders stark betroffen. Zeitdruck, mangelnde Wertschätzung sowie immer mehr Druck zu mehr Leistung stressen die Menschen und können sie auch langfristig krank machen. Somit ist dieses System der kurzfristigen quantitativen Leistungssteigerung durch Druck und mehr Stress völlig kontraproduktiv, da die Unternehmen wiederum die höheren Kosten für Krankmeldungen und Fehlzeiten zu tragen haben und daneben auch die kreative und produktive Leistung der Mitarbeiter sicher leidet.

Besser und intelligenter war es in Zeiten animalischen Bewusstseins daher, mit Belohnungen und materiellen Anreizen zu arbeiten, mit Lob und Belohnung, mit Bonus, Vergünstigungen, sinnlichen Vergnügungen, exklusiven Urlaubsreisen und Ähnlichem. Hiermit können durchaus Leistungen gesteigert werden, ohne dass es zu negativen Erscheinungen wie Druck und Bestrafung kommt, jedoch kostet dies das Unternehmen auch einiges an Geld, Aufwand und Zeit. So sind in Zeiten wirtschaftlicher Knappheit und finanzieller Kürzungen einige „kluge" Unternehmen dazu übergegangen, aus dem intellektuellen Bewusstsein heraus zu operieren. Dies bedeutet, sich mit der Belegschaft oder ihren Vertretern und allen Beteiligten an einen Tisch zu setzen, mit Argumenten und mit Vernunft zu überzeugen, wie jeder etwas zur Lösung beitragen kann, und konnten Belegschaft oder auch Management dazu bringen, beispielsweise Lohnkürzungen hinzunehmen oder mehr Leistung oder Überstunden für dasselbe Geld zu erbringen und vieles mehr, um beispielsweise die Arbeitsplätze oder auch Standorte zu erhalten. Hier wurde also mit Sinn und Vernunft operiert und so unter dem Strich mehr Leistung erzielt, rationalisiert oder es wurden Kosten eingespart, um damit das Unternehmen konkurrenzfähig zu erhalten. Diese Art von Motivation durch Überzeugung ist allemal besser, als mit Druck, Entlassung, Rationalisierung oder Standortverlegung über die Köpfe der Mitarbeiter hinweg zu operieren, da zumindest der Aspekt des Gezwungenseins wegfällt, man freiwillig und in Übereinstimmung diese Lösung mitträgt und sich der Mitarbeiter daher nicht als Opfer fühlt, sondern als vernünftiges und wertgeschätztes Wesen.

Dies ist jedoch keine langfristige Lösung, da die Spirale nach unten irgendwann einmal ein Ende hat. Selbst wenn man so Leistungssteigerungen erreicht oder die Mitarbeiter mehr leisten, weil sie davon überzeugt wurden, dass es so notwendig ist, können keine Freude, kein Glück, keine Zufriedenheit aufkommen. Diese Lösung ist aus dem Kopf geboren und der Kopf wurde überzeugt, aber nicht das Herz. Vielleicht spürt man nicht den Druck durch die Bedrohungen und Bestrafungen aus Druck und Zwang von oben wie im animalischen Bewusstsein, sondern spürt immerhin ein Miteinander, eine Kollegialität, ein „Im-selben-Boot-Sitzen". Es ist ein vernünftiges Umgehen und ein Einverstandensein, es kommt daher auch nicht zu großen Konflikten oder Arbeitskämpfen, aber man ist auch nicht zufrieden, identifiziert sich nicht mit dem Betrieb und bringt sich nicht voll ein.

In der Vision einer neuen Wirtschaft ist daher sowohl das animalische Modell von Bestrafung und rein materieller Belohnung wie auch das Überzeugen durch Argumente und Sachzwänge überholt und keine dauerhafte Lösung, obwohl man durchaus im Einzelfall oder bei Notwendigkeit darauf zurückgreifen kann. Im neuen Zeitalter können kreative, innovative Leistungen nur aus dem Inneren, aus dem Geist der Mitwirkenden kommen und sind nicht durch Druck oder Überredung zu erzielen, sondern nur freiwillig, durch Begeisterung, aus innerer Motivation, Enthusiasmus, geistiger Verbindung, aus Freude an der Arbeit, aus innerer Zustimmung zum Unternehmen und seinen Produkten. Um diese Haltung des Mitarbeiters zu erreichen, braucht es völlig andere, ja völlig gegensätzliche Maßnahmen als früher. Ein Unternehmen muss hier völlig umdenken und darf seine Mitarbeiter nicht mehr als Nutztiere oder Milchkühe sehen, aus denen durch Zwang, Druck und Belohnung (gutes Futter) möglichst viel herausgepresst werden sollte, auch nicht als rhetorisch zu überzeugende Mitläufer, sondern im Gegenteil als wertvolle, einzigartige, kreative Wesen, die viel Freiraum brauchen, Zufriedenheit und einen schönen Arbeitsplatz, die Flexibilität nötig haben, auf deren individuelle Bedürfnisse einzugehen ist wie bei Künstlern und die schließlich von innen heraus motiviert und begeistert werden müssen, um sich dann voll und ganz für die Firma und ihre Arbeit einzusetzen.

Entsprechend der jeweiligen Bewusstseinsebene des Unternehmens oder des Managements existieren also **drei verschiedene Motivationsebenen** von Mitarbeitern:

a) **animalisches Bewusstsein** (der Mitarbeiter als Nutztier)
   Druck, Drohung, Bestrafung oder materielle Belohnung, hierarchischer Aufstieg

b) **intellektuelles Bewusstein** (der Mitarbeiter als intelligenter, einsichtiger Mensch)
   Überredung, Überzeugung von Notwendigkeiten und Sachzwängen, Einsicht

c) **spirituelles Bewusstsein** (der Mitarbeiter als „Spirit", als Bewusstseinsträger/Geist)
   Inspiration, Begeisterung, Enthusiasmus, gemeinsame Ausrichtung, Freude, Entdecken und Entwickeln von Fähigkeiten, Spaß am Selbstausdruck, Hingabe

Während heute die meisten Unternehmen noch von außen motivieren und Leistung zu steigern suchen, dabei leider noch allzu sehr mit Druck, Stress und Angst operieren, was völlig kontraproduktiv ist, gibt es schon einige wenige Managements oder Unternehmer, die sich mit den Mitarbeitern oder der Belegschaft zusammensetzen und gemeinsam Lösungen erarbeiten, um die Leistung zu steigern oder Kosten zu senken, indem sie sie überzeugen, dass sonst Standorte geschlossen oder verlagert werden müssten, und wo die Belegschaft dann einsichtig genug ist, aufgrund dieser Sachzwänge oder Vernunftgründe sich davon überzeugen zu lassen. Dies ist Motivation aufgrund von guten, plausiblen Argumenten und sie ist wesentlich besser als der Druck, zumal hier eine Art von Kollegialität und Gemeinschaftssinn entsteht. Doch ist es letztlich keine wirkliche Begeisterung oder Freude, und man macht mit, weil es halt (vermutlich) nicht anders geht und es halt vernünftiger ist als Entlassung, Standortschließung oder Arbeitskämpfe. So beruht diese Motivation also eher auf Vermeidung von Schlimmerem als auf Fokussierung neuer Ziele oder Begeisterung darüber, Gutes und Sinnvolles zu erreichen. Diese Einstellung schränkt wiederum die Leistungsfähigkeit ein, denn wer will schon mehr leisten, als unbedingt für das Erreichen des vernünftigen Zieles notwendig ist.

Ganz anders im neuen Bewusstsein, welches man auch das spirituelle Bewusstsein nennen könnte, wo der Mensch nicht als Nutztier, auch nicht mehr als intelligente Maschine oder Computer, sondern als einzigartiges, einmalig kreatives Geistwesen gesehen wird. **Hier wird der Mitarbeiter nicht unter**

Druck gesetzt, sondern im Gegenteil von Druck befreit, es wird ihm so viel Freiheit wie möglich gegeben! Seine Leistung wird nicht mehr in Zeiteinheiten oder Wareneinheiten gemessen, sondern an Engagement, Hingabe, Kreativität und Einsatz für das Unternehmen und seine Produkte. Anstatt seine Ideen zu beschränken und ihn dazu zu zwingen, den vorgegebenen Konzepten zu folgen, werden seine ganz individuellen Fähigkeiten und Talente gefördert und er wird angeregt, diese einzubringen. Anstatt dass ihm Leistung abgerungen oder er materiell belohnt wird, werden hier grundsätzlich sein Engagement, seine Hingabe, sein Einsatz auch durch moderne Bewusstseinsmethoden (vgl. nächstes Kapitel) gefördert, auch seine Identifikation mit dem Unternehmen, und er erbringt freiwillig und mit Freude seine volle Leistung für seine Firma.

Wie sehr für Mitarbeiter auch heute schon solche neuen Werte wichtig sind, bestätigt eine 2008 vorgestellte Studie des Sozialwissenschaftlichen Instituts der Evangelischen Kirche Deutschlands (EKD). Demnach sind für Arbeiter und Angestellte inzwischen Anerkennung, Wertschätzung, Mitbestimmung (also Einbringen der eigenen Meinung und Fähigkeiten) und Vertrauen (mehr Freiheit statt Kontrolle) insgesamt genauso wichtig wie das Gehalt. So seien vor allem Wertschätzung und Fairness gefragt. Dies sollte jenen Unternehmen zu denken geben, die im kommenden Zeitalter die besten Mitarbeiter haben wollen, denn dies bedeutet dann auch, dass noch so gute Head-Hunter und Geldzusagen hier nicht ausreichen werden, sondern dass die zukünftige Elite, dann aber auch mehr und mehr die anderen Arbeiter, wie in der Studie gezeigt, danach gehen, wie sehr sie sich wohlfühlen, wie sehr ihnen Wertschätzung und Vertrauen entgegengebracht wird und – so möchte ich hinzufügen – wie viel kreative Freiheit und Freiräume sie zu ihrer Selbstverwirklichung genießen können. Unternehmen, die dies bereitstellen können und hier schon ein Umdenken vollzogen haben, werden einen enormen Wettbewerbsvorteil und damit die besten Köpfe haben, da immer weniger das bloße Gehalt zählen wird.

Die wichtigsten Unterschiede hier nochmals im Überblick:

bisherige Motivation durch Belohnung und Bestrafung	Motivation aus neuem, spirituellem Bewusstsein
Leistungsdruck, Erfolgsdruck	Freiheit, kreative Freiräume, Entspannung, Meditation
starre, kontrollierte Zeitvorgabe	flexible und eigenverantwortliche Zeiteinteilung
vorgegebene Konzepte, Strukturen	fließende Strukturen, Thoughtstorm, Weiterentwicklung
individuelle Abweichung wird unterdrückt	individuelle Talente, Ideen, Konzepte werden gefördert
Sachzwänge werden hingenommen	Sachzwänge werden kreativ überwunden, Team hilft mit
quantitative Leistungsmessung	qualitative Leistung zählt mehr (gewertet nach Gesamt-Ergebnis, Feedback Mitarbeiter und Kunden)
Erfolgserlebnis: Gehalt, Bonus, Aufstieg	Erfolgserlebnis: Freude, Erfüllung, Zufriedenheit
Firmenwechsel wegen besseren Gehaltes	Wechsel nach Freiheit, Wertschätzung und Möglichkeit zur Selbstentfaltung
Firma für Mitarbeiter nur Mittel zum Zweck der Karriere und für Sicherung der Einkommen	Firma für Mitarbeiter Mittel zur Selbstverwirklichung, Erfüllung der Lebensaufgabe
Tendenz zum Status quo, Reproduktion (ein Tag wie der andere)	Tendenz zu Entwicklung neuer Produkte und Dienstleistungen (jeder Tag neu und anders)
Gemütszustand Stress und Druck	Gemütszustand Freude, Begeisterung, Enthusiasmus

Wenn jetzt viele Manager und Unternehmen meinen, dies sei wohl eine reine Utopie, und nach ihrem alten Menschenbild und ihren entsprechenden Erfahrungen (denn Überzeugungen erschaffen Erfahrung) dies für unmöglich halten, so ist dies faktisch falsch. Denn es gibt bereits einige Firmen, auch große Konzerne, die dieses Konzept für ihre Mitarbeiter verwirklichen, wie beispielsweise von der Firma Google berichtet wird und dies auch den großen Erfolg erklären würde, denn auf diesem Gebiet ist vor allem Kreativität, Innovation und Engagement gefragt. Einem Fernsehbericht zufolge gibt Google seinen Mitarbeitern große Freiräume und flexible Arbeitszeiten, sorgt sich darum, dass es ihnen nicht nur materiell, sondern eben auch seelisch gut geht, bietet dafür Rekreationszonen an, setzt Kontrolle so wenig wie möglich ein, setzt stattdessen auf Feedback und auf das, was schließlich am Ende an Leistung (auch Innovation) und Gewinn für das Unternehmen herauskommt. Die Führung scheint hier bereits im neuen Bewusstsein zu handeln oder zumindest zu wissen, dass für das jetzige Jahrhundert nicht mehr Leistung nach vorgegebenen Maßstäben gebraucht wird, vielmehr ein kreativer Mitarbeiterpool, der ständig neue und verbesserte, veränderte Leistung bringt gemäß dem sich ständig wandelnden Markt. Diese Leistung kann aber nur aus Freiheit entstehen, aus motivierten Mitarbeitern, die sich für ihre Firma einsetzen und sich für ihre Produkte und deren Vermarktung engagieren, ganz ohne Druck von oben. Voraussetzung dafür ist zuallererst Vertrauen, doch dies kann trainiert werden.

Wenn dann noch für das seelische Wohl der Mitarbeiter gesorgt wird, für Erholung, Pausen, Rekreation, und wenn sich die Mitarbeiter geliebt und wertgeschätzt fühlen, wenn ihre Talente und Fähigkeiten statt unterdrückt noch gefördert werden, wenn sie vielleicht sogar auf Kurse geschickt werden, um ihr Leben und ihre Beziehungen zu verbessern, wie es kürzlich eine Unternehmensberatungsfirma (eine meiner Kunden) getan hat, dann werden sie es der Firma mit großem Engagement und großer Hingabe danken und sie werden ihre Arbeit mit Freude und Zufriedenheit ausfüllen. Nicht nur wird dies zu weniger Fehlzeiten und mehr Produktivität führen, sondern auch zu weniger Firmenwechsel und Abwanderung, selbst in Zeiten, wenn es der Firma nicht gut gehen sollte. Letztlich führt es aber auch zu einem sehr gesunden Klima in einem Betrieb, in dem nicht nur Produkte und Dienstleistungen hergestellt werden, sondern auch Menschen sich entfalten, verwirklichen und daraus Freude und Erfüllung beziehen können. Dies ist noch viel wichtiger als die bloße Produktion und die Funktion der Versorgung der Gesellschaft mit Gütern. Somit wird die bisher so oft entfremdete Arbeit aufgehoben, und der Mensch kann sich nicht nur wieder mit seiner Arbeit identifizieren, sondern kann sich hier sogar selbst verwirklichen und seine Lebensaufgabe leben, seine Talente ausüben, seine Kreativität und Einzigartigkeit entfalten. Arbeit bringt Freude und Erfüllung.

Dies ist ein hohes Ziel und bedeutet, den Menschen viel mehr zu geben als nur die Güter oder die Gehälter. Die sich dadurch steigernde Produktivität und Ideenvielfalt wird auch dem Unternehmen wiederum wachsenden Gewinn bringen. Die neue Wirtschaft gibt damit dem Menschen wieder sein in der Industrialisierung verlorenes Recht zur selbstbestimmten Arbeit zurück, gibt dem Menschen wieder Sinn, Zustimmung, Identifikation, Freude und Begeisterung an seiner Arbeit und deren Ergebnissen, führt ihn wieder zur eigenen Verwirklichung (Selbstverwirklichung), zu Zufriedenheit und Lebensfreude, und das ist das Höchste, was sie in Zukunft über die Warenproduktion hinaus dem Menschen geben kann.

10. Die Notwendigkeit eines neuen Geldsystems: Ausschließlich Menschen, ihre Arbeit und ihre Ideen, aber nicht Geld soll Geld verdienen

Als das Geld aufkam, in welcher Kultur und Form auch immer, war es zunächst einmal nur ein Tauschmittel und es machte Sinn, da der Austausch von Leistungen hier viel konkreter und einfacher als beim Tauschhandel war und dazu noch saisonal unabhängig. Waren werden nicht überall und jederzeit gebraucht und können auch nicht unbegrenzt gelagert und aufbewahrt werden, Geld aber schon. Also war man saisonunabhängig und jeder konnte sich nun viel einfacher spezialisieren und das herstellen, was er am besten konnte, um dann über das Geld beliebige andere Waren oder Dienstleistungen einzutauschen, ganz zum Zeitpunkt des Bedarfs. Kauf mit Gold oder Geld war also jederzeit möglich, aber nicht, mit bestimmten Waren dafür zu bezahlen, dies hing sehr von der saisonalen oder temporären Nachfrage ab.

Es ist leicht einzusehen, dass dieses System viele Vorteile hat gegenüber dem Tauschhandel, und in unserer hochspezialisierten Welt ist es auch gar nicht mehr möglich, zum reinen Warentausch zurückzukehren, wie es manche alternative Geldverneiner versuchen. Wie will man ausrechnen, wie viele Äpfel ich eintauschen muss, um einen neuen Drucker zu bezahlen? Jene Geldverächter versuchen dann als Ausweg, keine Drucker mehr zu haben oder dann alles autonom und selbstständig herzustellen, was einen ungeheuren Mehraufwand bedeutet, viel weniger Produktivität, denn keiner kann etwas besser und schneller herstellen als ein Fachmann. Dies wäre demzufolge die Rückkehr zur Steinzeit, wo insgesamt sehr wenig produziert werden konnte. Es wäre zwar zu schaffen, aber es würde auch Knappheit, Mangel und Askese bedeuten. Ferner ist heute faktisch kaum jemand mehr in der Lage, auch keine Gruppe, alle *notwendigen* Güter selbst herzustellen, geschweige denn darüber hinausgehende Produkte, und daher muss getauscht und gehandelt werden. Da aber nicht jeder immer jede Leistung brauchen kann und wird, müssen selbst alternative Tauschringe wieder Geld in irgendeiner Form (Taler, Punkte usw.) einführen, um sinnvoll tauschen und Spezialisierung beibehalten zu können. Fakt ist also, Geld *als Tauschmittel* muss und wird es immer geben müssen.

Geld an sich ist ein reines Anzeigeinstrument für den Wert einer Sache, somit Hilfsmittel für Bewertung und Umrechnung und damit praktisches Tauschmittel. Es ist als solches in fast allen Kulturen ein sehr nützliches Werkzeug, wie etwa ein Messer, welches nützlich verwendet, aber auch missbraucht werden kann. Letzteres ist leider in der Neuzeit auch mit dem Geld geschehen, als man anfing, für Geld Geld zu verlangen. Bis dahin war für lange Zeit das Gold oder das daraus oder aus anderen Metallen hergestellte Geld nur Mittel zum Zweck. Es war Tauschmittel und zugleich auch in seiner Konzentration Machtmittel, man konnte damit Wirtschaftsleistung kaufen oder aufbewahren, leider auch Kriege führen, aber auch Kathedralen bauen. So weit, so gut, jedenfalls vermehrte es sich nicht von selbst, sondern war einigermaßen im Einklang mit der Wirtschafts- und Handelsleistung. Es war als solches weder förderlich noch hinderlich, bis es im ausgehenden Mittelalter langsam in Mode kam, Geld gegen Zins zu verleihen. Zins galt damals – heute kaum noch bekannt – als sehr unsittlich und unchristlich und war verpönt oder teilweise sogar verboten und geächtet. So begannen vermutlich zuerst jüdische Kaufleute oder Bankiers damit, Geld zu verleihen, vor allem an Könige und Fürsten, um damit deren Interessen zu finanzieren. Da diese das geliehene Geld selten zu produktiven Investitionen nutzten, wurden sie durch den Zins und die Verpfändung von Gütern oder Abtretung von Steuern letztlich immer ärmer und gerieten – wie die Staaten heute – in immer größere Verschuldung, was damals nicht immer zu Gunsten der Kreditgeber ausging. Viele bedrängte Machthaber griffen immer wieder zu Waffen und Gewalt, zu Verfolgung, um sich ihrer Kreditgeber und damit ihrer Schulden zu entledigen. Ein Beispiel ist die Vernichtung der Templer durch den französischen König, der damit nicht nur seine Schulden loswurde, sondern sich dazu noch ihr Vermögen aneignete.

Geld war über Antike und Mittelalter bis in die Neuzeit hinein ein nützliches Tauschmittel, und mit der dadurch möglichen Spezialisierung setzte vor allem im Mittelalter in den Städten ein enormes Wirtschaftswachstum ein und selbst kleine Städte konnten große Kathedralen bauen (die sie heute nicht einmal mehr erhalten können – ein Scherz), ja überall wurden ständig neue Städte gegründet. **Das Geld bekam erst mit der Erfindung von Zins und Zinseszins eine unheilvolle Eigendynamik, einen Eigenwert** über den Wert als Tauschmittel hinaus. Es war nicht mehr nur dazu da, irgendwann irgendetwas kaufen zu können, sondern durch die Erfindung von Zins und dann noch Zinseszins wurde es plötzlich zum Mittel, ohne Arbeit und Ausgabe zu mehr Gütern zu kommen, andere Menschen für sich arbeiten zu lassen, damit zu Reichtum ohne weitere Leistung zu kommen. Man sagt zwar oft, dass das Geld für einen arbeite und sich selbst vermehre, dies ist aber ein Denkfehler!! Geld selber ist keine Maschine, die selbst Wirtschaftsleistung erbringt. Wenn Geld anderes Geld verdient, muss ein Mensch dies bezahlen oder zurückzahlen, ergo dafür arbeiten.

Selbst heute ist es vielen Menschen, auch in der Wirtschaft, nicht wirklich bewusst, wenn es auch gewusst wird, *dass Geld nicht arbeiten kann*. Es ist nur ein Stück Gold oder nur ein Stück Papier, und wie soll dieses etwas erarbeiten? Es geht vielmehr so, dass jemand einem anderen etwas leiht, sagen wir 10.000 Euro (der Einfachheit willen mit Zins von 10%), um dann nach einem Jahr 11.000 Euro zurückzubekommen. Der Geldgeber bekommt also tatsächlich ohne eigene Arbeit mehr Geld. Dem Geld stehen aber zu kaufende Waren gegenüber, also kann der Geldgeber jetzt dafür nicht 10.000 Güter zu einem Euro, sondern jetzt 11.000 Güter zu einem Euro kaufen. Doch diese Güter müssen von einem anderen Menschen hergestellt werden, und genau dieser arbeitet für den Zins, und das sind wir in unserem Wirtschaftssystem alle. Wir alle bezahlen den Preis, über den Zins in den Ladenmieten, über den Zins, den die Speditionen bezahlen, über den Zins, den die Unternehmer bezahlen müssen, um ihre Transaktionen zu bezahlen, die Händler für ihre Vorräte und Lager und vieles mehr. Dies bedeutet, jeder von uns bezahlt in fast jedem zu kaufenden Produkt enorm viel Zinsen, und ohne diese wären die Güter viel preisgünstiger. (Es wäre schön, wenn einmal jemand den Zinsanteil in den von uns gekauften Gebrauchsgütern heute ausrechnen könnte.) Volkswirtschaftlich muss man nur ausrechnen, wie viel Zins überhaupt in unserem Land erwirtschaftet wird, und sieht daran, wie viel wir alle dafür jährlich bezahlen oder, besser gesagt, für die Geldverleiher arbeiten müssen.

Volkswirtschaftlich gesehen führt dieser jährliche Geldfluss hin zu den Geldverleihern oder Geldbesitzenden unaufhaltsam zu einer enormen

Umverteilung von Reichtum, bei dem die Reichen immer reicher (und zwar ganz von selbst, in Höhe des durchschnittlichen Zinses) und die Armen immer ärmer werden. Durch den Zinseszinseffekt beschleunigt sich dies dann immer mehr. Denn insgesamt muss die gesamte Geldmenge im Umlauf dem Bestand und Umlauf der gesamten Güter und Werte der Nation entsprechen, sonst gibt es Inflation, wie heute jeder weiß, falls die Geldmenge schneller wächst als die Waren/Gütermenge. Also kann man die Geldmenge nicht beliebig erhöhen, sondern nur im Einklang mit den vorhandenen Waren und Gütern. Wenn aber nun die Geldhabenden für ihr Geld Zinsen bekommen, ob über die Banken oder privat spielt hier keine Rolle, wenn also ihr Geld sich vermehrt, so müssen auf der Gegenseite sich entweder auch die Waren vermehren, die sie dafür besitzen oder kaufen können, oder die anderen von ihrem Geld (über Zinszahlung in allen Produkten) mehr abgeben (an die Zinsempfänger). Also müssen entweder, um den Zins zu erwirtschaften, die Menschen immer mehr für sie arbeiten und mehr Waren herstellen, und damit treibt das System ständig linear zu mehr Wachstum und in Überproduktion, oder aber die Menschen verarmen und müssen von ihrem Geld (über Zinslast in den zu kaufenden Gütern, ja auch über Steuern) immer mehr abgeben. Fazit ist also, dass über längere Zeit hinweg die Reichen immer reicher und die Normalbürger ohne große Zinseinkünfte immer ärmer werden müssen!! Und so kommt es, dass ca. 230 Familien über 80% des gesamten Vermögens der Welt auf sich vereinen.

Dies kann einige Zeit gut gehen, wenn die Volkswirtschaft insgesamt stark wächst und somit es mehr Wachstum gibt als das Wachstum von Geld über Zinsen. Dann bleibt von den mehr erzeugten Waren oder der Produktivität sogar noch etwas mehr für die Produzierenden oder Nicht-Geld-Habenden übrig. Stagniert es aber, muss *zwangsläufig*, da der Zins immer bezahlt werden muss und auch wird, dies von der gesamten Wirtschaftsproduktion oder dem gesamten Volksvermögen bezahlt werden. Konkret heißt das für die deutsche Volkswirtschaft (Stand Ende 2007): Dem gesamten Geldvermögen der einen von 7917 Milliarden Euro stehen 7583 Milliarden Verbindlichkeiten der anderen gegenüber (Quelle: FAZ vom 5.2.2009, Seite 13). Diese Schulden müssen also in einem Jahr, geht man einmal vorsichtig von einem Zinssatz von 5 % aus, dafür 380 Milliarden Zinsen bezahlen. Dies bedeutet, diese immense Wirtschaftsleistung oder Transferleistung muss allein für die Geldhabenden in einem Jahr aufgebracht und erwirtschaftet werden und beträgt so viel wie ein ganzer Staatshaushalt. Was könnte mit diesem Geld nicht alles finanziert werden! Doch so geht die Leistung an die Geldverleihenden, vermehrt einzig deren Vermögen, und im folgenden Jahr werden sie noch mehr Geld besitzen. Die anderen müssen noch mehr dafür arbeiten oder noch mehr von ihrem Besitz abgeben – bis sie nichts mehr haben oder die ständig steigende Leistung nicht mehr erbringen können. Dann kollabiert das System.

In der Realität sieht dies dann so aus, dass bei gleicher Leistung der Wirtschaft die Reallöhne sinken, sich immer mehr Menschen, auch der Staat und die Unternehmer, verschulden und die Schere zwischen Arm und Reich immer weiter aufgeht, wobei der Geldhabende immer mehr besitzt, da ja nicht nur sein Geld, sondern damit zugleich sein Vermögen wächst, da er ja immer mehr Güter damit kaufen kann. Ein ganz einfaches Beispiel:

Das Volksvermögen entspricht der Zahl 100 Einheiten, dem eine Geldmenge 100 x Taler entgegensteht. Nun wächst für die, die das Geld besitzen, über einen Zins von 5% das Geld zu Jahresende auf 105 Taler. Den Arbeitenden bleibt also insgesamt nur übrig, entweder auch 5% mehr Leistung und Produktion zu bringen, wobei dann ihr eigenes Vermögen (auch Reallohn) ungefähr gleich bleibt (denn der Zins geht ja an die Geldhabenden) oder, falls ihre Leistung oder die Wirtschaft stagniert, 5% von ihrem Vermögen abzugeben, damit der Zins bezahlt werden kann, **und er wird immer bezahlt**. Ein Skandal ist hier: Selbst über den hoch verschuldeten Staat geschieht diese Umverteilung und so macht sich dieser noch zum Handlanger der Verarmung, indem er allen Bürgern Steuern (= Arbeitsleistung) abnimmt und ca. ein Viertel seiner Steuereinnahmen den Geldhabenden als Zinsen bezahlt. Allein hierdurch geschieht eine enorme Umverteilung von Arbeitenden zu Geldhabenden, ohne dass diese sich (wegen der Staatsgewalt) dagegen wehren könnten. Aber auch durch den Kauf fast aller Produkte, die einen mehr oder weniger großen Zinsanteil im Preis haben, geschieht diese Umverteilung. Dadurch werden die Nichtgeldhabenden notwendig und in der Höhe des allgemeinen Zinssatzes immer ärmer oder müssen immer mehr fürs gleiche Geld leisten, und die Geldhabenden werden in der Höhe des Zinssatzes jährlich immer reicher. Dies ist auch statistisch für unsere Volkswirtschaft insgesamt seit langem bewiesen, und nur das große Wachstum der vergangenen Jahrzehnte hat diese Entwicklung etwas gemildert, doch mit jenen Wachstumsraten ist es jetzt vorbei. Und so besitzen per Zins immer weniger Menschen immer mehr Vermögen, denn so arbeitet das Geld, indem es letztlich andere arbeiten lässt.

Somit ist das Geld nicht mehr Tauschmittel, sondern ein Mittel der Ausbeutung geworden. Denn wenn einer heute ein Haus kauft, muss er nicht nur das Haus abarbeiten, sondern muss über den Zins – je nach Höhe desselben – oft *noch einmal so viel arbeiten*, muss also dem Geldhabenden über die Jahre ein zweites Haus bauen. Anders gesagt, man leiht sich vielleicht 250.000 Euro für das Haus, muss aber insgesamt am Schluss über 500.000 zurückzahlen. Somit hat nicht das Geld gearbeitet, sondern der arme Häuslebauer, der damit zwei Häuser bauen musste, eines für sich und eines für den Geldgeber. Insgesamt verschärft wird diese fatale Entwicklung noch durch den Zinseszins, wobei auch der Zins selbst wieder Zinsen bringt, so dass das Geldvermögen insgesamt nicht nur linear immer mehr Geld (Vermögen) anzieht, sondern exponentiell. Damit muss diese Entwicklung notwendig auch immer schneller vor sich gehen, nimmt ständig an Dynamik zu. Wenn aus tausend Euro so in wenigen Jahren viele tausend Euro werden, so muss auch hier jemand diese Arbeitsleistung erbringen oder entsprechend Vermögen/Güter abgeben.

Diese Entwicklung ist keine Theorie, sondern statistisch einwandfrei belegbar, indem die Reallöhne sinken, und jährlich und unaufhaltsam die Reichen immer reicher und die Armen immer ärmer werden. Dies ist kein Zufall oder auf äußere oder saisonale Einflüsse zurückzuführen, sondern, wie gezeigt, eine Notwendigkeit des Systems und wird erst mit seinem Zusammenbruch enden, ob dies wie früher ein Krieg, eine Inflation, eine Geldentwertung, ein Kapitalschnitt und neues Geld oder was auch immer sein wird. Kein Sozial- oder Steuerprogramm wird dies aufhalten, allenfalls mildern. Auch wird statistisch belegbar der Mittelstand in Deutschland kleiner und sowohl die Oberschicht wie auch die Unterschicht nehmen zu. Diese Entwicklung ist auch daran zu sehen, dass überall, beim Staat wie beim Bürger, die Verschuldung unaufhaltsam zunimmt und immer mehr neue Schulden gemacht werden, um alte zu bezahlen. Wer Zinsen bezahlen muss, aber dessen Arbeits- oder Geldleistung nicht mehr erhöht werden kann, der verschuldet sich durch den fälligen Zins logischerweise immer mehr, und dies ist nicht nur in den öffentlichen Kassen, sondern auch bei den Privathaushalten immer deutlicher sichtbar, vor allem in den USA. Aber auch hierzulande wächst die Zahl der Insolvenzen ständig, auch die Höhe der privaten Verschuldung. Wo und wie soll das enden, und glaubt wirklich jemand, der Staat oder der Bürger könnte je diese Verschuldung zurückzahlen, wo er noch nicht einmal die Verschuldung stoppen kann? Dann müsste er nicht nur jährlich in Höhe des Zinses immer mehr erwirtschaften, sondern noch darüber hinaus. Wie soll das gehen? Auch das Wachstum stößt irgendwann einmal an seine Grenzen.

Die Steuerschraube ist nicht zuletzt wegen dieser Zinslast der Kommunen und des Staates so hoch wie noch nie. Im Mittelalter hätte es Volksaufstände gegeben, wenn man für den Fronherrn mehr als das halbe Jahr umsonst gearbeitet hätte, wie es aber viele Lohnabhängige heute tun müssen. Es ist ein Verbrechen gegenüber den Steuerzahlern, so viel Schulden gemacht zu haben und ihre Gelder (=Arbeitsleistung) für so viel Zinsen zu verschwenden, anstatt dafür die nötigen Ausgaben für das Gemeinwohl zu bestreiten. Würde der Staat heute keine Zinsausgaben haben, wie noch in den 50er Jahren, die doch wesentlich schwerer waren, so könnte er vermutlich nicht nur seine Aufgaben problemlos erfüllen, sondern noch Überschuss produzieren, wie zu Zeiten des Wiederaufbaus, wo der Staat noch gesunde Finanzen hatte und Männer das Finanzressort führten, wie es auch ein Familienvater mit gesundem Menschenverstand getan hätte. Wenn einer in der freien Wirtschaft seine Finanzen so führen würde wie heute der Staat, so müsste er Bankrott anmelden oder würde sogar wegen Konkursverschleppung angeklagt. Solche wahnwitzigen Schulden zu machen und damit die Bürger zu zwingen, ihre Steuern zu über einem Viertel den Geldhabenden direkt zukommen zu lassen, ist ein grober Missbrauch der Staatsgewalt, der sich noch rächen wird, indem eines Tages die Legitimität solcher Steuerverwendung bezweifelt werden wird. Der Bürger wird hier sozusagen staatlich zur Verschuldung und Zinsbelastung gezwungen, und dies ist nicht der Sinn und die Legitimation von Steuern, die in einer neuen Zeit nur noch zweckgebunden erhoben werden müssten.

Wir sehen also, dass Geld schon lange kein Tauschmittel mehr ist oder nur zu einem geringen Bruchteil und über das Zinsproblem hinaus zu einem Spekulationsobjekt, zum Casinogeld geworden ist. Von dem täglich um den Globus gehenden oder transferierten Geldvolumen werden **nur 2-3 Prozent (!!) für die reale Wirtschaft** verwendet, der Rest ist Spielgeld im großen Cyber-Casino, dient also für Spekulationsgeschäfte, die über Spekulationsgewinne noch mehr Vermögen aus der Tasche des Verbrauchers abschöpfen, aber auch bei großen Spekulationsverlusten wie in der jüngsten Hypotheken- und Bankenkrise vom kleinen Mann bezahlt werden müssen. Er bezahlt also beides und wird durch Regierungen mit ihren Milliardenkrediten und –bürgschaften dazu gezwungen, obwohl er nicht dafür verantwortlich ist. Bezahlen muss er sowieso, schon durch die Zinsen und Zinseszinsen, die er und nur er erwirtschaften muss.

Somit sinkt für ihn trotz steigendem Wirtschaftswachstum das Realeinkommen, und auch dies ist eindeutig belegbar.

Das Geld hat sich also auch als Spielgeld und Spekulationsobjekt verselbstständigt und wird kaum noch für den Tausch der Waren gebraucht, sondern wird heute täglich in Billionenhöhe über den Globus gejagt einzig zu dem Zweck, weiteres Geld zu machen, einfach nur zu Spekulationszwecken. Inzwischen ist hier an mehreren Stellen eine große Spekulationsblase entstanden und zumindest in einem Sektor, dem der Immobilien, auch geplatzt. Die dies ohne Sinn ausführenden und ausübenden Banken und Geldhäuser melden inzwischen weltweit Milliardenverluste und, statt wie jeder Durchschnittsbürger dann Konkurs anzumelden und die Konsequenzen ihres wahnwitzigen Verhaltens zu erleben, werden die Bürger wieder (über Steuern und Rettungspakete) gezwungen, sich noch einmal scheren zu lassen, wobei die Manager und viele Anteilseigner längst ihr Schäfchen im Trockenen haben. Sie, die unverantwortlich Handelnden und ihre Banken (jedenfalls wenn sie gute Verbindungen haben), werden gerettet und es wird zur Tagesordnung übergegangen. Weder werden die wahren Gründe gesucht (die im System begründet liegen), noch die Verantwortlichen zur Rechenschaft gezogen. Allenfalls werden als kurzfristig kostensparende Maßnahme Tausende von Mitarbeitern entlassen. Dies ist ein Beispiel, dass auch hier das Geld seinen ursprünglichen Sinn verloren hat, und ein Beispiel dafür, wie auch das jetzige Geldsystem nur noch dem Profit einzelner dient statt der Allgemeinheit und dadurch nicht mehr zu ihrem Nutzen, sondern zu ihrem Schaden gereicht.

Als Fazit können wir feststellen:
Geld an sich verdient also nicht neues Geld oder vermehrt sich, wie man dem einfachen Mann mit vielen Sprüchen weismachen will (Lass dein Geld für dich arbeiten). Es ist aber keine Pflanze, die weiterwächst und Früchte bringt, sondern es zwingt vielmehr andere Menschen dazu, über Zins, Zinseszins und auch über Spekulation zu arbeiten und es damit zu vermehren. Wenn ich Geld für ein Haus leihe, so muss ich später für zwei Häuser arbeiten, um das Geld mit Zinsen zurückzuzahlen. Und wenn eine Bank erfolgreich mit Futures und Hebelgeschäften große Gewinne macht, muss ebenfalls jemand dafür arbeiten, und heute sogar die Allgemeinheit, wenn sie Verluste macht. Diese werden dann verstaatlicht und der Steuerzahler muss zumindest teilweise dafür aufkommen. Ein interessantes System, bei dem Schafe mehrmals hintereinander geschoren werden können.

Das Geld selbst arbeitet nicht, und ein Stück Papier kann gar nicht arbeiten, sondern derjenige, der solches leihen muss und darauf angewiesen ist. Er muss nachher doppelt oder dreifach so viel dafür arbeiten, wie es wert ist, oder die Zinslast über die Preise an die Verbraucher weitergeben, wie es allgemein geschieht. Also zahlen diese die Zeche über die Preise. Dies muss sich jeder unbedingt klarmachen und daran feststellen, welche Versklavung dies bedeutet, zumal es ja nie aufhört, sondern diese Dynamik über den Zins ständig weitergeht. Geld produziert also kein Geld oder neue Güter, denn den über den Zins und Zinseszins vermehrten Geldmengen müssen entsprechend mehr Leistungen oder Güter gegenüberstehen. Das ist zunächst das individuelle Problem jedes Schuldners und heute auch Steuerzahlers, der ständig dafür und somit zusätzlich für andere arbeiten muss. Jener andere wiederum bekommt immer mehr Leistungen und Güter ohne Arbeit. Das volkswirtschaftliche Problem besteht dann darin, dass entweder die entsprechende Warenproduktion genau so schnell steigen muss, damit der Zins und Zinseszins bedient werden kann, sonst gäbe es ja mehr Geld als Ware und damit Inflation. Wenn also die Geldgeber ihr Geld „ohne Arbeit" per Zins vermehren, so muss die gesamte Volkswirtschaft dies in Form höherer Produktion für die Geldhabenden bezahlen, die damit immer vermögender und reicher werden, um dann im nächsten Jahr noch mehr Geld zu haben, das noch mehr Geld verdient. Die Zunahme an Produktivität geht also zuerst zu jenen Geldhabenden, da der Zins immer und in jeder Wirtschaftslage bezahlt wird. Steigt aber die Produktivität nicht, müssen die Arbeitenden mehr Leistung für das gleiche Geld erbringen. Es muss ständig rationalisiert werden, überall wird gekürzt, vom Urlaubsgeld bis zu Zusatzleistungen. Geht dies auch nicht mehr oder nicht genug, werden die für das Geld hinterlegten Vermögensgegenstände gepfändet oder umverteilt, müssen also Häuser oder anderes Vermögen verkauft oder versteigert werden, um Schulden und Zinsen zu bezahlen. Solch ein System ist völlig kurzsichtig, ist auch in der Vergangenheit immer wieder zusammengebrochen und wird in Kürze auch wieder zusammenbrechen, wobei aber die Zeche leider von der ganzen Gemeinschaft bezahlt werden wird, deren Erspartes sich in Luft auflöst.

Zusammenfassend ist zu sagen, dass Geld nicht arbeiten kann, nur Menschen können arbeiten und werden dann über die Notwendigkeit, ein Haus oder eine Wohnung zu haben, ein Geschäft zu gründen oder was auch immer, selbst wenn sie nur Steuern bezahlen, dazu gezwungen, über den Zins für andere zu arbeiten, und dies mit den Jahren immer mehr. Nur ein Null-Zins oder Negativ-

Zins könnte das verhindern. Menschen kommen damit in Abhängigkeit, das ganze System ist instabil, kann sich nur durch hohe Wachstumsraten halten, wird immer polarisierter und geht somit über Instabilität ins Chaos. Selbst wenn ich aus Einsicht individuell keine Schulden habe und versuche, mich hier herauszuhalten, ist dies unmöglich, da ich mit jedem Gut und Produkt, welches ich kaufe, einen Zinsanteil bezahle und somit ein Teil meines Geldes zu den nicht arbeitenden Geldhabenden fließt. Das Geldsystem ist also nur als Ganzes, als System zu reformieren und muss auch neu gestaltet werden, denn dieses Geldsystem wird und kann aus folgenden Gründen nicht überleben:

- Zins und Zinseszins konzentrieren notwendig immer mehr Güter in Händen weniger Vermögender.
- Reiche werden immer reicher und Arme immer ärmer.
- Die Polarisierung in der Gesellschaft nimmt zu zwischen Geldhabenden und Nichthabenden.
- Geld wird Spekulationsobjekt, anstatt Tauschmittel zu sein (nur noch zu 2-3%).
- Das System ist auf ständiges, lineares Wachstum, auf immer mehr angewiesen (statt Kreisläufe).
- Staat, Länder und Kommunen verschulden sich bis zum Zusammenbruch.
- Diese haben wegen der Zinslast immer weniger Geld für ihre Aufgaben.
- Privathaushalte verschulden sich bei gleichem Lebensstandard immer mehr.
- Die Zahl der Firmenpleiten, vor allem beim Mittelstand, ist viel zu hoch (Vernichtung von Arbeitsplätzen und somit von Arbeit und Produktion).
- Zahl der Privatinsolvenzen nimmt immer mehr zu.
- Daher bleibt immer weniger Geld für Konsum, und daher verlangsamtes Wirtschaftswachstum.
- Daher bei gleichem Zins immer schnellere Umverteilung und Polarisierung.
- Geld wird im Umlauf äußerst knapp, da zuerst der Zins bedient wird.
- Das System produziert immer mehr Gier, Konkurrenz, Mangel, Knappheit, Versklavung.

Wie wird dies weitergehen? Schon die Umwandlung von DM in Euro war in den Augen vieler ein heimlicher Währungsschnitt, und allgemein kann man dies durchaus verstehen, bezahlt man doch für Waren des täglichen Bedarfs wie für ein Bier, eine Pizza, einen Kaffee oder ein Essen im Restaurant genauso viel wie früher in DM. Doch statistisch kann man tricksen, denn man muss nur den Warenkorb so verändern oder gewichten, dass Waren mit kleiner Inflation viel höher und Waren mit großer Inflation niedriger und weniger bewertet werden, so dass statistisch nur eine kleine Inflation herauskommt, um den Verbraucher zu täuschen und ihm weiszumachen, dass er eigentlich kein Geld durch Inflation verliert, obwohl der subjektive Eindruck ein anderer ist. Durch solche cleveren Maßnahmen kann man den Zusammenbruch hinauszögern, indem der Reallohn oder das Realeinkommen sinkt, aber es kann ihn letztlich nicht verhindern. Dies ist nicht nur meine Meinung, sondern viele führende Wirtschaftsfachleute wissen das, wie beispielsweise der frühere Herausgeber der „Harvard Business Review" José Kurtzmann, der sein letztes Buch „Der Tod des Geldes" betitelt hat. Ganz in meinem Sinn prophezeit er einen unmittelbar bevorstehenden Kollaps des Finanzsystems. Aber auch die Tatsachen zeigen es: Nicht umsonst ist der Goldpreis so enorm gestiegen, da viele kluge Finanziers darein oder auch in Sachwerte flüchten. Dies war und ist immer ein sicheres und untrügliches Zeichen gewesen, dass die Ratten das sinkende Schiff verlassen.

Manche Naive glauben aber noch, die Regierungen und Zentralbanken würden es schon richten und diesen Zusammenbruch verhindern. Das würden sie sicher gerne, aber wie? Die Regierungen können wegen ihrer hohen Verschuldung kaum noch agieren, und wenn, dann wieder mit noch höherer Verschuldung, was dem System zusätzlich den Todesstoß geben wird, denn die Verschuldungsgrenze ist in Sicht bzw. schon überschritten. Und die Zentralbanken ? Die Geldreserven aller OECD-Zentralbanken belaufen sich auf ungefähr 640 Milliarden Dollar. Selbst wenn sie plötzlich alle zusammenarbeiten und alle Reserven einsetzten, so hätten sie doch nur Mittel in der Größenordnung der Hälfte eines Tagesumsatzes der weltweiten Finanzmärkte, und schon in der Vergangenheit haben einzelne Spekulanten *ganz allein* eine Zentralbank ausgehebelt und in die Knie gezwungen, wie einst die „Bank of England". Was wollen die Zentralbanken also gegen eine größere Krise machen, vor allem wenn das allgemeine Vertrauen (der Lemminge) sich auflöst?

Da wir überall an der Verschuldungsgrenze stehen, auch die Steuersätze und Steuern und Abgaben insgesamt auf nicht mehr zu überbietende Höhen gestiegen sind und alle weiteren Erhöhungen kontraproduktiv wären, indem die Bürger sie immer mehr umgehen würden wie damals in Schweden, und andererseits auch eine Abschaffung des Zins- und Zinseszinssystems nicht in Aussicht steht, **so ist deutlich und klar das Ende des jetzigen Geldsystems in wenigen Jahren zu prognostizieren**, je nachdem, wie lange das Vertrauen und der

Glaube daran noch halten werden. Ich schätze die Frist auf 4-8 Jahre. Es ist aber unausweichlich, und sogar so renommierte Wissenschaftler und Finanzberater wie Professor Bernhard Lietaer, der die Einführung des Euro mit begleitet hat, bekennen öffentlich (in einem Interview mit der Herausgeberin des amerikanischen Magazins „Yes" / www.yesmagazine.org) und ganz in meinem Sinne:

„Ich bin zu der Überzeugung gekommen, dass Gier und Angst vor Knappheit durch das jetzt praktizierte Geldsystem ständig erzeugt und vergrößert werden. Geld wird beschafft, wenn Banken es beschließen. Wenn die Bank Ihnen einen Kredit von 100.000 Dollar gibt, ist dies nur der Teil, den Sie ausgeben und der in der Wirtschaft zirkuliert. Die Bank erwartet von Ihnen, dass Sie im Laufe der nächsten 20 Jahre für diesen Kredit 200.000 Dollar zurückzahlen, aber sie schafft diese zweiten hunderttausend Dollar, die Zinsen, nicht selbst. Stattdessen schickt die Bank Sie in die feindliche Welt, um gegen jeden zu kämpfen (zu konkurrieren /Anm.d.Verf.), damit sie die zweiten hunderttausend Dollar erarbeiten. ... Die Banken prüfen dabei, ob Sie es schaffen, die zweiten hunderttausend Dollar aufzutreiben, die nicht von der Bank geschaffen wurden. Und wenn Sie es nicht schaffen, verlieren Sie Ihr Haus oder was immer Sie an Sicherheiten angegeben haben. ...../// Meine Prognose ist, dass *lokale Währungen* wichtige Instrumente sein werden, um die Gesellschaft im 21. Jahrhundert neu zu entwickeln." (zitiert aus Connection 10/2008)

Immerhin ist Prof. Lietaer kein Alternativer oder Außenseiter, dessen Meinung man einfach so abtun kann. Er ist Professor für Internationales Finanzwesen, war Finanzberater für europäische Institutionen wie südamerikanische Regierungen, Präsident des elektronischen Zahlungssystems in Belgien und beschäftigte sich fünf Jahre lang mit dem Entwurf und der Einführung der europäischen Währung, dem Euro. Somit ist davon auszugehen, dass er etwas von der internationalen Finanzwelt und dem Geldfluss versteht. Doch auch dem einfach logisch denkenden Durchschnittsbürger, erst recht dem gemeinen Menschenverstand, muss dies aus dem oben Gesagten klar ersichtlich werden, und ich habe hier absichtlich versucht, nicht mit Fachchinesisch, sondern mit ganz einfachen Darlegungen zu argumentieren.

Ich bin ebenfalls der Meinung, dass Geld zukünftig auch nach einem Zusammenbruch nicht abgeschafft werden wird und nicht werden kann, da nach wie vor Waren und Dienstleistungen getauscht und verrechnet werden müssen. Doch wenn das Vertrauen in globale Märkte und in nationale Währungen gebrochen sein wird, ist natürlich zu erwarten, dass zunächst regionale Währungen entstehen und bestehende ausgebaut werden. Sicher werden Regierungen dies zu verhindern suchen, aber nicht verhindern können. Auch werden Bürger mehr Glauben und Vertrauen in überschaubare regionale Systeme investieren können als in überregionale, die sie nicht überblicken können. Diese regionalen Währungen oder Tauschbörsen werden sehr wichtig sein für eine gewisse Übergangszeit, und es wäre sehr notwendig, jetzt schon dafür Vorbereitungen zu treffen oder Voraussetzungen dafür zu schaffen. Für den Verbraucher wäre es sinnvoll, sich nach lokalen Börsen oder Währungen umzuschauen oder sie notfalls ins Leben zu rufen, um im Notfall auch weiter seine Talente und Fähigkeiten, seine Arbeitskraft verkaufen und damit wichtige Güter und Leistungen eintauschen zu können, vor allem wenn das bisherige Geld entweder entwertet ist oder dafür kaum noch etwas zu kaufen sein wird.

Langfristig muss sich aber ein neues nationales und dann internationales Geldsystem durchsetzen, das ohne den jetzigen Zins auskommt oder sogar eine sogenannte negative Zinsrate umfasst oder möglich macht. Dies würde bedeuten, dass Geldhorten bestraft wird und es somit mehr im Umlauf bleibt und dass Geldverleihen sich dadurch auszahlt, dass man erstens keinen Abschlag erhält und zweitens Geld verdient wird durch Investitionen, Bau von Fabriken und Arbeitsplätzen, dass Geld investiert wird und nicht so leicht gehortet werden kann, zumindest nicht ohne Aufpreis. In einem solchen System wäre das Geld zunächst ein Tauschmittel, das wegen dem negativen Abschlag sehr schnell im Umlauf wäre, denn jeder würde es schnell gegen Waren und Dienstleistungen eintauschen wollen, um nicht Wert zu verlieren. Wenn aber jemand beschließt, es als Besitz anzuhäufen, so müsste er es, um Wertverlust zu vermeiden, investieren, also in neue Produkte, Fabriken, Arbeitsplätze, neue Erfindungen, Konzepte, Ideen. So hätten wiederum die kreativen Unternehmer und Erfinder und auch innovativ Selbstständige mehr als genug Geldgeber, um ihre Projekte zu finanzieren, und die Wirtschaft würde einen ungeheuren Aufschwung und Innovationsschub haben. Dies ist schon heute zu sehen in Zeiten, in denen niedrige Zinsen existieren, jedoch ist hier immer noch ein positiver Zins. Ohne Zins zu produzieren, zu bauen, zu investieren würde einen noch viel größeren Aufschwung bringen. Fazit: Wenn man keine Ersparnisse in Form von Geld (wohl in Investitionen und Gütern) bilden kann, dann muss man es in etwas investieren, was Werte in der Zukunft bringt, in langfristig ökologische Projekte zum Beispiel.

Dies scheint auch ein System zu sein, das nicht nur Geld wieder zum Tauschmittel macht, großen Wohlstand bringt, viele Investitionen fördert und den Geldumlauf beschleunigt, so dass ständig genug Liquidität am Markt ist, sondern es scheint auch ein System zu sein, welches den Wohlstand viel gleichmäßiger verteilt, da ja Leistung, Arbeit und Investition belohnt werden, nicht aber Reichtum und Geldhorten an sich, welches im Gegenteil eher bestraft und daher eher gemieden werden wird. Dann hat es keinen Sinn, viel Geld zu haben, und es wird daher viel gleichmäßiger verteilt und mehr im Umlauf sein. Wie aber zukünftig ein solch neues System im Detail aussehen soll, lasse ich hier offen und damit die Ausgestaltung den Fachleuten, die sich damit auskennen, aber es wird sich auszeichnen vor allem durch die Aufhebung des bisherigen Zinses und die Rückkehr zur einer Geldordnung ohne Zins, wie es auch in den Zeitaltern davor üblich war und wie es beispielsweise der Vordenker Sylvio Gesell gefordert hatte.

Wir müssen also das Geld durchaus nicht verteufeln, auch wenn es so sehr missbraucht wurde, sondern können bewusst ein neues Geldsystem erschaffen, welches *für uns* und nicht mehr gegen uns arbeitet, also *für* mehr Wohlstand, Fülle, Produktivität anstatt für mehr Zins für die Geldhabenden, wobei wir in Konkurrenz und Kampf, in Mangel und Gier leben müssen, nur um unsere Zinsen zu bezahlen. Der Staat ist heutzutage ein schönes Beispiel sowohl für die Verschuldung und Abhängigkeit wie auch für das verzweifelte und vergebliche Bemühen, seine Zinsen zu bezahlen mit einem ausgeglichenen Haushalt und nicht über noch mehr Schulden.

Das jetzige Geldsystem wird also in wenigen Jahren zusammenbrechen, aber dies ist keine Katastrophe, sondern ein Glück und ein Segen für die neue Wirtschaftsordnung, und es werden in einer Übergangsphase vor allem regionale Währungen an Bedeutung gewinnen und damit auch ein lokales Wirtschaften und damit Überleben sicherstellen. Doch Geld als ein übergeordnetes Tauschmittel wird und soll es auch zukünftig geben, in der neuen visionären Wirtschaft, von der hier die Rede ist. Vor allem in einer Zeit der Internationalisierung und immer enger werdenden Verbundenheit des Wirtschaftslebens und Handels auf diesem Planeten kann es gar nicht anders sein. Geld muss nur von seinem Missbrauch befreit und seinem sinnvollen Gebrauch wieder zugeführt werden, ganz im Sinne der hier genannten neuen Werte und Ziele einer neuen globalen Wirtschaftsordnung aus dem Geiste. Wie eine solche in der kurzen, uns zur Verfügung stehenden Zeit umgesetzt werden könnte und welche neuen Methoden und Wege es dazu gibt, dies wollen wir im folgenden Kapitel erkunden und betrachten.

Eine sehr aufschlussreiche Darstellung über das Geldsystem und warum es nicht auf Dauer funktionieren kann, kann im Internet abgerufen werden unter:
„Die Geschichte des Geldes" bei
http://video.google.com/videoplay?docid=2537804408218048195
„Die Herrschaft der Zentralbanken" bei
http://de.youtube.com/watch?v=8RJrlyZB4508feature=related;
„Die Finanzkrise – Der SWAPWahnsinn" bei
http://www.youtube.com/watch?v=joNuc9nHChw

4. Neue Methoden der Transformation – „den Tiger zähmen"

4.1. Warum neue Methoden und Wege?

Bislang versuchte man die Probleme in der Wirtschaft intern wie extern und sowohl bei der Analyse wie auch der Umsetzung fast ausschließlich durch rein rationale Methoden wie Gutachten, Analysen, lineare Prognosen, Kosten-Nutzen-Berechnungen, Mentaltrainings, Wissens-Schulungen und vieles mehr zu lösen, alles basierend auf sogenannten harten Fakten und Zahlen. Dieses linear-rationale Denken und Berechnen war auch lange Zeit ausreichend, solange jedenfalls sich an den grundlegenden Paradigmen nichts änderte. So wie beispielsweise in der Physik lange Zeit die Newtonsche Physik völlig ausreichend war, bis von Einstein und später von den Quantenphysikern die Prämissen über Raum und Zeit und auch die Materie geändert wurden. Inzwischen sieht man auch in der Wirtschaft, und zwar ganz empirisch an den mangelhaften Ergebnissen und an den immer unlösbarer werdenden Problemen, dass die bislang einigermaßen funktionierenden rein rational gestützten Methoden nicht mehr ausreichen, um mit den aktuellen Problemen und Herausforderungen fertig zu werden. Diese rühren nämlich nicht nur von einer Systemstörung her, sondern aus einer Systemwandlung wie die von der klassischen Physik zur Quantenphysik. Und ebenso wie dort dürfen wir die bisherigen Werkzeuge nicht einfach über Bord werfen, sondern müssen sie in bestimmten Bereichen um neue erweitern.

Wir befinden uns in einer Umbruchphase, in einer grundlegenden Veränderung, deren Auswirkungen wir nicht mehr nur durch bloße äußere Korrekturen des Bisherigen auffangen können, sondern die ganz neue, kreative Lösungen erfordert. Diese wiederum können nicht aus dem rationalen Teil unseres Geistes kommen. Warum nicht? Der rationale Teil ist nur dazu vorgesehen und auch nur dafür geeignet, *bereits bestehende* Muster, Zahlen und Fakten zu ordnen und vielleicht zu extrapolieren, aber nicht, um ganz

Neues zu kreieren, die bisherigen Prämissen und Grundlagen zu ändern oder zu erweitern und ganz neue Muster und Strukturen zu erschaffen. Dies kann nur geschehen aus einem nicht-linearen, nicht-rationalen, einem erweiterten, eher weiblich-chaotischen, intuitiven, kreativen Teil unseres Geistes heraus, der bislang jedenfalls meistens nur in Krisenzeiten aktiviert wurde. Dieser und andere noch viel umfassendere Bereiche unseres Bewusstseins, die meist auch nicht unserer Kontrolle unterliegen, wie beispielsweise das Unterbewusstsein, das doch die meisten Aktivitäten unserer Person und unseres Körpers steuert, diese kreativen Teile des Bewusstseins werden in unserem hier vorgestellten Weg *wesentlich* mit einbezogen.

Damit unterscheidet sich das hier vorgestellte Lernen, wie überhaupt der ganze hier gezeigte Weg der Transformation, von herkömmlichen Wegen und Methoden, vom traditionellen Business-Coaching. Es zeitigt auch ganz andere, umfassendere, schnellere und tiefgreifendere Ergebnisse und ist damit – von einigen Pionieren abgesehen – recht neu und einzigartig, zumindest für den Bereich der Wirtschaft.

Somit wird in diesem Transformationsmodell der gesamte Bereich unseres Geistes genutzt, vor allem auch der emotionale wie auch der unbewusste, intuitive Teil, die wir dann emotionale und spirituelle Intelligenz nennen wollen, und nicht nur der eher kleine rational-bewusste Teil, der im Menschen ja auch nur über sehr wenig Einfluss verfügt.

Es ist also so, dass wir damit unseren geistigen Bereich erweitern und zusätzliche und bislang ungenutzte Teile hinzugewinnen. Wie jeder Hypnotiseur weiß, besitzen jene unbewussten (und dabei doch größeren) Teile unseres Geistes sehr viel Macht und Tiefe, auch Zugang zu wesentlich mehr Wissen und Information. Somit sind die damit erzielten Ergebnisse viel schneller, direkter, tiefgehender und im Außen deutlicher sichtbar, da sie den *ganzen* Menschen *fundamental* wandeln, eben nicht nur wie mit rationalen Methoden die Oberfläche, die Außenseite, die Maske, die kleine rational-gesteuerte Spitze des Eisbergs, sondern vielmehr die viel tieferen Schichten unter der „Wasseroberfläche" (darunter liegen nach dem Eisberg-Modell der klassischen Psychologie die unter- sowie unbewussten Anteile des Menschen). Denn ändere ich nur die Oberfläche, die Fassade, so bleibt der Mensch trotz intensiven Trainings und trotz starker äußerer Veränderung innen nach wie vor, wie er war. Ihm wird einfach nur etwas Äußeres und vielleicht ihm Fremdes aufgeprägt, das dann nicht mit ihm übereinstimmt, etwas Maskenhaftes, und erstens wird dies von anderen Menschen als nicht authentisch erkannt und abgelehnt, und zweitens wird sich der übermalte Rost früher oder später wieder durchsetzen, so dass der ganze Aufwand *langfristig* nichts nützt. Ändert sich aber der Mensch tief innen und fundamental, so wird alles ausschließlich aus ihm selbst hervorgeholt und geboren. Er bleibt dann authentisch, glaubwürdig, ist mit sich selbst im Reinen und dies auch langfristig.

Dies gilt nicht nur für Individuen, sondern auch für Firmen insgesamt, die sich ja aus vielen Individuen zusammensetzen. Die Devise des hier vorgeschlagenen Weges der Veränderung lautet: Welches Problem oder Ziel zu bewältigen ist, wird nicht nur wie bisher über den bloßen Verstand und die anstehenden Zahlen und Fakten *analysiert*, sondern es werden viel mehr Bereiche und Methoden des kreativen Geistes mit einbezogen, beispielsweise Intuition, Imagination, Bilderleben, Assoziation und vieles mehr. Wenn die Analyse klar ist, wird erst recht nicht über den bloßen rational-linearen Verstand *transformiert*. Dafür ist der rationale Teil unseres Geistes nur sehr beschränkt einsetzbar, wie vielleicht schon jeder erfahren hat, der ein negatives Verhalten erkannt hat, es aber dennoch nicht loswerden konnte. Oder versuchen Sie doch einmal willentlich, Ihren Blutdruck zu kontrollieren oder zu verändern. Hier spielen ganz andere Kräfte eine Rolle. Das ist durchaus möglich, wie viele Yogis oder Meister des Bewusstseins vormachen, die sogar ihr Herz stillstehen lassen können, aber eben nicht über den rationalen Teil ihres Verstandes.

Diese neuen, meist noch unbewussten und zugleich sehr mächtigen Bereiche des Geistes zu erforschen und zu nutzen, bedeutet aber nicht, den Verstand abzulehnen. Wir müssen hier nicht das Kind mit dem Bade ausschütten. Genauso wie die Newton'sche Physik und ihre Gesetze auch nach Einführung der Quantenphysik nach wie vor sinnvoll einzusetzen sind, jetzt eben nur noch in einem bestimmten Bereich und nicht mehr universell, kann und muss auch der Verstand nach wie vor in dem ihm zustehenden Bereich weiter sinnvoll eingesetzt werden. So kann er in manchen Bereichen sehr nützlich sein, beispielsweise zur Orientierung, zur Kontrolle, zum Vergleichen, zum Urteilen. Er ist auch gut geeignet zum Sortieren und Verwalten, zum Strukturieren, zum linearen Denken, er kann extrapolieren und ableiten. *Innerhalb* eines funktionierenden Systems ist er also sehr nützlich, aber nicht, wenn das System selbst sich ändern oder wenn es neu gestaltet werden muss, denn er kann nichts erschaffen, umgestalten oder kreativ neu gestalten, und schon gar nichts Visionäres oder Tiefgreifendes. Um es auf den Punkt zu bringen: Der Verstand kann mit dem Chaos nicht umgehen, aus dem allein Neues entstehen kann, aber er kann das Entstandene und Erschaffene ordnen. Er ist, bildlich gesprochen, ein Verwalter und Buchhalter, aber er kann keine neue Mode-Kollektion entwerfen, er ist weder kreativ noch innovativ und schon gar nicht multidimensional und vernetzt wie jener andere viel umfassendere Teil unseres Geistes, den wir die emotionale und spirituelle Intelligenz nennen, den emotionalen sowie den uns noch unbewussten Bereich, der sich wiederum in ein Unterbewusstes und Überbewusstes einteilen lässt. Die genaue Definition der Bereiche geben wir im nächsten Kapitel, doch wollen wir uns einmal einen ersten Eindruck verschaffen.

Zunächst teilen wir unseren bewussten Geist entsprechend unseren Gehirnhälften in eine linke und eine rechte ein, wobei die linke für das rationale, zweidimensionale Verarbeiten für Information steht, für den eher männlich-betonten Teil der Logik und des Verstandes, während die rechte eher für den weiblich-betonten Teil des bildhaften Denkens und Vorstellens, des Fühlens, für den emotionalen und auch für den ganzheitlichen Teil steht. Sind beide im Einklang, so können wir sowohl clever unterscheiden und logisch urteilen, haben aber auch den richtigen Riecher, das richtige Bauchgefühl, wie ein guter Börsenmakler (die schlechten richten sich nur nach der linken Gehirnhälfte, z.B. nach Chartanalysen usw.) fühlen wir einfach, wo es richtig ist zu investieren und wo nicht. Diese rechte Gehirnhälfte arbeitet viel umfassender, dreidimensional, kann vernetzt denken und fühlen, erfasst viele Faktoren zugleich statt nach- oder nebeneinander wie die linke, rationale Hälfte unseres Bewusstseins. Ist nun der eine Teil dominant, beispielsweise die rechte, kreative Seite, so können wir gut fühlen und haben einen tollen Instinkt, sind kreativ und vielleicht gute Künstler, bekommen aber – wie man sagt – nichts auf die Reihe, verschleudern Geld, können nicht planen, widersprechen uns und machen vielleicht einen chaotischen Eindruck. Ist dagegen die rationale, linke Seite betont, so sind wir kalte Verstandesmenschen, sehr an Normen orientiert, entscheiden nur nach Fakten und Zahlen, können nichts wirklich Neues erschaffen, sondern eher verwalten, sind vielleicht auch freudlos und überhaupt unemotional und haben daher auch keine wirkliche Befriedigung und Freude an dem von uns Erreichten, versuchen daher immer härter und verbissener zu arbeiten, was aber keine Lösung ist.

In der vergangenen und auch noch der heutigen Zeit wurde die Ausbildung wie auch Bewertung der Menschen fast ausschließlich nach Kriterien der linken Gehirnhälfte ausgerichtet, und Hochbegabte wie Einstein hatten es daher in der Schule nicht leicht. Nirgendwo – mal abgesehen von Randgruppen wie in den Montessori- oder Waldorfschulen – wird Intuition und Kreativität gelehrt, wohl aber alle Arten von Verstandesdenken und Faktenwissen. Somit ist dieser elementare und vor allem in Zeiten des Wandels überlebensnotwendige Teil bei den meisten von uns verkümmert und vernachlässigt, und manche wissen schon gar nicht mehr, dass sie diese rechte Gehirnhälfte überhaupt haben. Deshalb ist es ein wichtiges Ziel unserer Schulung, diesen Teil des Wachbewusstseins wieder zu aktivieren, zu beleben und kreativ zu nutzen.

Neben dem Wachbewusstsein besitzen wir aber noch einen viel größeren, unbewussten Teil unseres Geistes, den wir wiederum in ein Unterbewusstsein (engl. subconscious) und ein weiteres Unbewusstes, das ich Überbewusstsein (engl. unconscious) nenne, einteilen können.

Während unser **Unterbewusstsein** eine Art Rumpelkammer oder Keller unseres Geistes darstellt, in der – wie wir noch sehen werden – unsere alten und verdrängten Muster, Traumata, Blockaden und unverarbeiteten Erlebnisse gespeichert sind, die wir zur Klärung erst wieder (und möglichst humorvoll) hervorholen und auflösen müssen, so stellt unser noch unbekannter und von uns noch nicht betretener Teil unseres Geistes, den wir das Unbewusste oder besser das **Überbewusstsein** nennen, jenen Teil dar, wo unsere noch ungenutzten Talente, Fähigkeiten, großen Begabungen und andere tiefe Schätze unseres Geistes lagern.

Üblicherweise bekommt jeder Mensch im Laufe seiner Reifung und Entwicklung immer mehr Zugang zu diesen Bereichen, indem er sich öffnet, in sich geht, immer achtsamer wird, über das Geschehene nachdenkt oder meditiert, neue Erfahrungen auswertet, kurz gesagt: sein Bewusstsein ausweitet und klärt. Dies ist das, was man Lebenserfahrung nennt oder die Reife, die älteren Menschen oder ältere Seelen üblicherweise haben sollten. Doch kann diese Reifung auch beschleunigt werden. Wir können mittels geeigneter Methoden – und solche Verfahren gibt es schon seit uralten Zeiten, doch wurden sie meist nur im Verborgenen gelehrt und nur von Meister zu Schüler übermittelt – auch direkt in diese tieferen Bereiche des Geistes vordringen und Wege dorthin erschließen. Damit können wir uns diese verborgenen Schätze, Fähigkeiten, Talente nutzbar machen, und genau dies erreichen wir innerhalb unserer Trainings in recht kurzer Zeit. Sowohl können wir mit Methoden der modernen Psychologie unter Umgehung der rationalen Barrieren direkt ins Unterbewusstsein gehen und dort operieren und alte Muster und Hindernisse schnell auflösen als auch in Bereiche des Überbewusstseins vordringen und damit eine enorme Bewusstseinserweiterung hervorrufen, zumindest aber zahlreiche neue Fähigkeiten, Talente und Begabungen entdecken und aktivieren, die dann zu jedweder Problemlösung zur Verfügung stehen.

Dies ist nichts, wovor man sich fürchten muss, denn solche Bewusstseinsarbeit ist nichts grundlegend Neues in der Entwicklung der Menschheit. So sind innerhalb von bestimmten, meist religiösen, aber auch politischen Gruppen solche Methoden und Zugangswege zum Bewusstsein schon seit Jahrtausenden entwickelt worden, in fast allen mir bekannten Kulturen. Doch war dies üblicherweise ein geheimes Wissen, Austausch und Weitergabe auf die jeweilige Gruppe beschränkt, war geschätzt und beschützt und der Verrat oft sogar mit Todesstrafe bedroht. Diese Geheimhaltung musste auch geschworen werden, und Schüler wurden nicht beliebig angenommen, sondern ausgewählt, wie etwa bei der Schule des berühmten Mathematikers Pythagoras. Auf diese Weise sollte solches Wissen über die Macht des Geistes nur den gereiften und dazu geeigneten Personen zugänglich sein und nicht für jedermann. So wurden in Mysterienschulen zumindest seit den Zeiten des alten Ägyptens, wie schon Platon überliefert hat, sowohl mathematisches Wissen und Kenntnisse universaler geistiger Gesetze, aber auch Wissen um die verborgenen Bereiche der Seele nur innerhalb dieser Kreise weitergegeben, leider dann auch oft in Zeiten des Umbruchs verloren. Daher haben wir nur bruchstückhaft Kenntnisse von ihren Methoden und wollen sie auch nicht etwa wieder aufwärmen, lediglich auf diese Tradition verweisen, da uns heute neue, unserer Zeit angepasstere und elegantere Methoden zur Verfügung stehen.

Die moderne Psychologie, darunter auch die Richtung der „Psychologie der Vision" (engl. Psychology of Vision, POV) von Dr. Spezzano, aber auch die moderne Bewusstseinsforschung hat speziell in den letzten Jahrzehnten und noch weitgehend unbemerkt vom Massenbewusstsein viele neue Zugangswege zu den höheren oder tieferen Schichten und darin verborgenen Inhalten unseres Bewusstseins gefunden. Darüber hinaus wurden einfache, spielerische und schnelle Methoden entwickelt, um sowohl auf die emotionale Ebene (der rechten Gehirnhälfte) zu kommen und Gefühle im Menschen leicht zu steuern und dauerhaft verändern zu können, als auch auf die mentale Ebene der Gedanken, Überzeugungen und der dort verankerten Muster, sozusagen auf die Ebene der Software, die unser Bewusstsein, unsere Wahrnehmung und damit unser Leben steuert. Als Beispiele neben den schon erwähnten POV-Methoden möchte ich nur die Methode des Umgangs mit dem inneren Kind von Dr. Stelzl und andere imaginative Verfahren anführen, ferner Verfahren der analytischen Tiefenhypnose, der Gestalttherapie wie der transpersonalen Psychologie, ferner Bewusstseinsmethoden wie NATHAL, NLP und AVATAR. Auch über das Werkzeug der Aufstellungen ist es gelungen, innere Strukturen der Seele nicht nur äußerlich gut darstellbar zu machen, sondern sie dadurch auch leicht verändern zu können.

Auf die Methoden werden wir im Einzelnen noch eingehen. Wichtig ist hier nur zu erkennen, dass zahlreiche wunderbare und effiziente psychologische Werkzeuge entwickelt wurden, mit denen sich Menschen ganz bewusst, gezielt, leicht, schnell und tiefgreifend verändern können, oft auch ohne dass Therapeuten nötig wären, denn solche Veränderung geschieht meist nicht von außen, etwa als äußere Manipulation, sondern in völliger Freiheit mittels dieser Werkzeuge durch die Menschen selbst und in ihrem Tempo, beispielsweise bei der von mir entwickelten „Seelenhaus-Methode". Und wenn sich Menschen als Individuen so ändern können – und dies wurde inzwischen in persönlichem Coaching bereits tausendfach gezeigt und belegt und kann auch jederzeit wieder reproduzierbar gezeigt werden –, so wird es in Zukunft auch möglich sein, auf diese Weise ganze Kollektive wie Firmen, Vereine oder Verbände zu verändern, ja ganze Gesellschafts- oder Volksgruppen, denn sie bestehen ja nur aus solchen einzelnen Menschen.

Die hier vorgestellten Methoden sind nun zwar recht neu und erst wenige Jahre oder Jahrzehnte alt, haben sich aber bereits als sehr valide und effizient erwiesen, und dies nicht nur in jahrelangen persönlichen Coachings von Klienten aus aller Welt, wie es von den POV-Trainern ständig weltweit durchgeführt wird, von Europa bis Japan und Taiwan, von Kanada bis Hawaii. Hierbei wurden die vorhandenen Methoden immer mehr praktisch verfeinert und verbessert. Vielmehr wurden sie auch an unzähligen Gruppen erprobt und getestet, in Tausenden von Seminaren, Workshops und Trainings weltweit. Daher ist ihre Effizienz praktisch erwiesen und verbürgt und kann auch jederzeit demonstriert werden, zumal die meisten Verfahren standardisiert sind und jederzeit wiederholt werden können.

Solche erprobten Methoden kommen also in unserem hier vorgestellten Training zum Einsatz. Auch ich selbst habe in den letzten Jahren weitere Verfahren entwickelt oder weiterentwickelt, wie beispielsweise die „Dynamischen Aufstellungen", wozu auch die „Oneness-Aufstellungen" gehören, die sehr effizient sind, um gemeinsame Ausrichtung und Verbundenheit zu erreichen, wie auch die sehr einfache Methode des Seelenhauses, die in kürzester Zeit eine komplette Persönlichkeitsanalyse ermöglicht, aber zugleich auch eine direkte und für die Seele verständliche Möglichkeit bietet, über Eingabe bestimmter Bilder sofort und mühelos seelische Veränderungen herbeizuführen. Diese Methoden sind in Buchform veröffentlicht und können dort näher studiert werden. (vgl. meine Bücher „Dynamische Aufstellungen" und „Dein Seelenhaus" im Verlag Via Nova).

Alle diese erwähnten und noch weitere Methoden werden nun gebündelt eingesetzt, um schnelle und vor allem leichte Transformation von Führungskräften und damit in Folge ganzer Unternehmen zu erreichen. So kann ein Wertewandel bewirkt werden, Konkurrenz wird in Kooperation überführt, Zusammenarbeit gefördert, neue Ressourcen werden in den Mitarbeitern wie im Unternehmen aufgedeckt und erschlossen, neue Ziele werden erreicht und implantiert, und vieles mehr. Dies geht auch nicht mehr mühsam und langwierig wie unter Verwendung rein rationaler Methoden, die das Innere, die Seele, nicht mehr erreichen, sondern vielmehr bildhaft, spielerisch und daher meist mit Freude und Begeisterung. So werden jeweils verschiedene, aber immer einfache Verfahren für bestimmte Handlungsfelder oder Transformationsnotwendigkeiten eingesetzt. Diese werden im kollektiven Bereich, also für die Firmen, ganz sicher genauso effizient sein wie im bisher erprobten individuellen Bereich, zumal solche Kollektive eben aus Individuen zusammengesetzt sind und auch nur über den Einzelnen diese Art von grundlegender Veränderung stattfinden kann.

Für Unternehmen sicher sehr positiv zu werten ist natürlich die viel höhere Effizienz und Schnelligkeit der Transformation, wie auch die dadurch ausgelöste bessere Motivation und Zufriedenheit der Mitarbeiter, die heute einen nicht unerheblichen Faktor bei der Betriebswahl darstellt. Mit diesen Methoden werden in den Mitarbeitern viele Hindernisse und seelische Begrenzungen abgebaut. Bei allen Beteiligten entsteht zugleich ein seelischer Energiegewinn, meist zu sehen in einer größeren Lebensfreude und Begeisterung dadurch, dass die jedem Menschen bereits innewohnende Kreativität und Freude an Neuem, wie man bei Kindern oft noch sehen kann, wiederentdeckt und freigelegt wird. Wenn also diese Transformation in Gruppen durchgeführt wird, dabei viele Blockaden aufgelöst, Hindernisse beseitigt, zwischenmenschliche Nähe und Verbindung gefördert, Talente und Fähigkeiten entdeckt und genutzt werden, so entstehen damit zugleich Freude, Enthusiasmus, Energiegewinn sowie viele motivierende Faktoren, die damit zugleich freigesetzt werden. Statt unter Druck und Stress und angetrieben durch die Angst gehen die Menschen nun gerne ihrer Tätigkeit nach, haben Spaß und Freude daran, genießen das Mehr an Miteinander und Teamgeist, und dies kommt dem Unternehmen, mehr als heute bekannt ist, zugute. Denn solche negativen Soft-Faktoren für den Betrieb, wie Arbeitsklima, Druck, Stress, Mobbing oder beispielsweise die verheerenden Folgen der schon erwähnten „fiesen Chefs", werden bislang kaum gemessen und erfasst, richten aber – gerade weil sie so schwer quantitativ erfassbar und daher so kaum abzustellen sind – ständig kontinuierlichen und auf Dauer immensen Schaden an, wie etwa eine ständig undichte und leckende Wasserleitung unnötig viel Wasser verbraucht.

Wenn wir aber solche Transformationen in ein neues Bewusstsein nach den hier gegebenen Vorgaben durchführen, so können neben der Erreichung bestimmter Ziele auch gleichzeitig andere positive Faktoren, gleichsam als Nebenwirkungen, erreicht werden, wie etwa ein Teamgeist, eine Begeisterung für die Arbeit, ein Miteinander, das zu mehr Lebensfreude und damit wieder zu mehr Einsatz und Kreativität für das Unternehmen führt. Veränderung mit den hier vorgestellten Mitteln schafft zugleich unter den Teilnehmern eine sehr positive emotionale Stimmungslage, die wiederum dem Unternehmen langfristig zugute kommt. Es ist eine aus der bisherigen Gruppenarbeit erwiesene Tatsache, dass die Teilnehmer, unabhängig davon, welches Thema sie bearbeiten, schon nach ein bis zwei Tagen eine sehr intensive und verbundene Gemeinschaft entwickeln, einer für den anderen einsteht und man sich in einer freudigen Stimmung gerne gegenseitig hilft.

Sowohl die bereits erwähnte Effizienz wie auch die positiven emotionalen „Nebenwirkungen" sind darauf zurückzuführen, dass wir bei der Transformation nicht die Ausdrucksebene bearbeiten, sozusagen an der Oberfläche kratzen, sondern mit den verwendeten Methoden – obwohl sie so einfach aussehen – tief ins Bewusstsein vordringen. Wir arbeiten sozusagen auf der Software-Ebene des Geistes. Darüber hinaus können wir aber auch noch bis hin zum Betriebssystem

Veränderungen der Überzeugungen und grundsätzlichen Einstellungen des Menschen erwirken, die wiederum viele kleine Veränderungen im Leben, im Alltag, im Umgang der Menschen miteinander nach sich ziehen und die so einzeln nicht mehr bearbeitet werden müssen. Um ein Beispiel zu bringen, wie Veränderungen in der Tiefe viele Arbeiten am Detail überflüssig machen, stellen Sie sich bitte einen alten Baum vor, den wir nun verändern wollen, indem wir dessen unbrauchbare Teile abschneiden. Statt bei den Blättchen und äußeren Ästchen anzufangen, was wir auch tun könnten, und dann Stück für Stück abzusägen, könnten wir nun auch gleich den ganzen dürren Ast am Stamm entfernen und uns die Detailarbeit ersparen. Gehen wir also tief ins Bewusstsein in den Bereich der kausalen Strukturen, so können wir hier mit einem Schlag eine ganze Reihe beispielsweise von Versagensmustern auflösen, anstatt im emotionalen oder mentalen Bereich Stück für Stück jedes Muster einzeln aufzulösen. Es ist also ein großer Vorteil, tief im Bewusstsein arbeiten zu können.

Weiter ist dies auch für langfristigen Erfolg wichtig. Wenn ich nur ein äußeres Verhalten ändere, so muss dies ständig mit Energie aufrechterhalten werden. Das ist so anstrengend, wie wenn ich mich verstellte. Arbeite ich in der Transformation aber mit der kausalen Ebene, also der Ebene der geistigen Ursachen, so kann ich hier etwas fundamental verändern und muss dann keine Energie mehr aufwenden, dies nur äußerlich zu tun. Beispielsweise könnte ein Unternehmen, welches den Umsatz seiner Außendienstmitarbeiter steigern will, den alten Weg gehen und mittels Verkaufstrainings und bestimmter Techniken mit entsprechendem Aufwand die Mitarbeiter zu mehr Abschlüssen bewegen. Das Verhalten ist aber aufgesetzt, nicht authentisch, wird vom Kunden daher leicht durchschaut und erfordert ständige Mühe und Denkleistung des Mitarbeiters. Oder wir gehen den neuen, hier vorgeschlagenen Weg, gehen zunächst einmal tief ins Bewusstsein und verändern Glaubenssätze, lösen alte Versagensmuster auf, löschen Ängste und Widerstand gegen Kunden aus, treffen neue Entscheidungen auf der unbewussten kausalen Ebene für Erfolg und Fülle. Wir werden dann sehen, wie ganz ohne Mühe, Verhaltenstraining oder Techniken die Energie ganz von selbst in neue Kanäle fließt, die Mitarbeiter ganz von selbst Wege finden, dies erfolgreich umzusetzen, jeder auf seine kreative Weise, und dies wiederum authentisch, glaubwürdig beim Kunden ankommt und daher ohne Mühe erfolgreich ist. Um es etwas verkürzt zu sagen: **Statt des Tuns verändern wir das Sein über das Bewusstsein, und alles geschieht mühelos und einfach** und macht dabei auch noch Spaß.

Grundsätzlich gilt also: Je tiefer der Mensch zu seinen Bewusstseinsinhalten Zugang hat und je tiefer man arbeiten kann, desto umfassender, weitgehender, stärker, effizienter und auch stabiler sind die Ergebnisse, die wir erzielen können. Dabei geht es aber keineswegs um Methoden, durch Manipulation etwas von außen ins Bewusstsein zu bringen oder dem Teilnehmer aufzupfropfen, sondern es darf und soll nur darum gehen, seine ihn von seinen Zielen abhaltenden Hindernisse und Blockaden zu beseitigen, die von ihm selbst gewünschten Ziele, Werte oder Eigenschaften zu implantieren und die schon in ihm vorhandenen Schätze, Begabungen und Fähigkeiten – und diese sind enorm – offenzulegen, zu entwickeln und zu nutzen.

Was sind nun die tieferen Schichten unseres Bewusstseins? In der traditionellen Psychologie wird gern das Modell des Eisbergs verwendet, um darzustellen, wie in unserem Geist die viel größeren Teile unterhalb der Wasseroberfläche existieren, die die Trennungslinie zwischen Wachbewusstsein und Unbewusstem darstellt. Wir agieren meist mit und im rationalen Oberbewusstsein, aber dies stellt nur die Spitze des Eisbergs dar und kann den Eisberg auch kaum kontrollieren, da unterhalb der Wasseroberfläche der viel größere und bedeutendere Teil liegt, der viel mehr Masse und Einfluss hat, der unserem bewussten Blick aber verborgen bleibt. Dieses bisherige Modell, im Anhang dieses Buches in zwei Versionen abgebildet, ist auch durchaus richtig und brauchbar, wenn wir nur auf das Individuum schauen und mit ihm allein arbeiten. Doch hat sich sowohl durch die Erkenntnisse der Forschung als auch durch die moderne Physik gezeigt, dass es etwas wirklich Eigenes und von anderem Abgetrenntes nicht gibt, sondern das alles mit allem verbunden ist; wie etwa im Extremfall der Flügelschlag eines Schmetterlings einen Sturm auf der anderen Seite der Erde verursacht. Wir sind alle über zahlreiche Kräfte und Felder miteinander und mit dem Universum verbunden, und somit sind wir im universellen Geist auch keine voneinander getrennten oder unabhängigen „Eisberge". Dies ist eine Illusion; wir sind zwar einzigartige Erhebungen im Geist, aber zugleich alle mit allen verbunden und vernetzt. Daher habe ich schon seit vielen Jahren dieses Modell erweitert und das Insel-Modell entwickelt, das ebenfalls im Anhang zu sehen ist.

Nach diesem Insel-Modell sind wir nicht wie Eisberge isoliert und frei im Meer schwimmend, sondern mehr oder weniger weit unterhalb des Meeresspiegels, der wiederum die Trennung von bewussten und unbewussten Anteilen darstellt, auf einem gemeinsamen Sockel ruhend verbunden. Wir sind als Insel genauso wie der Eisberg oberhalb der Wasseroberfläche voneinander getrennt und haben viele Schichten über der Oberfläche, also in unserem Wachbewusstsein, wie auch darunter viele Schichten, die für uns unsichtbar und jedenfalls umfangreicher als darüber sind. So weit sind beide Modelle ähnlich. Doch als Inseln sind wir in der Tiefe miteinander verbunden, und zwar je tiefer, umso mehr und umfassender. So bilden beispielsweise mehrere Inseln eine gemeinsame Inselgruppe, sind auf einem bestimmten Sockel miteinander verbunden, der vielleicht nur wenige Dutzend Meter unter der Oberfläche liegt. Dies bedeutet in der Analogie, dass wir beispielsweise mit der Familie oder einer Gemeinschaft kollektiv verbunden sind und darüber sowohl Informationsaustausch wie auch Beeinflussung stattfindet. Gehen wir noch tiefer, so finden wir, dass bestimmte Inselgruppen wiederum miteinander verbunden sind auf einem größeren Kontinentalsockel oder einer unterirdischen Bergkette. Somit gibt es unterhalb des individuellen und auch des Familienbewusstseins noch ein tieferes kollektives Bewusstsein, beispielsweise einer gemeinsamen Nation, Religion oder Kultur. Schließlich, wenn wir entweder tief genug tauchen würden oder alles Wasser ablassen könnten, so würden wir feststellen, dass bereits jetzt alle Inseln der Welt miteinander verbunden sind, ja noch mehr, dass es in Wirklichkeit gar keine Inseln gibt, sondern nur ein einziges Festland, dass man auch das globale oder kosmische Bewusstsein nennen könnte oder, wie Hegel sich ausdrückt, den Weltgeist. Dadurch würden die Inseln als solche nicht aufgelöst oder zerstört, sondern durchaus in ihrer Individualität erhalten, sie sind nach wie vor einzigartige Berge oder Erhebungen, aber eben nicht mehr voneinander getrennte Inseln oder gar Eisberge.

Dies ist nicht nur theoretisches Wissen oder Spekulation, dies kann man in jeder Aufstellung sehr schön nachweisen, indem bestimmte Menschen für andere Personen aufgestellt werden, von denen sie bewusst nichts wissen, aber dennoch über sie Informationen liefern, über sie berichten oder als diese agieren können. Es ist das Verdienst von Bert Hellinger, dieses schon lange bekannte Phänomen ins Massenbewusstsein gehoben und damit für die Anwendung zugänglich gemacht zu haben. Diese unterbewussten Verbindungen zwischen den bewussten Wesen, ja sogar mit Tieren oder Pflanzen, ist uns natürlich im Alltag tief unbewusst, sehen wir doch voneinander getrennte Inseln oder Eisberge. Nachweislich sind wir jedoch über diese tiefen Bereiche unseres Geistes mit allen und allem anderen verbunden. Dies haben im Übrigen nicht nur die Tiefenpsychologie und moderne Bewusstseinsforschung gezeigt, sondern wurde auch durch die moderne Physik bewiesen, die das Ganze beispielsweise ein Skalarfeld nennt oder einen multidimensionalen Raum, in dem Dinge multidimensional verflochten und vernetzt sind. Auf populäre Art wurde dies auch in dem interessanten Dokumentarfilm „What the bleep do we know" aufgezeigt, der darüber hinaus auch nachweist, dass unser Geist auf dieses gemeinsame Feld Einfluss hat und somit Wirklichkeit gestalten kann.

Wichtig ist für uns hier aber nur die Tatsache, dass wir, wenn wir unser Bewusstsein tiefer untersuchen, sozusagen tiefer tauchen, zwar die Verbundenheit aller Wesen und Phänomene vorfinden werden und mit diesem Wissen übrigens auch praktisch arbeiten können, aber dennoch als Einzelne und als Individualitäten damit nicht zu existieren aufhören. Vielmehr werden wir bildlich gesprochen nicht mehr isolierte Inseln sein, wie wir heute glauben, sondern uns vielmehr als miteinander in eine gemeinsame Landschaft eingebettete Berge verstehen. Dies scheint ganz ähnlich zu sein, ist aber dennoch ein gravierender Unterschied im Bewusstsein und ein bedeutender Punkt im Bewusstsein des neuen Zeitalters. Denn wenn wir dies begreifen, werden und können wir nicht mehr für uns allein, sondern immer auch für das Ganze handeln, weil wir dann verstehen, dass es etwas wirklich Getrenntes nicht gibt und der Schaden für einen Teil der Landschaft der Schaden für die ganze Landschaft ist, wie umgekehrt auch der Nutzen stets ein gemeinsamer ist. Mit diesem Begreifen wäre der Schritt vom Ich zum Wir vollzogen, mit ungeahnten Konsequenzen für unser Handeln und unser Denken.

Das Inselmodell erklärt also nicht nur wie das bisherige Eisberg-Modell, dass wir sehr große Bereiche unseres Geistes noch unentdeckt in unserem Bewusstsein haben, sondern ergänzt es dadurch, dass wir in diesen tieferen Schichten immer mehr und immer stärker mit anderen verbunden sind und von daher auch ständig beeinflusst werden. Und dies ist ein weiterer sehr wichtiger Punkt. Nach dem Eisberg-Modell müssten für eine Veränderung alle Eisberge einzeln verändert werden, also man bräuchte für eine vollständige Transformation 100 % der Population. Dies wäre aber nicht so, wenn wir, wie im Insel-Modell gezeigt, auf tieferen Schichten miteinander verbunden sind. Und genau dies hat man in Tierversuchen herausgefunden und man nennt es „das Phänomen des hundertsten Affen". Es wurde bewiesen, dass völlig getrennt voneinander lebende Affenkolonien, die keinerlei Kommunikation miteinander haben konnten, plötzlich dasselbe Verhalten angenommen haben, was andere ihrer Spezies auf einer anderen Insel gelernt und angenommen hatten. Konkret ging es um das Waschen von Nahrung vor dem Essen. Sobald genügend Affen einer Kolonie dieses Verhalten angenommen und somit in ihr kollektives Bewusstsein übernommen hatten, konnte man dieses Verhalten ganz ohne äußere Übertragung auch bei anderen Affenkolonien beobachten.

Dies ist eine wichtige Erkenntnis, die nicht nur beweist, wie wir miteinander verbunden sind – das kann man übrigens auch in Aufstellungen direkt nachweisen –, sondern die vielmehr zeigt, dass es für eine Veränderung oder Transformation nicht nötig ist, alle Wesen einzeln zu verändern, sondern dass es genügt, einen bestimmten Prozentsatz zu verändern, und über das kollektive Bewusstsein wird sich dieses Verhalten, diese Veränderung auch bei den anderen Vertretern dieser Spezies zeigen. Es reicht sozusagen aus, dass der sogenannte hundertste Affe verändert wird, um es für die ganze Masse, das ganze Kollektiv zu verändern, und so auch in einer bestimmten Firma, in einer bestimmten Kultur oder Vereinigung, und dies gilt für die Einführung von neuen Ideen, neuen Werten bis hin zu neuem Verhalten.

Und dies ist die gute Nachricht, denn viele Meinungsführer und Intellektuelle sind heute deshalb so pessimistisch, da es nicht abzusehen ist, wie die Mehrheit der Menschen oder auch nur der Manager diese neuen Ideen und Werte übernehmen soll. Aber sie gehen noch vom alten Eisberg-Modell der getrennten Individuen aus. Denn für eine Veränderung im Massenbewusstsein, wie schon Professorin Noelle-Neumann in den achtziger Jahren des letzten Jahrhunderts mit ihrem Buch „Die Schweigespirale" nachgewiesen hat und wie es sich übrigens auch in der Einführung neuer Technologien, neuer Ideen, neuer technischer Geräte wie beispielsweise DVD oder Digitalkameras gezeigt hat, ist es nicht nötig, alle oder auch nur die Mehrheit zu verändern. Bei der Transformation des „100. Affen" geht über das gemeinsame Bewusstsein eine sehr starke Wirkung auf den Rest der Population, d.h. auf den Rest des Kollektivs aus. Ohne dies genau belegen zu können, schätze ich den 100. Affen auf ca. 3-5% einer Population; dies bedeutet, dass es beispielsweise für eine grundlegende Veränderung in der Wirtschaft ausreicht, 3-5% der führenden Manager, Führungskräfte oder der Betriebe zu transformieren, wonach der Rest dem folgen würde.

Somit ist die Frage beantwortet, warum wir hier neue Methoden und Wege für eine Transformation des Bewusstseins brauchen, aber auch, welche großartigen

Möglichkeiten uns damit zur Verfügung stehen. Ferner ist die Einbeziehung des Unter- und Überbewusstseins des Menschen für die Veränderung nicht nur nützlich, sondern auch notwendig, um größere Kräfte, verborgene Fähigkeiten, Talente und vieles mehr aufzudecken und für eine schnelle und tiefgreifende Veränderung des Einzelnen wie auch der Firmen und Kollektive zu nutzen. Darüber hinaus aber zeigt das hier vorgestellte Insel-Modell die Verbindung und Vernetzung innerhalb einer Gruppe oder Spezies auf, die wiederum für eine globale Transformation genutzt werden kann, falls man fähig ist, auf diesen tiefen Ebenen einzugreifen.

Die mit Hilfe dieses Modells entwickelten oder daran angepassten Verfahren führen dazu, dass in diesen Schichten des Geistes nicht nur für den Einzelnen eine Veränderung stattfindet, sondern eine wie die des 100. Affen, die ganz von selbst und ohne weiteres Dazutun auf das gesamte Kollektiv wirkt und es automatisch verändert. Diese Erkenntnis gibt auch Grund zum Optimismus, denn für eine jegliche Transformation oder für jeden Ausweg aus der jetzigen Krise gilt, dass es genügt, einen kleinen, wenn auch wichtigen Teil der Meinungsführer (Gatekeeper) zu überzeugen und einen ausreichenden Prozentsatz des Managements und der Firmen einer Nation/Kultur oder der jeweiligen Belegschaft innerhalb eines Betriebes zu transformieren, wodurch es dann relativ leicht sein wird, den Rest zu verändern, wenn sie nicht schon von selbst diesen neuen Vorgaben und Trends folgen.

Eine wichtige Prämisse dieses Buches wie auch des hier vorgestellten Trainings ist also die ja bereits vorhandene, aber meist unerkannte Verbundenheit aller Wesen, wie sie bereits von verschiedenen Fachrichtungen (Physik, Psychologie, Sozialwissenschaft) experimentell belegt und aufgezeigt werden konnte. Somit ist dieser Weg der Heilung im Kollektiv, ist die vor uns liegende Transformation im Kollektiv genauso einfach wie die bisherige Heilung von individuellen Menschen, eben wegen der hier herrschenden Verbundenheit und dem dadurch auftretenden Effekt im Massenbewusstsein. Doch neben dem positiven Effekt für das Ganze ist es auch für das einzelne Unternehmen sehr nützlich, diese Verbundenheit im Geist durch das Training wieder hervorzuholen und im Unternehmen zu etablieren. Denn diese tiefe Arbeit im Bewusstsein führt ganz nebenbei auch zu einer viel stärkeren Verbundenheit der einzelnen Mitarbeiter des Unternehmens untereinander, wodurch sich wiederum viele kleine alltägliche Probleme im Umgang der Menschen von selbst erledigen.

Denn in einer positiven Gesamtstimmung und starken Verbundenheit, in einer Atmosphäre von Miteinander statt Gegeneinander kommt es logischerweise zu weit weniger Reibereien, Kämpfen oder Auseinandersetzungen als in einer Grundstimmung von Getrenntheit, Rivalität und Konkurrenz. Damit gewinnt neben dem Einzelnen zugleich wieder das Ganze an Effizienz wie auch an freier, kreativer Energie, übrigens auch an Freude und Zufriedenheit. Daher sind diese neuen und die emotionale wie spirituelle Intelligenz umfassenden Methoden der Bewusstseinsarbeit jetzt auch in der Wirtschaft nötig und sogar unumgänglich. So wie sie bisher schon seit Jahrzehnten erfolgreich im Einzelcoaching eingesetzt wurden, um bestimmte Personen, Beziehungen und Familien zu heilen, ihr Bewusstsein zu erweitern und sie elegant und leicht zu transformieren, so können sie jetzt auch kollektiv eingesetzt werden, um beispielsweise ein ganz neues Betriebsklima zu schaffen, neue Werte zu installieren, eine neue Ausrichtung der einzelnen Abteilungen und Mitarbeiter zu erreichen, Teamgeist zu kreieren, vorgegebene Ziele zu verwirklichen und schließlich auch die ganze Wirtschaft zu verwandeln und ihr ihr Herz wieder zurückzugeben.

4.2. Den ganzen Geist nutzen: rationale, emotionale und spirituelle Intelligenz

Dies ist einer der entscheidenden neuen Gesichtspunkte, der dieses Konzept fundamental von anderen, eher rationalen Lösungsansätzen abhebt: Wir setzen sowohl bei der Analyse wie insbesondere bei der Umsetzung, der Umwandlung, Transformation sowie Manifestation von neuen Zielen ganz wesentlich und gezielt auf die noch weitgehend ungenutzten Bereiche und die darin ungenutzt liegenden Fähigkeiten des menschlichen Geistes. Dies geschieht, ohne dabei den bislang genutzten rationalen Teil und dessen ausgefeilte Methoden abzulehnen oder auszugrenzen. Dieser Teil hat nämlich nach wie vor seine Berechtigung und ist für einen ganzheitlichen Ansatz auch notwendig, beispielsweise um Ergebnisse zu strukturieren, Vorgehensweisen zu planen, zur Erfolgskontrolle und vieles mehr. Statt ihn also zu ersetzen, ergänzen wir vielmehr die bislang so dominante rationale Intelligenz, bringen sie wieder auf den ihr zustehenden Platz zurück, setzen uns selbst wieder auf den Chefsessel, den sie als bloßer Angestellter zeitweise usurpiert eingenommen hatte, und lassen sie zusammenarbeiten und kooperieren mit den anderen, teilweise tieferen Bereichen der emotionalen und spirituellen Intelligenz. Dadurch verfügen wir dann über ein immenses Potential zur Transformation des Bewusstseins mit viel schnelleren, tiefgreifenderen und auch stabileren Ergebnissen, ohne die bisherigen Vorteile des rationalen Denkens zu verleugnen oder wegzuwerfen. Wir alle verstehen wohl recht genau, was unter rationaler Intelligenz und rationalem Denken zu verstehen ist, da wir es ja von der Schule an dauernd verwenden. Was aber verstehen wir unter emotionaler und spiritueller Intelligenz? Dies müssen wir jetzt (rational) definieren.

Zunächst ein anschauliches Beispiel: unser Bewusstsein – ein äußerst intelligenter Computer

Wir können uns diese Teile oder Schichten unseres Geistes sehr schön mittels einer Analogie mit einem Computer deutlich machen und vergleichsweise darstellen. Danach entspricht etwa der derzeitige Inhalt auf dem Bildschirm dem wachbewussten Teil unseres Geistes, und das sind stets nur wenige Prozent oder gar Promille aller Inhalte, die derzeit im Computer gespeichert sind. Wenn diese erscheinen sollen, müssen sie erst einmal aufgerufen werden. In der Analogie entspräche dies allem Unterbewussten, allem Inhalt unterhalb des Wachbewussten, und dies heißt Erinnerungen, Vergessenes, Verdrängtes, Abgespeichertes. Weil diese auf unserer Festplatte verborgen abgespeichert sind, also nicht direkt auf dem Bildschirm sichtbar sind, nennen wir es daher das Unterbewusstsein. Die auf der Bildschirmoberfläche aktiven und sichtbar vorhandenen Inhalte, mit denen wir auch aktuell arbeiten, sind vergleichbar unserem Wachbewusstsein, und dies ist daher unser aktuelles bewusstes Denken und Fühlen. Es ist der Teil des Eisbergs oder (besser) der Insel, der über die Wasseroberfläche ragt.

Nun gibt es im Rechner sowohl **Text-** als auch **Bild- und Graphikdateien**. Diese logisch und nacheinander aufgebauten Textinhalte, die man erst lesen muss, entsprechen in unserem Bild der linken, logisch-rationalen Gehirnhälfte und deren Inhalt, während die Bilder und Graphiken, die sofort als Ganzes erscheinen (und nicht nacheinander entschlüsselt werden müssen), der rechten, bildlich-intuitiven Gehirnhälfte und deren Inhalten entsprechen.

Auf beide Arten von Dateien könnten und sollten wir im Normalfall zugreifen, jedoch nutzen wir im Moment in unserem Kulturkreis leider fast nur die Textdateien, also die linke Gehirnhälfte. Nun sind die meisten Dateien zugänglich, vorausgesetzt man weiß, wo und wie sie zu finden sind. Dies erfordert Kontrolle und Übersicht über das eigene Bewusstsein. Manche Dateien haben wir jedoch selbst gegen Zugriff gesichert, dies heißt, sie sind nur mit einem Schlüssel oder Kennwort zu öffnen. Warum? Weil die Daten bzw. Erlebnisse so unangenehm oder sogar traumatisch waren, dass wir beschlossen haben, sie in unser Unterbewusstsein zu verdrängen und sie sogar zu verschließen. Man kann sie also nur mit bestimmten Codewörtern oder bestimmten Schlüsseln öffnen. Dennoch sind die Daten und Bilder dort jederzeit vorhanden und warten darauf, eines Tages wieder hervorgeholt und endlich bearbeitet zu werden.

Rationale Intelligenz:
Wir definieren alle logisch-rationalen Inhalte (Textdateien) auf unserer individuellen Festplatte und den Zugriff darauf als rationale Ebene und rationale Intelligenz.

Emotionale Intelligenz:
Wir definieren alle bildhaften, symbolhaften, graphischen, unmittelbar einleuchtenden Inhalte auf unserer individuellen Festplatte und den Zugriff darauf als emotionale Ebene und emotionale Intelligenz.

Diese beiden Seiten entsprächen, psychologisch gedeutet, unserer sogenannten männlichen und weiblichen Seite, und sowohl als Frauen oder als Männer haben wir beide in uns. Sie sind neurologisch unseren beiden Gehirnhälften zugeordnet. Im optimalen Fall nutzen wir beide parallel und einander ergänzend. Beide Seiten umfassen einen bewussten Teil (bewusste Gedanken und Gefühle) und einen unterbewussten Teil (derzeit nicht bewusste Inhalte).

Hier eine kurze Tabelle zur genaueren Definition beider Seiten:

Rationale Intelligenz = linke Gehirnhälfte	Emotionale Intelligenz = rechte Gehirnhälfte
Die „männliche Seite" des Menschen	Die „weibliche Seite" des Menschen
arbeitet mit Logik und Analytik	arbeitet mit Bauchgefühl, Fühlen, Empathie
denkt logisch / sieht Teile statt Ganzes	denkt analog / sieht Ganzes statt Teile
zerlegt und unterscheidet	fügt zusammen und synthetisiert

favorisiert daher Trennung, Disharmonie	favorisiert Verbindung, Harmonie, Ganzheit
ist daher ordnend, strukturierend, regulierend	ist daher kreativ, aufbauend, chaotisch
Gesetz ist Ursache und Wirkung	Gesetz von Entsprechung und Resonanz
sieht daher Kausalketten und Determinismus	sieht Ähnlichkeiten und Möglichkeiten
verarbeitet Informationen nacheinander	verarbeitet Informationen gleichzeitig, in einem Bild
geht in Schritten, in Teilen vor	geht simultan vor, als Ganzes
begriffliches Denken	bildhaftes Denken
lineares, begriffliches Denken; „Es weiß, wie…"	komplexes, bildhaftes Vorstellen und Fühlen; „Es entdeckt, was…"
misst und wertschätzt Quantität	misst und wertschätzt Qualität
sieht eher das Äußere, die Fakten	sieht eher das Innere, den Wert, Sinn

Beide Seiten, also sowohl das Denken wie das Fühlen, haben einen bewussten und unterbewussten Bereich oder Aspekt. Dies bedeutet: Wir sind uns eines derzeit aktuellen oder erinnerbaren Teils bewusst, des Teils, den wir jetzt wissen und kennen. Dies gilt gleichermaßen für unsere rationalen Gedanken wie auch für Gefühle und Emotionen. Der nicht-bewusste Rest von beiden schlummert unterbewusst in den Archiven. Das Unterbewusstsein ist mehr oder weniger zugänglich, je nachdem, wie offen und wie bereit wir sind und inwieweit wir Wege kennen, dorthin vorzudringen und die Inhalte aufzurufen. Wenn es dabei für einen Laien manchmal schwer ist, bestimmte Inhalte auf dem Computer oder analog in seinem Bewusstsein zu finden, zu aktivieren oder aufzurufen, so nur deshalb, weil er die Pfade im Unterbewussten und eventuell die möglichen Passwörter nicht kennt, die jene Inhalte vor Zugriff schützen oder blockieren, die wir aber einst selbst geschrieben haben. In solchem Falle ist es manchmal gut und ratsam, ebenso wie bei einem Problem mit dem Computer, einen Fachmann oder Spezialisten zu Rate zu ziehen, und dies bedeutet im Leben einen guten Trainer aufzusuchen, einen professionellen Coach zu konsultieren und sich ein fundiertes Coaching zu leisten.

Höhere Ebenen im Bewusstsein: das Überbewusstsein oder die spirituelle Intelligenz

Mentalebene:
Nun gibt es neben den Software-Inhalten, also den gespeicherten Bildern oder Texten, natürlich immer auch eine Software, die diese Inhalte verwaltet, also beispielsweise das Word-Programm für Textverarbeitung oder ein bestimmtes Bildprogramm, um Bilder zu ordnen und zu sortieren. Diese für das Funktionieren des Computers notwendige Software entspräche in unserer Analogie den hinter den Gefühlen und Gedanken liegenden Gedankenstrukturen und Gedankenmustern, den grundlegenden Überzeugungen, die wir haben. Jede Überzeugung oder jedes Gedankenmuster (beispielsweise: Ich bin ein Versager) ordnet alle eingehenden Inhalte, Wahrnehmungen, Gedanken oder Gefühle, Aussagen von Mitmenschen usw. nach diesem Programm. Passen Inhalte nicht hier hinein, werden sie ignoriert, abgelehnt oder verfälscht, wie man aus der Forschung weiß (Phänomen der selektiven Wahrnehmung).

Mit diesen Programmen werden also unsere Gedanken und Gefühle geordnet, sortiert, kategorisiert und verwaltet. Dies läuft natürlich alles völlig unterbewusst ab, wird selten in unserem Bewusstein, also auf dem Bildschirm, sichtbar. Es werden im Inneren des Computers weitaus mehr Datenmengen verarbeitet, als auf dem Bildschirm jemals sichtbar werden, und ebenso ist es in unserem individuellen Geist. Die Menge der verarbeiteten Informationen übersteigt die Menge der uns bewusst werdenden Informationen um ein Vielfaches. Schließlich gibt es noch als höchste Steuerungsinstanz das Betriebssystem, und das sind unsere grundlegenden Werte, Archetypen, Idole, grundlegende Lebensüberzeugungen, die Lebensgeschichte oder die Drehbuchvorlage, nach der wir – unbewusst – unser Leben gestalten. Hier finden sich also die unantastbaren und selbstverständlichen Grundlagen und Grundüberzeugungen unseres Lebens. Dies nenne ich die *höhere* Mentalebene, und danach leben die meisten Menschen meist unbewusst und nie hinterfragt ihr ganzes Leben, nach diesen Vorgaben und in diesem „Frame" spielt sich alles ab, und es ist nicht leicht, diese Ebene zu ändern, weil es so aussieht, als ob die Welt so geschaffen oder strukturiert ist und gar nicht anders sein kann. Doch selbst hier ist eine Änderung möglich.

Es gibt also – wie im Computer – so auch in unserem Bewusstsein einen Steuerungsteil, und dies ist zunächst die Software (niedere Mentalebene) und noch höher das Betriebssystem (höhere Mentalebene), welche ich zusammengefasst die mentale Ebene nenne (nicht zu verwechseln mit der rationalen Ebene). Platon nannte es einst die Ebene der Ideen. Hier sind die Überzeugungen, Urmuster, Ideen, Strukturen enthalten, nach denen unserer Bewusstseinscomputer arbeitet und funktioniert. Dieser Bereich in unserem Bewusstsein ist – ähnlich wie beim Computer – für einen Laien oder für einen im Bewusstsein unerfahrenen Menschen kaum zugänglich und es braucht einige Schulung, auf diese Steuerungsebene zu kommen und dort zu operieren. Aber es ist möglich und funktioniert mit den modernen Methoden immer besser und schneller.

Kausalebene:
So haben wir nun einen umfassenden Vergleich zwischen der Funktionsweise eines Computers und der unseres Bewusstseins dargestellt. Doch lassen sie uns selbst hier nicht stehen bleiben, wie es die meisten Berater leider tun, die nur die Phänomene oder Wirkungen behandeln und nicht weiter fragen, woher denn diese Überzeugungen und Strukturen, woher denn die Software und das Betriebssystem kommen? Dafür geben sie meist externe Gründe an, und noch schlimmer, deshalb könne man daran nichts ändern. Dies ist grundlegend falsch, dem ist nicht so. Denn die nächsthöhere Ebene ist der Bediener oder Programmier, und dieser – und nicht die Umstände oder Sachzwänge – hat irgendwann einmal entschieden und entscheidet ständig weiter, welche Software auf den Computer geladen und programmiert wird, welche Inhalte auf die Festplatte kommen. Er, der Benutzer, entscheidet mit freiem Willen, welche Programme auf seinem Computer laufen sollen, und er kann prinzipiell auch entscheiden, welches Betriebssystem benutzt werden soll. Hier beginnt also der freie Wille des Menschen, die Ebene der freien Entscheidung (nicht der bedingten, die aus bereits installierten Programmen notwendig folgen, dies nenne ich Reflexe). Damit beginnt hier auch die Verantwortung des Menschen, der diese freien und neuen Entscheidungen trifft. Das ist in unserem Bewusstsein unser „Ich Bin", <u>der Kern unseres Wesens</u>, von dem religiöse Menschen sagen würden, es sei der göttliche Teil in uns. Psychologen würden es den nichtkonditionierten, nicht der Materie unterworfenen geistigen Teil in uns nennen, die Physiker würden sagen, es ist der die Materie von außen betrachtende Beobachter, der per Entscheidung Wahrscheinlichkeiten in Realität überführt.

Für manche ist es vielleicht eine neue Erkenntnis, dass die Entscheidungen überhaupt nicht aus dem Verstand kommen (sonst könnten auch Maschinen *frei* entscheiden), dieser dafür gar nicht nötig ist (es gibt genügend irrationale Entscheidungen), dass sie aber auch nicht aus dem emotionalen Teil kommen, sondern aus dem uns Menschen eigenen freien Willen. Dieser Wille wiederum hat ebenso wie die Fähigkeit zum bewussten Erkennen seinen Ursprung in unserem Geist. Doch wie auch immer, diese Entscheidungen, oft blitzschnell gefällt und Sekundenbruchteile später wieder verdrängt und uns somit kaum bewusst, bestimmen, welche Software, also welche Überzeugungen wir in uns haben, und dies ist seit unserer Kindheit eine ganze Menge. Diese Muster oder Überzeugungen werden zwar oft von außen, von Eltern, Lehrern, Mitmenschen, Büchern usw. angeboten, doch der eine entscheidet, sie herunterzuladen, der andere entscheidet sich dagegen, und deshalb greift hier die menschliche Freiheit, aber zugleich auch Verantwortung. Viele Menschen wollen von dieser Ebene gar nichts wissen und lieber Opfer bleiben, denn hier müssen wir wieder Verantwortung übernehmen für alle in uns existierenden Inhalte, sonst können wir keinen Zugang und keine Macht darüber bekommen. Haben wir aber wieder bewussten Zugriff auf diese Ebene, dann können wir unser Leben wieder frei gestalten und sind unseres Glückes Schmied. Dafür haben aber wir jedoch auch die volle Verantwortung dafür, was wir hier erschaffen und welche Programme wir herunterladen bzw. gespeichert haben. Deshalb nenne ich diese Ebene die Kausalebene, da hier die Ursachen gesetzt werden, was nachher im Bewusstsein oder auf dem Computer läuft (causa lat. = Ursache). Manche nennen es auch das Ursprungsbewusstsein.

Darüber gibt es noch eine nicht mehr individuelle, sondern kollektive Ebene, die ich die kosmische oder Einheits-Ebene nenne, in der alles mit allem verbunden ist.

Kosmische Ebene oder Einheits-Ebene:
Es wurde im Inselmodell schon angedeutet, dass wir in den tieferen Schichten unseres Geistes mit allen anderen menschlichen Inseln oder hier im Computervergleich mit allen anderen Computern vernetzt und verbunden sind. In unserer Analogie entspräche dies dem Internet. So wie sich hier alle Computer weltweit austauschen können und wir prinzipiell auf alle verfügbaren Informationen weltweit Zugriff haben, wenn wir nur den richtigen Weg und die korrekte Adresse kennen. Ebenso können wir im Geist – beispielsweise über Aufstellungen, aber auch andere Verfahren – nicht nur auf unsere eigene Datenbank, sondern auf jede beliebige Datenbank in jedwedem Bewusstsein zugreifen und beliebig Informationen aller Art abrufen, was immer wir wollen oder was immer wir für eine neue Erfindung oder ein neues Ziel brauchen. Alle

großen Erfinder haben diese Möglichkeit genutzt. Doch auch ohne unser Wissen werden hier ständig Daten ausgetauscht, und wir haben vielleicht plötzlich intuitiv Kenntnisse von Dingen, die wir bewusst gar nicht wissen können, oder ahnen wirtschaftliche Entwicklungen voraus, haben den richtigen „Riecher", ohne es erklären zu können. Ich nenne diese Ebene der Einheit allen Bewusstseins analog zum Internet das Einheitsbewusstsein oder die kosmisch-geistige Ebene.

Spirituelle Intelligenz:
Alle diese drei Ebenen zusammengefasst (mentale, kausale und kosmische) und die Kenntnis über die jeweiligen Zugangswege, Zugangscodes und Zugriffsmöglichkeiten, die Fähigkeit, auf diesen höheren Ebenen zu navigieren, definiere ich als die „spirituelle Intelligenz", um ihr einen Namen zu geben. Diese umfasst auch den großen Bereich des sogenannten Unbewussten, der Intuition, Inspiration, der außergewöhnlichen Kreativität und des Erfindungsgeists, die Fähigkeit, etwas ganz Neues zu schaffen. Dies ist der Bereich des kollektiven Geistes – analog beim Computermodell den Inhalten aus dem Internet – mit unzähligen Inhalten, die bislang noch nie auf unseren Bildschirm gelangt oder in unser individuelles Bewusstsein gekommen sind, die also noch unentdeckt und damit noch un-bewusst sind. Werden sie aber entdeckt, sind es oft völlig neue Erfindungen und Ideen. Dieses Unbewusste ist daher nicht dasselbe wie das schon erwähnte Unterbewusste, dessen Inhalte wir sehr wohl schon einmal in unserem Bewusstsein hatten, sie also kennen oder gekannt haben. Aus irgendwelchen Gründen haben wir sie jedoch verdrängt, sie nicht mehr wissen wollen, sie also im Computervergleich einfach minimiert oder irgendwo abgespeichert. Von dort aus treiben sie jetzt ihr Unwesen und stören vielleicht andere Programme oder lassen sie sogar abstürzen. Das Unbewusste dagegen ist das noch gar nicht ins Bewusstsein Gekommene, das Unbekannte, das zumindest individuell noch Un-entdeckte; und ich kann Ihnen versichern, dass hier die großen Schätze, Fähigkeiten, Erfindungen, Kenntnisse lagern, eigentlich unbegrenzt und in riesigem Ausmaß, so wie in der Analogie das Internet über eine riesige Menge an Wissen und Know-how verfügt, weit mehr, als Ihre kleine Festplatte je speichern könnte. Doch wer über die richtigen Wege und Methoden verfügt, kann sich dieses Know-how jederzeit zugänglich machen und zu seinem Nutzen abrufen.

Viele Menschen wissen oft nicht einmal, dass es so etwas überhaupt gibt, sie haben keine Ahnung davon, was die Psychologen das „kollektive Bewusstsein" oder Philosophen wie Hegel den „Weltgeist" nennen oder Physiker das „Skalarfeld" jenseits von Raum und Zeit, um nur einige Begriffe dafür zu nennen. Dort existieren viele Inhalte zumindest des gesamten *menschlichen* Bewusstseins, und vielleicht noch Inhalte darüber hinaus, die wir als Individuen noch gar nicht abgerufen haben, mit denen wir aber alle unsere Probleme leicht lösen könnten. Stellen Sie sich vor, welchen Vorteil Sie haben, wenn Sie über einen solchen Zugang zum Internet verfügen im Gegensatz zu anderen, die nur auf ihre Festplatte angewiesen sind. Dieses universelle Wissen, diesen Datenschatz können wir manchmal nutzen, um vielleicht bestimmte Informationen zu suchen, Lösungen zu finden, etwas über was auch immer zu erfahren, oder auch nur neugierig darin herumstöbern. So hat wohl jeder bislang nur winzige Bruchteile dieses kollektiven Wissensschatzes angezapft, vor allem aber taten es unsere großen Erfinder, die Genies, von denen oft überliefert ist, dass sie darüber ihre großen Ideen bezogen. Dies ist auch ein wichtiges Hilfsmittel für die heutige Zeit, so wie das Internet auch eine große Hilfe für jegliche Wissenssuche darstellt. Hier in unserem inneren Internet, dem Unbewussten oder Überbewussten, liegen noch gewaltige Ressourcen, Fähigkeiten, Kenntnisse und Schätze verborgen und warten nur darauf, von uns endlich entdeckt zu werden.

Viele von uns wissen leider noch nicht, dass sie als individueller Geist an dieses kosmische Internet angeschlossen sind, oder aber sie haben bewusst oder unbewusst (aus Angst) den Zugang blockiert. In solchen Fällen hilft erfahrenes Coaching oder Training von Spezialisten, die diese Wege und Zugänge kennen und oft gegangen sind, ähnlich wie beim Computer der Spezialist oder Fachmann den Laien hilft, diesen Internet-Zugang wieder zugänglich zu machen. Beim Computer machen dies immer mehr Laien heute selbst, und dies ist auch das Ziel unseres Bewusstseinstrainings. Jeder sollte dauerhaft Zugang dazu haben. Ist dieser Zugang zum Überbewusstsein wieder hergestellt, vielleicht durch verbesserte Intuition, dann bräuchte es nur noch die richtigen Suchmethoden, um auch gezielt qualitativ Wertvolles finden zu können, also etwas speziell Gesuchtes zu finden und nicht alles Mögliche. Die persönliche Fähigkeit des Zugangs zum geistigen Internet und zudem noch die geeignete Suchmaschine, diese beiden zusammen nenne ich die „spirituelle Intelligenz". Sie ist äußerst wertvoll, sie macht unter anderem das Genie aus und ist weitaus umfassender und mächtiger als die schon erwähnte rationale und emotionale Intelligenz, da hier der Zugang zu fast unbegrenztem Wissen und zur Weisheit gegeben ist. Es ist eben ein Unterschied wie jener vom bloßen Zugang zur eigenen Festplatte im Gegensatz zum Zugang zum weltweiten Internet.

Hier noch einmal die drei Hauptbereiche unseres Geistes schematisch dargestellt:

RI = rationale Intelligenz	EI = emotionale Intelligenz	SI = spirituelle Intelligenz
Denken, Verstand	Fühlen, Vernunft, Empathie	Intuition, Inspiration, Vision
Gedanken, Wissen	Gefühle, Emotionen	Einsichten, Weisheit
bewusst oder unterbewusst	bewusst oder unterbewusst	Unbewusstes, Überbewusstes
bereits einmal erfahren	bereits einmal erfahren/erlebt	noch unbekannt, unentdeckt
individuell	individuell	kollektiv, universell
entspricht im Computer:		
Bildschirm/Festplatte	Bildschirm/Festplatte	Bildschirm/Internet
Textdateien, Tabellen	Bilder u. Symbole	Softwareprogramme/Programmierer

Natürlich sollte man diese Analogie von Bewusstsein zum Computer nicht überstrapazieren, sie muss auch nicht immer in allen Einzelheiten stimmig sein, aber sie zeigt sehr schön viele Strukturen unseres Bewusstseins auf, hier die drei hauptsächlichen Bereiche unseres Geistes, und grenzt sie sinnvoll gegeneinander ab. Natürlich kann man diese Bereiche, vor allem den der spirituellen Intelligenz, wiederum unterteilen (mental, kausal, kosmisch usw.), und ich gehe auch üblicherweise bei psychologischen Verfahren von einem Modell aus, welches das menschliche Bewusstsein in sieben Ebenen und damit präziser einteilt (vgl. mein Buch „Dynamische Aufstellungen" S. 49). Doch ist die hier eingeführte Dreiteilung einfach anschaulicher, übersichtlicher und auch völlig ausreichend für unsere Zwecke.

Vom Nutzen der neuen Methoden im modernen Coaching

Bisherige Coaching-Methoden nutzten zumeist nur jenen winzigen Teil der rationalen Intelligenz, hier oft nur den bewussten Teil des Bewusstseins, und konnten dabei den viel machtvolleren nicht handhaben. Bei der klassischen Psychoanalyse konnte es Hunderte von Stunden dauern, bis das Problem erkannt wurde und sich wirklich etwas änderte. Bei den hier vorgestellten Verfahren, vor allem aber bei dem speziell für die Wirtschaft entwickelten Tiger-Training®, werden nicht nur die unterbewussten Bereiche erfasst und die viel stärkeren Kräfte und Dynamiken des Unter- und Überbewusstseins genützt, sondern wir werden uns hier, ohne die rationale Intelligenz zu vernachlässigen, sehr umfassend der emotionalen und der spirituellem Intelligenz bedienen und damit viel schnellere, tiefere und nachhaltigere Ergebnisse erzielen.

Was die Lösung von Problemen angeht, so bin ich aus meiner langjährigen Erfahrung mit Privatklienten zu dem Schluss gekommen, dass sich in diesem viel größeren Teil des Geistes für alle Probleme auch sinnvolle Lösungen finden lassen. Dabei gibt es selten ein bloßes Entweder-Oder, rechts oder links, wie es für das Verstandesdenken typisch ist, sondern meist kommt etwas völlig Neues heraus, etwas, an das bislang niemand gedacht hat, oder es gibt eine Synthese bestehender Faktoren, ein Sowohl-als-auch, eine die bisherigen Einzelaspekte verbindende Lösung. Ein „Es geht nicht" gibt es schon gar nicht, wie die großen Erfinder Thomas Edison und Nicholas Tesla wussten. Sondern es gibt stets eine **Lösung für jedes Problem,** schon deshalb, weil auch die Probleme aus diesen Bereichen des Bewusstseins gekommen, entstanden oder uns aufgegeben worden sind. Oder um wieder ein Bild zu benutzen: Derjenige, der sich ein Rätsel ausdenkt, weiß notwendigerweise auch die Lösung. Wer entsprechend ein Problem erkennen kann, befindet sich auf der Ebene, wo es entstanden ist, und somit kann er es auch prinzipiell lösen, denn es existiert im selben Bereich des Geistes. Probleme fallen nicht vom Himmel oder entstehen außerhalb des Geistes, es sind keine Dinge, sondern geistige Kreationen. Daher kennen Tiere auch keine Probleme. Probleme fallen also, wie gesagt, nicht vom Himmel, sondern tauchen vielmehr in unserem Geist zu der Zeit auf, in der eine Lösung ansteht, und hier in unserem Geist können sie dann folgerichtig auch gelöst werden. Ein Beispiel ist die Elektrizität, die immer schon vorhanden, aber für niemanden ein Problem war. Als es dann in der Industrialisierung notwendig wurde, Licht zu haben und Maschinen zu betreiben, wurde Energie dafür zu einem Problem, vor allem dem Problem, sie zu erzeugen, zu transportieren und sie umzuwandeln. Folgerichtig wurden dann dafür auch Lösungen gefunden. Dabei haben die großen Erfinder in diesem Bereich, so ist überliefert, Nikolas Tesla und Edison, ganz auf intuitive Methoden gesetzt, haben so in ihrem Bewusstsein Lösungen gefunden oder Neues erfunden.

So wie sie kann aber auch ich jederzeit über diese höheren geistigen Ebenen, wie ein Computerbenutzer über das Internet, ein unglaublich großes und umfangreiches **Wissen anzapfen**, das mir dann für die Lösung eines jeglichen Problems zur Verfügung steht. Es wird überliefert, dass die großen Erfinder auf ihre großen Ideen und größten Einfälle nicht dadurch gekommen sind, dass sie viel nachgedacht, also auf ihrer begrenzten Festplatte nachgeforscht hätten, sondern dass es ihnen – wie das Wort schon sagt – eingefallen ist, also in sie hineingefallen ist, und diese Quelle definieren wir eben als das geistige Internet. Doch die Namen dafür sind unwichtig. Sie haben sich dabei mit verschiedensten und oft noch sehr unbeholfenen Methoden in andere empfängliche Geisteszustände begeben, manchmal auch mittels Trance oder Schlaf. Heute nennt man jene inzwischen messbaren Zustände Delta- oder Theta-Zustände, die mit bestimmten Gehirnwellen einhergehen, aber davon haben sie sicher noch nichts gewusst. Manchmal konnten sie eine Lösung einfach im Schlaf bekommen, wie der Entdecker des Benzol-Rings, wenn sie sich vorher dafür ausgerichtet haben. Noch heute gibt es solche Verfahren, indem man das Bewusstsein am Vorabend programmiert und dann die Einfälle rechtzeitig festhält. Wir können also unsere inneren Suchmaschinen auch über Nacht angeschaltet und im kosmischen Internet suchen lassen, wenn wir wissen, wie dies zu bewerkstelligen ist.

Doch im Vergleich zu den modernen Methoden scheinen diese wirklich veraltet zu sein. Wir benutzen inzwischen viel schnellere, fortgeschrittenere und klarer fokussierte Methoden und werden sie im Training auch vorstellen, um uns direkt in dieses kosmische Internet, also in dieses Überwissen einzuklinken, in dem auch alle Weisheit der Menschheit gespeichert ist, zumal dieser Bereich vermutlich jenseits von Raum und Zeit existiert, da letztere, wie schon Kant nachgewiesen hat, nur Kategorien des Verstandes sind. Gehe ich also über den Verstand hinaus, gehe ich automatisch auch über Raum- und Zeitbegrenzung hinaus, was festzuhalten wichtig ist. Dies hat enorme Konsequenzen, die ich aber hier nicht erörtern will. Eine der wichtigsten Erkenntnisse dabei ist die vom Zusammenhang aller Dinge und Wesen, und es entsteht ganz unabhängig vom Inhalt des Trainings in den Teilnehmern stets auch eine sehr große Verbundenheit und menschliche Nähe, und viele aus Trennung und Abtrennung entstandene Probleme, wie beispielsweise das Konkurrenzdenken, vermindern sich oder lösen sich auf.

Dieses Wissen besteht darüber hinaus natürlich nicht aus Fakten und Zahlen, sondern es ist ein lebendiges Wissen, es besteht vor allem aus Erfahrungen,

Gefühlen, Erkenntnissen, aus evidenten Einsichten. Die Physiker würden dieses Überbewusstsein vielleicht eher ein Feld nennen, in das alles eingebettet ist, doch diese Spekulation, was es genau ist, überlassen wir anderen. Wir müssen auch nicht genau wissen, was Elektrizität wirklich ist, um sie benutzen zu können. Es reicht aus, einfach das Prinzip zu kennen, die Steckdose zu finden und die Leitung in Betrieb zu nehmen. Ein solches umfassendes Wissen, wie es uns hier im Geiste zur Verfügung steht, ist vor allem nötig in Zeiten der Wandlung, wenn das Bestehende nicht mehr ausreicht und für eine neue Zeit und Epoche ein neues Wissen und neue Erkenntnisse notwendig sind. So werden wir auch bei diesem modernen Training neben bestimmtem Wissen vor allem das Wissen um den generellen Zugang zu diesem Wissen vermitteln, also die Fähigkeit zur ganzheitlichen Erkenntnis, zum sofortigem Erfassen durch Fühlen wie auch zur sicheren, schnellen Intuition und daraus resultierenden klaren Entscheidungen. Ferner erfahren die Teilnehmer an diesem Coaching oder Training eine enorme Bewusstseinserweiterung, sie lernen andere Bereiche ihres Geistes kennen und damit umzugehen, und dies können sie auch für alle Bereiche ihres Leben sinnvoll anwenden.

Darüber hinaus liegen im Unbewussten auch noch die großen Schätze und Talente verborgen, noch ungelebte bzw. noch ungenutzte Fähigkeiten und Begabungen. Auch kann man aus dieser Tiefe beliebige Persönlichkeitsmerkmale hervorholen und dann implantieren, genau so einfach, wie man aus dem Internet neue Software herunterladen kann. Natürlich sollte es anfänglich nur unter fachmännischer Leitung geschehen, da man auch hier sich neben den positiven Inhalten vielleicht ungünstige Viren, Trojaner oder unerwünschte Inhalte versehentlich mit herunterladen kann. Braucht man als Führungskraft beispielsweise Mut zur Führung und hat man die entsprechenden Blockaden beseitigt, so kann man diesen Mut hier entdecken, herunterladen und implantieren, notfalls per Übertragung von einem anderen Menschen, der es schon hat, also analog von einem anderen Computer kopieren, per Übertragung und anschließender Integration. In dynamischen Aufstellungen, hier vor allem in den Stern-Aufstellungen, haben wir dies Tausende von Malen so gemacht und es hat stets gut funktioniert. Bräuchte jemand Vertrauen oder Zuversicht, so kann er auch dieses ent-decken, also aus dem Inneren aufdecken. Was immer jemand zur Bewältigung seiner Aufgaben braucht, und Führungskräfte brauchen ein ganz bestimmtes Bündel an Fähigkeiten, so kann man es sich hier hervorholen und in sich aktivieren. Dies gilt ganz besonders für jene Fähigkeiten, die wir bereits latent in uns tragen, die wir für unser Leben und unsere Lebensaufgabe mitbekommen, aber in unserer frühen Kindheit vielleicht wieder vergraben haben, weil es damals vielleicht nicht opportun war, sie zu zeigen. Anstatt uns also anzustrengen und uns mühsam Dinge und Fähigkeiten von außen einzutrainieren oder per Verhaltenstraining anzueignen, was aber immer äußerlich bleiben wird, können wir uns mit Hilfe des Unbewussten, mit Hilfe der emotionalen und spirituellen Intelligenz solche Fähigkeiten recht leicht und mühelos aneignen, sie aktivieren und implantieren, sie also so fest verankern, dass sie ganz automatisch in uns sind und bleiben und wir nicht einmal mehr daran zu denken brauchen, sie also Teil unseres Wesens werden. Viele Blockaden und Hindernisse können wir vor allem mittels emotionaler Intelligenz direkt und sicher auflösen. Diese Methoden sind daher zusammengefasst ein mächtiges Werkzeug der Transformation des Bewusstseins, was in unserer Zeit nötig ist, aber es muss damit auch ganz besonders verantwortungsvoll umgegangen werden, und daher sind hier gute Trainer unumgänglich.

Im Folgenden will ich nun einige der Methoden näher darstellen, so dass man einen Eindruck davon hat, wie dies konkret aussehen könnte und was man sich in etwa darunter vorzustellen hat. Natürlich ist diese Aufstellung nicht vollständig – dies würde den Rahmen dieses Buches sprengen – und wir wollen es auch nicht komplett beschreiben, denn wir wollen nicht, dass es einfach kopiert und damit nicht professionell angewendet wird. Die gesamte Palette dieser Werkzeuge und Methoden ist andererseits aber auch nicht geheim, sondern kann jederzeit – beispielsweise in den von mir durchgeführten jährlichen Ausbildungen für Therapeuten und Trainer – erlernt werden. Dabei lehren wir eben nicht mehr das bloße Methodentraining und die Verfahren, dies könnte man dann auch abdrucken, sondern wir versuchen auch die künftigen Berater für diese Aufgabe reif zu machen, sie von Begrenzungen zu befreien, von Ängsten zu reinigen, also ihren Geist (Festplatte) zu klären und Verantwortlichkeit und Präsenz einzuüben. Im Folgenden wollen wir aber wenigstens eine kurze Darstellung der wichtigsten Verfahren geben, die in unseren Seminaren und auch im Tiger-Training eingesetzt werden.

4.3. Einsatz moderner Bewusstseinsverfahren (Seelentechnologie)

Bild-Erleben und Bild-Gestalten – das „Firmenhaus"

Lange bevor wir sprechen lernen, erfassen wir die Welt in Bildern und drücken auch über Mimik oder Gestik wiederum ebenso bildhaft unsere Befindlichkeit aus. Die Sprache entsteht erst lange später, wie man sowohl an der Evolution des Menschen insgesamt wie auch in der jeweiligen kindlichen Entwicklung erkennen kann. Sprache mit Worten und Begriffen ist daher nichts Angeborenes oder Primäres wie die Bildwahrnehmung, sondern kommt erst viel später hinzu. Es ist sozusagen eine künstlich geschaffene Metaebene, in die die unmittelbar und ganzheitlich wahrgenommenen Bilder erst übersetzt werden müssen. Sprache taucht erst auf mit dem Aufkommen des Verstandes und dem begrifflichen Denken, das bestimmte Worte bestimmten Vorstellungen zuordnet, denn vorher waren es emotionale Laute. Diese zugeordneten Worte könnte man daher die Sprache des Verstandes nennen, und sie sind im Gegensatz zum Bild, welches man sofort und in einem Eindruck erfasst, nacheinander und nebeneinander, ganz wie der Verstand nun einmal strukturiert ist. Man braucht also sehr viele Worte, um ein Bild zu beschreiben, welches das Auge oder die Vorstellung direkt und sofort erfassen kann.

Die Bilder als die Sprache der Seele sind aber noch ganzheitlich erfassbar, sind ganz unmittelbar, direkt, nicht übersetzungsbedürftig und zugleich tiefgreifend, d.h., sie wirken tiefer als Worte direkt in die archaischen Tiefen der Seele hinein. Im Übrigen enthalten Bilder im Gegensatz zum Wort viel mehr Information, sind also wesentlich gehaltvoller und haben eine höhere Informationsdichte. Dies können Sie selbst ganz leicht an Ihrem Computer erkennen, und zwar daran, dass Ihre Bilder oder Filme beim Abspeichern viel mehr Speicherplatz brauchen als Texte. Der größte Vorteil eines Bildes ist jedoch, dass ein Bild ganzheitlich zusammenhängt, beim Hologramm sogar noch extremer, indem jeder Teil des Bildes das Ganze enthält, während mittels einer Beschreibung per Worte die Informationen erst nacheinander und nebeneinander hereinkommen und damit Zeit brauchen. Das können Sie selbst daran erkennen, wenn Sie einmal versuchen, ein Bild einem anderen Menschen zu beschreiben, der das Bild nicht sehen kann. Es wird eine ganze Weile Zeit brauchen, bis er es per Beschreibung wirklich korrekt und wenigstens einigermaßen vollständig erfassen kann. Wenn Sie es ihm aber direkt als Bild zeigen können, kann er es in einer Sekunde erfassen und hat seinen ganzen Aussagegehalt erfasst.

Kurz gesagt können mit Bildern erstens die Informationen viel schneller und direkter übermittelt werden, und zweitens wirken sie auf tiefere Schichten der Seele oder ihres Bewusstseins, da sie schon als Sprache dienten, lange bevor die Worte und Begriffe erfunden wurden. Die hohe Informationsdichte und auch Gleichzeitigkeit der vermittelten Information wie auch die sofortige Wirkung unter Umgehung des rationalen Teils macht das Bild zu einem idealen Informationsträger und -übermittler im seelischen Bereich. Ferner ist es auch interkulturell und wird auf der Welt jederzeit und überall verstanden. Wenn sie einem Chinesen ein paar Worte sagen in ihrer Sprache, die er nicht gelernt hat, so versteht er sie überhaupt nicht. Zeigen sie ihm aber ein Bild mit der Aussage, so kann er dies sofort erfassen. Damit sind Bilder nicht nur die Sprache für die individuelle Seele und Persönlichkeit, sondern auch die Sprache des kollektiven Bewusstseins der Menschheit. Daher wirken Symbolbilder auch so universal und werden fast überall verstanden.

Zusammengefasst bedeutet dies, dass wir über Bilder etwas viel schneller analysieren und begreifen können als über Worte. Somit verstehen wir auch die Mitteilungen der Seele oder der Psyche eines Menschen viel schneller als über Worte, die zudem noch verfälschend sein können und erst noch analysiert werden müssen. Und die Seele wiederum versteht uns über Bilder viel schneller, direkter und auch klarer, da sie nicht erst Wortsprache in ihre Bildsprache übersetzen muss, wobei es auch wieder leicht zu Verzerrungen und Missverständnissen kommen kann, also zu Übersetzungsfehlern. Schließlich können wir in einem Coaching oder Training mit solchen Bildern über alle Sprachen und Kulturen hinweg operieren, kommunizieren und unmittelbar verstehen.

Aufgrund dieser Erkenntnisse – wie auch aufgrund der sehr positiven persönlichen Erfahrungen – habe ich schon vor Jahren für die schnelle und umfassende Persönlichkeitsanalyse wie auch für die einfache Persönlichkeitstransformation die „Seelen-Haus Methode®" entwickelt, die sich inzwischen sehr bewährt und verbreitet hat. Ein großer Vorteil dieser Methode ist, dass sie auch unabhängig von Therapeuten direkt vom Klienten selbst und auch jederzeit angewendet werden kann, er also auch Freude daran bekommt, sich zu verändern. Es ist nicht mehr qualvoll und langwierig, sondern geht schnell und leicht. Mit dieser Methode kann jeder Mensch in kürzester Zeit, üblicherweise in einer halben Stunde, ein sehr dichtes Persönlichkeitsprofil von sich oder einer beliebigen Person erstellen. Darüber hinaus können sofort Defizite in konkreten Bereichen wie Beziehungen oder Beruf erkannt werden, Ursachen von verborgenen Konflikten und negativen Mustern können im Keller (im Unterbewussten) mühelos und gezielt aufgefunden werden. Es gibt kaum etwas, das man damit nicht machen könnte, auch Zeitreisen in der Seele, beispielsweise in seine eigene Kindheit, die sonst längst vergessen ist.

Neben dieser Fähigkeit zur kompletten Analyse, Erinnerung und Entdeckung kann man diese Methode auch nutzen, um mit der eigenen Seele zu kommunizieren und seinerseits seiner Seele oder seinem inneren Kind Wünsche und Anweisungen zu übermitteln, wie man sich oder was man zu verändern wünscht. Die Seele wird folgen, da die Barrieren des Verstandes elegant umgangen werden. Es ist also möglich, nach der Analyse neue Bilder wie Computerbefehle hineinzugeben, beispielsweise indem man sein Seelenhaus bildhaft umgestaltet. Diese neuen Bilder geben der Seele, dem eigenen Geist oder dem Unterbewusstsein ganz exakt die entsprechenden Anweisungen, wie die Defizite zu beheben sind, was man zu ändern wünscht oder wie die eigene Persönlichkeit oder das eigene Leben umgestaltet werden soll. Dies wird auch schon beim sogenannten positiven Denken gemacht, doch muss man sich hier mit den Widerständen und Barrieren des Verstandes auseinandersetzen und sie überwinden. Da ist es viel effizienter, mit den beschriebenen Bildern zu arbeiten, anstatt Worte und Begriffe als Affirmationen einzugeben, denn anders als die Worte wirken die Bilder direkt und unmittelbar auf die Seele oder auf den Teil des Bewusstseins, der ihr System steuert.

Wie unmittelbar Bilder wirken, können Sie selbst ausprobieren, indem Sie beispielsweise ein Bild Ihres Lieblingsessens anschauen oder sich auch nur vorstellen oder eine erotische Szene betrachten – sowohl der physische wie auch der Emotionalkörper wird normalerweise sofort darauf reagieren. Oder Sie sind bei bester Laune und jemand zeigt Ihnen ein Bild Ihrer verflossenen großen Liebe. Es wird eine sofortige Reaktion geben, ohne dass das System einer Übersetzung bedarf. Wie viel mehr erst und größer wird diese Wirkung sein, wenn wir *gezielt* bestimmte Bilder einsetzen, nachdem wir gelernt haben, diese Computersprache der Seele zu verstehen. Wir können dann mit ausgewählten und erprobten Bildern oder Bildfolgen direkt in unseren Computer ganz konkrete Befehle eingeben und damit sehr schnelle Ergebnisse erzielen. Das Unterbewusstsein setzt solche Vorgaben nämlich sofort um, wenn es nicht durch den Verstand blockiert ist, wie man auch mittels Hypnose, bei der der Verstand ebenfalls minimiert wird, jederzeit demonstrieren kann. (Näheres zur Seelenhaus-Methode in „Dein Seelenhaus", Verlag Via Nova).

In unseren Tiger-Seminaren® und Firmencoachings nützen wir nun ebenfalls diese in den letzten Jahren immer feiner und präziser weiterentwickelte Methode, so wie ein Programmierer, der damit gezielt Programme und Muster im Computer finden, erkennen wie auch verändern kann. Wir überlassen aber diese Änderungen stets den Menschen selbst und geben ihm die entsprechenden Bilder nur auf dessen ausdrücklichen Wunsch ein. Niemand wird von außen beeinflusst oder manipuliert. Vielmehr findet und erkennt er stets selbst, vielleicht mit therapeutischer Begleitung, diese Inhalte in sich, und er gestaltet auch selbst, falls er es überhaupt will, die entsprechenden Veränderungen, gibt selbst die passenden Bilder ein, und wir beraten ihn dabei nur, indem wir z.B. erklären, welche Bilder welche Wirkungen haben. Jeder arbeitet nur in sich und für sich, verändert nach seinen Vorgaben und Wünschen die inneren Bilder, jeder baut sein Seelenhaus selbst um. Das ist auch anders nicht möglich, denn jeder Mensch hat andere Vorstellungen, was er erreichen will, auf welche Weise er leben will und wie er glücklich sein will. Wir helfen ihm lediglich, es schnell und leicht umzusetzen, und wir brauchen dazu auch keine Trancetechniken oder Fremdeinwirkungen wie viele ähnliche Verfahren, die in die tieferen Schichten des Bewusstseins eingreifen wollen. Wir liefern die Methode, helfen zu analysieren, wo die Probleme und Hindernisse liegen, wo Disharmonien und Blockaden sitzen, und schlagen die für die Umsetzung seiner Wünsche notwendigen Schritte vor und, falls nötig, auch aus unserer Erfahrung die konkreten Bilder für bestimmte Ergebnisse.

Erstens dienen dieses Bilderleben und die Bildsprache also zur **Erkenntnis**. Wir benutzen sie, um sowohl eine individuelle Persönlichkeit oder bestimmte Charaktere leicht zu analysieren, wie auch, um deren Probleme oder Blockaden klar erkennen zu können. Darüber hinaus ist es aber auch ein genialer Ansatz zur Firmenanalyse und zur Analyse von ganzen Systemen. Dazu haben wir – analog zum Seelenhaus, das für einzelne Menschen gedacht ist – das Bild des Firmen-Hauses entwickelt und können darüber sehr gut die Einstellungen des Einzelnen zu seiner Firma erkennen, seinen Einsatz, seine Loyalität, seine

Mitarbeit, seine Probleme, Spannungen, was immer wir sehen wollen, und dies in kürzester Zeit.

Zweitens nutzen wir solche Bilder wiederum zur Rückmeldung an die Seele, um direkte Anweisungen zu geben, um tiefere Blockaden, Hindernisse, Ängste, um verdrängte Wurzeln und Ursachen eines Problems **aufzulösen**. Dabei benutzen wir gelegentlich auch das Bild des Zeitfahrzeugs, das wir für psychische Zeitreisen entwickelt haben, um leicht und sicher durch die psychologische Zeit zu reisen. Ohne großen Aufwand und ohne Zeitverzug bringt diese Methode mühelos alle Inhalt der Vergangenheit ans Licht, die wir zu sehen wünschen.

Drittens nutzen wir diese Bilder, um durch bestimmte Veränderungen und Eingaben von Bildinhalten gezielt etwas zu verändern, etwas Neues einzuführen, beispielsweise eine neue Fähigkeit oder Gabe, um etwas zu verbessern wie den Ausdruck oder das Verhalten, um überhaupt neue Strukturen, Gefühle, Inhalte **zu implantieren** und damit **positive Veränderungen herbeizuführen**.

Im Unterschied zu hypnotischen und suggestiven Verfahren haben die Klienten hier stets die volle Kontrolle darüber und entscheiden selbst und bewusst, was sie bearbeiten wollen und welche Veränderung sie wünschen. Diese geschieht nicht etwa von außen, durch den Therapeuten, sondern bei dieser Methode finden Selbsterkenntnis und Selbstentwicklung statt. Die Aufgabe des Beraters oder des Therapeuten ist nur, dem Klienten den Weg zu zeigen, also die Anwendung der Methode zu erklären, ihm zu helfen, die gefundenen Bilder zu deuten, und eventuell auf Defizite hinzuweisen und ihm dann entsprechende Werkzeuge bzw. Bilder an die Hand zu geben, die die von ihm gewünschte Veränderung auf leichte Weise einleiten und bewirken können. Obwohl es nicht nötig ist und auch ohne Therapeuten funktioniert, ist es üblicherweise die Aufgabe des Therapeuten, die Teilnehmer bzw. Klienten zu begleiten auf der Reise in die Tiefen der Seele, sie sanft zu führen und energetisch zu unterstützen, später die Ergebnisse mit ihnen auszuwerten, schließlich sie zu beraten, welche Veränderungen empfehlenswert sind, und ihm dann die entsprechenden Verfahren und Bilder vorschlagen. Die Klienten entscheiden dann selbst, ob und zu welchem Zeitpunkt dies vollzogen wird. In allen diesen Seminaren und Trainings wird immer die völlige Entscheidungsfreiheit der Kunden, aber auch die aller Mitarbeiter und ihre Selbstbestimmung gewahrt.

ÜBUNG: Das Firmenhaus erkunden (Kurzfassung)

Begeben Sie sich an einen Ort, an dem Sie nicht gestört werden, in einen ruhigen, gelösten, meditativen Zustand. Atmen Sie ruhig und gleichmäßig, schließen Sie die Augen, und ziehen Sie Ihre Aufmerksamkeit, die sonst stets nach außen gerichtet ist, ganz bewusst in Ihr Inneres. Werden Sie ganz ruhig und gelassen, und bitten Sie Ihren Geist, Sie zu zentrieren, Sie in Ihre Mitte zu bringen. Nehmen Sie sich nun vor, Ihr Firmenhaus zu finden, und geben Sie Ihrem Verstand die Anweisung, Sie jetzt nicht zu stören. (Anmerkung: Das Firmenhaus ist nicht die Firma oder das Gebäude, in dem Sie wirklich arbeiten, lassen Sie alle Gedanken daran los, es ist etwas Neues, was die Seele Ihnen vorstellen wird.)

Dann stellen Sie sich bildhaft vor, wie Sie über eine Landschaft gehen oder durch eine Stadt Ihrer Phantasie. Plötzlich sehen Sie ein Gebäude, eine Fabrik oder ein Büro auftauchen. Nehmen Sie bitte das Erste, was auftaucht oder was Sie anzieht, ganz gleich, worum es sich handelt oder wie es aussieht. Dann bemerken Sie bitte Folgendes:

- In welcher Umgebung liegt dieses Gebäude/Firma/Büro?
- Welche Farbe, Form, Struktur hat es?
- Wie leicht oder schwer zugänglich ist es, wie viel Betriebsamkeit herrscht?

Gehen Sie in das Gebäude hinein, und erkunden Sie nacheinander mittels Ihrer klaren Absicht folgende Bereiche:

- Empfangshalle oder Foyer
- Personalabteilung
- Ihr imaginärer Arbeitsplatz
- Buchhaltung / Finanzabteilung (Bemerken von Charts an Wänden o.ä.)
- Vorstand / Chefetage / Leitungsabteilung
- Kantine / Freizeiträume

Für alle diese Bereiche bemerken Sie bitte Folgendes:

- Wie ist das erste Gefühl oder die Stimmung in jenem Bereich?
- Wie sind die hygienischen und wie die Lichtverhältnisse?
- Ist es alt (wie alt?) oder modern? Aufwendig oder billig/schäbig eingerichtet?

- Ist es verlassen oder herrscht Hochbetrieb? Gibt es Menschen, und wenn ja, welche?
- Wie werden Sie behandelt? Wie geht man mit Ihnen um? Kollegen?
- Und was sonst Ihnen sonst noch Wichtiges auffällt.

An Ihrem imaginären Arbeitsplatz schauen Sie ferner, ob Sie allein arbeiten oder zusammen mit anderen, bemerken Sie:

- Was arbeiten Sie genau?
- Wie werden Sie beachtet?
- Welche Stellung haben Sie inne?

Schließlich können Sie noch optional Folgendes machen: Sie suchen in diesem Gebäude das Büro Ihres imaginären Firmenberaters auf, ohne vorher zu wissen, wie er aussehen könnte. Lassen Sie sich einfach führen oder ein Büro zeigen, in dem er arbeiten soll. Klopfen Sie an, gehen Sie hinein und treffen Sie denjenigen, der darin arbeitet, und unterhalten Sie sich mit ihm über alle Fragen, die Sie bezüglich Ihrer Firma oder Ihrer Tätigkeit oder Karriere stellen wollen. Wenn Sie fertig sind, bedanken Sie sich und gehen Sie, mit der Möglichkeit, jederzeit wieder hierher kommen zu können.
(Erklärung: Über dieses Bild des imaginären Beraters hat Ihr Unterbewusstsein die Möglichkeit, Ihnen wichtige Botschaften zukommen zu lassen.)

Dann beenden Sie die Übung, indem Sie das Firmenhaus bewusst verlassen, sich wieder in Ihren Körper einfühlen, kurz recken und strecken, die Augen öffnen und die Aufmerksamkeit wieder nach außen wenden. – Ende der Übung.

Alle diese Gefühle, Eindrücke, Bilder, Farben, Geschehnisse dort bedeuten etwas, und zwar jedes Detail, auf das wir hier leider nicht eingehen können. Da Sie die Übung ja gemacht haben, können Sie es jedoch einfach über Ihr Gefühl selbst herausfinden, indem Sie sich fragen, was es Ihnen bedeutet oder sagen will. Oder Sie verwenden die entsprechenden Deutungsmöglichkeiten, die ich in „Dein Seelenhaus" vorgeschlagen habe. Natürlich können Sie es auch mit einem dafür geeigneten Therapeuten besprechen oder ein diesbezügliches Seminar besuchen.

Aufstellungen als Analyse- und Heilinstrument

Ein weiteres sehr effizientes Mittel, um seelische Zusammenhänge zu erkennen, aber noch viel mehr, um tiefgehende Prozesse zu bearbeiten und innerseelische wie auch äußere Konflikte zu heilen, sind sogenannte „Dynamische Aufstellungen" (Näheres in „Dynamische Aufstellungen" im Verlag Via Nova oder Webseite www.dynamische-aufstellungen.de). Grundsätzlich wurden Aufstellungen zur Aufdeckung seelischer wie systemischer Strukturen von dem großen Pionier Bert Hellinger in die Öffentlichkeit eingeführt und sind heute allgemein bekannt und auch anerkannt. Allerdings haben die von mir entwickelten dynamischen Aufstellungen nur wenig mit jenen Aufstellungen nach Hellinger zu tun. Sie basieren vielmehr auf den Methoden der „Psychology of Vision" meiner Lehrer Dr. Chuck und Lency Spezzano. Während bei den systemischen Aufstellungen lange Zeit benötigt wird, um das System zu analysieren, ist das bei unserer Methode fast nie nötig. Wir analysieren mit etwa einem Dutzend Methoden, wie wir sie in unserer Ausbildung vermitteln, um das Problem und die dahinterliegenden Dynamiken zu erkennen, und benutzen die Aufstellungen nur für die Auflösung und Heilung der Situation. *Wir verwenden Aufstellungen also dazu, die für das System notwendigen Veränderungen konkret durchzuführen, umzusetzen, die Problempunkte gezielt zu heilen oder zu verändern*, nachdem wir zuvor bereits mit anderen, sehr schnellen und effizienten Methoden die Problemstruktur, -dynamik, die Hindernisse und störenden Faktoren im Bewusstsein entdeckt haben. Somit wird der durchschnittliche Zeitaufwand für eine Lösung erheblich reduziert.

Darüber hinaus beschleunigt sich das Verfahren auch deshalb, weil bei den dynamischen Aufstellungen die Teilnehmer nicht einzeln und nacheinander bearbeitet werden wie bei systemischen Aufstellungen. In unserer Arbeit werden diese Hindernisse und Blockaden nicht bei jedem einzeln, sondern ganz elegant über eine Fokusperson aus der ganzen Gruppe herausgezogen, und es werden die zu heilenden Faktoren über das Resonanzphänomen zugleich in jedem Einzelnen der ganzen Gruppe aufgelöst bzw. transformiert. Wenn die Fokusperson schließlich am neuen Ziel angekommen ist, sind auch die anderen Gruppenmitglieder – so sie sich darauf eingelassen haben, denn auch dies ist freiwillig – davon befreit und geheilt. Dies ist eine wesentliche Verbesserung auch im Hinblick auf die Gruppendynamik. Denn hierbei hilft jeder jedem und profitiert zugleich selbst wieder direkt davon. Das Ziel wird dann für alle gemeinsam erreicht und dazu noch sehr schnell. Als Nebeneffekt entstehen so eine große Verbundenheit und ein Teamgeist in der Gruppe.

Das Verfahren ist daher sehr ökonomisch und effizient, denn nicht nur, dass wir die Aufstellungen benutzen, um zu transformieren oder zu heilen, sondern wir tun dies auch auf vielen Ebenen zugleich, sozusagen multidimensional, und dies auch noch kollektiv für die ganze Gruppe. Erstens bearbeiten und lösen wir das Hauptthema und die dazu aufgestellten Faktoren für die ganze Gruppe über eine Fokusperson, zweitens heilt jeder der für ein bestimmtes Thema aufgestellten Personen sein spezielles Thema und per Resonanz auch wiederum die entsprechenden Teilnehmer in der Gruppe, und drittens heilt der Einzelne dieses Hauptthema für sich selbst mit der ganzen Gruppe in sich. Voraussetzung ist auch hier die Bereitschaft des Einzelnen zuzustimmen, indem er sich in diesen Prozess hineinbegibt und bereit ist, mitzufühlen, mitzuhelfen und mit zu gehen. Jeder Einzelne profitiert davon, auch wenn er nicht aufgestellt ist, also direkt von der Heilung der ganzen Gruppe, und auch schwere Fälle werden so mitgetragen und ins Ziel gebracht, was für einen Einzelnen viel schwerer gewesen wäre.

Um es noch einmal anders zu formulieren und diesen sehr wichtigen Unterschied zu üblichen Aufstellungen klarzumachen: Wir decken bereits vor der eigentlichen Aufstellung die wichtigen Dynamiken und die Struktur eines Problems mit sehr effizienten Verfahren auf. Diese reichen sehr tief ins Bewusstsein hinein, weit über die emotionale und mentale Ebene hinaus, die üblicherweise bei systemischen Aufstellungen erreicht werden. Beispielsweise werden dort die herrschenden Emotionen aufgedeckt (emotionale Ebene) und auch noch die Überzeugungen, z.B. „du liebst mich nicht…" (mentale Ebene). Es bleibt aber offen, warum überhaupt eine solche Situation entstanden ist oder warum sie angezogen wurde und was der Sinn davon ist. Bei den dynamischen Aufstellungen aber wird zusätzlich mindestens noch die kausale Ebene einbezogen, um die Wurzel (causa) eines Problems dauerhaft zu lösen, oft aber noch tiefere Ebenen. Von dort aus wird auch das Ziel bestimmt – und um es nochmals zu betonen: nicht vom Therapeuten –, etwas, was die Seele oder die Person ursprünglich gewollt hat, dann aber vom Weg abgekommen ist, also beispielsweise Erfolg oder Fülle oder Liebe. Dynamische Aufstellungen haben also immer ein klares Ziel, das mit aufgestellt wird; dadurch kann man auch klar erkennen, wenn es für den Einzelnen und die Gruppe erreicht ist.

Wenn es dann zur Aufstellung kommt, stellen wir im Gegensatz zu systemischen Aufstellungen zumeist nicht Personen auf, sondern ganz gezielt die in der Psyche gefundenen und aufzulösenden Problempunkte, wie beispielsweise negative Emotionen, Blockaden, Hindernisse, ungünstige Entscheidungen, wie beispielsweise Versagensangst, Erfolgsdruck, Selbstsabotage, Minderwertigkeit, Ödipus-Komplex, Racheplan, Verantwortung leugnen und vieles mehr. Diese können dann, da sie nun durch Stellvertreter ganz konkret im Außen dastehen und nicht mehr verleugnet oder ignoriert werden können, vom Klienten bzw. der Fokusperson sowie von allen in der Gruppe klar erkannt, gefühlt, gesehen, dann bearbeitet und schließlich integriert werden. Dies geschieht üblicherweise in einem sehr emotionalen und dynamischen Prozess, der aber trotzdem nicht sehr lange dauern muss.

Durch solches Vorgehen ist auch eine **sichere Erfolgskontrolle der Heilung oder Transformation** gewährleistet, denn über die aufgestellten Stellvertreter kann man im Verlauf des Prozesses *jederzeit* deutlich erkennen, wie der Heilungsprozess verläuft, ob und inwieweit Heilung und Integration tatsächlich geschehen, während man bei internen, innerpsychischen Verfahren nie ganz sicher sein kann, inwieweit dies in einem Menschen wirklich verarbeitet und gelöst wurde oder nicht. Wenn die zu heilenden oder aufzulösenden seelischen Faktoren aber im Außen vor uns stehen, kann jeder den Fortgang der inneren Wandlung bis in alle Einzelheiten verfolgen, den Kampf, den Widerstand, die Reue, die Erkenntnis, die Versöhnung, die Freude – dies sieht man nicht nur in der Fokusperson, sondern zusätzlich im gegenübergestellten Stellvertreter, der uns den Fortgang der Heilung ebenfalls spiegelt und eine weitere Kontrolle ist, wenn uns die Fokusperson einmal täuschen sollte. Sind aber beide befreit und freudig, dann weiß man genau, dass das Problem wirklich gelöst ist.

Ferner zeichnen sich unsere Aufstellungen auch dadurch aus, dass niemals nur die Probleme, Blockaden oder Störfaktoren beseitigt werden, sondern es wird immer auch etwas Neues erreicht, etwas dazu gelernt, der Sinn der Krankheit oder des Problems verstanden. Es steht am Schluss der Aufstellung **immer ein positives Ziel,** ein neuer positiver Zustand wird erreicht. Dieses Ziel wird aber nicht etwa vom Therapeuten festgelegt, sondern vom Klienten oder der ganzen Gruppe gefunden oder war bereits die Vorgabe für das Seminar (wie z.B. Erfolg). Es ist zugleich das, was die Seele, die Person oder der Teilnehmer ursprünglich gewollt haben, bevor sie der Probleme, der Versuchung oder der Schwäche wegen vom Weg abgekommen sind. Dieses ursprüngliche Ziel wird dann wieder integriert – was meist mühelos geschieht, wenn keine Behinderungen mehr da sind – und verursacht dann eine spürbar große Freude und Erleichterung in der ganzen Gruppe, *so dass dynamische Aufstellungen immer positiv enden* (wenn sie professionell durchgeführt werden), beispielsweise damit, sich wieder grenzenlos erfolgreich zu fühlen.

Beim Firmencoaching ist es stets hilfreich, immer zuerst bei den Führungskräften oder im oberen Management anzufangen oder einem Teil davon, bei diesen die Klärung oder Integration durchzuführen, so etwa wie bei Familienaufstellungen erst die Ahnen geklärt werden müssen, bevor man die Nachkommen heilen kann Diese Heilung wird dann von dort aus kaskadenförmig in der Ahnenreihe oder analog in der Firmenhierarchie weitergegeben. Denn es ist schwierig, die untergeordneten Mitarbeiter zu führen und zu motivieren, wenn die Lektion bei den Vorgesetzten nicht gelernt wurde, so wie es analog bei Kindern schwierig ist, ihnen etwas zu implantieren, wenn es die Eltern nicht gelernt haben, und dies gilt erst recht für die ganze Ahnenreihe. Darauf werden wir noch zurückkommen.

Es gibt jedoch eine Aufstellungsart mit offenem Ziel, falls in einem Falle noch unklar ist, wohin das System, die Firma, der Konzern zukünftig tendiert. Falls diese Tendenzen noch unklar sind und erst aufgedeckt werden sollen, dann bietet es sich an, eine sogenannte Kreisaufstellung zu machen. Sie ähnelt ein bisschen dem „Firmentheater", nur dass wir hier auch wieder weniger die Personen als vielmehr die bestimmenden Faktoren aufstellen, sie aber dann völlig frei und kreativ miteinander agieren lassen. Die einzelnen Faktoren agieren also miteinander und es zeigt sich dabei, was ungefähr aus dieser Interaktion herauskommen wird, falls man nicht eingreift, und wohin ein System tendiert. Hier zeigen sich oft ganz überraschende Wendungen, aber auch Möglichkeiten, mit denen wir gar nicht gerechnet haben. Eine solche Art der Aufstellung kann natürlich auch gemacht werden, um einmal probeweise neue Ziele, Abläufe, neue Konstellationen oder Strukturen auszuprobieren. Somit ist die Kreisaufstellung die einzige aus den dynamischen Aufstellungen, die sowohl analytisch ist wie auch Zukunftstendenzen aufzeigt oder durchspielen kann.

Doch üblicherweise werden mit den dynamischen Aufstellungen schon vorher festgelegte oder in der Psyche der Menschen aufgefundene oder gewünschte Ziele verwirklicht und umgesetzt. Zur klaren Erkenntnis und Festlegung des kollektiven Ziels einer Firma oder einer Gruppe dienen die Prozesse der Visionssuche, wie sie noch beschrieben werden. Nur selten werden dazu auch Aufstellungen verwendet. Sind diese Ziele dann klar definiert und von allen akzeptiert, werden sie unter anderem über die Aufstellungen umgesetzt, verwirklicht und, falls gewünscht, über die Sternaufstellungen nochmals in jeden implantiert. Dieses Erreichen von Zielen versuchen natürlich auch andere Verfahren, meist durch Indoktrination auf verschiedene Weise. Dies haben wir aber nicht nötig, denn bevor in den Aufstellungen das Ziel integriert wird, werden im Verlauf der Aufstellung alle Hindernisse, Blockaden, störenden Emotionen, Muster usw. beseitigt und aufgelöst. Somit werden neue Ziele nicht einfach auf das Bestehende, auf die Menschen aufgesetzt oder aufgepfropft oder äußerlich antrainiert. Solche Verfahren sind langfristig nicht sehr wirkungsvoll und gleichen dem Versuch, ein rostiges Auto neu anzustreichen, ohne aber vorher den Rost zu beseitigen. Es sieht zunächst gleich gut aus wie ein grundlegend behandeltes Auto, doch dies hält nicht lange.

Daher gehen wir in unserem Coaching und Training stets den tieferen Weg über die Beseitigung der Ursachen, gehen kausal statt symptomatisch vor, wie wir es schon lange praktisch bei Partnerschafts- oder Erfolgsseminaren erprobt haben. Hier werden nicht Emotionen aufgepeitscht und die Leute zu kurzfristigen Leistungen animiert, die nicht halten, oder es wird nicht über Feuer gelaufen, was zu Hause dann nicht mehr klappt, sondern es werden ganz konkret die jeweiligen Hindernisse, Blockaden, Widerstände gegen das Ziel aufgedeckt und dann genauso konkret aufgelöst und überwunden, und dies alles deutlich und für jeden sichtbar. Bei dieser grundlegenden Transformationsarbeit bearbeiten wir, wie erwähnt, nicht nur die emotionale und mentale Ebene, sondern greifen noch viel tiefer bis hin zu längst vergessenen Entscheidungen auf der Kausalebene, die dem jetzigen Ziel im Wege stehen, und decken darüber hinaus Probleme auf der kosmischen Ebene auf, also beispielsweise negative Einstellungen gegen das Leben.

Selbst hier muss man nicht stehenbleiben, sondern kann im Intensivtraining noch weitere, tiefer verborgene Faktoren in der Seele finden, die mit dem Leben als Ganzem zu tun haben, wie generelle Trotzhaltung, Lebensverneinung, Selbstsabotage bzw. unbewusste Firmensabotage, verborgene Racheverschwörungen. Man kann Schattenfiguren auflösen wie „Revolutionär", „Betrüger", „Verräter", und zudem gibt es da noch die ganze Ebene der Idole, der hellen und dunklen Götter bzw. Götzen in uns. Tief unbewusst ist auch die Ebene der Lebensgeschichten (Betriebssystem in der Computeranalogie), und wenn hier jemand – völlig ohne es zu wissen – sein ganzes Leben als „Robin Hood" gestaltet, so wird er für eine Führungsaufgabe wenig geeignet sein. Doch all dies lässt sich auflösen, manchmal in Tagen, manchmal sogar in Stunden, je nach Bereitschaft der Gruppe. Ist es erst einmal aufgedeckt, geschieht bereits durch das Bewusstsein darüber eine Wandlung, und ist es erst einmal eingesehen, will der Klient oder die Gruppe selbst es auch lösen. Dann ist es mit diesen Werkzeugen nur noch eine Frage der Zeit, und die dauert üblicherweise nicht allzu lange.

Ist das Ziel dann erreicht, herrschen allgemein Freude und Begeisterung oder es breitet sich ein tiefer, ruhiger Frieden aus, ein Zustand der Harmonie und Verbundenheit. Das Ziel ist jetzt konkret in die Wirklichkeit getreten oder manifestiert, so wie ein Baby neu geboren wurde, aber noch nicht voll ausgewachsen ist. Dieses erlangte Ziel kann nun mit Hilfe von Sternaufstellungen oder bestimmten Übertragungstechniken noch weiter vertieft, gefestigt und in die Teilnehmer eingeprägt werden, wenn sie dies wünschen. Es ist aber auch möglich, es zunächst im Außen weiter wachsen zu lassen.

Für die verschiedenen Themen oder jeweiligen Anwendungsbereiche gibt es inzwischen viele Arten von Aufstellungen, die ich hier nur aufzählen, auf die ich aber nicht näher eingehen kann. Es sind inzwischen jedenfalls schon einige mehr geworden als noch in meinem Buch veröffentlicht, da aus der angewandten Praxis und Forschung immer neue hinzukommen. Trotzdem möchte ich wenigstens die wichtigsten davon auflisten:

Name	Anwendungsbereich
DILEMMA AUFSTELLUNG	rasche Auflösung von Dilemmata
KLEINE ZIELAUFSTELLUNG	kleine Hindernisse auflösen ohne Voranalyse
GROSSE ZIELAUFSTELLUNG	große Hindernisse lösen nach Voranalyse
INTEGRATIONSAUFSTELLUNG	Konflikte oder innere Polaritäten auflösen

PARTNERAUFSTELLUNG	Beziehungen mit Partner, Chef, Menschen klären
KREISAUFSTELLUNG	Erkennen der Dynamiken und wohin ein System tendiert
ONENESS-KONFLIKTAUFSTELLUNG	Konflikt entschärfen und Beteiligte in Mitte bringen
ONENESS-FAMILIENAUFSTELLUNG	Familienspannungen entschärfen und Beteiligte in Mitte bringen
ONENESS-FIRMENAUFSTELLUNG	Harmonie und Zentrierung in der Firma herstellen

Ausgenommen die großen Aufstellungen, die professionelle Ausbildung und Erfahrung erfordern, können die meisten anderen kleineren Aufstellungen, wie beispielsweise Partneraufstellungen, *auch nach dem Training von unseren Klienten weiter kostenlos benutzt und angewandt werden.* Diese Werkzeuge zur Verfügung zu haben ist allein schon ein Grund, ein solches Training zu absolvieren, ganz unabhängig vom jeweiligen Thema. Denn hiermit können in Zukunft oft in nur wenigen Minuten Probleme und Konflikte, die sonst viel Geld und Reibungsverluste kosten würden, zumindest auf emotionaler und mentaler Ebene bereinigt werden, beispielsweise ein Konflikt zwischen zwei Mitarbeitern oder zwischen Chef und Untergebenem. Sie können jederzeit, auch von nur einem der Parteien allein, eingesetzt werden, um Harmonie, Verständnis und Verbundenheit wieder herzustellen oder zumindest zu verbessern, und Streit, Mobbing und andere störende Faktoren für das Betriebsklima aufzulösen. Sie können aber auch verwendet werden, um sich immer wieder neu auf ein Ziel auszurichten oder eine gemeinsame Ausrichtung der Mitarbeiter zu schaffen. So machen sich diese Seminare für die Firma noch lange darüber hinaus bezahlt, aber auch für die jeweiligen Mitarbeiter. Hier wollen wir Ihnen einmal eine ganz einfache, harmlose, jederzeit durchzuführende und doch sehr wirkungsvolle Übung zeigen. Es ist eine vereinfachte Partneraufstellung, die überall und jederzeit durchgeführt werden kann, sogar einzeln, wenn der andere nicht mitmachen will, und die nur wenig Zeit erfordert. Allerdings ist hier die Fähigkeit zu fühlen sehr hilfreich.

ÜBUNG: Kleine Partneraufstellung

Ziel der Übung: Versöhnung oder Verbindung mit einer anderen Person (beispielsweise schwieriger Arbeitkollege, Vorgesetzter, Kunde; aber auch Freund/in, Ehepartner, Kind.

Durchführung: Suchen Sie sich dafür einen ungestörten Ort oder Raum. Sie können dies mit der anderen Person machen oder auch per Stellvertreter oder auch alleine.

1) **Aufstellen:** Stellen Sie am Ende des Raumes entweder die andere Person auf, wenn sie dazu bereit ist, oder einen beliebigen Stellvertreter, der für sie steht, oder Sie können notfalls sogar einen Gegenstand dafür aufstellen, ein Bild, einen Blumentopf oder was auch immer. Doch am besten wäre es, wenn die Person selbst dort stünde.

2) **Entfernung bestimmen:** Nun fühlen Sie diese Person, so gut es geht, und fragen sich dabei: Wie weit fühle ich mich (räumlich) von dieser Person entfernt? Stellen Sie sich in dieser Entfernung dann auf.

3) **Hindernisse aufdecken:** Schauen Sie jetzt der Person/Stellvertreter in die Augen oder stellen Sie es sich vor. Dann fühlen Sie den Abstand zwischen sich und Ihrem Stellvertreter und fragen sich: *„Was hindert mich, was stört mich, oder was fehlt mir, um dieser Person nahe zu sein?"* Das erste, was Ihnen in den Sinn kommt, kurz aussprechen und, so gut es geht, fühlen.

4) **Entscheidung:** Dann erkennen Sie oder machen sich klar, dass dies nur im eigenen Bewusstsein ist und daher von Ihnen selbst erschaffen wird, und stellen sich die (rhetorische) Frage: *„Will ich mich damit noch weiter quälen (dies noch weiter festhalten) oder lieber davon frei und der Person nahe sein?"* Erkennen Sie, wie kindisch es ist, sich damit weiter zu quälen, und entscheiden Sie sich, es hier und jetzt aufzugeben, und dokumentieren Sie dies durch einen Schritt in die Richtung des anderen. (Dabei bitte Augenkontakt beibehalten, nicht anschleichen).

5) **Wiederholung:** Diese Prozedur (Schritt 3 und 4) wiederholen Sie dann so lange, bis Sie beim Gegenüber angekommen sind. Falls Ihnen einmal nichts

einfällt, so können Sie auch den anderen fragen, also den „Spiegel", was es wohl sein könnte, was hindert oder stört, doch tun Sie dies nur im Notfall. Sind Sie dann bei ihm angekommen, fühlen Sie den entstandenen Frieden und umarmen Sie sich, um dies zu dokumentieren. (Falls es sich noch nicht fertig oder friedvoll anfühlt, so gehen Sie noch einmal zurück).

Nun kann die andere Person, falls sie selbst mitgemacht hat, umgekehrt dasselbe machen. Dies bedeutet, Sie stellen sich nun ans Ende und die andere Person macht diese Übung mit Ihnen. Diese Umkehr ist immer ratsam, da jede der beiden verschiedene Projektionen und Vorwürfe gegen den anderen hat, die sich nicht decken müssen. – Ende der Übung.

Fühlen lernen als sechster Sinn und neuer Verbindungskanal zum Universum

Ein weiterer sehr wichtiger Punkt in unserem Training, vielleicht sogar das Zweitwichtigste neben dem Wiedererlangen der Bildsprache der Seele, mit der wir wieder direkt mit unserem Inneren kommunizieren und darauf Einfluss nehmen können, ist die Wiederherstellung der Fähigkeit des Fühlens. Die meisten kennen nur die Wahrnehmung über die fünf Sinne Sehen, Hören, Tasten, Riechen, Schmecken, aber es gibt, wie jeder eigentlich praktisch weiß, noch den sechsten Sinn des Fühlens. Man hat ein gutes oder kein gutes Gefühl bei einer Sache, bei einem Menschen, in einer Situation, und dies ist eine Wahrnehmung, ob man sie nun zur Kenntnis nimmt oder nicht. Leider ist dieser Sinn bei vielen Menschen in unserem Kulturkreis dadurch verdrängt worden, dass sie mit bestimmten schmerzhaften Zuständen, Geschehnissen, mit negativen Folgen ihrer Handlungen konfrontiert wurden, aber statt sie zu fühlen und zu korrigieren, diese einfach nicht mehr fühlen wollten. Mit diesen Entscheidungen haben sie aber nicht nur jene schmerzhaften Gefühle verdrängt, sondern sich auch grundsätzlich von der Fähigkeit des Fühlens abgeschnitten, auch von den guten und angenehmen. Wenn ich die Augen vor etwas verschließe, das ich nicht sehen will, so kann ich nun auch nichts anderes mehr sehen, was sich schnell negativ auswirkt. Das Abschneiden des Gefühls aber ist eine sehr massive Kastration, denn damit hat man sich nicht nur von den unangenehmen Gefühlen, sondern darüber hinaus von der Fähigkeit zur Freude, zur Begeisterung, zur Intuition, zum Enthusiasmus abgeschnitten, ja von allen Erfahrungen, die nur durch das Fühlen erfahrbar sind. Dies ist dann wirklich „dumm gelaufen", denn was immer die Menschen an Erfolg, Geld, Macht, Glück erreichen würden, sie könnten es nicht mehr fühlen.

Nun könnten manche hartgesottenen Führungskräfte argumentieren: Ein Indianer braucht oder kennt keinen Schmerz und vielleicht auch gar keine Freude. So ist es ihnen vielleicht gerade recht, davon abgeschnitten zu sein, so dass sie sich also ganz ihrer harten und aufopfernden Arbeit, ihrer Karriere oder was auch immer widmen können. Sie können dann zwar wenig Freude empfinden, sind aber auch geschützt gegen Schmerz und können vor allem gut funktionieren. Doch dies ist eine sogenannte „Milchmädchenrechnung" und geht nicht auf, denn das Problem daran ist, dass sie sich durch das Eliminieren der Fähigkeit des Fühlens von ihrer emotionalen Intelligenz und den darüberliegenden Bewusstseinsschichten abschneiden, somit auch keine effiziente und schon gar keine kreative, innovative Arbeit mehr leisten können. Sie sind dann wie ein Krüppel nur noch auf eine Gehirnhälfte beschränkt. So läuft Ihr System also noch mit maximal halber Leistung, aber vor allem fehlt es an der für Führungskräfte unabdingbaren kreativen, intuitiven Seite. Dies drückt sich dann meist so aus, dass ständig externe Berater engagiert und Gutachten eingeholt werden müssen, bevor irgendetwas entschieden wird. Dies ist nicht nur eine gefährliche Abhängigkeit, sondern auch eine Führungsschwäche. (Stellen Sie sich mal vor, Alexander der Große hätte bei der Lösung des Gordischen Knotens erst zahlreiche Gutachten eingeholt...)

Wir haben bereits dargestellt, wie es im Gehirn des Menschen zwei wesentliche und voneinander klar unterscheidbare Seiten gibt, die rechte und linke Gehirnhälfte, die man auch der männlichen und weiblichen Seite zuordnet. Dabei steht die linke Hälfte mehr für das rationale, strukturale, analytische Denken, für das Sortieren, Analysieren, Ordnen und Verwalten, während die andere, die rechte, mehr für das ganzheitliche Erfassen, auch für das Bildhafte zuständig ist, für das kreative Denken, für die Synthese der Einzelteile, für das ganzheitliche Wissen und Erkennen, und hierzu gehört auch die Fähigkeit des Fühlens. Während für einfache, sich wiederholende Tätigkeiten sicher noch die eine Hälfte ausreicht, so keinesfalls für Führungskräfte. Die stehen, wenn sie ihrer Aufgabe gerecht werden sollen, ständig vor neuen Herausforderungen und brauchen daher kreative Lösungen, die in unbekanntes Gebiet, hin zu Unternehmensabläufen oder hin zu neuen Produkten, in neue Märkte führen sollen und daher kreativ und innovativ sein müssen. Daher ist eine solche

Kastration dieser wichtigen Gehirnhälfte für Führungskräfte „tödlich" und beraubt sie ihrer wichtigsten Fähigkeiten. Kein erfolgreicher Broker ist je zu Reichtum und Erfolg gekommen lediglich aufgrund von Zahlen und Tabellen, ohne den richtigen Riecher und das richtige Gespür. Doch Sie können dies selbst gern an der Börse jederzeit ausprobieren. Denn ist nur noch die linke, rationale Gehirnhälfte aktiv, so können Sie dann nur noch nach Schema funktionieren, nach Vorgaben handeln und brauchen Gutachten oder Berater, die Ihnen sagen, was Sie machen sollen, und Sie werden dennoch stets zu spät handeln, da Sie nur reagieren können, anstatt zu agieren.

Die Fähigkeit des Führens ist daher untrennbar mit dem kreativen, synthetischen, visionären Teil unseres Denken verbunden und dieser wiederum untrennbar mit der Fähigkeit zu fühlen, der Fähigkeit, das Ganze einer Sachlage intuitiv zu erfassen, ohne die Einzelinformationen abwarten zu müssen. Wenn wir hier vom „Fühlen" sprechen, so meinen wir nicht etwa die Wahrnehmung oder das Erleben von Emotionen, das nennen wir vielmehr „Ausagieren". Das Fühlen und die Fähigkeit zu fühlen geht weit darüber hinaus, ist ein über die fünf Sinne hinausgehender ganzheitlicher Kanal zum Universum, das Erfassen von einer dahinterstehenden, vielleicht energetischen, vielleicht informativen, in jedem Fall aber ganzheitlichen Struktur. Die Physiker könnten dazu auch sagen, es ist das Anzapfen eines dahinterliegenden Feldes, in dem alles mit allem zusammenhängt. Es ist eine sozusagen *außersinnliche* Wahrnehmung, da sie ja nicht notwendig mit den Sinnen gekoppelt ist, allerdings oft über die Sinne gefühlt wird oder sich über die Sinne ausdrückt (wie der „Riecher") oder über den Körper und Körperempfindungen.

Vielleicht gibt Ihnen das folgende Beispiel einen Einblick oder eine Einsicht:

ÜBUNG: Das Fühlen üben

Schließen Sie die Augen und stellen Sie sich jetzt eine Person vor, die Ihnen nahesteht. Oder Sie nehmen einfach ein Photo einer unbekannten Person. Nun stellen Sie sich vor, Sie schlüpfen wie ein Schauspieler in diese Person hinein, identifizieren sich damit und fühlen einmal, was sie so fühlt. Sagen Sie sich: Ich bin.... (diese Person). Und schon haben Sie Wahrnehmungen, die, wie schwach sie auch zunächst sein mögen, nicht über die Sinne zu Ihnen gekommen sind, sich aber dann durchaus in den Sinnen ausdrücken können.

Je nach Typ können Sie dabei ein Bild sehen, etwas hören, oder Sie fühlen in Ihrem Körper irgendwo ein Unwohlsein, eine körperliche Empfindung, also etwas auf der physikalischen Ebene. Sie können aber auch Emotionen in sich bemerken, also etwas auf emotionaler Ebene, Sie können Überzeugungen oder Gedanken haben auf der mentalen Ebene (obwohl diese Fähigkeit noch selten ist, aber von uns gelehrt wird).

Wenn Sie mit Menschen etwas geübter sind, dann probieren Sie, einmal Situationen oder Pläne oder Vorhaben zu fühlen oder Tiere und Pflanzen, was immer Sie wollen. Sie müssen dabei aber stets leer von eigenen Vorstellungen darüber sein, sonst geht es nicht. – Ende der Übung

In unserem Training, wie überhaupt in allen Verfahren, die das Bewusstsein erweitern, wird diese Fähigkeit des Fühlens wieder eingeübt und trainiert, so dass es immer mehr und im Idealfall ständig zur Verfügung steht. Dies bedeutet beispielsweise dann für einen Unternehmer, dass er nicht ständig auf Berater und Gutachten zurückgreifen muss, obwohl dies zusätzlich durchaus nützlich sein kann, sondern er fühlt, wohin die allgemeine Entwicklung geht oder welche Produkte der Markt zukünftig brauchen wird. Ein beliebter Abteilungsleiter fühlt, was seine Mitarbeiter brauchen, um optimale Leistung zu erzielen, und sie wiederum fühlen sich von ihm verstanden. Ein guter Banker oder Spekulant fühlt, wohin der Kurs läuft und wie sicher es ist, genau hier zu investieren, und dies geschieht oft entgegen den auf der Vergangenheit aufbauenden Analysten, die ja, weil sie auf bereits bestehende Fakten und Informationen angewiesen sind, immer der Entwicklung hinterherhinken. Wollte man dies rational erarbeiten (und klassische Anlageberater versuchen das immer noch, leider zumeist mit dem Geld ihrer Kunden, aber mit welchem Erfolg?), dann wären Gutachten über Gutachten und eine riesige Menge an Information nötig. Doch nicht einmal das Wetter von morgen kann man wirklich sicher im Voraus berechnen, obwohl hier riesige Informationsmengen zur Verfügung stehen. Und selbst wenn es möglich wäre, kurzfristig Trends vorauszuberechnen, dann wäre dazu ein immenser Aufwand nötig.

Doch wie die empirische Erfahrung lehrt, so haben führende Spekulanten und erfolgreiche Investoren oft gegen den vermeintlichen, berechneten Trend gehandelt, haben sich oft gegen das Analystenwissen und manchmal sogar gegen angebliche Fakten entschieden, eben weil sie noch fühlen konnten oder, wie man hier auch sagt, den richtigen Riecher hatten. Dieser Riecher ist aber nichts anderes als das entwickelte und geschärfte Gefühl, die funktionierende und aktive rechte Gehirnhälfte, es ist das Fühlen und Erfassen von ganzheitlichen Zusammenhängen weit über die Einzelfakten hinaus bis hin zum Eintauchen ins kollektive Bewusstsein. Dies zu entwickeln ist eines der wichtigen Ziele in unseren Trainings, und wir ergänzen diese Fähigkeit der emotionalen Intelligenz noch durch die Fähigkeit der spirituellen Intelligenz, die sowohl die rationale wie emotionale Seite noch weit übersteigt. Dies geschieht dann durch die Entwicklung von spontaner Intuition und Inspiration, von der noch die Rede sein wird. All dies ist nicht nur für eine bestimmte Problemlösung oder bestimmte Situation nützlich, sondern kann im Unternehmen dauerhaft bzw. von den Mitarbeitern lebenslänglich genutzt werden.

Sie werden schon durch dieses Fühlen und die Fähigkeiten der emotionalen Intelligenz vielen der Analysten oder Marktbeobachter überlegen sein, von denen Sie dann oft die Frage hören werden: „Wie konnten Sie das bloß wissen?" Um dies zu erreichen, um diese Fähigkeit des Fühlens wieder zu aktivieren, ist allerdings nicht nur einiges an Training erforderlich, sondern es müssen auch die einst gegen das Fühlen aufgebauten Widerstände und Blockaden in Ihnen aufgelöst werden, ferner auch hinderliche Glaubenssätze. Dabei kann es durchaus sein, dass einiges an verdrängten Gefühlen wieder ans Tageslicht kommt, denn nicht umsonst haben Sie ja das Fühlen abgeschafft oder eingegrenzt. Deshalb ist hier eine therapeutische Begleitung oder ein professionelles Training von Nutzen, jedoch nicht Bedingung. Man kann auch im Alltag das Fühlen ständig wieder einüben. Daher wollen wir hier einmal eine dieser kleinen Fühl-Übungen vorstellen, die Sie spielerisch für sich selbst machen, aber auch bei Meetings einsetzen können. Sie ist einerseits nützlich, um Ihr Fühlvermögen wieder zu trainieren, und dient gleichzeitig dazu, sich von kleinen, unangenehmen Emotionen zu befreien.

ÜBUNG: Emotionen verwandeln durch Farben-Fühlen

Ziel der Übung: unangenehme oder negative Emotionen verwandeln bzw. auflösen

Durchführung: überall möglich, möglichst Augen schließen und Körper ruhig halten

Erstens: Nehmen Sie ein unangenehmes Gefühl, eine kleine Angst oder eine negative Emotion, die Sie jetzt los haben wollen. Bitte üben Sie zunächst nur mit kleinen und unbedeutenden Gefühlen, denn die größeren stammen meist aus Problemen in tieferen Schichten, die dann auch noch bearbeitet werden müssten. Nehmen Sie einfach eine kleine Verstimmung, ein disharmonisches Gefühl, zunächst noch nichts Gravierendes.

Zweitens: Fühlen Sie dieses Gefühl einmal so gut und konzentriert, wie Sie es können. Richten Sie Ihre Aufmerksamkeit darauf und fokussieren Sie es kurz. Üblicherweise wird es dadurch etwas stärker oder intensiver. Bitte nur kurz.

Drittens: Ordnen Sie diesem Gefühl nun eine beliebige Farbe zu, welche immer Ihnen dazu einfällt, beispielsweise „dieses Gefühl ist blau-grau".

Viertens: Entscheiden Sie sich, jetzt gefühlsmäßig in diese gewählte Farbe einzutauchen und sie zu fühlen, sozusagen darin zu baden. Dabei reichen wenige Sekunden aus. Dann gehen Sie visuell zum Zentrum dieser Farbe (einfach intuitiv in Richtung Zentrum) und finden dort eine weitere Farbe, oder stellen Sie sich einfach eine vor, die dort sein könnte. Fühlen Sie nun diese neue Farbe und gehen Sie dann wieder in deren Zentrum. Wiederholen Sie dies und finden Sie im Zentrum immer wieder eine weitere Farbe, bis Sie entweder mehrmals hintereinander auf ganz helle Farben stoßen oder immer wieder dieselbe helle Farbe finden oder einfach nur noch weiß, goldgelb oder helle Pastellfarben kommen. Dann verweilen Sie kurz darin, fühlen und genießen Sie es. Es müsste mit einem guten, positiven Gefühl verbunden sein und zugleich müsste das ursprünglich negative Gefühl in Ihnen aufgelöst oder verschwunden sein. – Ende der Übung.

Tun durch Nicht-Tun – die Tao-Prinzipien

Dies ist ein weiterer wichtiger Abschnitt unseres Business-Coachings. Hier lehren wir dem erschöpften Hasen (vgl. die Darlegung über den Hasen und Igel) innezuhalten, einen höheren Standpunkt einzunehmen, über den täglichen Dingen zu stehen, ferner Souveränität, Zentriertheit und Präsenz, Weisheit (neben Wissen) zu entwickeln und im Sinne östlicher Kampfkunst zu handeln. Dazu ist zweierlei nötig: **Erstens** die eigene Mitte sowie die Mitte der Dinge wiederzufinden, die Mitte der Familie, die Mitte der Firma, dieses innere Zentrum, um das sich alles dreht, so wie beim Rad die Nabe. **Zweitens** ist es wichtig, das Leben aus einer höheren Warte zu sehen, sich selbst als Akteur im Drama, und auch das ganze Drama zu beobachten, die wirkenden Kräfte und Dynamiken zu erkennen, die Tendenzen, wohin es geht, und dann auch entsprechend diesen Erkenntnissen einzugreifen.

Dabei bedingen die beiden Voraussetzungen einander, denn wenn ich in meiner Mitte bin und in der Mitte des Systems, das ich verstehen und steuern will, wenn ich also vermag, einmal ins Zentrum zu gehen und dort einfach zu sein, dann kann ich auch vom Zentrum aus das Ganze betrachten, es souverän überschauen, kann das Ganze verstehen und von hier aus die richtigen Entscheidungen treffen. Dies ist nicht nur für mich selbst wichtig, sondern für jedes beliebige System, das ich führen oder managen will. Denn je weiter außen man an einem beliebigen Rad ist, und viele Manager sind es heute, umso mehr wird man mitgerissen, mitgedreht und gehetzt, wird den Dingen unterworfen, wird im System herumgeschleudert und hat dann keine Kontrolle und erst recht keinen Überblick mehr. Und dies kann, wie in der Fabel vom Hasen und Igel zu sehen, leicht tödlich enden.

Je mehr ich jedoch wieder in das Zentrum komme, – und dies ist auch ein Prozess, den man erlernen kann, umso mehr komme ich zu mir selbst, zu meinem Selbst (man sagt auch so schön im Volksmund: „Komm doch wieder zu *dir!*"). Indem ich zu mir selbst komme und in meiner Mitte bin, bringe ich zugleich auch die Dinge um mich herum wieder in ihre Mitte. Indem ich mich selbst ordne, ordnen sich die Dinge; indem ich mich selbst zur Ruhe bringe, kommen die Dinge um mich herum zur Ruhe. Dies hat mit einem uralten geistigen Gesetz zu tun, das ich hier nicht weiter erörtern kann, was aber heißt: wie innen – so außen. Ich handle nicht mehr nur durch äußeren Aktionismus und ständig neue Aktionen, renne nicht immer schneller, wie ich gelernt habe, Situationen durch immer mehr Leistung zu bewältigen, sondern ganz im Gegenteil: Ich trete einen Schritt zurück, ich mache einen Schnitt, stoppe einfach und *komme wieder zu mir*, wie es für den Hasen nützlich gewesen wäre, als er immer irrwitziger gegen den Igel rannte. Wäre er doch nur einmal aus dem blinden Aktionismus und immer mehr Tempo zurückgetreten und hätte er in Ruhe darüber kontempliert und sich gefragt: „Was läuft hier eigentlich?", dann hätte er schnell das Spiel durchschaut und den Igel besiegt, *ohne mehr zu rennen!*

In der Weisheit des Ostens wird man dieses Prinzip in vielen Bereichen finden, von der Kampfkunst bis hin zur Lebenskunst. Grundlegend ist dabei zu erkennen, dass das Leben selbst, lange bevor es Menschen gab, sich selbst sehr gut entwickeln und steuern konnte, dass es eine eigene und sehr hohe Intelligenz hat, die der Mensch oft aus der Natur zu kopieren sucht. Mit dieser der Natur, dem Kosmos, ja allem Sein innewohnenden Intelligenz in Kontakt zu kommen, zu kommunizieren oder einfach nur die darin wirkenden Gesetze zu erkennen, ist die Weisheit, von der ich hier spreche und die viele, viele Mühe ersparen kann. Denn wenn ich den Lauf der Dinge verstehe, kann ich ihn zu meinen Gunsten nutzen, ohne mich halbtot zu arbeiten. Bildlich gesprochen kann ich Ebbe und Flut nicht machen, aber ich kann es beobachten, verstehen und vielleicht ein Gezeitenkraftwerk bauen, dessen Energie dann für mich arbeitet.

Das bedeutet nicht, dass wir die Dinge wirklich unterwerfen und das Leben kontrollieren könnten, wie uns das Ego, das falsche Selbst, einzureden versucht. Es muss aber klar gesagt werden, dass der Mensch als äußerer Mensch, als ein getrenntes Ego, eigentlich gar keine Kontrolle über die Dinge hat, obwohl dieses dauernd verzweifelt versucht, sich die Dinge zu unterwerfen oder sie zu bekämpfen oder sie gar zu „verbessern", wie in der Gentechnik, und das mit immer neuen Strategien. Der daraus entstehende Schaden wird dann wieder mit neuen Strategien bekämpft und so weiter, bis wir in ständigem Kampf mit der Umwelt sind und schließlich auch völlig erschöpft. Dieser blinde und letztlich nichts erreichende Aktionismus erinnert mich oft an die bekannte Comic-Figur Donald Duck. Im Gegensatz zu seinem (von ihm aus gesehen) untätigen, aber doch ständig Glück habenden Vetter Gustav, dem immer alles ohne Mühe gelingt, versucht Donald ständig durch immer neue Aktionen und Ideen, durch wilden Aktionismus sein Leben zu verbessern – vergeblich. Er (ein perfektes Symbol für das sich benachteiligt fühlende und von anderen abgetrennte Ego) kämpft und trickst gegen alle und jeden, er leidet, konkurriert, mobbt Mitbewerber, versucht andere auszustechen und besonders clever zu sein, ist ständig im Stress und selbst mit harmlosen Bienen oder Hamstern in tätliche und eskalierende Zweikämpfe verwickelt, da er ja auch noch recht behalten will. Alles endet schließlich immer wieder in einem großen Desaster, und meist ist viel mehr zerstört, als in der Ausgangssituation da war. Schließlich steht er schlechter da, als wenn er gar nichts getan hätte. Was er auch anpackt mit seinen ach so cleveren Ideen, nichts funktioniert, alles scheint gegen ihn verschworen, jede Maschine, alle Natur, und so kämpft er ständig gegen das ganze Universum und kommt nicht vorwärts. Wir lachen darüber, gerade weil uns dies irgendwie bekannt vorkommt.

Sicher ist nicht umsonst gerade diese Comic-Figur so populär geworden bei den „normalen" Menschen, weil viele sich – meist unbewusst – damit identifizieren können und sich ihr Leben darin spiegelt.

Wer immer diese Figur gestaltet hat, es liegt eine Menge Weisheit darin, sie ist das perfekte Abbild eines einfachen, egozentrierten Menschen, der sich von allem getrennt fühlt. Sie spiegelt den Glauben, zu kurz zu kommen, übervorteilt zu werden, wenn man die Dinge nicht in den Griff bekommt, nicht selbst alles besorgt, nicht ganz genau aufpasst, die Dinge nicht kontrolliert oder gar bekämpft. Auf die Idee, dass das Leben ihm wohlgesonnen sein könnte und dass er einfach so, mit Glück, etwas bekommen könnte wie sein Vetter Gustav Gans, darauf kommt Donald gar nicht – und er versteht es auch nicht. Es ist dann halt das ungerechte Glück, und so ist das Leben nicht nur sein Feind, sondern es ist auch ungerecht. Auch viele Wirtschaftsführer denken heute so und kämpfen einen immer härter und bitterer werdenden Kampf gegen das Leben selbst, wollen ihm ihren Eigenwillen aufzwingen. Ein fataler Irrtum, der bestenfalls im Burn-out endet.

Einem, dem sein Ego immer wieder neue und logisch klingende – aber für Außenstehende lustige – Ideen eingibt, wie er es zu etwas bringen kann, wie er andere überlisten und austricksen kann, wie er nur durch viel und verwegene „action" etwas erreichen kann, der glaubt, alles erarbeiten und erkämpfen zu müssen, dem ist das Leben ein ewiger Kampf, in dem nur die Stärkeren oder die Besten gewinnen. Doch meistens kommen stets andere noch Stärkere oder Bessere, und es endet immer mit Niederlage oder Tod. Solche Menschen, die ihre innere Mitte nicht mehr kennen, sondern rein im Äußeren und mit äußeren Mitteln kämpfen und ackern (kein Wunder, dass einer davon Ackermann heißt ☺), sehen notwendigerweise alle anderen als Konkurrenz und können niemals die vielen Vorteile ernten, die beispielsweise durch Kooperation und Teamarbeit entstehen. Um es philosophisch auszudrücken: Ein solcher Mensch ist ein Vertreter des von Hegel so bezeichneten „gespaltenen oder unglücklichen Bewusstseins" (ausführlich in „Phänomenologie des Geistes") oder eines Bewusstseins mit dem Motto: Jeder gegen jeden und Gott gegen alle. Das Resultat aber ist, dass der Kampf gegen die anderen und gegen das Leben, der Kampf um die vermeintliche Kontrolle viel mehr Energie und Ressourcen verschlingt und viel weniger bringt, als wenn wir mit den anderen und mit dem Leben zusammenarbeiten würden. Robert Muller, der ehemalige Vizepräsident der UNO, hat dies einmal berechnet und herausgefunden, dass wir unermesslich reicher wären, würden wir miteinander und mit dem Leben kooperieren und diesen Kampf aufgeben. Doch solange die meisten in diesem Hamsterrad gefangen sind, haben sie gar keine Muße oder Zeit, dies einmal anzuschauen oder auch nur einmal einen Stopp einzulegen, und „täglich grüßt dann das Murmeltier..."

Diese Strategie des Lebenskampfes kann sich vielleicht eine Comic-Figur leisten, und wir lachen darüber, obwohl wir es selbst dauernd tun – aber nicht die neuen Führungskräfte in der Wirtschaft, wo letztlich Erfolg zählt und nicht das Maß an Arbeit. Warum es also nicht einmal mit Gustav Gans versuchen und einfach Glück haben, das Universum für sich arbeiten lassen? Oder wenn man nicht gleich so mutig sein will, dann wenigstens wie der kluge Igel sein, der dem rasenden Hasen kichernd zuschaut, ihn sich totlaufen lässt und seine Wette ohne Anstrengung gewinnt. Man könnte also sagen, durch Nicht-Tun wurde in diesem Falle mehr getan, nämlich der Hase besiegt. Durch verzweifeltes Tun, durch ein noch so gedoptes Mit-Rennen hätte er keine Chance gehabt. Nicht-Tun bedeutet aber keinesfalls Nichts-Tun, was manche gerne verwechseln. Hier besteht ein riesengroßer Unterschied, wie man ebenfalls in der Parabel vom Hasen und Igel deutlich sehen kann. Durch Nichts-Tun hätte der Igel ja auch nicht gesiegt. Denn hätte der Igel einfach nichts getan, einfach aufgegeben, gejammert, sich beklagt über die Unfairness des Lebens, dem Hasen längere Beine zu geben, so hätte ihm dies letztlich gar nichts genutzt. Also hat er schon etwas getan, aber etwas Kluges zur rechten Zeit am rechten Ort, wohlbedacht und aus der Ruhe und Mitte heraus. Tun und Nichts-Tun sind nur Gegensätze, das Nicht-Tun ist die Synthese.

Die Losermentalität ist nur die Kehrseite der wilden Aktionismusmentalität!

Beide, der Loser (nichts tun) wie der Aktionist (viel tun) fühlen Versagen gegenüber dem Leben, doch während der eine gleich aufgibt, versucht der andere zu kompensieren und rennt immer schneller, wobei ihn schließlich das Versagen letztlich doch einholt, beim Manager oft in Form von Burnout oder Zusammenbruch, manchmal sogar bis hin zum Tod. Das Nicht-Tun (Wu-wei; leider gibt es im Deutschen keinen positiven Begriff dafür, das sagt schon viel über uns aus!) bedeutet also nicht, dass man nichts tut, sondern man nimmt sich (das Ego) zurück, geht in seine Mitte, in sich selbst oder in sein Selbst, überblickt das Ganze von dieser Mitte aus, erfährt oder sieht dort intuitiv eine Lösung (der Igel hat die Idee mit seiner Frau) und löst das Problem mit Leichtigkeit. Statt weiter zu verkrampfen und noch mehr zu leisten, lässt man also erst einmal los und gibt sich der Sache hin, statt ihr zu widerstreben. Ähnlich kämpft man in der östlichen Kampfkunst meist nicht frontal gegen den Gegner, sondern nutzt geschickt durch wenige Handgriffe und mit wenig eigenem Aufwand dessen eigene Kraft und lenkt sie gegen ihn um, was viel weniger anstrengend ist und auch kleine Leute befähigt, große Leute zu besiegen.

Dies wird die Weisheit des TAO genannt, welches wir am besten mit SEIN übersetzen. Immer mehr Tun blutet uns immer mehr aus und bringt letztlich doch nichts, weil die Kräfte des Lebens immer stärker sind als die eines kleinen Teils. Klüger und sinnvoller ist es – zumindest zeitweise –, zurück ins Sein zu gehen, ins Zentrum, in die Achtsamkeit, in die völlige Bewusstheit, dort einmal souverän das Ganze zu überschauen und ganz ohne Mühe die richtigen Antworten zu finden und vielleicht auch den Anstoß zum Handeln zur richtigen Zeit und am richtigen Punkt. Wir gehen hier also mit dem Universum und dessen Kräften, statt dagegen, wie es uns das Ego weismachen will. Das Ego will immer mehr und immer schneller, es denkt nur quantitativ, und sehr oft ist dies genau das Falsche. Es ist also wichtig, dieser Versuchung zu widerstehen, will man nicht wie der dumme Hase enden, und zu lernen, in diese Mitte, die Präsenz zu kommen und erst von dort aus zu agieren, falls es dann noch nötig sein sollte, dann aber mit völliger Gelassenheit (kommt von Lassen, Loslassen). Nicht-Tun ist also sehr wohl ein Tun, aber ein Tun nicht aus dem Einzelnen (gegen das Ganze) heraus, sondern man geht und fühlt mit dem Ganzen und handelt aus ihm heraus kreativ und präzise passend, wenn es nötig ist. So wie ein Tiger, der ansonsten den überwiegenden Tag gemütlich herumliegt und das Leben genießt, aber wenn es darauf ankommt, blitzschnell und treffsicher handelt.

Noch ein letztes Beispiel, welches den Unterschied zwischen Ego-Tun und dem Tun im und mit dem TAO veranschaulicht und in Asien oft als Beispiel dafür dient:
Zwei Bauern versuchen ihre Felder zu bewässern, die neben einem Fluss liegen. Der eine denkt, er muss unbedingt was tun, von nichts kommt ja nichts, (will vielleicht aus Konkurrenz noch schneller sein als der andere) und arbeitet und schöpft nun wie wild, mit viel Mühe und Anstrengung das Wasser aus

dem Fluss auf seine Felder. Der andere hingegen tut erst einmal gar nichts und betrachtet die ganze Situation in Ruhe. Dabei fällt ihm auf, dass der Fluss mal Hochwasser, mal Niedrigwasser hat. Also gräbt er einige Kanäle vom Fluss zu seinen Feldern, wartet einfach ab, bis der Fluss Hochwasser hat, öffnet einfach die Schleusen, und das Wasser läuft ganz von selbst auf seine Felder, ohne jegliche Anstrengung. Und dies kann er immer wieder machen, eine dauerhafte Lösung, während der andere, der diese Gesetzmäßigkeiten des Lebens nicht sieht, sich ständig aufs Neue anstrengen muss. Wegen seiner Erschöpfung im Lebensgetriebe kann er dies auch nicht sehen und oft will er es auch schon nicht mehr. Dies wäre ein schlechter Wirtschafts- oder Menschenführer, da er andere dazu bringen würde, wie wild Wasser zu schöpfen.

Fazit: Das Handeln im oder aus dem Nicht-Tun ist absolut kein Nichts-Tun, das wäre nur die andere Seite der Medaille eines blinden Aktionismus, und genau diese Polarisierung sehen wir übrigens fatalerweise in unserer Gesellschaft. Während viele arbeitslos sind, also im Nichts-Tun, schuften die anderen umso mehr. Deswegen nennen wir den höheren Zustand beider, das sogenannte Nicht-Tun, lieber die **Präsenz**, das Im-Fluss-des-Lebens-Sein. Diese übersteigt sowohl Nichts-Tun wie auch Viel-Tun in einer höheren Synthese, eine Position, die wiederum die beiden früheren in sich enthält, denn ich kann hier sowohl ruhen als auch blitzschnell wie der Tiger etwas tun, ganz nach meiner Intuition oder meinem Belieben, aber nicht mehr aufgrund von Druck und Getriebensein. Die Präsenz ist ein Seinszustand, von der aus sich die Dinge durch wenige Eingriffe, oft nur durch Absicht und etwas Geschick oder durch eine innovative Idee ganz leicht lenken lassen.

Der aus dieser Präsenz handelnde Gesetzgeber erlässt somit ein umfassendes und durchdachtes Gesetz, das lange Bestand hat, der aus dem Aktionismus handelnde Gesetzgeber – und daran erkennt man ihn und wessen Geistes Kind er ist – produziert ständig neue Gesetze und bessert sie dann laufend nach, wodurch sie undurchschaubar und unübersichtlich werden oder viele Schlupflöcher bieten für die, die das überhaupt noch verstehen. Unsere Steuergesetzgebung ist hierfür das beste Beispiel. Leider ist die Alternative des in sich ruhenden Gesetzgebers und souveränen Wirtschaftsführers heute so selten geworden, dass man davon gar nicht mehr weiß, dass viele es gar nicht anders kennen und meinen, Führen bedeute wilden Aktionismus – möglichst noch mit Ellenbogen. Leitbild dafür sind dann die „fiesen Manager", deren Schaden für die Unternehmen noch gar nicht wirklich gemessen wurde, sonst würde man sie schnell entlassen. Es muss also einen besseren Weg geben, den Tiger zu reiten, als den blinden Aktionismus. Ich hoffe, wir konnten hier einige Gedanken darstellen, wie man in der östlichen Kampfkunst den Tiger zähmt und reitet, und hoffentlich auch zeigen, wie wichtig dieses Begreifen und Wiedererlangen der Präsenz für unsere Zukunft ist.

Die daraus folgenden Prinzipien solchen Handelns und Führens aus dieser Präsenz, aus diesem „Nicht-Tun" heraus, nennen wir die TAO-Prinzipien oder TAO-Grundsätze. Es ist hier kein Platz, sie ausführlich zu erörtern, wir hoffen aber, ihr grundlegendes Prinzip vermittelt zu haben. Ihr wirklicher Gehalt erschließt sich erst aus der Schulung, im entsprechenden Training, das den Weg dahin aufzeigt und zu dieser Präsenz hin führt.

Der Weg zu dieser Präsenz beginnt **erstens** damit, zunächst einmal innezuhalten, zur Ruhe zu kommen, und zwar trotz der äußeren Dringlichkeit. Es ist eine Sammlung, ein Stopp der rastlosen Tätigkeit, ein Zu-sich-selber-Kommen.
Damit ist **zweitens** zugleich verbunden ein Kommen zur eigenen inneren Mitte, eine innere Zentrierung. Darüber hinaus fördern wir im Training auch das Kommen zur Mitte eines Kollektivs, einer Familie, einer Firma, einer Abteilung usw. mittels spezieller Oneness-Aufstellungen. Dadurch gelingt es, sich zu zentrieren, gelassen zu werden, souverän zu werden selbst in der größten Gefahr und unter größten Herausforderungen.
Drittens wird hier auch eine neue Art von Kommunikation aufgezeigt, sich wieder auszurichten und sich mit dem Leben zu verbinden, mit dem Universum, mit anderen Menschen, mit dem Team, der Abteilung, der Firma, der Gesellschaft. Dadurch entsteht eine neue, lebendige Art der gemeinsamen Ausrichtung (alignment), der Verbindung und Vernetzung untereinander, wodurch auch viele Verbindungen der Dinge untereinander sichtbar werden.
Viertens entsteht durch solche Verbindungen, durch die Aufhebung von Isolation und Abtrennung wieder ein Vertrauen ins Leben als Ganzes, ein Urvertrauen in die Intelligenz des Seins, wie es unverdorbene Kinder haben. Denn es muss in uns wieder eine innere Gewissheit aufgebaut werden, dass das Leben selbst intelligent und an sich wohlwollend ist, dass es sich selbst vernünftig regeln kann und ohne Kampf von selbst zur Harmonie, zum Ausgleich strebt, dass es sich sogar selbst heilen kann. Wie viel Anstrengung und Mühe und Verbissenheit kann abfallen, wenn wir als Führer erkennen, dass nicht alle Dinge von uns beherrscht werden müssen, sondern dass das Leben schon seit

Jahrmillionen, lange vor dem Menschen, die Fähigkeit hat, sich selbst auf wunderbare Weise zu regeln. So wie sich beispielsweise das Wasser ständig erneuert, reinigt und sich in einem sinnvollen Kreislauf immer wieder regeneriert, so erneuert und heilt sich auch das Leben ständig immer wieder, und dies geschieht, ohne dass wir das ständig planen und überwachen müssen. Mit einem solchen Urvertrauen können wir dann auch wieder Visionäre und Pioniere sein und wie Kolumbus mit großem Vertrauen in eine neue, unbekannte Welt segeln.

Fünftens werden wir dann mit diesem grundsätzlichen Vertrauen und in dieser neuen Verbundenheit mit dem Leben schließlich etwas immer dauerhafter verwirklichen und erleben können, was man die Präsenz nennt. Dann sind wir nicht nur in unserem Zentrum angekommen und können von dort die Dinge in Ruhe und souverän überschauen und ebenso souverän daraus handeln, sondern wir sind nun über viele Arten von Kommunikation und Gefühl sowie Intuition mit allen fühlenden Wesen und allem Sein verbunden. Daraus können wir dann ganz genau erkennen, wo es was zu tun gibt, falls es was zu tun gibt, und wann dies sinnvoll ist. Wenn wir als moderne Führungskräfte aus einer solchen Präsenz handeln, sind wir – ohne Kontrolle und Mühe – automatisch zu hundert Prozent effektiv und effizient, denn wir haben dann ja das Universum auf unserer Seite, wir spielen mit dem Leben im selben Team. Diejenigen aber unserer Kollegen und Mitarbeiter, die dies nicht verstehen, können nur staunen, wie wir mit so wenig Aufwand so viel zu Stande bringen, und sprechen dann davon, dass wir eben Glück haben. Genau das haben wir dann ja auch.

Visionssuche mit modernen Methoden:
Thoughtstorm, Zeitfahrzeug u.v.m.

Neben den allgemeinen Werten und Zielen, die wir eben dargelegt haben und die wir ganz allgemein für ein sinnvolles Wirtschaften und Führen notwendig halten, gibt es in jeder Firma ganz bestimmte Werte, die sie sich auf die Fahnen geschrieben hat, und natürlich auch ganz konkrete Ziele, die sie durch ihr Wirtschaften und Teilnehmen am Markt zu verwirklichen sucht. Dies könnten beispielsweise eine gesellschaftliche Verantwortlichkeit (CSR) sein, Kundenzufriedenheit, hohe Produktqualität, ein Vorbild in Umwelttechnologie zu sein, mehr Marktanteile zu erreichen oder was auch immer. Auch falls solche Ziele schon existieren, beispielsweise in der Vergangenheit des Unternehmens tradiert wurden, sollten sie trotzdem noch einmal auf den Prüfstand kommen, noch einmal angeschaut, gefühlt, ihr Wert für die Zukunft diskutiert werden, bevor sie mit so machtvollen Instrumenten wie denen des Tiger-Coachings verwirklicht und verankert werden. Am Anfang der Transformation steht also neben der Bestandsanalyse die Frage, wohin es gehen soll, was verwirklicht werden soll, wie der Endzustand aussehen soll.

Bei der Findung von Unternehmenszielen oder der Ziele einer Abteilung, zur Findung dessen, was man verkörpern will, auch für das Finden der dazugehörigen grundlegenden Werte, das Finden des Images in der Öffentlichkeit, das man haben will, der Corporate Identity des Unternehmens, ferner zur Findung, welche Produkte angeboten werden sollen oder wie die zukünftige Entwicklung sein soll, bei all diesen Findungsprozessen sind moderne Bewusstseinsverfahren äußerst hilfreich. Sie sind völlig neu und unterscheiden sich grundsätzlich von herkömmlichen Verstandesmethoden, die nur zusammenstückeln und extrapolieren können. Sie dienen dabei dazu, die emotionale und spirituelle Intelligenz einzusetzen und nutzbar zu machen, sind kreativ, ungewohnt, effizient, schnell und machen meistens auch noch Spaß und Freude. Einige der von uns im Training verwendeten und manchmal auch von uns entwickelten Methoden sind Werkzeuge wie das Zeitfahrzeug, Visionssuche durch Märchen, Thought-Storm (aus Resurfacing/Avatar-Verfahren) und die Kino-Methode von Dr. Spezzano.

Bei der **Visionssuche** beispielsweise durch Firmentheater oder durch das Schreiben bzw. Aufstellen von Märchenerzählungen über die Firma, durch katathymes Bilderleben, kurz bei der „Visionquest" geht es mehr darum, den Sinn des Unternehmens, seine Vision und sein generelles Ziel wie auch Image zu definieren, auch die Corporate Identity, wie es am Markt gesehen werden will und wie es von Kunden verstanden und beurteilt werden soll.

Bei dem Verfahren des **Thought-Storms** (Quelle: Resurfacing/H.Palmer) und anderen intuitiven Verfahren geht es mehr darum, konkrete Ziele oder Lösungen für konkrete Situationen zu entwickeln oder diverse Ziele miteinander in Einklang zu bringen, darüber Übereinstimmung zu erzielen und sich darauf auszurichten, ferner Werte und Fähigkeiten zu bestimmen, die dafür nötig sind. Oder es geht um ein bestimmtes Produkt oder ein konkretes Einzelziel. Dieses muss dann im Thought-Storm dahingehend überprüft werden, inwieweit es mit dem Gesamtimage und Unternehmensziel im Einklang ist und ggf. gebracht werden kann. Ferner müssen die einzelnen Bereiche des Unternehmens zustimmen und dahingehend ausgerichtet werden (alignment), so dass sie am selben Strang ziehen und Reibungsverluste vermieden werden. Schließlich muss ein Weg gefunden und geplant werden, wie dies im Unternehmen umgesetzt werden kann, vielleicht zuerst über ein Pilotprojekt oder durch eine Umstrukturierung.

Ein weiteres Werkzeug, das vor allem eingesetzt werden kann, um zukünftige Trends im Unternehmen oder des Unternehmens zu erahnen oder zu konkretisieren und zu schauen, wohin „der Hase läuft", sind die von uns entwickelten **Kreisaufstellungen**, in der sehr gut zu sehen ist, wie die einzelnen Dynamiken im Unternehmen interagieren und wohin das Unternehmen geht. Dies eignet sich auch sehr gut, um Folgen von gravierenden Entscheidungen wie Fusionen oder Firmenveränderungen abzuschätzen. Kreisaufstellungen zeigen zukünftige Entwicklungen im Voraus, die nur im Keim oder latent vorhanden sind, und bringen sie zur Entfaltung. Auch können dann Gegenmaßnahmen oder Änderungen in ihrer Wirkung auf die Zukunft erprobt und abgeschätzt werden.

Ferner sehr elegant und effizient ist das von mir im Zusammenhang mit dem Seelenhaus entwickelte „**Zeitfahrzeug**", welches mit dem Bereich der spirituellen Intelligenz verbunden ist. Hier ist die Prämisse, dass Raum und Zeit nur Kategorien des Verstandes sind, wie Kant nachwies. Auch die heutige Physik konnte nachweisen, dass sie jedenfalls keine absoluten Konstanten sind. Wie auch immer es erklärt wird, es gibt Möglichkeiten, in die jetzt wahrscheinlichste, aber auch z.B. in die optimale Zukunft zu reisen, und dies geschieht mit einem imaginativen Zeitfahrzeug mit einem Fahrer, über den der Geist dies steuern kann. Wie dies geschieht, zeigen wir jederzeit im Training experimentell, und jeder kann sich selbst von der Wirksamkeit überzeugen. Jedenfalls scheint es viele mehr oder weniger wahrscheinliche „Zukünfte" zu geben, und wenn wir diese erkunden können, so können wir auch wählen, ob wir die jetzt wahrscheinlichste wollen oder vielleicht eine andere. Dabei können wir auch herausfinden, was wir ändern müssen, um die Zukunft zu ändern. So kann beispielsweise herausgefunden werden, was die optimale Zukunft der Firma wäre und wie sie zu erlangen ist. Ähnlich geht auch die **„Kino-Methode"** von Dr. Spezzano, in der Bilder von zukünftigen Entwicklungen in der Seele hervorgerufen und angeschaut, aber dabei auch verändert werden können. Dadurch können wichtige Entwicklungen und sogar bislang unvorhergesehene Ereignisse rechtzeitig gesehen und gegebenenfalls Gegenmaßnahmen ergriffen werden.

Diese Vorarbeit einer neuen Visionssuche oder das Finden neuer Ziele sowie die Abschätzung der zukünftigen Folgen sind sehr individuell, und es ist daher schwer, ein generelles Schema aufzuzeigen, aber die wichtigsten Punkte dieses Schrittes sind im Allgemeinen:

- Bestehende Ziele und Image werden aufgezeigt und analysiert.
- Neue Ziele, Images, Vision, Ideen werden gesammelt (d. Vorgabe oder Visionssuche).
- Diese werden dann diskutiert, analysiert, die zukünftigen Folgen abgeschätzt.
- Neue Vision, Idee, Ziele, Lösungen werden ausgewählt, beschlossen.
- Lösungen, notwendige Transformation, Umsetzungen werden in konkret zu erreichende Ziele und Etappen/Einzelziele gegliedert (mit Zeitfaktor).
- Auflistung der dafür erforderlichen Human resources, Talente u.Fähigkeiten, Geldmittel
- Ausarbeitung des für die Entwicklung und Umsetzung dieser Ziele nötigen Coachings u. Trainings (mit Zeitfaktor)
- Abstimmung: Der ausgearbeitete Weg wird mit Firmenleitung abgestimmt, ggf. mit Mitarbeitern, Belegschaft diskutiert und kommuniziert, Feedback integriert.
- Beschluss: Der ausgearbeitete Plan wird vom Vorstand/Chef beschlossen oder verändert.

Dies sind die Hauptstufen oder besser Elemente bei der Visionssuche oder dem Auffinden neuer Ziele im Unternehmen, bevor sie umgesetzt werden, und auch dafür verwenden wir moderne und effiziente Methoden. Es ist aber auch möglich, sich konventioneller Methoden zu bedienen und die neuen Ziele, Ideen, Produkte auf andere Weise zu bestimmen. Dies tut der Umsetzung keinen Abbruch. Die Basisarbeit einer Findung der Unternehmensziele, des gesamten Images, der gültigen Wertvorstellungen und vieles mehr sollte jedenfalls gründlich, aber auch ganz individuell durchgeführt und je nach Bedarf und auch Offenheit des Managements individuell angepasst werden. Hier ist nämlich nicht Schematismus, sondern Intuition und Feingefühl gefragt, so wie ein Arzt auch nicht nach Lehrbuch diagnostizieren und handeln kann. Manchmal sollte er schnell und intuitiv handeln, manchmal erst nach Laboranalysen und umfangreichen Untersuchungen. Dies konkret und individuell auf die jeweilige Firma abzustimmen und passend zu konzipieren ist die Aufgabe des Transformations-Designers. Den ganzen Prozess haben wir im fünften Kapitel kurz dargestellt. Auf jeden Fall ist eine solche Beratung und Zielausarbeitung stets konkret auf den jeweiligen Auftraggeber abgestimmt.

Teamgeist und Verbundenheit entwickeln

Durch den Einsatz dieser neuen, einfachen und doch tiefgreifenden Methoden der Bewusstseinsveränderung oder Transformation entsteht zugleich mit ihrer Anwendung ganz automatisch eine immer stärkere Verbundenheit unter den Teilnehmern, eine ganz von selbst entstehende gemeinsame Ausrichtung, eine immer größere Nähe zueinander. Dies ist auch nach dem vorgestellten Inselmodell der Seele zu erwarten, da ja die meisten Verfahren tief in die Psyche reichen bis hin zu den kollektiven Bewusstseinszuständen. Es zeigt sich auch daran, dass bereits bei unserer Art der Aufstellung in einer Gruppe nicht – wie bei systemischen Aufstellungen – die einzelnen Klienten unabhängig voneinander gecoacht werden, während die anderen Teilnehmer nur unterstützend tätig sind, sondern es werden in einer dynamischen Aufstellung alle dafür offenen Personen in denselben Prozess geraten, ganz ohne weiteres Zutun. Es geschieht einfach, indem diese Tiefschichten der Persönlichkeit berührt werden. So entstehen auch im positiven Sinne Interaktionen auf diesem Niveau, werden Gräben und Trennungen überwunden, findet eine immer bessere Kommunikation statt. Es taucht ein starkes Gefühl der Verbundenheit auf, es findet auch ein Austausch bzw. eine Übertragung von Positivem unter den Teilnehmern und in der Gruppe statt. Damit entstehen schon nach wenigen Tagen ein sehr starker Teamgeist, ein gemeinsamer Spirit, eine große Brüderlichkeit und gegenseitige Hilfsbereitschaft, wie sie die Teilnehmer oft noch nie in ihrem Leben, ja nicht einmal in ihrer Familie, gespürt haben.

Dieser Effekt der Verbundenheit und des Team-Geistes, dieses „Wir"-Gefühl, diese Nähe und Freundschaft kann natürlich auch ganz gezielt gefördert und entwickelt, kann thematisiert und bearbeitet werden. Dies empfiehlt sich vor allem dann, wenn es in einer Firma oder Abteilung eine starke Konkurrenz gibt, wenn Machtkämpfe toben, wenn Mobbing vorkommt oder wenn es andere zerstörerische Prozesse zwischen den Mitarbeitern, innerhalb einer Gruppe oder in einer Abteilung gibt. Vielleicht mag es manchen verwundern, wenn er lange genug solche Machtkämpfe mitgemacht und erlebt hat, dass dies so einfach zu erreichen oder aufzulösen sein soll. Im Grunde ist es deswegen so einfach, weil es eigentlich dem natürlichen Zustand des Menschen entspricht, wie man an kleinen Kindern oft noch sehen kann, die kein Problem mit Nähe haben. Zudem sehnen sich alle Menschen innerlich nach dieser Verbundenheit, nach dieser Anerkennung und dem Arbeiten im Team, nach einem freundschaftlichen Miteinander, und darunter grundsätzlich nach Liebe und Nähe. Sonst wäre es ja das größte Glück, ganz allein zu leben. Aber es gilt zu Recht nicht als Glück, sondern als grausame Strafe, wie Robinson auf einer einsamen Insel ausgesetzt zu sein, selbst dann, wenn alles Materielle im Überfluss vorhanden wäre. Der Mensch braucht den Menschen nötiger als alles andere, und doch bekämpft er ihn mehr als alles andere. Aber im Grunde seines Wesens – und in der Beratung haben wir mit Tausenden von Menschen gearbeitet und immer dasselbe gefunden – sucht der Mensch nichts mehr als die Anerkennung und die Liebe durch den anderen Menschen. Man kann dies auch anders herausfinden, indem man in einer Untersuchung menschlichen Verhaltens beliebige Menschen immer weiter fragt, warum sie dies oder jenes tun. Dann nennen sie vielleicht eine Strategie oder einen Wunsch, auf weitere Nachfrage, warum oder wozu er wiederum dieses will, taucht ein nächster Wunsch oder Plan auf. Aber schon nach wenigen Stationen kommt man immer zu dem Ergebnis, dass er all das tut, um glücklich zu sein. So wird es schnell offensichtlich, dass im Grunde alle Menschen nur glücklich sein wollen. Die tausend verschiedenen vordergründigen Dinge sind letztlich nur vermeintliche Mittel zu diesem Zweck. *Menschen wollen also glücklich sein, Anerkennung und Wertschätzung bekommen in Freundschaft und Verbundenheit mit anderen.* So einfach ist das mit dem Menschen, doch verleitet ihn sein Ego zu allen möglichen Strategien, um diese Liebe und dieses Glück angeblich zu bekommen. Letztlich aber führen all diese Egoverhalten genau zum Gegenteil.

Nach dieser Verbundenheit sehnen sich selbst die, die äußerlich den coolen Unabhängigen oder den einsamen Wolf spielen. Sie wurden einfach zu viel verletzt und grenzen sich durch ihr Verhalten ab, oder sie versuchen dadurch, dass sie etwas Besonderes sein wollen, doch noch geliebt zu werden und diese Verbindung und Wertschätzung sozusagen durch die Hintertüre zu bekommen. Natürlich funktioniert dies nicht, sondern führt vielmehr zu immer stärkeren Machtkämpfen oder Rivalitäten, und statt der erhofften Liebe ernten sie dann offene oder verdeckte Beschimpfung, Verachtung, Mobbing, sogar Zynismus, wogegen sie sich natürlich wieder erbittert wehren, bis hin zu Racheaktionen. Schätzen Sie nur einmal, wie viel Geld und Ressourcen hierdurch einem

Unternehmen verloren gehen, es ist enorm. Dabei ist wirklich aberwitzig, aber wahr, dass hinter all den Kämpfen, Verletzungen, Machtspielen, Rang- und Hierarchiebestrebungen, der Konkurrenz, dem Neid, kurz gesagt hinter all den negativen Verhaltensweisen immer der eine fehlgeleitete Wunsch steht, Wertschätzung zu erhalten, die Liebe zu erfahren, in einem Team zu sein und wertgeschätzt zu werden.

Hat man dies aber erkannt, so kann man diese riesigen Verluste an human resources, diese Verluste an Arbeitszeit und Energie, aber auch Kreativität und Einfallsreichtum, der hier in die falschen Kanäle geht, gezielt bearbeiten, auflösen und all diese Energie und Kreativität für das Unternehmen zurückgewinnen. Zugleich bekommen wir so viel glücklichere und zufriedenere, dadurch sicher auch loyalere und verlässlichere Mitarbeiter, die für das Unternehmen gerne etwas leisten und sich engagieren.Dies ist ein ganz natürlicher Rückkoppelungsmechanismus im Menschen, und der wird nicht unwirksam dadurch, dass er unbewusst abläuft. Man kann also in einem unserer Seminare (Titel: vom Ich zum Wir) in einem gezielt darauf ausgerichteten Bewusstseinsprozess die Menschen erkennen lassen, dass ihre bisherigen Strategien am Arbeitsplatz oder im Umgang mit Kollegen nicht zu dem von ihnen gewünschten Ergebnis führen. Auch dass die von ihnen bewusst oder unbewusst angebeteten Idole wie Reichtum, Macht, Ruhm usw. nicht dazu verhelfen, sondern das Glück nur in der Verbundenheit und auch im Austausch von Geben und Nehmen zu finden ist, ferner dass alle im Grunde dasselbe suchen. Ist dies erkannt, geben Menschen ihre Strategien im allgemeinen leicht auf und sind bereit, im geschützten Rahmen des Seminars etwas anderes und Neues auszuprobieren, also andere Methoden des Miteinanders zu versuchen, die ihnen das Gewünschte viel schneller, viel sicherer und vor allem wirklich fühlbar bringen. Dies wird keinesfalls theoretisch, sondern wie immer ganz praktisch erprobt und erlebt. Hier können wir zwar jene Übungen nicht vorstellen, wollen aber doch eine kleine Übung angeben, um die Distanz zwischen zwei Menschen zu verringern oder aufzuheben. Probieren Sie sie doch einfach einmal aus, was haben Sie zu verlieren?

Übung: Die Lichtbrücke

Vorbereitung:
Sie können dies überall machen, wo Sie einigermaßen ungestört sind, sogar im Büro in einer kleinen Pause. Kommen Sie zur Ruhe, schließen Sie die Augen und kehren Sie die Aufmerksamkeit nach innen. Wählen Sie einen Menschen aus (Partner, Chef, Kind, Freund, Kollege), der Sie nervt, zu dem Sie Distanz haben oder dem Sie jetzt einfach noch näher sein wollen.

Durchführung:
Stellen Sie sich nun vor, wie diese Person am Ufer eines Flusses steht. Sie stehen ihr am *anderen* Ufer desselben Flusses gegenüber. Der Fluss trennt sie also, und Sie schätzen zuerst einmal die Entfernung mit der Frage: Wie breit ist dieser Fluss ungefähr?

1. Lichtbrücke: Dann visualisieren Sie eine Brücke aus Licht, ausgehend von Ihrem geistigen Herzen (liegt in Ihrer Mitte ungefähr im Sternum, wo die Rippen zusammenlaufen), zu dem Herzen der anderen Person. Wichtig ist dabei, dass Sie sich nicht um die Reaktion der anderen Person kümmern, sondern Sie geben einfach, ohne etwas zu erwarten. Tun Sie dies wenige Minuten und lassen Sie über die Brücke Wertschätzung für diese Person fließen, ein einmaliger und interessanter Mensch, ein Gotteskind.
Dann bemerken Sie ganz nebenbei, ohne Absicht, wie breit dieser Fluss jetzt ist.

2. Lichtbrücke: Dann visualisieren Sie eine zweite Brücke aus Licht, wieder ausgehend von ihrem geistigen Herzen zu dem Herzen der anderen Person, so wie es auf den kitschigen Heiligenbildern manchmal zu sehen ist. Kümmern Sie sich wieder nicht um die Reaktion, sondern tun Sie dies ganz selbstlos, ohne Erwartung, einfach weil wir nichts anderes zu tun haben. Schicken Sie nun über die zweite Brücke vielleicht Liebe, denn man weiß ja, jeder Mensch kann dies immer gut gebrauchen, oder zumindest Dankbarkeit.
Dann bemerken Sie ganz nebenbei, ohne Absicht, wie breit dieser Fluss jetzt ist.

3. Lichtbrücke: Nun visualisieren Sie noch eine dritte Brücke aus Licht, wie gehabt. Tun Sie dies wie ein Pontifex maximus, ein großer Brückenbauer, und

genießen Sie es. Doch ohne Erwartung und ohne sich zu kümmern, ob etwas zurückkommt. Wir haben genug. Schicken Sie nun über diese dritte Brücke einen Segen, so wie es die Tibeter oft machen, wenn sie sagen: „Mögest du frei sein von Kummer und Leid, mögest du Glück und Erleuchtung erfahren"....
Oder so ähnlich, was Ihnen eben als Segen so einfällt.
Dann bemerken Sie ganz nebenbei, ohne Absicht, wie breit dieser Fluss jetzt ist.

Üblicherweise verkleinert sich der Fluss, obwohl dies gar nicht Ihre Absicht war und auch nicht sein darf. Der Fluss und sein Wasser stehen für die sie trennenden Emotionen. Falls der Fluss und damit die emotionale Distanz kleiner geworden oder verschwunden sind, so verschmelzen Sie für einen Moment mit der anderen Person in einem Licht und genießen Sie die entstandene Nähe.
(Falls nicht, wiederholen Sie die Übung zunächst mit einer anderen, harmlosen Person, und versuchen Sie es dann später noch einmal. Wichtig ist in jedem Fall, dass Sie keine Absicht haben, weder dass die Person positiv reagiert noch dass der Fluss kleiner wird.) – Ende der Übung

Um nun auf die konkrete Lage in einem Unternehmen zurückzukommen, so ist es von großem Vorteil sowohl für die Kosten-Nutzen-Rechnung und den Geldwert wie auch für das Betriebsklima, wie auch langfristig im Hinblick auf die Leistungskraft des Unternehmens, wenn ein modernes Management es schafft, den Angestellten und Arbeitern dieses Gefühl von Wertschätzung, Anerkennung, Verbundenheit und Team-Geist zu vermitteln. Je mehr, desto besser. Kürzlich wurden diese Erkenntnisse in einer sozialwissenschaftlichen Studie für Deutschland bestätigt, die die Ergebnisse aus 180 Interviews und 20 Arbeitsgruppen ausgewertet hat. Danach halten Arbeitnehmer die Wertschätzung und Fairness ihnen gegenüber für unbedingt erforderlich und mindestens genau so wichtig wie die Höhe des Gehalts, und wählen bei gleichem Angebot lieber einen Betrieb, in dem sie dies bekommen. Es stimmt zwar die alte Managerthese, dass auch geknechtete Mitarbeiter arbeiten, aber dies ist wieder rein quantitativ gesehen (nur linke Gehirnhälfte eingesetzt), denn sie arbeiten qualitativ sicher schlechter, unlustiger, nicht besonders kreativ und engagiert, fühlen sich solch einem Unternehmen, das sie knechtet, nicht sehr verbunden.

Wertgeschätzte und miteinander freundschaftlich verbundene Mitarbeiter hingegen werden weniger krank und bringen sich sicher viel mehr in die Firma und in das Team ein. Zudem wirken Freude und Enthusiasmus üblicherweise auch ansteckend auf die Kollegen und den ganzen Betrieb, und es gedeihen in solch einem Betriebsklima sicher auch viel mehr Einsichten, Erfindungen, Ideen.

Fazit: Wir halten vor allem in der neuen Zeit für unbedingt erforderlich, nicht nur die Mitarbeiter und ihre ganz eigene Qualität mehr wertzuschätzen, statt bloß ihre quantitative Leistung zu sehen und zu honorieren, sondern halten es auch für geldwerten Vorteil, für eine immense Zunahme an Energie und Ressourcen, den Teamgeist, die Zufriedenheit, die Verbundenheit, die Nähe der Mitarbeiter zu fördern. Das Denken von zu knechtenden und unter Druck zu haltenden Arbeitern stammt noch aus dem Industriezeitalter, wo es auch ausgiebig umgesetzt wurde, bringt aber schon im jetzigen Informationszeitalter nichts mehr, und erst recht nicht im neuen Zeitalter, wo es sogar äußerst kontraproduktiv sein wird.

Daher legen wir in unserem Training sehr großen Wert auf die Aufhebung von innerer Konkurrenz und erzeugen sogar gezielt die genannten Werte von Verbundenheit und Freundschaft, obwohl es sogar in vielen unserer Verfahren ganz von selbst auftritt, sozusagen als erwünschter Nebeneffekt. Darauf muss jedes moderne Management achten und es gezielt fördern. Denn **erstens** vermindert sich dadurch die riesige Verschwendung menschlicher Leistung und Ressourcen, die durch Mobbing, Rivalenkämpfe und all diese Konkurrenzspiele entsteht, manchmal sogar zum direkten Schaden für die Firma. Die menschlichen wie finanziellen Ressourcen können folglich viel besser zum Nutzen der Firma verwendet werden.

Zweitens wird hier dem Menschen viel mehr als nur ein Gehalt gegeben, nämlich das, was er sich im tiefsten Herzen sehnlichst wünscht, nämlich die Nähe, Liebe, das Wir-Gefühl und die daraus entstehende Freude und Begeisterung, die wiederum dem Unternehmen zugute kommen wird. Vor allem in Zeiten kommenden Facharbeitermangels werden diese Firmen bevorzugt werden, die den Menschen neben dem Geld und äußeren Anreizen diese Ziele in Aussicht stellen und verwirklichen können, die ihm und seinen besonderen Fähigkeiten wie auch seiner Persönlichkeit Wertschätzung geben und seine besonderen Qualitäten honorieren, die ihm aber auch Nähe und Freundschaft mit Kollegen ermöglichen, einen Team-Spirit, und eine lockere und humorvolle Kommunikation.

Aus diesen Gründen sind wir froh, dass sich diese Effekte in unseren Seminaren und Trainings ganz von selbst zeigen. Dies beweist uns, dass diese Methoden sehr kompatibel mit den Anforderungen des neuen Zeitalters sind und zur vorgestellten Vision von Team-Spirit und Kooperation passen. Darüber hinaus geben wir aber auch spezielle Seminare und Schulungen, die sich ganz auf diesen Aspekt konzentrieren. Sie dienen dazu, zunächst einmal die alte Konkurrenzsituation im Unternehmen aufzulösen und dann Schritt für Schritt neue Verbundenheit herzustellen. Natürlich müssen die Mitarbeiter prinzipiell dazu bereit sein. Aber auch durch das gesamte Training dieser Art, unabhängig davon, welches Thema gerade bearbeitet wird, geschieht eine Transformation und Verwandlung der Teilnehmer in Richtung auf mehr Verbundenheit, ausgelöst durch die Auflösung von Blockaden, Ängsten und Widerständen, wie wir es schon in Hunderten von Seminaren bereits nach einem oder zwei Tagen gesehen haben (siehe Bilder auf Webseite www.dynamische-aufstellungen.de). Selbst völlig fremde Menschen verbinden sich dort tief miteinander, weinen und freuen sich miteinander, helfen den anderen aus vollem Herzen und ganz uneigennützig und freuen sich gemeinsam über das Erreichte.Dies drückt sich oft auch in körperlicher Nähe wie in Umarmungen aus. Es ist also kaum möglich, ein solch intensives Training und solche tiefen Bewusstseinsverfahren durchzuführen, ohne zugleich auch diese Effekte zu spüren und zu erleben.

Zusammenfassend lässt sich sagen, dass eine Transformation des Unternehmens oder auch nur eines Bereichs bzw. einer Abteilung mit diesen neuen Bewusstseinsmethoden ganz anders erreicht werden kann als bei herkömmlichen Trainings. Sind erst mit Hilfe der rationalen Intelligenz (z.B. Thought-Storm), emotionalen Intelligenz (z.B. Visionquest) und eventuell auch der spirituellen Intelligenz (Intuition/Aufstellungen) die Vision und die Ziele definiert, so können diese durch weitere Trainings und Seminare, üblicherweise erst bei Führungskräften, später dann bei Mitarbeitern, schnell und effizient implementiert werden. Zuerst werden dabei die Hindernisse, Ängste und Blockaden in der Tiefe des Bewusstseins aufgelöst. Danach werden die verborgenen Schätze, Begabungen, Talente, menschlichen Ressourcen aufgedeckt, aktiviert und ausprobiert. Des Weiteren werden auch der Team-Geist aktiviert sowie Verbundenheit, Nähe und Freundschaft hergestellt. Diese auf je wenige Tage beschränkten Seminare oder Trainings können sowohl in einem externen Seminarzentrum als auch Inhouse durchgeführt werden.

All dies geschieht ohne die frühere Anstrengung der rationalen Gehirnhälfte, sondern mit den spielerischen und kreativen Methoden unseres Trainings, so dass es prinzipiell keine schwere Arbeit ist, sondern Spaß macht. Dies bedeutet: Die emotionale Seite ist jederzeit mit einbezogen, und somit wird es auch vom „inneren Kind" der Teilnehmer oder von tiefen Bewusstseinsschichten schneller angenommen und integriert.

Neben der Erreichung der gesteckten Ziele finden die Teilnehmer an diesem Training auch mehr zu sich selbst, wie oben kurz beschrieben, kommen mehr in ihre Mitte. So entstehen bei jedem Einzelnen neue Bewusstheit, Struktur, Präsenz, und dies führt dann in der Abteilung oder der ganzen Firma zu einer neuen Kommunikation und Verbindung, zu einem neuen Zusammenwirken, zu mehr Teamgeist und einem gemeinsamen Ausgerichtetsein auf die gemeinsamen Ziele. Dies wiederum befähigt das ganze Team wie auch den Einzelnen, viel gelassener in die Zukunft zu blicken, noch kreativere Ideen in die Firma einzubringen, seine Talente und Fähigkeiten mehr einzusetzen. Dadurch hat der Einzelne zugleich wieder mehr Freude an seiner Arbeit und seinem Job und engagiert sich wieder mehr. Dies bringt letztlich nicht nur dem Ganzen im gegenwärtigen Moment viel mehr Nutzen und Gewinn, sondern es befähigt die gesamte Firma, mit zukünftigen Krisen und Herausforderungen viel besser und engagierter umgehen zu können – auch deshalb, weil nun die Potenziale der einzelnen Mitarbeiter viel besser ausgeschöpft werden können, sie auch engagierter und mit mehr Begeisterung für das Unternehmen arbeiten und weil darüber hinaus manche der durch unser Coaching vermittelten Werkzeuge nun dauerhaft zu Verfügung stehen und jederzeit genutzt werden können.

Die psychologischen Verfahren und Methoden, die bei diesem Tiger-Training® zum Einsatz kommen, sind zwar relativ neu, wurden aber schon in mehreren Jahren an Tausenden von Klienten erprobt, bei Seminaren und Kursen zu allen möglichen Themen wie Partnerschaft, Sexualität, Ängsten oder zu Bewusstseinsentwicklung. Solche Coachings sind von mir in vielen Ländern Europas durchgeführt worden, aber auch darüber hinaus, wie beispielsweise in Ecuador, wo ich diese Methoden eingeführt habe und wo sie in den Medien, aber auch an der dortigen Universität in Quito großen Anklang fanden. Im Businessbereich wurden solche Methoden von POV und Dr. Spezzano bereits seit vielen Jahren sehr erfolgreich in Japan und Taiwan durchgeführt, meist nur als Inhouse-Training großer Firmen und noch zu wenig öffentlich, was aber auch mit der dortigen Mentalität zu tun hat. Diese

Methoden haben sowohl bei individuellen Klienten wie auch bei vielen Gruppen über Jahre hinweg eine hohe Erfolgsquote erzielt, und alle Anwendungen dieser Methoden führten bislang immer zum Erfolg. Und dies ist es schließlich, was die Wirtschaft braucht und was einzig am Ende zählt, und es bleibt zu hoffen, dass die Wirtschaft nun auch in Europa dafür offen ist.

Die einzigen Voraussetzungen, um ein solches Training durchzuführen, sind Offenheit für Neues, die Bereitschaft, neben dem Denken auch wieder zu fühlen und sich auf das Fühlen einzulassen, und schließlich die Bereitwilligkeit, Verantwortung zu übernehmen. Dies sollte aber für jede Führungspersönlichkeit selbstverständlich sein. Mehr ist nicht nötig, alles andere wird vom Transformationsdesigner und vom Tiger-Training bereitgestellt.

Als Wissenschaftler lag mir immer besonders am Herzen, und dies ist gerade im psychologischen Bereich sehr wichtig, der ja bislang nicht gerade durch Effizienz und Schnelligkeit glänzte, dass die von uns angewandten Verfahren

a) schnelle und klare Ergebnisse bringen (dies ist besonders in der Wirtschaft wichtig),
b) prinzipiell leicht und spielerisch durchzuführen sind und den Klienten eher Freude als Mühe, möglichst sogar Spaß machen,
c) dem Klienten jederzeit die bewusste Freiheit, Kontrolle und Entscheidung lassen,
d) nachprüfbare, valide Ergebnisse bringen, die hinterher nicht nur äußerlich zu sehen sind, sondern auch über Tests abgefragt werden können.

Dieses Training ist also neu und mit bisherigen nicht vergleichbar. Es weckt nicht nur kurzfristige Motivation und Begeisterung, die schnell wieder verebben, und ist auch nicht ein nutzloses Herumwälzen seelischer Probleme ohne praktischen Nutzen, wie die endlosen Psychoanalysen ohne echte Transformation. Es ist ein tiefgreifendes und zugleich pragmatisches, schnelles und effizientes Verfahren, um die Krise und die anstehenden Wandlungen in der Wirtschaft zu meistern. Es soll und kann der Wirtschaft ihr Herz und ihren Sinn zurückgeben, sie auf neue Ziele und Werte des neuen Jahrtausends ausrichten und dabei den Menschen zugleich die Möglichkeit eröffnen, persönlich zu reifen. Dies alles geschieht nicht, indem das Bestehende einfach überstrichen wird. Wenn man sich nämlich nur auf das Positive konzentriert, erscheint der überstrichene Rost bald wieder. Weil zuerst die negativen Dynamiken, die Blockaden, Ängste und Widerstände erkannt, definiert und aufgelöst werden und erst dann – auf diesem gerodeten neuen Boden – die neuen Ziele eingepflanzt und aktiviert werden, geht es schnell und effizient (weil in der Gruppe für alle zugleich) in die seelische Tiefe. Durch die Entdeckung und Aktivierung von neuen Fähigkeiten und Talenten der Teilnehmer sind die Ergebnisse valide und dauerhaft. Ein Weg also, der nicht nur äußerlich etwas verschönert oder nur kurzfristige Motivation weckt, sondern grundsätzlich und dauerhaft aus den Tiefen der Seele heraus *von innen nach außen* wirkt. Dieses Geheimnis des Erfolgs wollen wir nun kurz betrachten.

4.4. Das Geheimnis des Erfolgs – von innen nach außen

Dies ist nun ein Kapitel mit einem Abstecher in die Tiefenpsychologie. Wir gehen der interessanten Frage nach, wo Erfolg eigentlich herkommt. Viele glauben ja, von äußeren Faktoren, Finanzmitteln, harten Fakten, Zahlen, Wegdrücken von Konkurrenten und vielem mehr. So hat es den Anschein, und doch haben viele trotz solcher Faktoren keinen Erfolg. Sie schieben es dann auf das ominöse Glück oder Pech, die Wirtschaftslage, die Politiker oder die Rahmenbedingungen. Doch woher kommen nun diese wiederum? Und wie werden die äußeren Dinge wirklich erschaffen? Welche Erkenntnisse hat die Richtung der Psychologie, die, wie der Name schon sagt, sich mit der Tiefe der Seele beschäftigt hat, die Tiefenpsychologie? Wir wollen einmal erkunden, ob Erfolg von außen oder von innen kommt und wie bestimmte Phänomene aus der Tiefe der Seele heraus in der äußeren Welt erschaffen, verändert oder wieder aufgelöst werden. Zumindest bei der Wahrnehmung ist es zweifelsfrei erwiesen, dass wir die von uns gesehene Welt sowie auch unser Weltbild jeweils nach unseren Glaubenssätzen und Gefühlen erschaffen und verändern. Je nachdem, was wir fühlen und glauben, selektieren wir aus der Menge an eingehenden Informationen diejenigen heraus, die zu unserem Weltbild passen, die anderen werden entweder ignoriert oder verzerrt, bis sie passen, wenn auch dies nicht mehr geht, geleugnet. Diesen Umstand nennt man selektive Wahrnehmung und diese ist der Grund, warum jeder Beteiligte in einer Situation eine unterschiedliche Auffassung, Wahrnehmung, Sichtweise und Interpretation haben kann und meist auch hat.

Diese Selektion gehorcht neben unseren Überzeugungen auch unseren Interessen. So bemerkt und sieht einer, der am Strand Muscheln sucht und dies als Hobby hat, etwas ganz anderes als einer, den die Menschen interessieren und der Muscheln völlig ignoriert. Das Schlimme ist nun, dass die eingehenden Erfahrungen beider die jeweilige Weltsicht bestärken und daher nicht mehr bemerkt wird, dass die Überzeugungen und Interessen zuerst da waren und dann erst die Erfahrung folgte. Um es hier kurz zu machen, wir wissen aus der praktischen Psychologie, dass, wenn jemand überzeugt ist, ein Versager zu sein, er alles zu seinem Nachteil interpretiert, was er wahrnimmt, genauso wie ein Pessimist immer das halbleere Glas sieht, während der Optimist dasselbe Glas als halbvoll wahrnimmt. Wir können daraus weiter schließen, dass einer, der glaubt erfolgreich zu sein und dass das Geld auf der Straße liegt, mittels selektiver Wahrnehmung, aber auch Interpretation viel mehr Möglichkeiten entdeckt, an Geld zu kommen, als einer, der glaubt, Geld sei knapp und müsse hart verdient werden. Er blendet dann die leichten Möglichkeiten aus, an Geld zu kommen.

Um nun auf den Erfolg zu kommen, so können wir hier schließen – die Praxis jedes Trainings zeigt es deutlich, sie können es aber auch in Verfahren wie NLP oder AVATAR lernen –, dass unsere Überzeugungen und Glaubenssätze sehr großen Einfluss darauf haben, was wir erleben und welchen Erfolg wir haben. Es ist ein uralter und jedem Christen vertrauter Satz, dass „dir nach deinem Glauben geschieht", aber es steckt eine psychologisch inzwischen fundierte Wahrheit dahinter. Jemand, der an den Erfolg glaubt und davon überzeugt ist, findet viel mehr Erfolgsmöglichkeiten als ein Zweifler, der diese erst gar nicht sieht. Dies ist in vielen Büchern und Erfolgstrainings bereits eine Binsenwahrheit, aber wir wollen sie hier noch einmal generell festhalten:

Erfolg kommt von innen – aus dem Bewusstsein, dem Geist, mittels des Glaubens

Wenn Sie nicht daran glauben, dann können Sie es ja einmal ausprobieren, ganz pragmatisch, oder Sie können diesen Abschnitt auch überschlagen. Unser Training funktioniert auch, ohne dass Sie die Hintergründe wissen, aber es ist vielleicht ganz aufschlussreich, einmal die wirklichen Prinzipien des Erfolgs zu erkennen und zu begreifen, woher Erfolg, aber auch Misserfolg, ja woher eigentlich alles das kommt, was wir in der Welt erfahren, erleben und erleiden. Die Erkenntnis ist nur für die Masse neu, nicht aber prinzipiell, schon gar nicht für die Philosophen, denn schon die älteste überlieferte westliche Philosophie, die Hermetik[1], gründete auf dem Wissen um diesen Zusammenhang aller Dinge:

Wie oben – so unten; wie innen – so außen.

Vertreter der modernen Tiefenpsychologie wie Dr. Spezzano haben in empirischer Forschung dasselbe entdeckt und drücken dies heute so aus:

„Results have it" –
Die Resultate zeigen, was jemand wirklich will oder gewollt hat.

Dies geschieht natürlich nicht bewusst, denn bewusst will man vielleicht etwas ganz anderes. Angenommen, ich bin auf etwas fixiert und will bewusst nun etwas anderes, aber ich kann einfach die Aufmerksamkeit nicht von Versagen auf Erfolg umstellen, weil es in mir unterbewusst vielleicht noch ein ungelöstes Problem gibt. Dies bedeutet, dass wir alles, was wir erleben und erfahren, *zumeist auf unbewusste Weise* selbst miterschaffen oder mitgestaltet haben. Unbewusst ist es deshalb, weil wir bewusst etwas ganz anderes wollen, aber wir folgen stattdessen automatisch einem längst vergessenen, alten Programm, alten Überzeugungen. Die Resultate im Außen zeigen dann unsere wirklichen Überzeugungen in unserem Bewusstsein, wobei die unterbewussten oder unbewussten Anteile immer viel stärker sind und viel mehr Macht haben als die bewussten, wie schon im Eisberg-Modell der klassischen Psychologie deutlich wird, da der Eisberg unter der Oberfläche viel mehr Volumen und Masse hat.

Doch dies soll hier nicht weiter begründet, nur erklärt werden, denn in vielen modernen Bewusstseinstrainings wie beispielsweise im NLP oder im Avatartraining (wird auch vom Autor gelehrt: siehe www.avataribiza.de) ist dies schon längst gängiges Wissen und wird tausendfach erfolgreich angewendet, aber auch ins Massenbewusstsein sickert es langsam durch populäre Bücher und Filme ein. Und das kollektive Bewusstsein, also der Volksmund, hat dies ja immer schon gewusst mit dem Spruch: Der Mensch ist seines Glückes Schmied. Demzufolge ist er logischerweise auch seines Unglückes Schmied, und dies heißt nichts anderes als: Erfolg kommt von innen, aus unserem Geist oder unserem Bewusstsein. Wir gestalten demnach unser Schicksal maßgeblich selbst, und auch

---

[1] eine in der Antike wurzelnde religiöse Offenbarungs- und Geheimlehre.

die Religionen scheinen dies immer schon gewusst zu haben; im Christentum wird gelehrt, dass wir ernten, was wir gesät haben. Doch leider haben dies nur wenige ernst genommen und sich stattdessen lieber zum Opfer der Umstände gemacht, anders als die großen Unternehmer, die oft viele Jahre vorausschauend säen mussten, bevor sie ernten konnten, und doch darauf vertrauten.

Warum also scheinen viele Menschen so ganz andere Resultate zu haben, als sie es wünschen, so wenig Erfolg und Fülle, obwohl sie es sich vom Bewusstsein her wünschen? Wie schon gesagt, kommt nicht nur der Erfolg, sondern auch der Misserfolg von innen, und wir können – wenn wir wieder unsere bewährte Computer-Analogie zu Hilfe nehmen – nicht einfach ein neues Software-Programm installieren, das dem alten Programm genau entgegengesetzt ist, ohne das alte vorher zu löschen. Habe ich also noch nichts in einem bestimmten Bereich programmiert oder „gesät", so kann ich problemlos mit dem Willen etwas einsäen, und ich habe auch keine Zweifel daran, dass es wächst; dann funktionieren auch „Bestellungen" beim Universum. Ist aber bereits etwas programmiert oder gesät, so wird sich dieses alte Programm zur Wehr setzen und versuchen sein Programm auszuführen, bis ich es lösche. Umgesetzt in psychologische Sprache heißt dies, dass wir durch unsere vielleicht in früher Kindheit getroffenen Entscheidungen mentale Programme und Muster erschaffen oder installiert haben, die auf dem Computer unseres Lebens jetzt laufen, uns und unser Leben steuern. So sind Resultate zu erklären, von denen wir dann ganz überrascht sind, denn diese Programme laufen unbewusst im Hintergrund, ohne auf dem Bildschirm zu erscheinen. Wir haben das Programm längst minimiert oder irgendwo vergessen, aber leider nicht gelöscht, und so wirkt es weiter. Für den Menschen wie auch für den Computer gilt, dass **seine Resultate zeigen, was wir einst programmiert oder gewollt haben**, und analog gilt für unser Leben, dass die Resultate zeigen, was wir (einst) wirklich gewollt haben. War dies Misserfolg, so ernten wir jetzt Versagen, und auch damit beweist sich, dass alles von innen nach außen kommt und wirkt. Ein Beispiel aus der täglichen Praxis:

Ein dreijähriger Junge wird von seiner Mutter zu lange allein gelassen. Da die Gefühle in diesem Alter noch sehr primär und stark sind, fühlt er großen Schmerz und entscheidet mit Macht, der Mutter wie allen Frauen künftig nicht mehr zu vertrauen und sich nicht mehr auf sie zu verlassen. Der angenommene Glaubenssatz heißt dann: Frauen lassen mich alleine, Frauen kann man nicht vertrauen. Kurz danach wird die Entscheidung vergessen. Sicher wird die Mutter dann oft ein Problem mit ihm haben, doch erst viel später, in seinen 20er Jahren, setzt die Wirkung richtig ein. Er möchte dann gerne eine Frau als feste Partnerin haben, aber stets sucht er (unbewusst/selektive Wahrnehmung) solche aus, die ihn sitzen lassen, die ihn alleine lassen, denen er nicht vertrauen kann. Dies bedeutet, das Muster wiederholt sich ständig, und dies muss es auch tun, um endlich geheilt und erlöst zu werden. Bewusst will er eine feste Partnerschaft, aber unbewusst erschafft er sich Verlassenwerden. Damit zeigen die Resultate ganz klar, was er wirklich will oder früher einprogrammiert hat. Jener junge Mann aber weiß nicht, warum ihm gerade dies geschieht, denn er will ja etwas anderes. Und doch erfüllt sich hier der Satz: wie innen – so außen. Dies Programm läuft so lange weiter, bis es bewusst aufgedeckt und aufgelöst ist, und dazu dient das Training oder das Seminar, weil es hier nicht nur aufgedeckt, sondern auch leicht aufgelöst werden kann.

Ein anderes Beispiel, um wieder auf den Erfolg zu kommen: Ein kleiner Junge wird früh vom Vater verbal oder emotional missbraucht und dominiert. Dieser schwört viele Male, sich dafür zu rächen, kann es aber offen nicht tun, weil der Vater übermächtig ist. Der Vater möchte, dass sein Junge ein erfolgreicher Mann wird. Dieser kleine Junge schwört sich nun, nie erfolgreich zu sein, um dem Vater eins auszuwischen (solche Kleinkind-Entscheidungen sind nicht logisch!). Das Programm läuft nun in der Seele, sogar noch dann, wenn der Vater längst tot ist. Da er von dieser Agenda, sprich diesem Versagens-Programm, nichts mehr weiß, versucht er nun eifrig und angestrengt Erfolg zu haben, doch entweder er scheitert ständig, oder, wenn ihm dies kurzzeitig gelingt, wird ihm wie aus heiterem Himmel der Erfolg wieder zunichte gemacht, greift doch immer wieder das alte und daher meist stärkere Programm – das tragische Bild von Sisyphos.

Auch hier wird wieder deutlich, dass die Resultate das zeigen, was wir wirklich wollen/wollten, und dies kann sich, so die Reinkarnationsforschung, sogar über viele Leben erstrecken. Schauen Sie sich also einfach kurz Ihr Leben in einem bestimmten Bereich an, beispielsweise Erfolg, und Sie sehen klar und deutlich, was Sie wirklich wollen und was die Macht Ihres Geistes aufgrund Ihrer alten Befehle und Programme erschafft. Diese Macht sollte man nicht unterschätzen, sie ist gewaltig. Auch in der Forschung zeigt sich jetzt immer mehr, welche Macht wir damit besitzen, dass wir sie aber fast immer zu unserem Schaden einsetzen, da wir sie noch nicht beherrschen. Denn wir erschaffen damit ständig all unsere Misserfolge, unsere Niederlagen, ja sabotieren uns selbst, ohne es zu ahnen. Ist diese Macht aber erkannt und sind Werkzeuge zum Navigieren und Programmieren im Bewusstsein vorhanden, so ist es ein Leichtes, Erfolg zu haben, denn dieser wird mit derselben Macht erschaffen wie vorher die Misserfolge. Daher ist Erfolg nicht wirklich schwer.

Im Übrigen kommen diese Erkenntnisse nicht nur aus der Philosophie, Psychologie, Religion oder Bewusstseinsforschung, obwohl dies schon genug wäre. Aber auch die moderne Physik hat experimentell nachgewiesen, wie entscheidend wichtig das Subjekt, der Beobachter, für die Konstituierung der Wirklichkeit ist. Dieser Beobachter, der nichts anderes als Geist ist, kann rein durch Absicht und Entscheidung mögliche Wirklichkeiten in eine konkrete Wirklichkeit, also in die materielle Realität kollabieren. Wer dies einmal physikalisch genauer und im Detail verstehen will, dem empfehle ich das geniale Buch von Prof. Warnke von der Universität Saarbrücken „Die geheime Macht der Psyche" zu lesen. Hier kann ich darauf nicht weiter eingehen, da wir uns hier ganz pragmatisch mit der Handhabung befassen wollen und nicht mit der Theorie dahinter. Uns kommt es hier darauf an, diese Macht erstens zu erkennen, zweitens zu wissen, wie man sie handhabt und nützt und wie sie auch schaden kann, und sie deshalb drittens gezielt zu lenken und für unseren Erfolg einzusetzen. So arbeiten wir in bestimmten Seminaren gezielt damit, den Erfolg behindernde Programme zu finden, sie aufzulösen und dann Erfolg, Fülle oder welche Ziele auch immer zu manifestieren.

Unsere Devise und zugleich Prämisse lautet also: Erfolg kommt immer von innen, nicht von außen. Das Außen folgt dem Innen nur wie das Bild im Spiegel. So könnte man auch sagen: Deine Welt, wie du sie siehst, ist ein Spiegel von dir. Liegt dort Misserfolg, so hast du dieses Programm noch auf deinem Rechner, aber hoffentlich nicht mehr lange, denn man kann jetzt alles ändern. Dies ist alles, was Sie sich hier merken müssen. Wenn Sie dies aber nicht wissen und auch nicht beachten, dann rennen Sie einfach im Hamsterrad, machen den Sisyphos bis zur Erschöpfung oder Sie sabotieren sich selbst. Leider gilt dies noch für die Mehrzahl der Menschen, denn dieses Wissen wird nicht in der Schule vermittelt. Überall ist noch zu sehen, und dies auch bei unseren Klienten, dass sie etwas unbedingt wollen und im Außen suchen, aber sie bekommen es nicht, und dies bedeutet nach der obigen Regel entweder, dass sie es in Wirklichkeit, in der Tiefe ihres Bewusstseins gar nicht wollen oder aber etwas anderes noch viel mehr wollen. Leider ist ihnen dies unbewusst und so können sie es auch nicht ändern. Sie glauben dann, einem gnadenlosen Schicksal ausgeliefert zu sein, „da kann man halt nichts machen" ist ihr Spruch. Doch Sie können es jetzt ändern und sollten es auch, denn mit diesem Erfolg in der Wirtschaft helfen Sie nicht nur sich selbst, sondern werden ein Vorbild für viele sein, die gerne Ihrem Beispiel folgen, denn dem Erfolg folgt man gerne.

Dass dies auch praktisch funktioniert, haben nicht nur die erwähnten Verfahren, sondern auch wir in unseren Coachings und Seminaren tausende Male empirisch bewiesen. Es gibt keinen Misserfolg ohne Grund, das kann ich Ihnen garantieren, und auch, dass wir ihn herausfinden werden, wenn Sie es wirklich wollen. Genauer gesagt, Sie werden mit unseren Methoden selbst herausfinden und selbst erfahren, warum Sie das für Sie jetzt ungünstige Ereignis einmal gewollt haben. Dann werden Sie es fühlen, die Verantwortung wieder übernehmen und können dann neu entscheiden. Es genügt nicht – und hier liegt der Denkfehler des einseitig positiven Denkens –, es jetzt einfach nur neu zu entscheiden und es sich immer wieder mental einzubläuen – vielleicht über tausend Affirmationen. Solches funktioniert allenfalls dann, wenn keine früheren Programme zu diesem Thema auf Ihrem Computer laufen. Auf jungfräulichem Boden können Sie alles ganz einfach einsäen und es wird wachsen. Ist dort aber schon eine Menge Unkraut oder was auch immer gesät, und wir alle haben viele Überzeugungen zum Thema Geld, Erfolg, Macht, Sex usw., so müssen Sie erst den Boden pflügen, bevor Sie Neues einsäen, sonst wird es kaum gedeihen.

Es empfiehlt sich dabei, diese Arbeit im Bewusstsein mit einem darin erfahrenen Coach zu machen, so wie Sie auch beim Programmieren Ihres PCs einen Fachmann hinzuziehen.

Das Management besteht aus Menschen, von denen die meisten bewusst eine positive Motivation haben, Erfolg für sich und ihr Unternehmen wollen und dies auch ehrlich anstreben. Hier im bewussten Bereich muss man meistens gar nicht viel verändern, und daher gehen viele Motivationsprogramme ins Leere oder gießen nur Öl ins Feuer. Doch alle diese Führungsleute haben – wie wir alle – schon seit frühester Kindheit Tausende von Entscheidungen getroffen, oft unüberlegt, denn die Vernunft kommt ja erst viel später. Diese Programme sind es nun, die ihr Leben und ihren Erfolg gestalten, in wenigen Fällen auch mal positiv, meist aber negativ. Diese Programme entscheiden nun aber nicht nur über das Wohl und Wehe des jeweiligen Managers, sondern über das der ganzen Firma samt der Belegschaft.

Wenn also das Unternehmen wieder mühelosen Erfolg haben will oder gar großen Erfolg, dann müssen diese Führungsleute zuerst ihre Bewusstseinsinhalte, ihre meist unterbewussten Überzeugungen dazu verändern. Dann verändert sich auch die Firma, ja die ganze Welt, von ihnen aus gesehen, fast wie im Spiegel, der der Vorlage mühelos folgt. Diesen Erfolg aber im Außen kontrollieren oder manipulieren zu wollen, wie es so viele vergeblich versuchen, mit großem Aufwand und Kampf und einer immensen Geld- und Energieverschwendung, dies kann allenfalls kurzzeitig und instabil funktionieren. Wie wollen Sie Millionen Bits an Information pro Sekunde kontrollieren, die Ihr Bewusstsein über alle Sinneskanäle und über das Fühlen aufnimmt, wenn Sie im bewussten Teil nur etwa 2000 Bits/Sekunde verarbeiten können? Und das ist schon recht viel. Alle anderen Millionen Bits werden von Ihnen unbewusst verarbeitet, sortiert, dadurch verfremdet, verzerrt oder interpretiert, gelöscht oder abgespeichert, je nach Überzeugungen und alten Programmen. Und aus diesem daraus entstehenden Welt- und Menschenbild folgen dann wieder Ihre Handlungen und Reaktionen, und daraus gestaltet sich wiederum Ihr Leben. Wie wollen Sie das je bewusst kontrollieren oder bewusst steuern? Unmöglich, aber es ist ja auch gar nicht nötig.

Nehmen Sie sich vor allem als Unternehmer oder Wirtschaftsführer die Zeit oder ein entsprechendes Training, um Ihre Programme zu Erfolg, Geld, Fülle, Wachstum, oder was auch immer in Ihrem Leben nicht optimal ist, zu erforschen und zu entdecken. Dann ändern Sie es auf Ihrem Computer und lassen ihn dann genauso automatisch für sich arbeiten, auch nachts, im Schlaf, mühelos. Denn dieser Macht des Geistes ist es egal, wofür sie eingesetzt wird, es ist Ihre Wahl. Sie wählen sogar, wenn Sie entscheiden, nicht zu wählen und dies zu ignorieren. Sie können sich täglich am Vater rächen, der dies gar nicht mehr mitbekommt, indem Sie täglich Ihren Erfolg zerstören, oder Sie können ständig Beziehungen kaputt machen und leiden, um nach altem Programm Ihrer Mutter einen Denkzettel zu verpassen, oder Sie können alternativ die alten Programme löschen und so ganz einfach großen Erfolg haben.

Für den Aufbau einer neuen Wirtschaft und der hier vorgestellten oder auch einer anderen Vision braucht es erfolgreiche Führungspersönlichkeiten. Sowohl diese wie auch die Gatekeeper in der Massenkommunikation und ebenso die sozialen Meinungsführer müssen dies begreifen, da sie sonst nicht nur sich selbst erschöpfen und immer mehr auspowern, sondern auch die anderen in eine Sackgasse führen. Um die Welt zu verändern, kann ich nicht im Außen anfangen, da bin ich weder erfolgreich noch glaubwürdig, und es wäre nur ein ewiger Kampf. Ich muss zuerst die Persönlichkeit verändern, dann verändert sich die Welt, und da muss jeder bei seiner Persönlichkeit anfangen, nicht bei der Persönlichkeit des anderen. „Wie innen, so außen, wie oben, so unten" lautet das große Geheimnis. **Also müssen wir anfangen, das Innere, das Bewusstsein zu verändern, und die Welt wird sich verändern**, und dies muss bei den Managern, Führern beginnen, dann werden die anderen nachfolgen, mit Begeisterung.

Daher empfehlen wir auch, in einem Unternehmen mit den Veränderungen im Bewusstsein der Manager zu beginnen. Können diese dann den Tiger reiten und einfach und leicht Erfolg haben, dann wird das auch die Belegschaft inspirieren, und wir können es auch zusätzlich noch durch bestimmte einfache Aufstellungen übertragen. Dies hier ist ein ganz anderer Ansatz als im üblichen Business-Coaching, wo entweder im Außen oder von außen her versucht wird, die Dinge und auch Menschen zu verändern. In diesem Ansatz hingegen ist das Äußere zweitrangig, hat mehr die Funktion eines Indikators. Wir wollen den Führungskräften nicht einfach Fähigkeiten antrainieren oder von außen überstülpen, sondern sie im Bewusstsein verändern. Dies geschieht ganz leicht, indem wir sie alte Programme selbst finden und löschen lassen und neue, bessere mit ihnen ent-decken, indem wir Talente und Fähigkeiten in den Menschen finden und ent-wickeln. Zusätzlich können dann noch neue Ziele eingegeben und implementiert werden, falls dies gewünscht wird. Doch alles findet im Bewusstsein statt und ist deshalb leicht und geschieht ohne große Mühe. Im Gegenteil, es ist eher eine spannende Abenteuerreise, wo der Erfolg innen gesucht und verwirklicht wird und sich dann leicht im Außen verwirklichen kann, und dies auch dauerhaft, denn es wird nicht übertüncht, sondern von Grund auf neu gestaltet.

5. DER NEUE WEG –
„den Tiger reiten lernen":

die konkrete Umsetzung intelligenter Unternehmens-Transformation

Das wesentliche Ziel unseres Firmentrainings (Tiger-Training) ist keinesfalls wie bisher, Mitarbeiter äußerlich zu motivieren, zu trainieren oder mit mehr Wissen, neuen Strategien, Kniffs und Tricks vollzustopfen. Wir beginnen vielmehr damit, sie von alten Programmen zu befreien, die sie am Erfolg hindern, und neue, förderliche einzuspeisen. Nach unserem Computervergleich bekommen sie nicht einfach nur neue Informationen auf ihre Festplatte oder stärkeren Strom (Motivation), sondern vielmehr einen besseren Prozessor, der leichter, schneller, müheloser, präsenter läuft und der stabil verankert ist, und neue Software. Ziel ist ein Mitarbeiter, der aus seiner neu gewonnenen Souveränität aus der Mitte heraus handelt, der Qualität erkennt und fördert, neue Potentiale erschließt und erfolgreich seine Ziele verwirklicht. (Seminare zu Präsenz, zur Verbundenheit, zur Erschließung von Ressourcen). Wir entfernen die dem Erfolg oder den Unternehmenszielen entgegenstehenden alten Programme, so dass diese aufhören, Unerwünschtes zu erschaffen. Damit zugleich all diese negativ gebundene Energie und Kapazität frei, und sie können für neue Programme, für den Erfolg eingesetzt werden. Wir helfen auch bei der Installation dieser neuen Programme, indem wir auf Wunsch auf Visionssuche gehen und die Werte, die Grundlagen, neue Produkte, neues Betriebsklima oder ein neues Image gemeinsam entwerfen. Dies geschieht mit Hilfe der hier gezeigten, aber auch anderer intuitiver Verfahren. Nachdem die alten Programme gelöscht und der Boden wieder jungfräulich ist, kann das Ergebnis dann mit Zustimmung der Beteiligten leicht ins Bewusstsein aufgenommen und eingeprägt werden. Im Außen wird sich dann gemäß unserem Eingangssatz wieder zeigen, wie erfolgreich wir damit waren, das heißt, wir lassen uns an unseren eigenen Vorgaben messen (und tun das auch selber). Dies kann in Abständen sowohl mit herkömmlichen Methoden wie auch mit neuen Feedback-Methoden überprüft und erfasst werden.

Somit ist es mit diesen neuen Methoden nicht nur viel leichter als früher möglich, bestimmte Probleme in der Firma oder in der Unternehmensführung zu lösen, sondern es kann damit die grundlegende Transformation der Wirtschaft und in den einzelnen Unternehmen gemäß der hier dargelegten Vision schnell, sicher und erfolgreich durchgeführt werden. Und ich wage zu behaupten, dass es damit sogar noch Freude machen und Begeisterung sowohl bei den Mitarbeitern als auch beim höheren Management auslösen könnte.

5.1. Der Handlungsplan

Wie diese Transformation praktisch aussieht, wie ein Transformationsplan für eine konkrete Firma entsteht, wie er erstellt wird und wie dies in der Firmenpraxis konkret aussehen kann, wie dies dann in einzelnen Schritten und Handlungsfeldern umgesetzt werden kann und welche generellen Trainingsprogramme dafür bereits zur Verfügung stehen, werden wir nun kurz skizzieren. Die Umsetzung ist eingeteilt in 6 Schritte, wobei der letzte lediglich aus dem Feiern und Zelebrieren des Erfolgs besteht.

Schritt 1 – Integrative Systemdiagnose und Standortbestimmung

Schritt 2 – Zielfindung und Konzeptentwicklung

Schritt 3 – Human Resources entdecken, erschließen, motivieren

Schritt 4 – Ziele umsetzen und verwirklichen

Schritt 5 – Erfolgskontrolle und Erfolg feiern

Hier nun eine kurze inhaltliche Erläuterung der einzelnen Schritte:

Schritt 1 – Integrative Systemdiagnose und Standortbestimmung

Zuerst gilt es festzustellen, wo das Unternehmen jetzt steht, wie sein Image und Profil ist, wie es am Markt positioniert ist, was seine Wettbewerber und was seine Produkte sind, auch seine finanziellen und wirtschaftlichen Ressourcen. Wir werden das Stressprofil des Unternehmens erstellen, Problempunkte analysieren, Negativprogramme aufdecken.

Ferner ist es notwendig, eine Befragung der Mitarbeiter durchzuführen über ihre Einstellung, ihr Wohlbefinden, ihre Motivation, ihr Engagement und ihre subjektiven und vielleicht heimlichen Probleme mit dem Unternehmen und seinen Produkten, um ein inneres Profil des Unternehmens im Denken und in den Herzen seiner Mitarbeiter zu zeichnen und um notwendige Korrekturen zu entdecken.

Diese Standortbestimmung ist deshalb wichtig, weil man nur dann ein neues Ziel ansteuern kann, wenn man weiß, wo man sich befindet. Kein Navigationsgerät kann einen sinnvollen Weg angeben, wenn nicht vorher der genaue Ausgangsstandpunkt definiert ist, oder, um es einfacher zu sagen, man kann nicht von München nach Berlin fahren, wenn man in Frankfurt ist. Täuscht man sich also über seinen Standort am Markt, über seine derzeitige Qualität und Befindlichkeit, so wird man sich auch über den Weg zum gewünschten Ziel täuschen. Wie beim exakten Navigieren müssen wir also genau bestimmen, wo wir sind, um dann von dort aus zu neuen Zielen aufbrechen zu können und den richtigen Weg zu finden.

Schritt 2 – Zielfindung und Konzeptentwicklung

Nun wird unter Einbeziehung der kollektiven Entwicklungen in Wirtschaft und Gesellschaft nicht nur definiert und festgelegt, wohin das Unternehmen steuern und welche Produkte es anbieten will, sondern weit darüber hinaus, welche Werte es künftig vertreten will, welche Ziele es für sich, aber auch für die Branche oder für die Gesellschaft erreichen will, in welchem Maße es Verantwortung (CSR) übernehmen will und welches Image es anstrebt. Beispielsweise könnte ein solches Image sein: ein umweltfreundliches Unternehmen, welches zudem soziale Projekte und innovative Entwicklungen im Bewusstsein fördert, bei Katastrophen mit seinem Know-how oder seiner Wirtschaftsleistung hilft. Ferner könnte es sich Ziele setzen (anstatt reiner Profitorientierung) wie Qualitätsprodukte, Kundenzufriedenheit, Mitarbeiterzufriedenheit, Teamgeist im Unternehmen und vieles mehr.

Die Ziele können eingeteilt werden in innere Ziele (z.B. Umgang der Mitarbeiter untereinander) und in äußere Ziele (Produkte, Image nach außen).

Die gesamte Zieldefinition soll aber nicht nur aus dem Status quo heraus erfolgen, sondern möglichst die neuen, hier gezeigten Entwicklungen berücksichtigen und vielleicht sogar vorwegnehmen, so dass das Unternehmen hier eine Vorreiterrolle erlangt. Bei allen Zielen müssen und werden die neuen Werte und Leitlinien für ein humanes und sinnvolles Wirtschaften berücksichtigt werden. So werden keine überholten Werte wie Gewinnsucht oder Zerstörung von Konkurrenten gefördert, sondern nur Ziele im Rahmen der hier vorgestellten Werte für eine neue, visionäre und humane Wirtschaft. Ist das geklärt, wird ein Umsetzungsplan mit einem entsprechenden Zeitplan erstellt.

Schritt 3 – Human Resources entdecken, erschließen, motivieren

Wenn die Ziele festgelegt und genau definiert sind, kann das Coaching in ein Training übergehen. Zunächst müssen die Mitarbeiter aller daran beteiligten Ebenen (wenn es viele sind, dann von oben nach unten) informiert und dazu motiviert werden. Wir müssen sie also im ersten Training darauf einstimmen, ihre Aufmerksamkeit und ihren Geist darauf ausrichten und sie dazu motivieren. Dies ist besonders gut durch Sternaufstellungen wie auch durch die Firmenhaus-Methode zu erreichen. Durch letztere wird auch klar die Einstellung der Mitarbeiter zur Firma erkannt und kann dadurch auch korrigiert und verbessert werden.

Ferner müssen die für das Ziel oder die Ziele notwendigen oder förderlichen Fähigkeiten, Talente und Begabungen erschlossen werden. Wenn man Zugang zum Unbewussten hat, sind diese Human Resources viel stärker und umfangreicher, als es sich viele vorstellen können. Im emotionalen, gefühlsmäßigen, aber erst recht im unbewussten Teil des Bewusstseins lagern unglaublich viele Schätze, die bisher weder vom Einzelnen und schon gar nicht durch Firmen gehoben werden konnten. Dies kann erst durch Einsatz spezieller Trainings mit direktem Zugang zu tieferen Teilen der Seele geschehen, und auch nur durch eine entsprechende Bildersprache, die einzig von der Seele verstanden wird. Eine weitere Möglichkeit besteht in der direkten Implementierung ganz bestimmter Fähigkeiten durch Aufstellungen.

In diesen Seminaren werden also viele verborgene Fähigkeiten und Talente entdeckt und aktiviert. Zudem wird die Kommunikation der Mitarbeiter untereinander wesentlich verbessert. Es entsteht ein Teamgeist, der den Einzelnen begeistert. Ferner wird das Verantwortungsgefühl und -bewusstsein gestärkt sowie das Ruhen in sich selbst, das Handeln aus der Mitte unter Anwendung der TAO-Prinzipien. Das Verweilen im Sein, das Leben in der Präsenz des Geistes wird gestärkt, so dass Mitarbeiter immer mehr immun gegen Druck und Stress werden, zugleich schneller und intelligenter handeln können sowie lösungsorientierter denken und agieren lernen.

Schritt 4 –Ziele umsetzen und verwirklichen

Hierzu werden sowohl Management – wie auch Mitarbeiterseminare angeboten. *Vor* dem Umsetzen und Implementieren der Ziele werden die oft unbewussten Widerstände und Blockaden dagegen aufgedeckt, was nur mit modernen Bewusstseinsverfahren – zumindest in kurzer Zeit – möglich ist. Sind sie aufgedeckt und erkannt, werden sie nicht nur intellektuell bearbeitet (dies hätte wenig Effekt), sondern aufgestellt und dadurch emotional und mental überwunden. Durch das Gegenüber können direkt in der Aufstellung auch genau die Transformation, die Wandlung und somit der Erfolg optisch kontrolliert werden.

Sind jedoch die Ursachen der Probleme und Widerstände nicht völlig klar, so werden sie bis tief in die unterbewussten Schichten analysiert, beispielsweise über den Keller in der Seelenhaus-Methode. So können die wirklichen Ursachen gefunden werden, um sie dann im anschließenden Schritt aufzulösen, zu wandeln.

In bestimmten Zuständen ist es möglich, mental Zeitreisen durchzuführen. So können mögliche Auswirkungen von Veränderungen in verschiedenen möglichen Zukünften (der wahrscheinlichsten, der optimalen, der ungünstigsten usw.) mental vorausgesehen werden. Ob dies nun eine reale oder eine mental extrapolierte und damit vorgestellte Zukunft ist, spielt hier keine Rolle, in jedem Fall wird die sehr umfassende Intelligenz des Unbewussten genutzt, um künftige

Entwicklungen zumindest vorauszuahnen, und dies ist ein unschätzbares und kostbares Werkzeug, mit dem man Extrapolationen aus dem Verstand wesentlich überlegen ist. Diese Zeitreisen sind mit den von uns entwickelten Methoden äußerst einfach und unkompliziert und daher bei den Teilnehmern recht beliebt. Schließlich werden auch innere Ziele wie Zufriedenheit mit der Arbeit und den Kollegen oder ein besseres Arbeitsklima und intensiveres Teamwork durch Kooperationstraining erreicht.

Schritt 5 – Erfolgskontrolle und Erfolg feiern

Wir haben bereits erwähnt, dass diese Trainings sich dadurch auszeichnen, dass sie schnelle und greifbare Erfolge bringen, die wir sowohl subjektiv über Befragung wie auch objektiv anhand leistungsbezogener Kriterien messen können. Resultate werden sich auch unübersehbar im Alltag einstellen, und wir müssen in Abständen überprüfen, ob wir damit den gesetzten Zielen näher kommen und zu wie viel Prozent diese verwirklicht worden sind. Wir müssen feststellen, wie auch beim sportlichen Training, ob wir erstens tendenziell richtig liegen und ob es zweitens noch zusätzlicher Maßnahmen zur Erreichung der Ziele bedarf. Möglicherweise tauchen im Laufe des Fortschritts auch vorher ungeahnte Widerstände und Hindernisse auf, die dann bearbeitet und aufgelöst werden müssen.

Daher sind ein genaues Feedback und eine Fortschritts- wie Erfolgskontrolle so wichtig. Es zeichnet die intelligenten Lebewesen (im Gegensatz zu Dinosauriern und ebensolchen Unternehmen) aus, dass sie über feine und schnelle Feedbackmechanismen verfügen. Nur so können sie Gefahren schnell abwehren und rasch auf unvorhergesehene Veränderungen reagieren. Somit sollte einerseits der Fortschritt in vorher festgelegten Abständen verfolgt und ggf. auch tabellarisch festgehalten werden, andererseits sollten die Möglichkeit und Fähigkeit im System bestehen, plötzlich auftretende Widerstände oder Probleme zu erkennen, zu melden und weiterzuleiten, um sie dann zeitnah korrigieren zu können. Das Feedback muss daher einerseits standardisiert nachgefragt werden, andererseits müssen auch Wege und Kanäle offengehalten werden, plötzliche Hindernisse und Abweichungen zu erkennen.

Danach müssen die entsprechenden Maßnahmen feinjustiert werden oder neue hinzukommen.

Schon bei Festlegung des Zieles und des Maßnahmen-Katalogs soll ein bestimmter Termin festgelegt werden, um den Erfolg zu feiern und damit auch zu zelebrieren. Dies suggeriert dem Unterbewussten, dass durch diese bereits geplante Siegesfeier der Erfolg sicher ist, und es richtet sich automatisch darauf aus. Und er ist bei Anwendung dieser Methoden auch sicher, dies wissen wir von Tausenden von Aufstellungen, die erfolgreich verliefen. Selbst wenn in einem Falle der Erfolg und die Feier einmal zeitlich verschoben werden müssten, so ist sie doch ein Ziel, dessen sicheres Erreichen im Unterbewusstsein verankert ist, und es richtet sich daher darauf aus. Zusätzlich hilft die Vorfreude auf dieses Feiern, das Ziel leicht zu erreichen.

Ferner ist die Feier auch sinnvoll, um allen daran Beteiligten für ihr Engagement, ihre Offenheit, ihre Bereitwilligkeit zur Mitarbeit, zur Transformation und Mitgestaltung zu danken. Dadurch werden auch Wertschätzung für die Manager und Mitarbeiter ausgedrückt und die Bereitschaft gestärkt, bei den nächsten Zielen noch mehr zu geben, sich noch mehr zu öffnen und mitzumachen, da dies ja belohnt wird. Belohnungen sind ein wichtiges Mittel zur weiteren Motivation, es ist ein Anreiz zu weitergehenden Innovationen und die Mitarbeiter bleiben so gern im Fluss der Entwicklung, bleiben offen für Neues.

Zusätzlich steigert es auch den Selbstwert und jeder feiert sich auch selbst dabei, ist Teil des Erfolges wie in einer siegreichen Olympia-Mannschaft, und dies stärkt wiederum den Zusammenhalt, die Verbundenheit, die Nähe der Mitglieder untereinander. Dies führt wiederum zu mehr Freude und Begeisterung, zu Enthusiasmus und Verbundenheit mit der Firma und dem ganzen Team. Das Feiern ist letztlich auch ein Signal der erfolgreichen Firma an sich selbst, es geschafft zu haben, auf richtigem Kurs zu sein, Erfolge zu haben. Schließlich ist es auch ein positives Signal und Beispiel für andere Unternehmen wie Unternehmer, sich hier anzuschließen und dem Vorbild zu folgen.

Beim Tiger-Training sind diese 5 Schritte das Gerüst, aber kein Dogma. Um möglichst flexibel zu bleiben, können je nach individuellem Erfordernis bei jedem Schritt auch zusätzliche Maßnahmen eingebaut werden, beispielsweise vertrauensbildende Maßnahmen oder Ausrichtungsübungen, was auch immer gewünscht wird oder notwendig erscheint. Die Schritte müssen auch nicht als Ganzes übernommen, sondern es können einzelne Elemente daraus genommen (wie Kommunikation, Ausrichtung) und wie bei einem Baukastensystem individuell für die jeweiligen Bedürfnisse zusammengestellt werden. Dennoch empfehlen wir diesen Weg über die 5 Stufen, da sie nach unserer Erfahrung zuverlässig zum Erfolg führen und ihn auch stabilisieren. Eine Aufstellung und kurze Erläuterung der verschiedenen Standard-Seminare und Trainings zu Schritt 3 und 4 finden Sie im Anhang aufgelistet.

5.2. Ausblick – die Umsetzung dieser Vision

Der Sinn des vorliegenden Buches ist es nicht nur, Ihnen darzulegen, dass es mit der Wirtschaft auf bisherige Weise nicht mehr weitergehen kann, sondern Ihnen auch einen konkreten, neuen Rahmen aufzuzeigen, wie eine neue und humane Wirtschaft aussehen könnte. Darüber hinaus haben wir auch ein durch die neuesten Methoden der Psychologie und Bewusstseinsforschung gestütztes und bereits in der Praxis erprobtes Modell vorgestellt, aufgezeigt, wie diese Transformation auch umgesetzt werden kann, wobei es nicht wie früher viele Jahrzehnte brauchen muss, um diese neuen Leitlinien, Werte und Ziele einzuführen.

Es wurde aber auch deutlich gemacht, dass die Transformation und Verwirklichung dieser oder ähnlicher Visionen und Modelle nicht von außen, weder über Gesetzgeber noch über Sanktionen zu erreichen ist. Vielmehr muss diese Wandlung ausschließlich von innen kommen, aus dem Bewusstsein der führenden Manager selbst. Dies ist der Unsicherheitsfaktor, nicht etwa die Frage, ob diese Methoden wirken oder nicht. Letzteres können wir garantieren, jedoch nicht, ob inzwischen genügend Einsicht und Verantwortungsgefühl vorhanden sind, die nötigen Maßnahmen zu ergreifen, und der Mut, in einer Zeit zu führen, in der Führungsqualität und Entschlusskraft selten geworden sind, man sich gern hinter Gutachten und Beratern verschanzt, anstatt innovativ und kreativ voranzugehen.

Dies ist der einzige Unsicherheitsfaktor in der Gleichung. Falls es solche neuen Wirtschaftsführer nicht geben sollte, so wird es zwar ebenfalls zu einer Wandlung kommen, aber auf chaotische Weise: statt durch Evolution eben durch Revolution und Gewalt, geprägt durch Kampf und Auseinandersetzungen. Dann werden die Menschen versuchen, sich des Tigers zu erwehren, indem sie ihn zu töten suchen. Sollte es aber geeignete Führer geben, und für solche ist dieses Buch als Anregung geschrieben worden, so bedarf es nicht etwa der Überzeugung der Mehrheit, um diesen Quantensprung im Bewusstsein durchzuführen, sondern es werden wenige Prozent genügen, wie wir am Modell des „hundertsten Affen" gezeigt haben. Nach unserer Schätzung bedarf es 3-5 Prozent der Meinungsführer, die dann, gestützt von dafür offenen Meinungsmachern und Journalisten, Vorbildfunktion haben werden und so viel Anerkennung und damit wiederum Macht anziehen, dass viele andere folgen werden.

Ist dieser Stand von 3-5 % einmal erreicht, und wir können dies bei vielen anderen Entwicklungen der letzten Jahrzehnte verfolgen, so ist damit der „point of no return" überschritten. Dies bedeutet, keiner kann mehr zu den bisherigen Methoden und Zielen zurückkehren. Er würde sich damit selber an den Rand drängen oder zum Außenseiter werden, wie wenn heute jemand noch Giftmüll in die Landschaft schüttete. Selbst wenn dies legal wäre, würde er geächtet und öffentlich bloßgestellt. Politiker können sich dies vielleicht noch leisten, aber nicht Wirtschaftsführer, denn sie sind über die Nachfrage von der Meinung der Öffentlichkeit direkt abhängig. Waschen also genügend führende „Affen" ihre Kartoffeln, so werden ganz von selbst immer mehr Affen folgen, bis es sehr schnell zum Normalfall wird und die neuen Ziele und Werte allgemein gelten.

Eine Transformation auf solche Weise ist auch sehr viel nachhaltiger und stabiler als eine durch äußere Maßnahmen erzwungene. Die Entwicklung wird sich dann wellenartig verbreiten. Das heißt, zunächst müssen – gegen die allgemeine Meinung und den Trend – einzelne Unternehmer mutig beginnen, diese neuen Ziele und Werte zu vertreten und umzusetzen. Einen gangbaren und auch kostengünstigen Weg haben wir dazu ja gezeigt. Doch sicher wird es viele Wege geben. Wenn diese erfolgreich sind und wir es auch verstehen, dies öffentlich zu propagieren, den Menschen zeigen können, dass es auch anders geht und nicht alle Manager Haie und Heuschrecken sind, so werden sich andere anschließen, vielleicht sogar nur, um einfach Erfolg zu haben und die neuen Entwicklungen nicht zu verschlafen. Dies könnte auf ganze Branchen übergreifen oder aber parallel auf andere Branchen, zumal sich über die Verbände die Erfolge dieser Transformation und der Einsatz von modernen Bewusstseinsmethoden herumsprechen werden. Viel hängt dabei auch von einer guten Öffentlichkeitsarbeit ab.

Sobald die Öffentlichkeit aber von der Möglichkeit dieses neuen Wirtschaftens erfährt und auch von deren praktischen Anwendung, ist es wahrscheinlich, dass zahlreiche Menschen, die heute schon von der Wirtschaft enttäuscht sind, darauf anspringen und dies immer mehr von den Produzenten verlangen; so wie Bio-Produkte, deren Produktion anstatt durch staatliche Regelungen eher durch die Nachfrage erzeugt und vermehrt wurde. Auf jeden Fall wird es dann für Unternehmen lukrativ werden, allein schon für ihr Image, sich für CSR zu interessieren und sich sozial zu engagieren oder zu propagieren, wie wohl sich ihre Mitarbeiter fühlen und was sie für die Gesellschaft so alles Positives leistet und welche neuen Werte sie vertritt. Da die Verbraucher inzwischen ebenfalls immer bewusster werden, könnte sich der Trend schnell aufschaukeln und sogar zur Mode werden, so dass es kaum noch möglich wird, fiese Chefs im Unternehmen zu halten, von reiner Profitgier geprägt zu sein oder schädliche Produkte herzustellen. Dabei ist hier auch an die Verantwortung der Verbraucher und Kunden zu appellieren, solche innovativen Firmen und deren Produkte zu bevorzugen.

Ist diese Wandlung dann in zahlreichen Branchen vollzogen, werden auch die anderen folgen müssen, ob sie wollen oder nicht, oder sie werden vom Markt verschwinden, jedenfalls solange Marktwirtschaft noch funktioniert. Dies würde auch ein Anreiz für die Wirtschaft anderer Industriestaaten und auch Schwellenländer sein, diesem Trend zu folgen, zumal er ja nicht über den Staat oder internationale Organisationen, sondern über die jeweiligen Wirtschaftsführer erfolgt. Weise und kluge Köpfe gibt es überall, gerade auch in Asien, das eine lange und reichhaltige Geistkultur hat. In Japan und Taiwan werden übrigens dieses hier vorgestellte Wissen und auch diese Methoden schon im Business-Bereich angewandt, wenn auch bislang noch im kleinen Stil. Es gibt dort weniger Barrieren gegen diese Art zu denken, im Gegenteil entsprechen diese Methoden viel mehr den gültigen traditionellen Werten.

Dies ist der optimistische Ausblick für die kommende Zeit, und wenn die Wirtschaft diesen Wandel meistert, wird sie nicht nur wieder ihr Herz und damit ihren Sinn für die Menschen zurückgewinnen, sondern wird darüber hinaus zum Führer in der Entwicklung des Bewusstseins. Diese Rolle hatte sie bisher noch nie inne. Früher waren es Dichter und Denker oder Politiker und Revolutionäre, doch diesmal sind nur in der Wirtschaft sowohl das finanzielle wie auch das wissenschaftliche Potential und auch die Stärke vorhanden, diese

Entwicklung zu führen und somit Zukunft zu gestalten. Versagt sie, werden wir mit Sicherheit sehr schweren Zeiten entgegengehen, doch auch diese werden überwunden werden. Ist sie aber erfolgreich, und es braucht dazu nur noch die mutigen Männer und Frauen in den Chefetagen, denn die Methoden sind vorhanden, so wird sie ihr Ansehen bei den Menschen zurückgewinnen und dadurch auch die Legitimität erwerben, die Zukunft der Gesellschaft erheblich mitzugestalten und anzuführen für das neue Jahrhundert.

Wenn wir also imstande sein werden, den Tiger zu reiten, wird diese Transformation leicht und schnell gehen, und die Kraft des gezähmten Tigers wird uns weltweit große Fülle und Wohlstand bescheren. Auch wird eine solche neue Wirtschaft keinen Massenmüll mehr produzieren, sondern sinnvolle und nachhaltige Produkte, viele mit hoher Qualität. Neben dieser wieder sinnvollen Produktion kann sie den Menschen auch wieder sinnvolle und erfüllende Arbeit beschaffen und damit Arbeitsplätze, an denen sie sich wohlfühlen und Freude haben. Sie kann damit erstmals die seit dem Industriezeitalter gängige Entfremdung der Arbeit aufheben und dem arbeitenden Menschen zur kreativen Selbstverwirklichung bei seiner Arbeit verhelfen, wodurch Arbeit und Freizeit nicht mehr so polarisiert und gegensätzlich sind. Der Arbeitsplatz dient dann nicht mehr nur zum reinen Broterwerb, sondern wird ein Ort der Begegnung mit anderen, zur Möglichkeit des Teamworks und gegenseitigen Austauschs, zum Ausleben der speziellen Talente und Fähigkeiten, zur Freude und Erfüllung seines Wesens. Dies wünsche ich allen, die dieses Buch lesen und vielleicht auch mutig sind, es konkret umzusetzen, ob in der Abteilung, in der Firma, im Konzern oder im eigenen Unternehmen.

> *Der Sieg gebührt den Mutigen*
> *oder: Fortes fortuna adiuvat.*

ANHANG

Tiger-Beratung oder Tiger-Trainings zu einzelnen Umsetzungs-Schritten

Zu Schritt 1 – Standortbestimmung (Ist-Beratung)

Management mit externen Beratern

- **Standortbestimmung:** Analyse der aktuellen Problematik, Image, Produkte, Ist-Wert-Analyse, Problembeschreibung, Krisenmanagement, Auffinden von Negativprogrammen und störenden Faktoren im Unternehmen
- **Wertebestimmung:** Inventur bisheriger Werte und Leitbilder, Abgleich mit Werten des neuen Zeitalters, Festlegen neuer Werte, Absichten und Sinnfindung des Unternehmens – was ist sein gesellschaftlicher Zweck?
- **Mitarbeiterkurzanalyse:** Wie ist das Gefühl am Arbeitsplatz, wie Identifikation mit Firma oder Produkten, Krankheitsstand, Ruhezonen und –möglichkeiten, Mitgestaltung?
- **Imagebestimmung:** Wie sieht der Kunde die Firma, wie die Öffentlichkeit?
- **Produktbestimmung.** Welche Produkte werden angeboten?

Methoden: *Inhouse-Beratung mit Management und Unternehmensberatung* Recherche, Unternehmenskurzanalyse, Entwicklungsdiagramme der bisherigen Phase

Zu Schritt 2 – Zielfindung und Konzeptentwicklung (Soll-Beratung) (V-Seminare)

Management mit externen Beratern

- **Zielfestlegung:** Definition neuer Ziele (Wo soll es hingehen?) mit Zeitpunkt
- **Wertebestimmung:** Welche neuen Werte sind wichtig, Ethik, Ausrichtung, Verantwortung, soziale CSR-Aktivitäten?
- **Imagebestimmung:** Image beim Kunden, in der Öffentlichkeit (Medien), der Gesellschaft / Allgemeinheit

- **Produktbestimmung:** Welche Produkte sollen beibehalten, welche neu entwickelt werden? Welchen Trends wird gefolgt?
- **Neugestaltung der Arbeitsumgebung und Arbeitsbedingungen:** Wie kann man Freude und Zufriedenheit am Arbeitsplatz verbessern, wie können sich Mitarbeiter mehr einbringen, wie können Feedback, Kommunikation, Zusammenarbeit verbessert werden?
- **Konzept zur Umsetzung** und Erreichung der neuen Ziele mit Maßnahmenkatalog und Trainingsprogramm, Trainingsmodulen und Orten, Kostenschätzung
- **Umsetzungsplan/Zeitplan:** Wie können diese neuen Elemente in bestehende Strukturen ohne Unterbrechung der Produktion eingeführt werden? Wo ansetzen? – vorzugsweise im mittleren Management (Keimzelle – kaskadenartig weiter), dann über Gatekeeper und Multiplikatoren. *Wichtig: Stets erst im eigenen Bewusstsein etablieren, dann sinnvoll weitergeben.* Zeitplan für die einzelnen Schritte wird geschätzt.

Methoden: *Tagung und Beratung mit Managern oder Führungskräften,* Trainingsprogramm zur Ideen- und Konzeptentwicklung mit Visionquest, Avatar-Thoughtstorm, Retreats, gemeinsames Intuitionstraining und -anwendung, Zeitfahrzeug einsetzen, Firmenhaus probeweise umgestalten, Ideen ausprobieren

Zu Schritt 3 – Human Resources entdecken, erschließen (HR-Seminare)

a) Management-Training und Seminare
b) Mitarbeiter-Training und Kurse

Ziel 1: Ängste gegen Erfolg und Teamwork aufdecken und auflösen, auch Ängste gegen Wandel, Innovation und Veränderung, auch Angst vor eigener Größe. Begrenzungen und innere Grenzen aufspüren und überwinden. Willensstärkung und Ermächtigungsübungen. Auflösung von mentalen Mustern, Blockaden, Schatten gegen Erfolg und Teamarbeit.

Ziel 2: Potentiale und Fähigkeiten der Mitarbeiter aufdecken und in Besitz nehmen, Mitarbeiter motivieren, Entdecken verborgener Anlagen und Talente. Mut und Kreativität sowie Intuition fördern und integrieren.

Kommunikationsverbesserung. Eigenverantwortung stärken, das Handeln in der Präsenz, die TAO-Prinzipien anwenden lernen.

Ziel 3: Teamarbeit trainieren, Mobbing abbauen, Verbindung und Bonding innerhalb der Abteilung, Projekt usw. herstellen, Teamgeist entfalten und verstärken. Verbesserung der Einbindung ins Unternehmen, Identifikation mit dem Produkt oder der Dienstleistung. Alignment, d.h. gemeinsame Ausrichtung auf neue Werte und Ziele der Firma.

Zu Ziel 1: Seminar (HR1) Dauer 2,5 Tage bis 5 Tage
Seminar HR1: „Innere Begrenzungen auflösen – Ängste überwinden"

- Kellerarbeit im Seelenhaus und Firmenhaus, Analysemethoden wie Kinomethode oder andere Verfahren werden eingesetzt, um Blockaden und Ängste aufzudecken.
- Aufspüren von unbewussten Sabotageprogrammen
- Beseitigung von unterbewussten Ängsten gegenüber Wandel, Wachstum, Erfolg und Erfüllung bei Führungskräften
- Dilemmata bezüglich gewünschter Ziele werden aufgelöst durch Dilemma-Aufstellung.
- Aufdeckung und Beseitigung von verborgenen emotionalen Erfolgsblockaden und negativen mentalen Mustern
- Aufdeckung und Beseitigung tief verborgener Idole, Lebens-Märchen als Begrenzung im tief Unbewussten
- Aufdeckung und Beseitigung von Schattenfiguren gegen Erfolg und Teamgeist wie der Mörder, der Betrüger, der Verräter, das Rumpelstilzchen u.v.m.
- Versagensdrehbücher werden gegen Erfolgsdrehbücher eingetauscht.

Zu Ziel 2: Seminar (HR2) Dauer 2,5 Tage bis 5 Tage
Seminar (HR 2): „Inneres Potential entdecken und zu neuen Ufern aufbrechen"

- Eigene Ziele definieren, neue Werte, Absichten, Ziele vorstellen, diskutieren. Nutzen und Gewinn daraus verstehen und selbst erfahren, dann integrieren.
- Erforderliche oder förderliche Talente u. Fähigkeiten ent-decken und annehmen.

- Das Firmenhaus umbauen, das heißt, Arbeit und Arbeitsplatz verbessern, sich versöhnen.
- Ehrlich und authentisch werden, Rollen entlarven und auflösen.
- Tun durch Nicht-Tun, das Prinzip mühelosen Erfolgs verstehen. Die TAO-Prinzipien erkennen, verstehen und ggf. anwenden. Den Sinn im eigenen Tun finden.
- Entdecken von inneren Idealfiguren, Märchen- und Heldenfiguren, deren Fähigkeiten annehmen, schließlich ein völlig neues Lebensdrehbuch schreiben (Änderung des Betriebssystems).
- Angst vor der eigenen Größe erkennen und beseitigen. Den nächsten Schritt tun.
- Verbindungen zu anderen herstellen, Nähe und Verbundenheit schaffen, Hemmungen und Widerstände abbauen,
- Selbstliebe erzeugen, Wertschätzung der eigenen Person und anderer. Freude und Begeisterung wecken.

Mögliche angewandte Methoden: Sternaufstellungen, Oneness-Aufstellungen, Schattenarbeit, Firmenhaus-Methode (Analyse und Renovierung), Ziel-Visualisation, Kinomethode, Zeitfahrzeug, Kreisaufstellungen, Kartenarbeit mit intuitiven Karten, katathymes Bilderleben.

Zu Ziel 3: Seminar (HR3) Dauer 2,5 Tage bis 4 Tage
Seminar (HR3): „Vom Ich zum Wir – Kommunikation und Präsenz"

- Vom Gegeneinander zum Miteinander, der Sinn von Teamgeist u. Teamwork
- Kommunikationstraining und Aufmerksamkeitssteuerung
- Ängste voreinander und untereinander auflösen und Nähe verstärken.
- Üben, um in Fluss zu kommen, in Präsenz und Frieden kommen, Zentrierungsübung.
- Tiefe Verbindung und Verbundenheit der Teilnehmer durch Oneness-Aufstellungen
- Enthusiasmus entdecken, Freude und Leichtigkeit bei Arbeit und Methoden.
- Aufheben von Konfrontationen wie Mitarbeiter – Management oder Abteilungen, Übungen zum Miteinander, Versöhnung, Bonding, Alignment
- Führen aus der eigenen Mitte, der Präsenz und entsprechendes Training.
- Intuition und Inspiration nutzen lernen und Fähigkeiten ins Bewusstsein implementieren.
- Bedeutung von Feedback u. Fortschrittskontrolle

Methoden: ähnlich wie in HR2. Alle drei Seminare zusammen können auch als Blockseminar/Retreat durchgeführt werden.

Zu Schritt 4 – Ziele umsetzen und verwirklichen (ZV-Seminare)
Dauer für alle ZV-Seminare je 2-5 Tage

a) Management-Seminare
b) Mitarbeiter-Training

Seminar (ZV1): „Erfolg von innen heraus – Zielblockaden und Begrenzungen erkennen und auflösen"

Hier richten wir die Teilnehmer auf die neu definierten Ziele und Werte des Einzelnen wie des Unternehmens aus und erforschen mit schnellen Analysemethoden und Bildern, welche Blockaden es gibt, erleben und erfahren sie und lösen sie auf, zugleich in der ganzen Gruppe. Hier wird also der Boden des Bewusstseins umgepflügt und dabei werden all die früheren hinderlichen Entscheidungen entdeckt und dann auch sofort bearbeitet und aufgelöst. Diese alten Muster und Blockaden können äußerst vielfältig sein, daher ist hier kein bestimmtes Schema des Vorgehens möglich; es wird dem Prozess und der Absicht gefolgt.

Mögliche Methoden: Konjunktive Fragetechniken nach POV, Partnerübungen und kleine Zielaufstellungen, Auflösung von Dilemmata, die „Firmenhaus-Methode". Kreisaufstellungen, große Zielaufstellungen, Seelenhauskeller, Fahrstuhlmethode, Sternaufstellungen u.v.m.

Seminar (ZV2): „Werte – neues Image: fit fürs 3. Jahrtausend"

Hier werden, nachdem die alten Blockaden beseitigt sind, die neue Ziele angenommen, eingeprägt, erlebt (auch zukünftig) und dann implantiert, zusammen mit den dafür nötigen neuen Fähigkeiten und Begabungen.
- Darstellung des Ziels und der Zielvorgaben, Visualisation des neuen Zustandes (Methoden: Firmenhaus, Zeitfahrzeug, Gefühlsimprägnierung)
- Wie entsteht Erfolg, wie wird ein Ziel erreicht und was braucht es dazu? (Methoden: Vortrag, Beispiele, Übungen)

- Leichter Erfolg durch Handhabung der Aufmerksamkeit – so entsteht Realität! (Methoden zur Steuerung der Aufmerksamkeit, Folgen von Erschöpfung usw.)
- Vermeidung von Ablenkungen, Verzettelung, Abschweifungen, Versuchungen (beispielsweise von kurzfristigen Gewinnen). Kurze, mittlere und langfristige Ziele
- Aufdecken durch Tiefenanalyse von emotionalen und mentalen Blockaden und negativen Mustern, unbewusster schädlicher Überzeugungen gegenüber definiertem Ziel (Methoden: dynamische Analysemethoden, Fragetechniken ins Unterbewusstsein, Bild: Keller Firmenhaus, analytische Aufstellungen)
- Auflösen dieser Überzeugungen, Muster, Negativprogramme und Selbstsabotage (Methoden: große Zielaufstellungen etc)
- Erfolg sicher implantieren und festigen (Methoden: Sternaufstellungen, Gaben geben)
- Die verborgenen Schätze und Möglichkeiten hinter einem Problem entdecken (Methode: Chuck-Problemteile aufstellen – dahinter Geschenke)
- Zukunftstest: Entwicklung im Voraus erkennen und abschätzen (Kreisaufstellungen)
- Gaben, Talente und Geschenke (aus Teil 1) weitergeben und multiplizieren (Methoden: Sharing, Sternaufstellungen, Kaskaden-Weitergabe, Oneness)

Seminar (ZV3): „Den Tiger erfolgreich reiten: Erfolg ohne Grenzen"

- „Befreit euch von allem" – Verankern, dass alles möglich ist, Macht des Geistes (Methode: große Zielaufstellungen)
- Darstellung des konkreten und übergeordneten Firmenziels bzw. der Zielvorgaben, Visualisation des neuen Zustandes, Erleben des zukünftigen Ziels (Methoden: Firmenhaus, Zeitfahrzeug, Gefühlsimprägnierung)
- Wie entsteht Erfolg, wie wird ein Ziel erreicht und was braucht es dazu? (Methoden: Vortrag, Beispiele, Übungen)
- Leichter Erfolg durch Handhabung der Aufmerksamkeit – so entsteht Realität! (Methoden zur Steuerung der Aufmerksamkeit, Beseitigung von Erschöpfung usw.
- Konzentration und Klarheit lernen. Vermeidung von Ablenkungen, Verzettelung, Abschweifungen, Versuchungen (beispielsweise von kurzfristigen Gewinnen)

- Aufdecken durch Tiefenanalyse von emotionalen und mentalen Blockaden und negativen Mustern, unbewussten schädlichen Überzeugungen gegenüber definiertem End-Ziel (Methoden: dynamische Analysemethoden, Fragetechniken ins Unterbewusstsein, Bild: Keller Firmenhaus, analytische Aufstellungen)
- Auflösen dieser Überzeugungen, Muster, Negativprogramme und Selbstsabotage (Methoden: große Zielaufstellungen etc)
- Erfolg sicher implantieren und festigen (Methoden: Sternaufstellungen, Gaben geben)
- Die verborgenen Schätze u. Möglichkeiten hinter einem Problem entdecken (Methode: Chuck-Problemteile auf Personen projizieren – dahinter Geschenke)
- Evtl. Zukunftstest: Entwicklung im Voraus erkennen und abschätzen (Kreisaufstellungen)
- Gaben, Talente u. Geschenke (aus Teil 1) weitergeben und multiplizieren (Methoden: Sharing, Sternaufstellungen, Kaskaden-Weitergabe, Oneness

Alle drei Seminare können auch als Wochenseminar/einwöchiges Retreat angeboten werden.

Seminar ZVM für Mitarbeiter: (Dauer 2-3 Tage)

Inhaltlich ähnlich wie ZV 1-3, aber mehr für allgemeine Mitarbeiter ausgerichtet und ohne spezifische Gliederung, es wird auf die jeweiligen Personen und Prozesse eingegangen, die sich ergeben. Dann Ausrichtung auf vorgegebene Ziele, gemeinsames Vorfühlen und Verinnerlichen der Ziele. Eventuell Zeitreisen und Fühlen des erfüllten Ziels in Zukunft.

Weitere Bücher aus dem Verlag Via Nova:

Nach dem Kapitalismus
Wirtschaftsordnung einer integralen Gesellschaft
Gil Ducommun

Paperback, 224 Seiten, 14 Grafiken, ISBN 978-3-936486-80-3

Das Buch entwirft die Grundlagen einer integralen Gesellschaft, welche mehr Verwirklichung für alle Menschen und mehr Achtung für die Natur anstrebt. Es geht der Frage nach: Wie sieht eine Wirtschaftsordnung nach dem Kapitalismus aus, auf der Grundlage eines rational-spirituellen Weltbildes? In der integralen Kultur soll der innere, immaterielle Reichtum (körperliche, geistige und seelische Kompetenzen, Kreativität, Konflikt und Liebesfähigkeit) das Streben nach äußerem, materiellem Reichtum weitgehend ersetzen. Im ersten Teil des Buches wird das philosophische, psychologische und spirituelle Fundament der integralen Kultur entwickelt, welches die rationalmaterialistische Weltanschauung ablösen kann. Unter "Integration" wird eine notwendige ganzheitliche Transformation des Bewusstseins dargestellt, die schon im Gange ist. Teil zwei beschreibt die ordnungspolitischen Prinzipien einer neuen Wirtschaft und wendet sie in verschiedenen Bereichen an. Das Buch möchte suchende Menschen inspirieren und ermutigen einzugreifen; Jugendliche werden in dieser Vision das Projekt einer lebensdienlichen Gesellschaft erkennen, deren Verwirklichung ihren Einsatz verlangt.

Vom Nutzen ethischer Werte
Im Guten heimisch werden
Joachim Kohlhof

Hardcover, 184 Seiten, ISBN 978-3-936486-48-3

Die Wirtschafts- und Unternehmenskrise in Deutschland ist eine Vertrauenskrise in die Gestaltungsfähigkeit und Innovationsbereitschaft der in Politik und Wirtschaft Verantwortlichen. Prof. Dr. Joachim Kohlhof weist in diesem Buch den Weg, den vermeintlichen Widerspruch von Ethik und Wirtschaft aufzuheben. Er definiert die ethischen Bedingungen, mit denen die Unternehmen auf Dauer im Markt erfolgreich agieren können, und beschreibt, wie die Politik wieder durch verantwortungsbewusstes Handeln Vertrauen in der Bevölkerung zurückgewinnen kann. Sie bilden die Basis für eine nachhaltige, auf ethische Werte, Normen und Haltungen gründende Werteorientierung mit dem Ziel einer gerechten und menschenwürdigen Zukunft. Das Buch ist daher Wegbegleiter auf einer ethisch ausgerichteten Wirtschafts- und Unternehmensorientierung. Da in diesem Buch Wege aus der Krise zu einer nachhaltigen Verbesserung der gesellschaftlichen und wirtschaftlichen Situation aufgezeigt werden, ist dieses Buch für jeden verantwortungsbewussten Menschen unserer Zeit von Bedeutung, der mithelfen will, eine bessere Zukunft zu gestalten.

Im Brennpunkt: Geld & Spiritualität
Ist die Krise der materiellen Welt überwindbar?
Hans Wielens

Paperback, 272 Seiten, 28 Graphiken, ISBN 978-3-936486-49-0

In diesem Buch von Prof. Dr. H. Wielens wird die Krise unserer Gesellschaft als Orientierungs- und Sinnkrise der materiellen Welt verstanden. Wir haben eine künstliche Welt geschaffen, die von Äußerlichkeiten und von einem Machbarkeitswahn geprägt wird. Erforderlich ist daher eine integrierende Spiritualität, die Geld und Wirtschaft als einen positiven Teil unserer Wirklichkeit versteht und die diese mit der spirituellen Dimension vernetzen und verbinden kann. Das Buch ist spannend für spirituelle Menschen, weil sie mit dem wirklichen Wesen des Geldes vertraut gemacht werden, dem wir unsere Individualität und wirtschaftliche Freiheit zu verdanken haben. Es ist wichtig für alle Führungskräfte der Wirtschaft, weil es Wege aufzeigt, wie sie sich voll und authentisch in ihre Unternehmen einbringen können, in deren Eigeninteresse es liegt, sich stärker wertorientiert zu verhalten und sich nach einer Ethik des Seins auszurichten, um dann auch wirtschaftlich bessere Ergebnisse zu erreichen. Das Buch wird heftige Diskussionen hervorrufen und einen interdisziplinären Dialog auslösen.

Schöpferisches Management
Die Weisheit des Veda – Wie Sie Ihr Leben erfolgreich gestalten
Alois M. Maier

Paperback, 208 Seiten, ISBN 978-3-86616-017-0

Die Gesetze des Managements sind Lebensgesetze und gelten für alle Bereiche des Lebens. Schließlich ist jeder der Manager seines Lebens. Dass dies gut gelingt, dazu möchte dieses Buch beitragen. Management wird hier in einem neuen Licht betrachtet. Management ist eine schöpferische und eine spirituelle Disziplin. Deswegen können die geistigen Gesetze, die im Veda überliefert werden, so hilfreiche Impulse geben. Management, Schöpfersein und Spiritualität gehören notwendig zusammen, und eine Abkoppelung des Managements von den geistigen Gesetzen des Lebens wird niemals zu ganzheitlichem Erfolg führen. Wer die Gesetze des Erfolges anwendet, so zeigt der Autor, wird ganz notwendig seinen Erfolg im Leben finden – und der Erfolg wird auf leichte Weise kommen! Wenn Sie Ihr Leben selbst in die Hand nehmen und zum Gestalter Ihrer eigenen Zukunft werden wollen, dann haben Sie in diesem Buch einen einzigartig praktischen und nützlichen Ratgeber und Begleiter.

Die Debatte läuft
Ganzheitliche Thesen für Gesellschaft, Wirtschaft und Politik
Christoph Zollinger

Paperback, 240 Seiten, ISBN 978-3-86616-006-4

In diesem Buch entwickelt der Autor eine von der Ganzheit geprägte Vision als Modell für eine Neuorientierung in Gesellschaft, Wirtschaft und Politik im 21. Jahrhundert. Er blendet zurück zu den Anfängen unserer mental/rationalen Welt, jener der alten Griechen, als diese zum wirklichen Denken erwachten und unserer Kultur zu einem gewaltigen Neubeginn verhalfen. Einen breiten Raum der Darstellung nimmt die umwälzende Neuorientierung im Bewusstsein der Menschen ein, die durch Wissenschaft, Computer, Internet, E-Mail und Globalisierung ausgelöst wurde. Auf dieser Grundlage und den umwälzenden Einsichten des Kulturphilosophen Jean Gebser und des bekanntesten Bewusstseinsforschers unserer Zeit, Ken Wilber, entwickelt der Verfasser Modelle, Vorstellungen, Perspektiven, Prinzipien und Lösungsmöglichkeiten als persönliche Vision, um neues, intelligentes Handeln in Gesellschaft, Wirtschaft und Politik zu ermöglichen. Diese visionäre Schau trägt der Entwicklung hin zur Ganzheit und Globalisierung auf allen Gebieten Rechnung und hilft das vorherrschende, dualistische Wirklichkeitsverständnis zu überwinden.

Dynamische Aufstellungen
Heilung durch die Macht der Liebe
Peter Reiter

Hardcover, 240 Seiten, ISBN 978-3-86616-008-8

„Dynamische Aufstellungen" sind ein neues und geradezu sensationell wirkungsvolles Heilverfahren, das Elemente von Mystik und Spiritualität mit moderner Psychologie verbindet. Hier werden nicht mehr wie beim Familienstellen die beteiligten Personen, sondern vor allem die Emotionen und Energien des zu heilenden Konflikts aufgestellt und geheilt. Ein weiteres wesentliches Element ist die Ausrichtung auf die göttliche Liebesenergie und die dem Menschen innewohnende geistige Kraft, die durch die Intelligenz und Ganzheit des Geistes die Konflikte auf der Ursachenebene wieder in den Fluss bringt und empirisch nachvollziehbar hier oft Wunder wirkt. Dr. Peter Reiter hat mit diesem weltweit ersten Grundlagenwerk einen Leitfaden für Heilungssuchende geschaffen, mit dem der Leser Schritt für Schritt in diese zukunftsweisende Heil- Methode eingeführt wird. Zugleich bietet es fundierte Einblicke in die Wirkungsweise, die Hintergründe sowie die Umsetzung in der Praxis und ist somit eine unabdingbare Orientierungshilfe für Heilungssuchende und Therapeuten.

Dein Seelenhaus
Ein direkter Weg mit der Seele zu sprechen
Peter Reiter

Hardcover, 200 Seiten, ISBN 978-3-86616-062-0

Spielerisch die eigene Seele erkunden, Vorzüge und Defizite seiner Persönlichkeit in wenigen Minuten erkennen lernen und dabei auch noch Spaß und Entdeckerfreude haben – geht das? Ja, mit der hier vorgestellten und neu entwickelten Methode von Dr. Peter Reiter ist dies einfach. Nicht nur, dass Sie endlich wissen werden, welche Talente und Fähigkeiten in Ihnen schlummern, Sie erkennen in diesem Bild des Seelenhauses sofort, schnell und sicher Ihre Defizite oder Bereiche, die der Zuwendung, Entwicklung und Heilung bedürfen. Sie verändern mit dem Umbau des Seelenhauses auch Ihre Seelenmuster und von da ausgehend auch Ihre äußere Erscheinung und Ihr Verhalten zur Mitwelt. Dies funktioniert bei Ihnen selbst wie auch bei Ihren Freunden, Kindern, Partnern oder Klienten und Patienten – eine kurze Bildmeditation genügt, um das Innere zu erfassen. Es geschieht mühelos, nur über eine entsprechende Visualisation und Absicht, denn die Lebensenergie folgt den Gedanken oder Bildern.

Die Neugestaltung der vernetzten Welt
Global denken – global handeln
Ervin Laszlo

Hardcover, 176 Seiten, ISBN 978-3-936486-66-7

Die Bereitschaft zum nüchtern und wissenschaftlich fundierten, gleichwohl aber mutig visionären „globalen Denken" nimmt in allen Bereichen der Gesellschaft erfreulich zu. Die Erde ist zu unserer einen Heimat geworden und dementsprechend ist unsere Verantwortung: für die „Einheit in der Vielfalt" von der Biosphäre bis zum feinsinnigen Beziehungsgeflecht der Menschheit. Ervin Laszlo, Zukunftsforscher und Vordenker eines neuen Denkens, zeigt in seinem neuen Buch, wie sich neue Denkstrukturen der Vernetzung, Gleichgewichte und Entwicklungsgesetze parallel in allen Wissenschaften wie im gesellschaftlich-politischen Denken immer mehr durchsetzen. Diese verändern nicht nur unser Welt- und Menschenbild aufs Neue und zutiefst. Das neue Denken, das Laszlo in diesem Buch beschreibt, gibt uns viel von unserer Gestaltungskraft zurück. Der Autor zeigt die Grundzüge einer entschieden neu orientierten Wirtschaft, Wissenschaft, Kultur und Politik.

Kultur des Wohlwollens
Aus der Kraft des Herzens leben
Helga Kerschbaum

Hardcover, 248 Seiten, ISBN 978-3-936486-45-2

Die Kultur des Wohlwollens will in einer Zeit der Pluralitäten, Multipolaritäten und Spaltungen ein Bewusstsein für das „allen Gemeinsame" bilden und auch jene Einheit bewusst machen, die erst alle Vielheit schafft. Sie sucht das Verbindende, die gemeinsame Wurzel der Kulturen und Religionen. Sie beruht auf einem Wohlwollen, das in der Spiritualität grundgelegt ist und auch als „aktives Mitgefühl" bezeichnet werden kann. „Kultur des Wohlwollens" beschreibt das kultur- und religionsübergreifende Urmuster des allem zugrunde liegenden Seins. Aus diesem wird eine Ethik, die zu Handlungsweisheit führt, entwickelt. Aus einer holistischen Weitsicht und den großen spirituellen Menschheitserfahrungen werden jene Segenswerte formuliert, die zu den fundamentalen Bedürfnissen gelungenen Lebens gehören. „Darin liegt aber gerade die Stärke dieses Buches, dass es Einsicht und Motivation bringt, die aus der Tiefe unseres Menschseins kommen. Die Liebe und die Sorge um unsere Spezies hat dieses Buch geschrieben." Willigis Jäger in seinem Geleitwort

Die heilende Kraft des Scheiterns
Ein Weg zu Wachstum, Aufbruch und Erneuerung
Claus Eurich

Hardcover, 128 Seiten, ISBN 978-3-86616-043-9

Ohnmacht und Scheitern zu erfahren ist ebenso alltäglich wie zu erleben, dass Erwartungen zerbrechen. In unserer Kultur werden diese schmerzhaften Lebenserfahrungen überwiegend verdrängt und als Schwäche des Menschen diskriminiert. Dieses Buch verändert den Blick auf das Scheitern grundlegend: fort vom Makel, hin zu den heilenden Aspekten. Es zeigt auf, dass Neues nur entstehen kann, wenn Altes sich auflöst bzw. zerbricht. Scheitern wird in diesem Blick zur Chance. Das Buch gibt Hinweise für eine entsprechende Gestaltung des Lebens. Es ist zudem in eine Zeit hinein geschrieben, die im Großen wie im Kleinen von Krisen geschüttelt ist, in der zugleich aber auch die Sehnsucht nach Aufbruch und Erneuerung überall spürbar ist. In Krisen und Grenzerfahrungen wird dieses Buch ein wertvoller Begleiter sein.

Erfolg fällt nicht vom Himmel
...oder vielleicht doch?
Andreas Nemeth

Paperback, 176 Seiten – ISBN 978-3-86616-051-4

Dieses Buch beschreibt, wie man mit einem ganz einfachen Mechanismus persönliche Blockaden in persönliche Stärken umwandelt. Der Mechanismus der Protestauflösung wurde von Andreas Nemeth entwickelt und ist bisher nur in seinen beiden Büchern: „Glücklichsein in jeder Lebenssituation" und „Erfolg fällt nicht vom Himmel!" veröffentlicht worden. Dieses Buch unterscheidet sich von anderen Ratgebern dadurch, dass der Autor dem Leser immer wieder Tipps gibt, wie man mit einer ganz besonderen Lebenseinstellung seine Wahrnehmung, seine Kreativität und sein Glücks- und Erfolgspotenzial fördern kann. Das Buch „Erfolg fällt nicht vom Himmel!" ersetzt ein mehrtägiges Coaching, da es mit Checklisten angereichert ist, die den persönlichen Coach ersetzen. Der Zusammenhang zwischen Glück und Erfolg wird nicht nur philosophisch, sondern mit Hilfe konkreter und lebensnaher Beispiele verdeutlicht. Resümee: Unseres Wissens existiert kein weiteres Buch auf dem Markt, das philosophische Ansätze mit so konkret umsetzbaren Tipps verbindet.

Die Kraft gelebter Visionen
Mit Liebe und Erfolg zu neuen Perspektiven
Stephan Petrowitsch

Paperback, 248 Seiten – ISBN 978-3-936486-65-0

Wahrer Erfolg basiert darauf, eine individuelle, kraftvolle Vision zu entwickeln, sich seiner wahren Ziele und Lebensaufgabe bewusst zu werden und an sich selbst gezielt zu arbeiten. Der Leser erfährt in diesem Buch sowohl, was ihn bisher daran gehindert hat, diese Aufgaben zu erkennen, als auch, wie er seine Ziele finden und umsetzen kann. Die vorgestellten Methoden verbinden uralte spirituelle Überlieferungen mit den Erkenntnissen der Quantentheorie und bringen diese in Einklang mit einem neuen, göttlichen Menschenbild. Ein solcher Mensch berücksichtigt in seinem Handeln nicht nur das eigene Wohl, sondern auch die Bedürfnisse der Umwelt, anderer Menschen und Lebewesen. Das Buch zeigt, wie unser Geldsystem diese Verantwortung für unsere Mitwelt unterdrückt. Ein existierendes Modell im Bereich des Geldsystems, das gleichzeitig unsere derzeitige Wirtschafts- und Gesellschaftskrise schrittweise lösen könnte, weist uns den Weg aus den herrschenden Missständen.